电动力学

DIANDONG LIXUE

李承祖　银燕　赵晶　赵凤章　◆　编著

国防科技大学出版社

·长沙·

内 容 简 介

书中系统阐述了电动力学的基本理论和方法。内容包括：数学准备，宏观电磁现象的基本规律，静电场，稳恒电场和稳恒磁场，电磁波的传播，导行电磁波，电磁波的辐射和散射，狭义相对论和相对论电动力学，微观电磁现象的经典近似理论等。全书结构严谨，主线清晰，注重数学工具的掌握和分析能力的训练。

本书可作为理工科大学本科生电动力学课程教材，可供综合大学、高等师范院校物理专业的学生选用，亦可供有关专业研究生、教师参考。

图书在版编目（CIP）数据

电动力学/李承祖等编著. —长沙：国防科技大学出版社，2022.7（2024.7 重印）

ISBN 978－7－5673－0596－0

Ⅰ.①电…　Ⅱ.①李…　Ⅲ.①电动力学　Ⅳ.①O442

中国版本图书馆 CIP 数据核字（2022）第 111216 号

电动力学

DIANDONG LIXUE

李承祖　银燕　赵晶　赵凤章　编著

责任编辑：梁　慧

责任校对：邱启航

出版发行：国防科技大学出版社　　地　址：长沙市开福区德雅路 109 号

邮政编码：410073　　电　话：（0731）87028022

印　制：国防科技大学印刷厂　　开　本：710×1000　1/16

印　张：21.25　　字　数：393 千字

版　次：2022 年 7 月第 1 版　　印　次：2024 年 7 月第 2 次

书　号：ISBN 978－7－5673－0596－0

定　价：75.00 元

前言

电磁场是物质存在的一种形态，由带电物体产生并以电磁波的形式运动。电磁相互作用是自然界的基本相互作用之一。电动力学课程系统阐述电磁相互作用的经典理论体系，其内容及应用已渗透到生产生活实践和前沿科学研究的众多领域中，推动了微波技术、光纤通信、电磁隐身、粒子加速等现代高新技术的飞速发展。

国防科技大学的电动力学课程由国家级教学名师李承祖教授牵头建设，1994 年出版了具有本校特色的教材《电动力学教程》。本次根据多年来的使用经验和当前教学改革现状及趋势，重新进行整理、修订和补充。下面介绍本书在编写过程中的主要考虑，以及对学生和教师的使用建议。

1. 努力把教材内容纳入主线清晰、结构严谨、内在逻辑性强的理论体系。学生在学习过程中要特别注重对电动力学理论体系的理解和把握，这不仅有利于达成掌握宏观电磁现象普遍规律的知识目标，而且有利于达成掌握科学思维和科学方法的能力目标。

2. 注重数学工具的掌握和分析能力的训练。电动力学的理论体系具有高度公理化、数学化的特点，对矢量、微积分、张量等数学工具的要求已超过现行的理工科院校高等数学课程大纲。从学生的角度考虑，有必要对全书用到的数学工具进行详细介绍。本书的第 1 章“数学准备”中，系统梳理了矢量场的数学特性。后续章节中，在一些关键知识点均给出了详尽的数学推导。在教学中，教师可以按照章节顺序从第 1 章开始讲起，也可以直接从第 2 章开始讲起，把第 1 章中的相关内容穿插在后续内容中讲授。

3. 致力加强理论与实际的联系。电动力学基本理论的应用非常广泛，很多前沿热点和重要应用的理论基础就是电动力学。本书在强调基本理论训练的同时，也讨论了诸如各向异性介质中的波、多层介质中的波、导行波的模式简并、AB 效应、涡旋光束等与科学前沿和工程实践紧密相关的问题，突出了电动力学基本理论的实际应用。在教学中，教师可以根据具体情况进行展开，使学生充分认识到基础理论对前沿科技发展的重要指导意义。

由于编者学识水平有限，书中难免存在错误或不当之处，恳请读者批评指正。

编 者

2022 年 1 月

目　录

第1章　数学准备

1.1　场、梯度、散度和旋度

1.1.1　场

如果在一个空间区域中，某个物理量在其中每一点都取确定值，就称这个空间区域存在该物理量的**场**(field)。如果这个物理量是标量，就称这个场为**标量场**(scalar field)；如果这个物理量是矢量，就称这个场为**矢量场**(vector field)。例如：温度场、电势场是标量场，而电场、磁场是矢量场。

1.1.2　标量场：方向导数和梯度

由上述标量场的定义可知，分布在标量场中各点的物理量 u 是场中点坐标的单值函数。

$$u = u(\boldsymbol{x}) \tag{1.1.1}$$

给定了函数 u 的具体形式，就可完全确定物理量 u 在场中的分布。

在研究标量场时，还需要知道 u 在场中各点沿各个方向的变化情况，这往往有更重要的物理意义。例如：若 u 是电势 φ，φ 在场中各点的变化就反映了各点的电场强度；若 u 是温度 T，T 在各点的变化就反映了这些点上热传导进行的方向和速度。为了讨论场在空间各点的变化，首先引入方向导数的概念。

方向导数　在场中取一点M_0，由M_0点引射线 $\boldsymbol{l}$，其方向由方向余弦($\cos\alpha$，$\cos\beta$，$\cos\gamma$)确定。在 $\boldsymbol{l}$ 上取另一点 M(如图1.1.1所示)，记 $\Delta u = u(M) - u(M_0)$，$\rho = \overline{M_0M}$，定义 u 在M_0点沿 $\boldsymbol{l}$ 的**方向导数**(directional derivative)为

$$\left.\frac{\partial u}{\partial l}\right|_{M_0} = \lim_{M \to M_0} \frac{u(M) - u(M_0)}{\overline{M_0M}} = \lim_{\rho \to 0} \frac{\Delta u}{\rho} \tag{1.1.2}$$

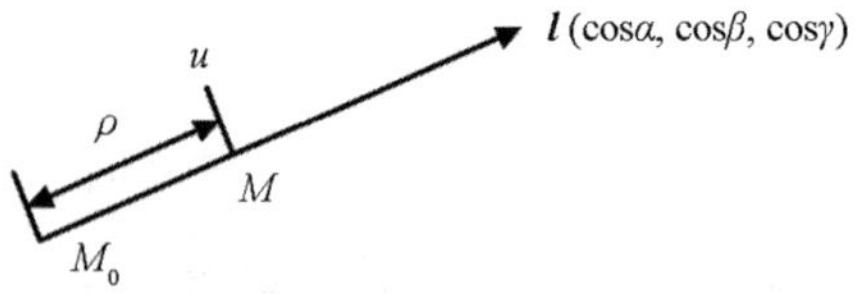

图 1.1.1　方向导数的定义

方向导数刻画 u 在M_0点沿 $\boldsymbol{l}$ 方向的变化率。

设函数 u 在M_0可微，在直角坐标系下有

$$\Delta u = \frac{\partial u}{\partial x}\Delta x + \frac{\partial u}{\partial y}\Delta y + \frac{\partial u}{\partial z}\Delta z + O(\rho)$$

$O(\rho)$是在 $\rho\to 0$ 时亦趋于零的小数。

将上式代入式(1.1.2)中，注意到 $\Delta x/\rho$，$\Delta y/\rho$，$\Delta z/\rho$ 就是射线 $\boldsymbol{l}$ 的方向余弦，得方向导数的计算公式

$$\frac{\partial u}{\partial l} = \frac{\partial u}{\partial x}\cos\alpha + \frac{\partial u}{\partial y}\cos\beta + \frac{\partial u}{\partial z}\cos\gamma \tag{1.1.3}$$

此式对 $\boldsymbol{l}$ 上任意点都成立。

梯度　在标量场 u 中定义一个矢量 $\boldsymbol{G}$：

$$\boldsymbol{G} = \frac{\partial u}{\partial x}\boldsymbol{i} + \frac{\partial u}{\partial y}\boldsymbol{j} + \frac{\partial u}{\partial z}\boldsymbol{k} \tag{1.1.4}$$

$\boldsymbol{i}$, $\boldsymbol{j}$, $\boldsymbol{k}$ 是沿直角坐标系坐标轴 x，y，z 方向的单位矢量。$\boldsymbol{G}$ 称为标量场 u 的**梯度**(gradient)，记为 $\mathrm{grad}u = \boldsymbol{G}$。

在场中一点，记沿 $\boldsymbol{l}$ 方向的单位矢量为 $\boldsymbol{l}_0$，由式(1.1.3)得

$$\frac{\partial u}{\partial l} = \boldsymbol{G}\cdot\boldsymbol{l}_0 = |\boldsymbol{G}|\cos\theta \tag{1.1.5}$$

θ 是矢量 $\boldsymbol{G}$ 和 $\boldsymbol{l}_0$ 的夹角。式(1.1.5)表明 $\boldsymbol{G}$ 具有这样的意义：它在任一方向上的投影将给出沿这个方向 u 的方向导数。在场中一点，沿着不同的方向 $\boldsymbol{l}$，场量 u 有不同的方向导数，而 $\boldsymbol{G}$ 是唯一的，**矢量 $\boldsymbol{G}$ 的方向是该点处场量 u 变化率最大的方向，其模是变化率的最大值。**英国数学家哈密顿引入倒三角算符∇(读作 del 或 nabla)表示如下形式的矢量微分算子。

$$\nabla = \frac{\partial}{\partial x}\boldsymbol{i} + \frac{\partial}{\partial y}\boldsymbol{j} + \frac{\partial}{\partial z}\boldsymbol{k} \tag{1.1.6}$$

可把梯度记为

$$\nabla u = \frac{\partial u}{\partial x}\boldsymbol{i} + \frac{\partial u}{\partial y}\boldsymbol{j} + \frac{\partial u}{\partial z}\boldsymbol{k} \tag{1.1.7}$$

1.1.3　矢量场：通量和散度，环量和旋度

对于矢量场，仅知道空间各点的物理量是不够的，还需要进一步认识矢量场整体分布所具有的性质和特征。在研究矢量场时，为形象起见，常引进矢量线描述矢量场。矢量线上每一点的切线方向即该点矢量场的方向。每一点矢量场的大小，由过该点且与该点矢量场垂直的单位面积上穿过的矢量线的条数表示。矢量线的疏密分布形象地反映了矢量场强度的分布。根据矢量场的性质，可以将矢量场分为两类，如图 1.1.2 所示。一类矢量场的矢量线从场中一些点或无穷远处发出，终止在另外一些点或无穷远处，称为**纵场**(longitudinal field)。喷发纵场矢量线的点称为"源"(source)，纵场矢量线聚集的点称为"汇"或者"负源"。另一类矢量场，其矢量线没有起点和终点，是无头无尾的闭合回线，称为**横场**(transverse field)。横场矢量线形成"涡旋"(vortex)。横场和纵场的矢量线具有完全不同的整体分布特征，体现出完全不同的物理意义和数学性质。

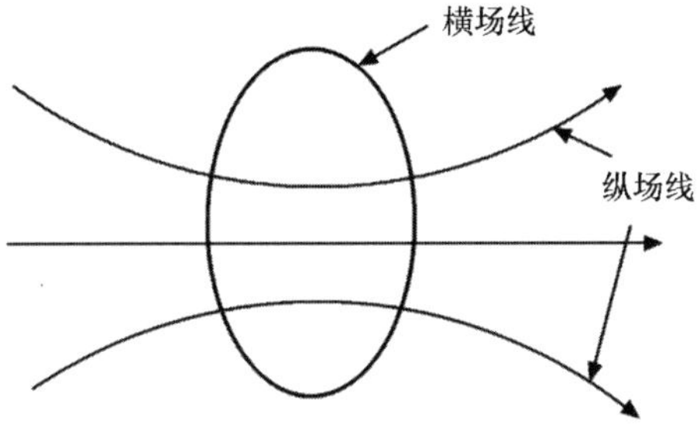

图 1.1.2　纵场线和横场线

对于一般的矢量场，如果矢量线形成"涡旋"，则称为"有旋"，反之则称为"无旋"；如果存在着"源"或"汇"，则称为"有源"，反之则称为"无源"。为了定量地描述矢量场是否有源和是否有旋，人们引入了通量和散度、环量和旋度的概念，这种对矢量场的描述方式能够有效地反映矢量场的整体分布特征，进而揭示各种矢量场的物理本质和变化规律。

通量　矢量场 $\mathbf{A}(\boldsymbol{x})$ 沿场中任一有向曲面 S 的积分

$$\Phi = \int_S \mathbf{A} \cdot \mathrm{d}\boldsymbol{\sigma} \tag{1.1.8}$$

称为矢量场 $\mathbf{A}$ 穿过曲面 S 的通量(flux)。如果矢量场是有源的，可以包围源或汇作闭合曲面 S，取曲面正法向为由内向外的方向，曲面 S 包围的空间区域记为 Ω。当穿过闭合曲面 S 的通量 Φ 为正值时，表明有矢量线从 Ω 中发出，Ω 中

有喷发矢量线的源；若通量 $\boldsymbol{\Phi}$ 为负值，表明有矢量线终止在 $\boldsymbol{\Omega}$ 中，$\boldsymbol{\Omega}$ 中有吸收矢量线的汇。如果矢量场是无源的，则穿过任意闭合曲面的通量都为0。可见，通量 $\boldsymbol{\Phi}$ 是定量描述矢量场是否有源的物理量。

为了理解通量的意义，取矢量场 $\boldsymbol{A}$ 为静电场 $\boldsymbol{E}$，作闭合曲面 S，取曲面正法向为由内向外的方向。根据静电场的高斯定理，式(1.1.8)的积分正比于闭合曲面内的电荷量。静电场 $\boldsymbol{E}$ 是典型的纵场，电场线起始于正电荷，终止于负电荷，电荷是激发静电场的源。所以若通量 $\boldsymbol{\Phi}$ 不为零，表明 S 所围纵场 $\boldsymbol{A}$ 的源不为零。

散度　在矢量场 $\boldsymbol{A}$ 中取一点 $\boldsymbol{x}_0$，作一包围 $\boldsymbol{x}_0$ 点的闭合有向曲面 S，设 S 包围的空间区域为 $\boldsymbol{\Omega}$，体积为 ΔV(如图 1.1.3 所示)。当 $\boldsymbol{\Omega}$ 以任意方式缩向 $\boldsymbol{x}_0$ $(\Delta V\to 0)$时，以 $\Delta\boldsymbol{\Phi}$ 记矢量场 $\boldsymbol{A}$ 穿过 S 的通量，极限值

$$\lim_{\Omega\to x_0}\frac{\oint_S \boldsymbol{A}\cdot \mathrm{d}\boldsymbol{\sigma}}{\Delta V}=\lim_{\Delta V\to 0}\frac{\Delta\boldsymbol{\Phi}}{\Delta V}\tag{1.1.9}$$

称为矢量场 $\boldsymbol{A}$ 在 $\boldsymbol{x}_0$ 点的**散度**(divergence)，记为 $\mathrm{div}\boldsymbol{A}$。

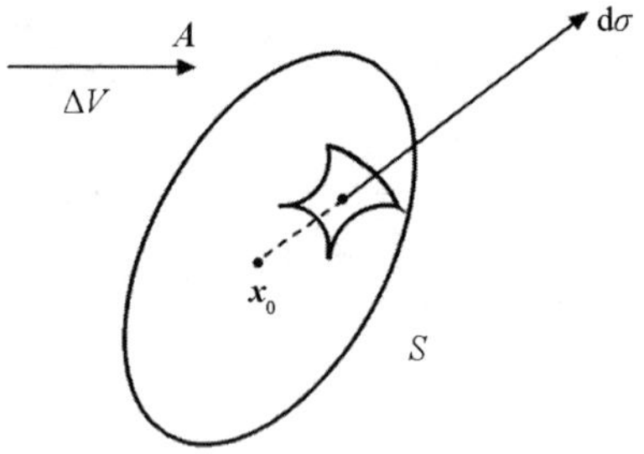

图 1.1.3　矢量场的通量

在直角坐标系中，一个矢量 $\boldsymbol{A}$ 可表示为

$$\boldsymbol{A}(\boldsymbol{x})=A_x(\boldsymbol{x})\boldsymbol{i}+A_y(\boldsymbol{x})\boldsymbol{j}+A_z(\boldsymbol{x})\boldsymbol{k}\tag{1.1.10}$$

A_x，A_y，A_z是矢量场 $\boldsymbol{A}$ 沿坐标轴的三个分量。$\boldsymbol{A}$ 穿过任一小闭合有向曲面 S 的通量为

$$\Delta\boldsymbol{\Phi}=\oint_S\boldsymbol{A}\cdot\mathrm{d}\boldsymbol{\sigma}=\oint_S(A_x\cos\alpha+A_y\cos\beta+A_z\cos\gamma)\mathrm{d}\sigma\tag{1.1.11}$$

利用高斯积分变换公式有

$$\Delta\boldsymbol{\Phi}=\int_\Omega\left(\frac{\partial A_x}{\partial x}+\frac{\partial A_y}{\partial y}+\frac{\partial A_z}{\partial z}\right)\mathrm{d}\tau=\left(\frac{\partial A_x}{\partial x}+\frac{\partial A_y}{\partial y}+\frac{\partial A_z}{\partial z}\right)_{x^*}\Delta V\tag{1.1.12}$$

其中第二步利用了积分中值定理，$\boldsymbol{x}^*$ 为区域 $\boldsymbol{\Omega}$ 中某一点，ΔV 是 $\boldsymbol{\Omega}$ 的体积。将

上式代入式(1.1.9)中，得

$$\mathrm{div}\boldsymbol{A}=\frac{\partial A_x}{\partial x}+\frac{\partial A_y}{\partial y}+\frac{\partial A_z}{\partial z} \tag{1.1.13}$$

即为散度在直角坐标系下的表达式。引用矢量微分算子∇，式(1.1.13)可简记为

$$\mathrm{div}\boldsymbol{A}=\nabla\cdot\boldsymbol{A} \tag{1.1.14}$$

如果矢量场是横场，矢量线是闭合曲线，穿过任意闭合曲面 S 的通量 $\boldsymbol{\Phi}$ 必为零，从而空间各点的散度必为零。可见，**横场是无源场**。矢量场中任意一点的散度，就表示该点作为纵场源的强度。

环量　定义矢量场 $\boldsymbol{A}$ 沿场中任一有向闭合曲线 L 的积分

$$\Gamma=\oint_L\boldsymbol{A}\cdot\mathrm{d}\boldsymbol{l} \tag{1.1.15}$$

为矢量 $\boldsymbol{A}$ 沿 L 的**环量**(circulation)。如果矢量场是有旋的，可以取闭合的有向矢量线为积分路径。由于每一小段的线积分都是正值，环路积分必为正值。如果矢量场是无旋的，则沿任意闭合曲线的环路积分都为0。可见，环量 Γ 是定量描述矢量场是否有旋的物理量。

为了理解环量的意义，取矢量场 $\boldsymbol{A}$ 为稳恒电流所产生的磁场 $\boldsymbol{H}$，根据安培环路定理，式(1.1.15)的积分正比于通过 L 所围任一曲面的电流强度。稳恒磁场 $\boldsymbol{H}$ 是典型的横场，磁力线为闭合曲线，电流是激发磁场的源。所以，若 Γ 不为零，表明回路 L 所围横场 $\boldsymbol{A}$ 的源不为零。

环量面密度　为了刻画回路 L 所围横场源的强度，首先引入环量面密度的概念。取矢量场中的一点 $\boldsymbol{x}_0$，过 $\boldsymbol{x}_0$ 点作一微小曲面 ΔS，方向 $\boldsymbol{n}$ 为 ΔS 在 $\boldsymbol{x}_0$ 点的法向矢量，取 ΔL 为 ΔS 的周界，ΔL 绕行方向与 $\boldsymbol{n}$ 成右手螺旋关系(如图1.1.4所示)。定义矢量沿 ΔL 的环量与面积 ΔS 之比，在 ΔL 缩向 $\boldsymbol{x}_0$ 点($\Delta S\to 0$)情况下的极限

$$\lim_{\Delta L\to x_0}\frac{\oint_{\Delta L}\boldsymbol{A}\cdot\mathrm{d}\boldsymbol{l}}{\Delta S}=\lim_{\Delta S\to 0}\frac{\Delta\Gamma}{\Delta S} \tag{1.1.16}$$

为 $\boldsymbol{A}$ 在 $\boldsymbol{x}_0$ 点沿方向 $\boldsymbol{n}$ 的**环量面密度**(circulation surface density)，显然环量面密度依赖于方向 $\boldsymbol{n}$。

在直角坐标系中，利用斯托克斯积分变换公式，$\boldsymbol{A}$ 沿 ΔL 的环量可以写作

$$\begin{aligned}\Delta\Gamma&=\oint_{\Delta L}\boldsymbol{A}\cdot\mathrm{d}\boldsymbol{l}\\&=\int_{\Delta S}\left[\left(\frac{\partial A_z}{\partial y}-\frac{\partial A_y}{\partial z}\right)\cos\alpha+\left(\frac{\partial A_x}{\partial z}-\frac{\partial A_z}{\partial x}\right)\cos\beta+\left(\frac{\partial A_y}{\partial x}-\frac{\partial A_x}{\partial y}\right)\cos\gamma\right]\mathrm{d}\sigma\end{aligned}$$

$$= \left[\left(\frac{\partial A_z}{\partial y} - \frac{\partial A_y}{\partial z}\right)\cos\alpha + \left(\frac{\partial A_x}{\partial z} - \frac{\partial A_z}{\partial x}\right)\cos\beta + \left(\frac{\partial A_y}{\partial x} - \frac{\partial A_x}{\partial y}\right)\cos\gamma\right]_{x^*} \cdot \Delta S \tag{1.1.17}$$

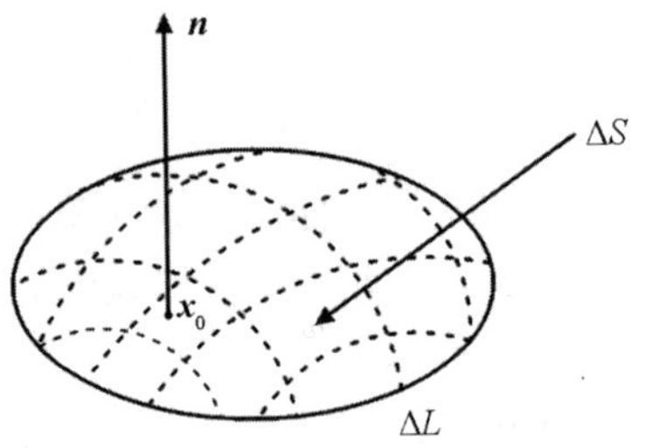

图 1.1.4　矢量场的环量

这里第二步利用了积分中值定理，$\boldsymbol{x}^*$ 是 ΔS 面上某一点，$(\cos\alpha, \cos\beta, \cos\gamma)$ 是法向 $\boldsymbol{n}$ 的方向余弦。把上式代入式(1.1.16)中，并注意当 ΔL 缩向$\boldsymbol{x}_0$时，$\boldsymbol{x}^*$ 亦趋向$\boldsymbol{x}_0$，于是

$$\lim_{\Delta S\to 0}\frac{\Delta \Gamma}{\Delta S} = \left(\frac{\partial A_z}{\partial y} - \frac{\partial A_y}{\partial z}\right)\cos\alpha + \left(\frac{\partial A_x}{\partial z} - \frac{\partial A_z}{\partial x}\right)\cos\beta + \left(\frac{\partial A_y}{\partial x} - \frac{\partial A_x}{\partial y}\right)\cos\gamma \tag{1.1.18}$$

旋度　在矢量场 $\boldsymbol{A}$ 中，定义矢量 $\boldsymbol{R}$

$$\boldsymbol{R} = \left(\frac{\partial A_z}{\partial y} - \frac{\partial A_y}{\partial z}\right)\boldsymbol{i} + \left(\frac{\partial A_x}{\partial z} - \frac{\partial A_z}{\partial x}\right)\boldsymbol{j} + \left(\frac{\partial A_y}{\partial x} - \frac{\partial A_x}{\partial y}\right)\boldsymbol{k} \tag{1.1.19}$$

在场中任一点，由式(1.1.18)，矢量场 $\boldsymbol{A}$ 沿任意方向 $\boldsymbol{n}$ 的环量面密度可表示为

$$\lim_{\Delta S\to 0}\frac{\Delta \Gamma}{\Delta S} = \boldsymbol{R}\cdot\boldsymbol{n} \tag{1.1.20}$$

这表明式(1.1.19)中的 $\boldsymbol{R}$ 具有这样的性质：它在任一方向上的投影给出沿该方向的环量面密度。在场中一点，矢量场 $\boldsymbol{A}$ 沿着不同的方向有不同的环量面密度，而 $\boldsymbol{R}$ 是唯一的。$\boldsymbol{R}$ **的方向是环量面密度取最大值**的方向，$|R|$**是环量面密度的最大值**。$\boldsymbol{R}$ 称为矢量场 $\boldsymbol{A}$ 的**旋度**（curl 或 rotation），记为 rot$\boldsymbol{A}$，式(1.1.19)就是旋度在直角坐标系下的表达式。引用矢量微分算子∇，旋度可表示为

$$\mathrm{rot}\boldsymbol{A} = \nabla\times\boldsymbol{A} = \begin{vmatrix} \boldsymbol{i} & \boldsymbol{j} & \boldsymbol{k} \\ \dfrac{\partial}{\partial x} & \dfrac{\partial}{\partial y} & \dfrac{\partial}{\partial z} \\ A_x & A_y & A_z \end{vmatrix} \tag{1.1.21}$$

如果矢量场是纵场，则矢量线沿任意闭合曲线的环路积分均为 0，从而空间各点的旋度必为 0。可见，**纵场是无旋场**。矢量场中任意一点的旋度，就表示该点作为横场源的强度。与纵场源强度不同，横场源强度是一个矢量，环量面密度给出场中各点横场源强度沿指定方向的投影。

1.2　矢量微分算子∇

1.2.1　∇算子

矢量微分算子∇同时具有微分运算和矢量运算的双重性质。一方面它作为微分算子对被它作用的函数求导，另一方面这种运算又必须适合矢量运算法则。本节说明∇算子的运算性质，并给出一些常用公式。必须指出，虽然作为例子用直角坐标系给出了一些公式的证明，但这些公式的正确性与坐标系选择无关。

上一节已引进∇算子表示标量场的梯度、矢量场的散度和旋度。

$$\nabla u = \frac{\partial u}{\partial x}\boldsymbol{i} + \frac{\partial u}{\partial y}\boldsymbol{j} + \frac{\partial u}{\partial z}\boldsymbol{k} \tag{1.2.1}$$

$$\nabla \cdot \boldsymbol{A} = \frac{\partial A_x}{\partial x} + \frac{\partial A_y}{\partial y} + \frac{\partial A_z}{\partial z} \tag{1.2.2}$$

$$\nabla \times \boldsymbol{A} = \left(\frac{\partial A_z}{\partial y} - \frac{\partial A_y}{\partial z}\right)\boldsymbol{i} + \left(\frac{\partial A_x}{\partial z} - \frac{\partial A_z}{\partial x}\right)\boldsymbol{j} + \left(\frac{\partial A_y}{\partial x} - \frac{\partial A_x}{\partial y}\right)\boldsymbol{k} \tag{1.2.3}$$

∇算子还可以按下述方式构成一个标量算子

$$\nabla \cdot \nabla = \nabla^2 = \frac{\partial^2}{\partial x^2} + \frac{\partial^2}{\partial y^2} + \frac{\partial^2}{\partial z^2} \tag{1.2.4}$$

称为**拉普拉斯算子**(Laplacian operator)，可作用在标量或矢量函数上。

1.2.2　关于∇算子的计算公式

1. 对单个函数的作用

设 u 是标量场，则有

$$\nabla f(u) = \frac{\mathrm{d}f}{\mathrm{d}u}\nabla u \tag{1.2.5}$$

$$\nabla\cdot\boldsymbol{A}(u)=\frac{\mathrm{d}\boldsymbol{A}}{\mathrm{d}u}\cdot\nabla u \tag{1.2.6}$$

$$\nabla\times\boldsymbol{A}(u)=\nabla u\times\frac{\mathrm{d}\boldsymbol{A}}{\mathrm{d}u} \tag{1.2.7}$$

把∇算子写成分量形式，可直接证明这些公式。

例 1.2.1：证明式(1.2.5)。

证明：

$$\begin{aligned}\nabla f(u)&=\left(\frac{\partial}{\partial x}\boldsymbol{i}+\frac{\partial}{\partial y}\boldsymbol{j}+\frac{\partial}{\partial z}\boldsymbol{k}\right)f(u)\\&=\frac{\mathrm{d}f}{\mathrm{d}u}\frac{\partial u}{\partial x}\boldsymbol{i}+\frac{\mathrm{d}f}{\mathrm{d}u}\frac{\partial u}{\partial y}\boldsymbol{j}+\frac{\mathrm{d}f}{\mathrm{d}u}\frac{\partial u}{\partial z}\boldsymbol{k}\\&=\frac{\mathrm{d}f}{\mathrm{d}u}\nabla u\end{aligned}$$

2. 对物理量乘积的作用

设 u，v 是标量场，$\boldsymbol{A}$，$\boldsymbol{B}$ 是矢量场，则

$$\nabla(uv)=v\nabla u+u\nabla v \tag{1.2.8}$$

$$\nabla\cdot(u\boldsymbol{A})=(\nabla u)\cdot\boldsymbol{A}+u\nabla\cdot\boldsymbol{A} \tag{1.2.9}$$

$$\nabla\times(u\boldsymbol{A})=(\nabla u)\times\boldsymbol{A}+u\nabla\times\boldsymbol{A} \tag{1.2.10}$$

$$\nabla(\boldsymbol{A}\cdot\boldsymbol{B})=\boldsymbol{A}\times(\nabla\times\boldsymbol{B})+\boldsymbol{A}\cdot\nabla\boldsymbol{B}+\boldsymbol{B}\times(\nabla\times\boldsymbol{A})+\boldsymbol{B}\cdot\nabla\boldsymbol{A} \tag{1.2.11}$$

$$\nabla\cdot(\boldsymbol{A}\times\boldsymbol{B})=(\nabla\times\boldsymbol{A})\cdot\boldsymbol{B}-\boldsymbol{A}\cdot\nabla\times\boldsymbol{B} \tag{1.2.12}$$

$$\nabla\times(\boldsymbol{A}\times\boldsymbol{B})=\boldsymbol{A}\nabla\cdot\boldsymbol{B}-\boldsymbol{A}\cdot\nabla\boldsymbol{B}-\boldsymbol{B}\nabla\cdot\boldsymbol{A}+\boldsymbol{B}\cdot\nabla\boldsymbol{A} \tag{1.2.13}$$

$$\nabla\times(\nabla\times\boldsymbol{A})=\nabla(\nabla\cdot\boldsymbol{A})-\nabla^2\boldsymbol{A} \tag{1.2.14}$$

在导出这些公式时，不必把∇算子展开，只需注意∇算子的微分运算和矢量运算的双重性质。**首先考虑微分运算展开，再按矢量运算规则调整，调整要照顾到微分性。**

例 1.2.2：证明式(1.2.10)。

证明：用“↓”表示微分作用的对象，有

$$\begin{aligned}\nabla\times(u\boldsymbol{A})&=\nabla\times(\overset{\downarrow}{u}\boldsymbol{A})+\nabla\times(u\overset{\downarrow}{\boldsymbol{A}})\\&=(\nabla\overset{\downarrow}{u})\times\boldsymbol{A}+u\nabla\times\overset{\downarrow}{\boldsymbol{A}}\\&=(\nabla u)\times\boldsymbol{A}+u\nabla\times\boldsymbol{A}\end{aligned}$$

例 1.2.3：证明式(1.2.11)。

证明：根据∇算子的微分性质，有

$$\nabla(\boldsymbol{A}\cdot\boldsymbol{B})=\nabla(\overset{\downarrow}{\boldsymbol{A}}\cdot\boldsymbol{B})+\nabla(\boldsymbol{A}\cdot\overset{\downarrow}{\boldsymbol{B}})$$

又按矢量运算规则：

$$\boldsymbol{a}\times(\boldsymbol{c}\times\boldsymbol{b})=\boldsymbol{c}(\boldsymbol{a}\cdot\boldsymbol{b})-(\boldsymbol{a}\cdot\boldsymbol{c})\boldsymbol{b}$$

有

$$\boldsymbol{A}\times(\nabla\times\overset{\downarrow}{\boldsymbol{B}})=\nabla(\boldsymbol{A}\cdot\overset{\downarrow}{\boldsymbol{B}})-\boldsymbol{A}\cdot\nabla\overset{\downarrow}{\boldsymbol{B}}$$

所以

$$\nabla(\boldsymbol{A}\cdot\overset{\downarrow}{\boldsymbol{B}})=\boldsymbol{A}\times(\nabla\times\overset{\downarrow}{\boldsymbol{B}})+\boldsymbol{A}\cdot\nabla\overset{\downarrow}{B}$$

同理

$$\nabla(\overset{\downarrow}{\boldsymbol{A}}\cdot\boldsymbol{B})=\boldsymbol{B}\times(\nabla\times\overset{\downarrow}{\boldsymbol{A}})+\boldsymbol{B}\cdot\nabla\overset{\downarrow}{\boldsymbol{A}}$$

于是

$$\nabla(\boldsymbol{A}\cdot\boldsymbol{B})=\boldsymbol{A}\times(\nabla\times\boldsymbol{B})+\boldsymbol{A}\cdot\nabla\boldsymbol{B}+\boldsymbol{B}\times(\nabla\times\boldsymbol{A})+\boldsymbol{B}\cdot\nabla\boldsymbol{A}$$

3. 对位矢函数的作用

设

$$\boldsymbol{r}=(x-x')\boldsymbol{i}+(y-y')\boldsymbol{j}+(z-z')\boldsymbol{k}$$

$$r=\sqrt{(x-x')^2+(y-y')^2+(z-z')^2}$$

记$\nabla'=\frac{\partial}{\partial x'}\boldsymbol{i}+\frac{\partial}{\partial y'}\boldsymbol{j}+\frac{\partial}{\partial z'}\boldsymbol{k}$，则

$$\nabla r=-\nabla' r=\boldsymbol{r}/r \tag{1.2.15}$$

$$\nabla\cdot\boldsymbol{r}=3 \tag{1.2.16}$$

$$\nabla\times\boldsymbol{r}=0 \tag{1.2.17}$$

4. 与常矢量有关的公式

设 $\boldsymbol{A}$ 为任意矢量场，$\boldsymbol{C}$ 为任意常矢量，则

$$\boldsymbol{A}\cdot\nabla\boldsymbol{r}=\boldsymbol{A} \tag{1.2.18}$$

$$\nabla(\boldsymbol{C}\cdot\boldsymbol{r})=\boldsymbol{C} \tag{1.2.19}$$

以上各式证明都很简单，留给读者练习。这些公式应牢牢掌握，对以后计算十分有用。

例 1.2.4：计算下列各式的值，其中 $\boldsymbol{a}$ 为常矢量。

$$\nabla\cdot[(\boldsymbol{a}\cdot\boldsymbol{r})\boldsymbol{r}];\ \nabla\times[(\boldsymbol{a}\cdot\boldsymbol{r})\boldsymbol{r}]$$

解：(1)$\nabla\cdot[(\boldsymbol{a}\cdot\boldsymbol{r})\boldsymbol{r}]=[\nabla(\boldsymbol{a}\cdot\boldsymbol{r})]\cdot\boldsymbol{r}+(\boldsymbol{a}\cdot\boldsymbol{r})(\nabla\cdot\boldsymbol{r})$

$$=\boldsymbol{a}\cdot\boldsymbol{r}+3\boldsymbol{a}\cdot\boldsymbol{r}$$

$$=4\boldsymbol{a}\cdot\boldsymbol{r}$$

$$(2)\nabla\times[(\boldsymbol{a}\cdot\boldsymbol{r})\boldsymbol{r}]=[\nabla(\boldsymbol{a}\cdot\boldsymbol{r})\times\boldsymbol{r}]+(\boldsymbol{a}\cdot\boldsymbol{r})(\nabla\times\boldsymbol{r})$$
$$=\boldsymbol{a}\times\boldsymbol{r}$$

例 1.2.5： 求$\nabla^2 \mathrm{e}^{\mathrm{i}\boldsymbol{k}\cdot\boldsymbol{r}}$，其中 $\boldsymbol{k}$ 为常矢量。

解：$\nabla \mathrm{e}^{\mathrm{i}\boldsymbol{k}\cdot\boldsymbol{r}}=\mathrm{e}^{\mathrm{i}\boldsymbol{k}\cdot\boldsymbol{r}}\nabla(\mathrm{i}\boldsymbol{k}\cdot\boldsymbol{r})=\mathrm{i}\boldsymbol{k}\,\mathrm{e}^{\mathrm{i}\boldsymbol{k}\cdot\boldsymbol{r}}$

$$\begin{aligned}\nabla^2 \mathrm{e}^{\mathrm{i}\boldsymbol{k}\cdot\boldsymbol{r}}&=\nabla\cdot(\nabla \mathrm{e}^{\mathrm{i}\boldsymbol{k}\cdot\boldsymbol{r}})=\nabla\cdot(\mathrm{i}\boldsymbol{k}\,\mathrm{e}^{\mathrm{i}\boldsymbol{k}\cdot\boldsymbol{r}})\\&=\nabla \mathrm{e}^{\mathrm{i}\boldsymbol{k}\cdot\boldsymbol{r}}\cdot\mathrm{i}\boldsymbol{k}\\&=-k^2\mathrm{e}^{\mathrm{i}\boldsymbol{k}\cdot\boldsymbol{r}}\end{aligned} \tag{1.2.20}$$

1.3 正交曲线坐标系中的矢量微分运算

由于很多电荷电流系统所产生的电磁场具有一定的几何对称性，在解决具体问题时，往往需要使用球坐标、柱坐标等正交曲线坐标系。本节首先介绍正交曲线坐标系的概念，然后导出梯度、散度、旋度以及拉普拉斯算子在柱坐标系和球坐标系下的表达式。

1.3.1 正交曲线坐标系

正交曲线坐标系是直角坐标系概念的推广。在直角坐标系中，方程

$$x=C_1 \tag{1.3.1}$$

表示一个与 x 轴垂直的平面，这个平面上所有点的 x 坐标都是C_1，称C_1是这个平面的**标识值**(characteristic value)。当C_1取不同常数值时，方程(1.3.1)代表一个与 x 轴垂直的平面族。与此类似，方程

$$y=C_2,\ z=C_3$$

分别表示与 y 轴和 z 轴垂直的平面族。这三族平面两两相交，给出三个直线族，分别是与 x 轴、y 轴和 z 轴平行的直线。空间一点 P 的坐标就由在此点相交的三个平面的标识值C_1，C_2，C_3给出(如图 1.3.1 所示)。

与此类似，设f_1是空间点的单值函数，方程

$$f_1(x,\ y,\ z)=q_1 \tag{1.3.2}$$

当q_1为常数时代表三维空间中的一个曲面，这个曲面可由q_1标识。当q_1取不同常数值时，式(1.3.2)表示一个曲面族。同样，当f_2，f_3都是空间点的单值函数时，方程$f_2(x,\ y,\ z)=q_2$，$f_3(x,\ y,\ z)=q_3$分别表示三维空间中的一个曲面族。由于f_1，f_2，f_3都是空间点的单值函数，对空间任意点必有每个曲面族中的一个且仅有一个曲面通过，于是空间每个点的位置也可由在此相交的三个曲面的标

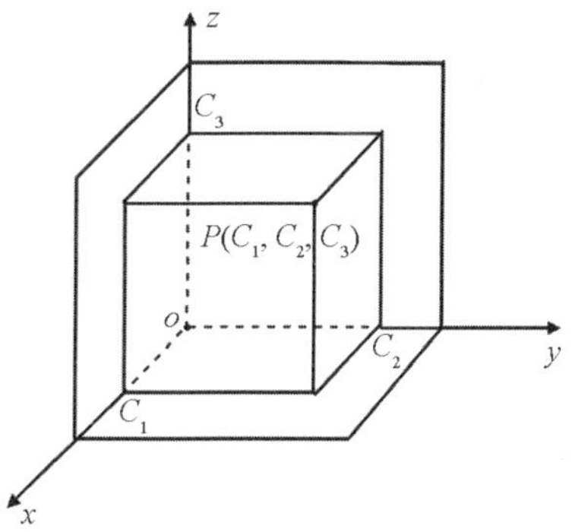

图 1.3.1　直角坐标系

识值q_1，q_2，q_3唯一确定。(q_1，q_2，q_3)可以代替直角坐标系中的(x, y, z)表示空间点的坐标。称(q_1，q_2，q_3)为空间点的**曲线坐标**(curvilinear coordinates)。

分别属于三族之一的三个曲面两两相交形成的曲线称为**坐标曲线**(coordinate curve)。在两曲面

$$\begin{cases} f_2(x, y, z) = q_2 \\ f_3(x, y, z) = q_3 \end{cases}$$

相交形成的坐标曲线上，q_2，q_3已取定值，只有q_1可以变化，称此曲线为坐标曲线q_1。同理，由曲面$f_1(x, y, z) = q_1$和$f_3(x, y, z) = q_3$，以及$f_1(x, y, z) = q_1$和$f_2(x, y, z) = q_2$相交的曲线依次称为坐标曲线q_2，q_3。

用$\boldsymbol{e}_1$，$\boldsymbol{e}_2$，$\boldsymbol{e}_3$分别表示沿坐标曲线q_1，q_2，q_3的切线方向的单位矢量，并约定其方向指向q_1，q_2，q_3增大的方向。对于一般的曲线坐标系，$\boldsymbol{e}_1$，$\boldsymbol{e}_2$，$\boldsymbol{e}_3$之间的夹角可以是非零的任意角度。当$\boldsymbol{e}_1$，$\boldsymbol{e}_2$，$\boldsymbol{e}_3$相互正交时，得到一类特殊的曲线坐标系，称为**正交曲线坐标系**(orthogonal curvilinear coordinates)，并约定$\boldsymbol{e}_1$，$\boldsymbol{e}_2$，$\boldsymbol{e}_3$的取向构成右手螺旋系统。

要特别注意的是，在直角坐标系中，基矢量是与空间点无关的常矢量。而在曲线坐标系中，基矢量的大小不变，但其方向却随空间点变化。这是曲线坐标系与直角坐标系完全不同的一个性质。

1.3.2　正交曲线坐标系中的微分线元

在直角坐标系中坐标变量都具有长度的量纲。但在正交曲线坐标系中，坐标变量可以是角度等物理量，不一定有长度量纲。为了导出梯度、散度、旋度在正交曲线坐标系中的表达式，首先给出正交曲线坐标系中微分线元的表

达式。

在直角坐标系中，微分线元

$$\mathrm{d}\boldsymbol{l} = \boldsymbol{e}_x \mathrm{d}x + \boldsymbol{e}_y \mathrm{d}y + \boldsymbol{e}_z \mathrm{d}z$$

$$\mathrm{d}l = \sqrt{(\mathrm{d}x)^2 + (\mathrm{d}y)^2 + (\mathrm{d}z)^2} \tag{1.3.3}$$

在正交曲线坐标系下，坐标曲线q_1的微分线元 d$\boldsymbol{l}$ 沿$\boldsymbol{e}_1$方向，q_2，q_3为常数，所以

$$\mathrm{d}x = \frac{\partial x}{\partial q_1}\mathrm{d}q_1,\ \mathrm{d}y = \frac{\partial y}{\partial q_1}\mathrm{d}q_1,\ \mathrm{d}z = \frac{\partial z}{\partial q_1}\mathrm{d}q_1$$

由式(1.3.3)，沿坐标曲线q_1的微分线元为

$$\mathrm{d}l_1 = \left[\left(\frac{\partial x}{\partial q_1}\right)^2 + \left(\frac{\partial y}{\partial q_1}\right)^2 + \left(\frac{\partial z}{\partial q_1}\right)^2\right]^{1/2}\mathrm{d}q_1 \tag{1.3.4}$$

同理，沿坐标曲线 q_2，q_3 的微分线元分别为

$$\mathrm{d}l_2 = \left[\left(\frac{\partial x}{\partial q_2}\right)^2 + \left(\frac{\partial y}{\partial q_2}\right)^2 + \left(\frac{\partial z}{\partial q_2}\right)^2\right]^{1/2}\mathrm{d}q_2 \tag{1.3.5}$$

$$\mathrm{d}l_3 = \left[\left(\frac{\partial x}{\partial q_3}\right)^2 + \left(\frac{\partial y}{\partial q_3}\right)^2 + \left(\frac{\partial z}{\partial q_3}\right)^2\right]^{1/2}\mathrm{d}q_3 \tag{1.3.6}$$

记

$$h_i = \left[\left(\frac{\partial x}{\partial q_i}\right)^2 + \left(\frac{\partial y}{\partial q_i}\right)^2 + \left(\frac{\partial z}{\partial q_i}\right)^2\right]^{1/2} \tag{1.3.7}$$

称为**度量因子**(scale factor)。式(1.3.4)~(1.3.6)可写为

$$\mathrm{d}l_i = h_i \mathrm{d}q_i \quad (i=1,\ 2,\ 3) \tag{1.3.8}$$

即在正交曲线坐标系中，坐标的微分 dq_1，dq_2，dq_3 必须乘上相应的度量因子才得到沿该坐标曲线的微分线元。

有了微分线元，就可求得微分面积元和微分体积元。例如在 q_i 标识的曲面上，微分线元 d$\boldsymbol{l}_i$，d$\boldsymbol{l}_j$，d$\boldsymbol{l}_k$ 组成面积元和体积元(如图 1.3.2 所示)。

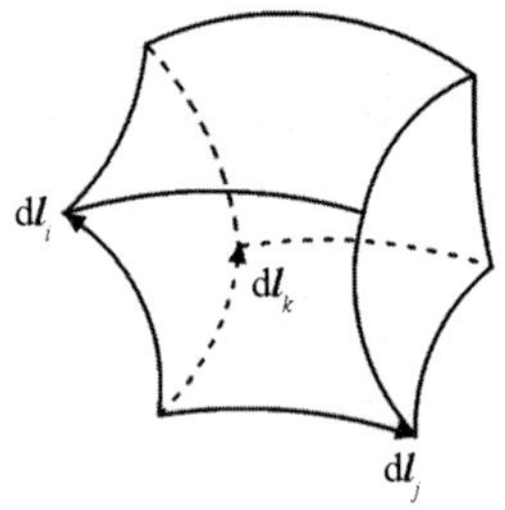

图 1.3.2　微分线元组成的微分面积元和微分体积元

微分面积元为

$$d\boldsymbol{\sigma}_i = d\boldsymbol{l}_j \times d\boldsymbol{l}_k = h_j h_k dq_j dq_k \boldsymbol{e}_i \tag{1.3.9}$$

微分体积元为

$$d\tau = d\boldsymbol{l}_i \cdot (d\boldsymbol{l}_j \times d\boldsymbol{l}_k) = h_i h_j h_k dq_i dq_k \tag{1.3.10}$$

1.3.3　梯度、散度、旋度以及拉普拉斯算子在正交曲线坐标系下的表达式

1. 梯度

标量场的梯度在空间任一方向上的投影给出沿该方向的方向导数。正交曲线坐标系下标量函数 $u(q_1, q_2, q_3)$ 的梯度可由沿三条坐标曲线切线方向的方向导数的矢量和表示出来。由于在坐标曲线 q_1 上，$dq_2 = dq_3 = 0$，所以

$$du = \frac{\partial u}{\partial q_1} dq_1$$

从而沿坐标曲线q_1的方向导数可写作

$$\frac{\partial u}{\partial l_1} = \frac{1}{h_1} \frac{\partial u}{\partial q_1}$$

这里已用到了式(1.3.8)。同理

$$\frac{\partial u}{\partial l_2} = \frac{1}{h_2} \frac{\partial u}{\partial q_2}, \quad \frac{\partial u}{\partial l_3} = \frac{1}{h_3} \frac{\partial u}{\partial q_3}$$

由此，在正交曲线坐标系下，标量函数 u 的梯度可表示为

$$\nabla u = \frac{1}{h_1} \frac{\partial u}{\partial q_1} \boldsymbol{e}_1 + \frac{1}{h_2} \frac{\partial u}{\partial q_2} \boldsymbol{e}_2 + \frac{1}{h_3} \frac{\partial u}{\partial q_3} \boldsymbol{e}_3 \tag{1.3.11}$$

算子∇在正交曲线坐标系下可写作

$$\nabla = \frac{1}{h_1} \frac{\partial}{\partial q_1} \boldsymbol{e}_1 + \frac{1}{h_2} \frac{\partial}{\partial q_2} \boldsymbol{e}_2 + \frac{1}{h_3} \frac{\partial}{\partial q_3} \boldsymbol{e}_3 \tag{1.3.12}$$

2. 散度

在正交曲线坐标系下，

$$\nabla \cdot \boldsymbol{A} = \nabla \cdot (A_1 \boldsymbol{e}_1) + \nabla \cdot (A_2 \boldsymbol{e}_2) + \nabla \cdot (A_3 \boldsymbol{e}_3) \tag{1.3.13}$$

由式(1.3.12)注意到$\nabla q_2 = \boldsymbol{e}_2 / h_2$，$\nabla q_3 = \boldsymbol{e}_3 / h_3$，则式(1.3.13)中第一项可以写作

$$\begin{aligned}
\nabla \cdot (A_1 \boldsymbol{e}_1) &= \nabla \cdot \left[A_1 h_2 h_3 \left(\frac{\boldsymbol{e}_2}{h_2} \times \frac{\boldsymbol{e}_3}{h_3} \right) \right] \\
&= \nabla \cdot [A_1 h_2 h_3 (\nabla q_2 \times \nabla q_3)] \\
&= \nabla (A_1 h_2 h_3) \cdot (\nabla q_2 \times \nabla q_3) + A_1 h_2 h_3 \nabla \cdot (\nabla q_2 \times \nabla q_3)
\end{aligned}$$

$$=\nabla(A_1h_2h_3)\cdot\frac{\boldsymbol{e}_1}{(h_2h_3)} \tag{1.3.14}$$

其中利用任一标量函数的梯度恒为无旋场，从而有$\nabla\cdot(\nabla q_2\times\nabla q_3)=(\nabla\times\nabla q_2)\cdot\nabla q_3-\nabla q_2\cdot(\nabla\times\nabla q_3)=0$。根据式(1.3.12)及式(1.3.14)可得

$$\nabla\cdot(A_1\boldsymbol{e}_1)=\frac{1}{h_1h_2h_3}\frac{\partial}{\partial q_1}(A_1h_2h_3)$$

同理

$$\nabla\cdot(A_2\boldsymbol{e}_2)=\frac{1}{h_1h_2h_3}\frac{\partial}{\partial q_2}(A_2h_1h_3)$$

$$\nabla\cdot(A_3\boldsymbol{e}_3)=\frac{1}{h_1h_2h_3}\frac{\partial}{\partial q_3}(A_3h_1h_2)$$

所以

$$\nabla\cdot\boldsymbol{A}=\frac{1}{h_1h_2h_3}\left[\frac{\partial}{\partial q_1}(A_1h_2h_3)+\frac{\partial}{\partial q_2}(A_2h_1h_3)+\frac{\partial}{\partial q_3}(A_3h_1h_2)\right] \tag{1.3.15}$$

3. 旋度

在正交曲线坐标系下

$$\nabla\times\boldsymbol{A}=\nabla\times(A_1\boldsymbol{e}_1)+\nabla\times(A_2\boldsymbol{e}_2)+\nabla\times(A_3\boldsymbol{e}_3) \tag{1.3.16}$$

其中第一项

$$\begin{aligned}\nabla\times(A_1\boldsymbol{e}_1)&=\nabla\times(A_1h_1\nabla q_1)\\&=\nabla(A_1h_1)\times\nabla q_1+A_1h_1(\nabla\times\nabla q_1)\\&=\nabla(A_1h_1)\times\boldsymbol{e}_1/h_1\end{aligned} \tag{1.3.17}$$

这里利用了$\nabla q_1=\boldsymbol{e}_1/h_1$及$\nabla\times\nabla q_1=0$。由式(1.3.12)及式(1.3.17)可得

$$\begin{aligned}\nabla\times(A_1\boldsymbol{e}_1)&=\left[\boldsymbol{e}_1\frac{1}{h_1}\frac{\partial(A_1h_1)}{\partial q_1}+\boldsymbol{e}_2\frac{1}{h_2}\frac{\partial(A_1h_1)}{\partial q_2}+\boldsymbol{e}_3\frac{1}{h_3}\frac{\partial(A_1h_1)}{\partial q_3}\right]\times\frac{\boldsymbol{e}_1}{h_1}\\&=\frac{\boldsymbol{e}_2}{h_1h_3}\frac{\partial(A_1h_1)}{\partial q_3}-\frac{\boldsymbol{e}_3}{h_1h_2}\frac{\partial(A_1h_1)}{\partial q_2}\end{aligned} \tag{1.3.18}$$

同理可得

$$\nabla\times(A_2\boldsymbol{e}_2)=\frac{\boldsymbol{e}_3}{h_1h_2}\frac{\partial(A_2h_2)}{\partial q_1}-\frac{\boldsymbol{e}_1}{h_2h_3}\frac{\partial(A_2h_2)}{\partial q_3}$$

$$\nabla\times(A_3\boldsymbol{e}_3)=\frac{\boldsymbol{e}_1}{h_2h_3}\frac{\partial(A_3h_3)}{\partial q_2}-\frac{\boldsymbol{e}_2}{h_1h_3}\frac{\partial(A_3h_3)}{\partial q_1}$$

把上面三式都代入式(1.3.16)中，整理后得

$$\nabla \times \boldsymbol{A} = \frac{1}{h_1 h_2 h_3}\begin{vmatrix} h_1\boldsymbol{e}_1 & h_2\boldsymbol{e}_2 & h_3\boldsymbol{e}_3 \\ \dfrac{\partial}{\partial q_1} & \dfrac{\partial}{\partial q_2} & \dfrac{\partial}{\partial q_3} \\ A_1h_1 & A_2h_2 & A_3h_3 \end{vmatrix} \tag{1.3.19}$$

4. 拉普拉斯算子

对正交曲线坐标系，用式(1.3.11)中的∇u 代替式(1.3.15)中的 $\boldsymbol{A}$ 得出

$$\nabla^2 u = \frac{1}{h_1h_2h_3}\left[\frac{\partial}{\partial q_1}\left(\frac{1}{h_1}\frac{\partial u}{\partial q_1}h_2h_3\right) + \frac{\partial}{\partial q_2}\left(\frac{1}{h_2}\frac{\partial u}{\partial q_2}h_1h_3\right) + \frac{\partial}{\partial q_3}\left(\frac{1}{h_3}\frac{\partial u}{\partial q_3}h_1h_2\right)\right] \tag{1.3.20}$$

1.3.4 梯度、散度、旋度和拉普拉斯算子在柱坐标和球坐标系下的表达式

柱坐标系和球坐标系是两个常用的重要正交曲线坐标系。下面根据一般正交曲线坐标系下的普遍结果，给出这两个坐标系中梯度、散度、旋度和拉普拉斯算子的具体表达式。

1. 柱坐标系

空间点的柱坐标和直角坐标存在如下关系(如图 1.3.3 所示)：

$$\begin{cases} x = \rho\cos\Phi \\ y = \rho\sin\Phi \\ z = z \end{cases}$$

由式(1.3.7)可求得柱坐标中的度量因子

$$h_\rho = 1,\ h_\Phi = \rho,\ h_z = 1$$

代入式(1.3.11)、式(1.3.15)、式(1.3.19)、式(1.3.20)中，可得梯度、散度、旋度和拉普拉斯算子在柱坐标系中的表达式

$$\nabla u = \frac{\partial u}{\partial \rho}\boldsymbol{e}_\rho + \frac{1}{\rho}\frac{\partial u}{\partial \Phi}\boldsymbol{e}_\Phi + \frac{\partial u}{\partial z}\boldsymbol{e}_z \tag{1.3.21}$$

$$\nabla \cdot \boldsymbol{A} = \frac{1}{\rho}\left[\frac{\partial(\rho A_\rho)}{\partial \rho} + \frac{\partial A_\Phi}{\partial \Phi} + \frac{\partial(\rho A_z)}{\partial z}\right] \tag{1.3.22}$$

$$\nabla \times \boldsymbol{A} = \left(\frac{1}{\rho}\frac{\rho A_z}{\partial \Phi} - \frac{\partial A_\Phi}{\partial z}\right)\boldsymbol{e}_\rho + \left(\frac{\partial A_\rho}{\partial z} - \frac{\partial A_z}{\partial \rho}\right)\boldsymbol{e}_\Phi + \frac{1}{\rho}\left[\frac{\partial(\rho A_\Phi)}{\partial \rho} - \frac{\partial A_\rho}{\partial \Phi}\right]\boldsymbol{e}_z \tag{1.3.23}$$

$$\nabla^2 u = \frac{1}{\rho}\left[\frac{\partial}{\partial \rho}\left(\rho\frac{\partial u}{\partial \rho}\right) + \frac{\partial}{\partial \Phi}\left(\frac{1}{\rho}\frac{\partial u}{\partial \Phi}\right) + \frac{\partial}{\partial z}\left(\rho\frac{\partial u}{\partial z}\right)\right] \tag{1.3.24}$$

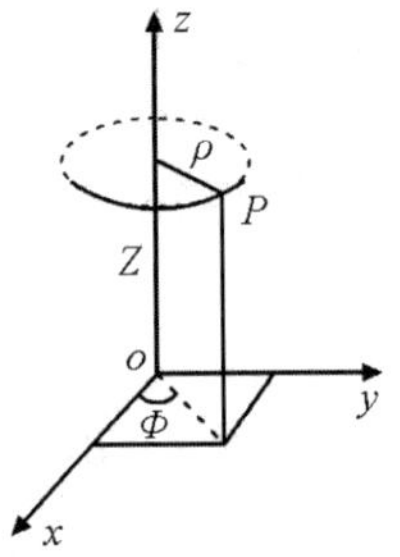

图 1.3.3 柱坐标系

2. 球坐标系

空间点的球坐标和直角坐标存在如下关系(如图 1.3.4 所示):

$$\begin{cases} x = r\sin\theta\cos\Phi \\ y = r\sin\theta\sin\Phi \\ z = r\cos\theta \end{cases}$$

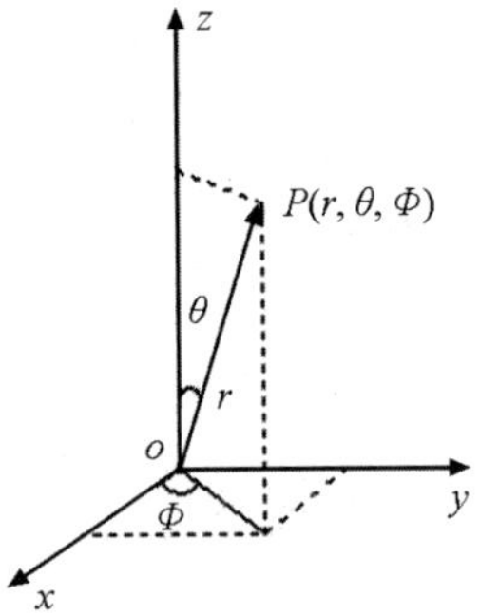

图 1.3.4 球坐标系

由式(1.3.7)求得度量因子

$$h_r = 1,\ h_\theta = r,\ h_\Phi = r\sin\theta$$

与柱坐标系下的计算类似,求得

$$\nabla u = \frac{\partial u}{\partial r}\boldsymbol{e}_r + \frac{1}{r}\frac{\partial u}{\partial \theta}\boldsymbol{e}_\theta + \frac{1}{r\sin\theta}\frac{\partial u}{\partial \Phi}\boldsymbol{e}_\Phi \tag{1.3.25}$$

$$\nabla \cdot \boldsymbol{A} = \frac{1}{r^2\sin\theta}\left[\sin\theta\frac{\partial(r^2 A_r)}{\partial r} + r\frac{\partial(A_\theta\sin\theta)}{\partial\theta} + r\frac{\partial A_\Phi}{\partial\Phi}\right] \tag{1.3.26}$$

$$\nabla \times \boldsymbol{A} = \frac{1}{r\sin\theta}\left[\frac{\partial(A_\Phi\sin\theta)}{\partial\theta} - \frac{\partial A_\theta}{\partial\Phi}\right]\boldsymbol{e}_r + \frac{1}{r}\left[\frac{1}{\sin\theta}\frac{\partial A_r}{\partial\Phi} - \frac{\partial(rA_\Phi)}{\partial r}\right]\boldsymbol{e}_\theta +$$

$$\frac{1}{r}\left[\frac{\partial(rA_\theta)}{\partial r}-\frac{\partial A_r}{\partial\theta}\right]\boldsymbol{e}_\Phi \tag{1.3.27}$$

$$\nabla^2 u=\frac{1}{r^2\sin\theta}\left[\sin\theta\frac{\partial}{\partial r}\left(r^2\frac{\partial u}{\partial r}\right)+\frac{\partial}{\partial\theta}\left(\sin\theta\frac{\partial u}{\partial\theta}\right)+\frac{1}{\sin\theta}\frac{\partial^2 u}{\partial\Phi^2}\right] \tag{1.3.28}$$

1.4　张量

本节首先从坐标系转动变换的角度考察标量和矢量的区别，然后引进二阶张量和一般张量的概念。

1.4.1　坐标系转动变换

设三维空间中有一直角坐标系 S，记 S 系沿坐标轴的三个单位基矢量是$\boldsymbol{e}_1$，$\boldsymbol{e}_2$，$\boldsymbol{e}_3$。$\{\boldsymbol{e}_i\}$满足正交归一化关系

$$\boldsymbol{e}_i\cdot\boldsymbol{e}_j=\delta_{ij} \tag{1.4.1}$$

其中

$$\delta_{ij}=\begin{cases}0 & i\neq j\\ 1 & i=j\end{cases} \tag{1.4.2}$$

称为克罗内克符号。空间一点 M 的矢径 $\boldsymbol{r}$ 在 S 系中可以表示为

$$\boldsymbol{r}=\sum_{i=1}^{3}x_i\boldsymbol{e}_i \tag{1.4.3}$$

x_i是 $\boldsymbol{r}$ 沿基矢$\boldsymbol{e}_i$的分量。以后若无特殊必要，一律采用**凡下标重复就表示对该下标所有可能值求和的惯例。**

固定坐标原点 O，让坐标系 S 绕某一方向转过一个角度，记新坐标系为 S'，取 S'系的单位基矢为 $\boldsymbol{e}'_1$，$\boldsymbol{e}'_2$，$\boldsymbol{e}'_3$(如图1.4.1所示)。$\{\boldsymbol{e}'_i\}$也满足式(1.4.1)中的正交归一化关系。空间点 M 的矢径 $\boldsymbol{r}$ 在新坐标系中表示为

$$\boldsymbol{r}=x'_i\boldsymbol{e}'_i \tag{1.4.4}$$

x'_i是 $\boldsymbol{r}$ 在 S'系中的坐标分量。由于转动中 O 点和 M 点不动，$\boldsymbol{r}$ 本身不变，由式(1.4.3)、式(1.4.4)可得

$$x'_k\boldsymbol{e}'_k=x_j\boldsymbol{e}_j \tag{1.4.5}$$

以$\boldsymbol{e}'_i$点乘式(1.4.5)两边，并利用$\{\boldsymbol{e}'_i\}$的正交归一性

$$x'_k\delta_{ki}=x_j\boldsymbol{e}'_i\cdot\boldsymbol{e}_j$$

注意：$x'_k\delta_{ki}=x'_i$；$\boldsymbol{e}'_i\cdot\boldsymbol{e}_j$是个标量，记为$\alpha_{ij}$。上式可写为

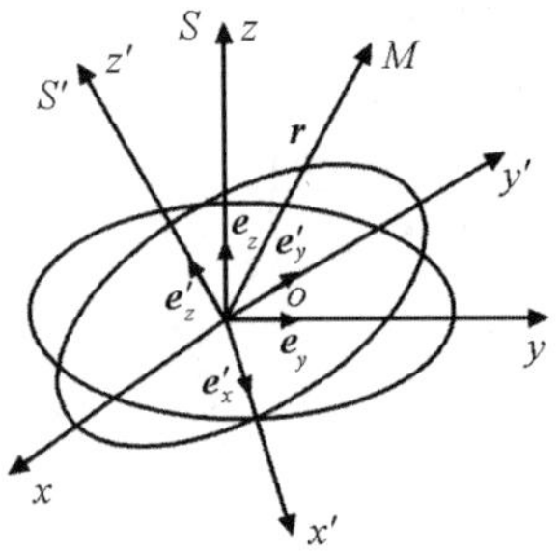

图 1.4.1　坐标系的转动

$$x'_i = \alpha_{ij} x_j \tag{1.4.6}$$

式(1.4.6)就是矢量 $\boldsymbol{r}$ 在新坐标系 S'下的分量与旧坐标系 S 下的分量之间的关系。系数α_{ij}与坐标无关，仅依赖于新旧坐标系的相对转动(转轴和转角)。所以位矢分量的坐标系转动变换是一个**线性变换**(linear transformation)。

式(1.4.6)可以写成矩阵形式

$$\begin{bmatrix} x'_1 \\ x'_2 \\ x'_3 \end{bmatrix} = \begin{bmatrix} \alpha_{11} & \alpha_{12} & \alpha_{13} \\ \alpha_{21} & \alpha_{22} & \alpha_{23} \\ \alpha_{31} & \alpha_{32} & \alpha_{33} \end{bmatrix} \begin{bmatrix} x_1 \\ x_2 \\ x_3 \end{bmatrix} \tag{1.4.7}$$

即

$$\boldsymbol{X}' = \boldsymbol{\alpha X} \tag{1.4.8}$$

$$\boldsymbol{\alpha} = \begin{bmatrix} \alpha_{11} & \alpha_{12} & \alpha_{13} \\ \alpha_{21} & \alpha_{22} & \alpha_{23} \\ \alpha_{31} & \alpha_{32} & \alpha_{33} \end{bmatrix} \tag{1.4.9}$$

称为**转动矩阵**(rotation matrix)。

在坐标系转动变换下，矢量 $\boldsymbol{r}$ 的长度不变，必有

$$x'_i x'_i = x_j x_j \tag{1.4.10}$$

保持矢量长度不变的线性变换称为正交变换(orthogonal transformation)，以上讨论表明：**坐标系转动变换是正交变换。**

根据在正交变换下 $x_i x_i$ 为不变量的特点可以导出对变换矩阵的限制条件为

$$\alpha_{ij}\alpha_{ik} = \delta_{jk} \tag{1.4.11}$$

事实上，由于求和结果与求和指标无关，有

$$x'_i = \alpha_{ij} x_j$$
$$x'_i = \alpha_{ik} x_k$$

所以

$$x_i'x_i' = \alpha_{ij}\alpha_{ik}x_jx_k$$

另一方面

$$x_j x_j = \sum_{j=1}^{3} x_j x_j = \sum_{j=1}^{3} x_j \sum_{k=1}^{3} \delta_{jk}x_k = \delta_{jk} x_j x_k$$

由式(1.4.10)得

$$\alpha_{ij}\alpha_{ik} = \delta_{jk}$$

式(1.4.11)可以写成矩阵形式

$$\tilde{\boldsymbol{\alpha}}\boldsymbol{\alpha} = \boldsymbol{I} \tag{1.4.12}$$

$\boldsymbol{I}$ 是 3×3 单位矩阵，$\tilde{\boldsymbol{\alpha}}$ 是 $\boldsymbol{\alpha}$ 的转置矩阵。式(1.4.12)表明：**若把 $\boldsymbol{\alpha}$ 矩阵的每行每列都看成行矢量或列矢量，对于正交变换，这些行矢量和列矢量是正交归一化的。**

由 S' 系到 S 系的变换称为**逆变换**(inverse transformation)。逆变换矩阵可由式(1.4.12)求出。

$$\boldsymbol{\alpha}^{-1} = \tilde{\boldsymbol{\alpha}} \tag{1.4.13}$$

逆变换矩阵是原来变换矩阵的转置。若记逆变换矩阵元素为β_{ij}，则上式表明

$$\beta_{ij} = \alpha_{ji} \tag{1.4.14}$$

以逆变换矩阵 $\boldsymbol{\alpha}^{-1}$ 作用于式(1.4.8)两边，得

$$\boldsymbol{X} = \tilde{\boldsymbol{\alpha}}\boldsymbol{X}' \tag{1.4.15}$$

1.4.2　物理量在坐标系转动变换下的性质

1. 标量

三维空间中两点之间的距离或线段长度在坐标系转动变换下不变，而距离、长度用一个数就可描述，称为**标量**(scalar)。将这一结论进行推广，可定义标量如下：

如果一个物理量在坐标系转动变换下为不变量，则称此物理量为标量。

2. 矢量

三维空间坐标矢量 $\boldsymbol{r} = x_i\boldsymbol{e}_i$，在坐标系转动变换下，其分量满足变换关系

$$x_i' = \alpha_{ij}x_j$$

由此可一般地定义矢量如下：

如果一个物理量有三个分量，其中每个分量在坐标系转动变换下如同坐标分量一样变换，即

$$A_i' = \alpha_{ij} A_j \tag{1.4.16}$$

则称此物理量为矢量(vector)。

例如速度是一个矢量，因为它的每个分量在坐标系转动变换下有

$$U_i' = \frac{\mathrm{d}x_i'}{\mathrm{d}t} = \alpha_{ij}\frac{\mathrm{d}x_j}{\mathrm{d}t} = \alpha_{ij} U_j$$

算子$\nabla = \frac{\partial}{\partial x}\boldsymbol{e}_x + \frac{\partial}{\partial y}\boldsymbol{e}_y + \frac{\partial}{\partial z}\boldsymbol{e}_z$是一个矢量算子，因为它的每个分量在坐标系转动变换下有

$$\frac{\partial}{\partial x_i'} = \frac{\partial}{\partial x_j}\frac{\partial x_j}{\partial x_i'} = \beta_{jk}\frac{\partial x_k'}{\partial x_i'}\frac{\partial}{\partial x_j} = \beta_{jk}\delta_{ki}\frac{\partial}{\partial x_j} = \beta_{ji}\frac{\partial}{\partial x_j} = \alpha_{ij}\frac{\partial}{\partial x_j}$$

满足和坐标分量相同的变换关系。

3. 二阶张量

矢量 $\boldsymbol{AB}$ 称为 $\boldsymbol{A}$ 和 $\boldsymbol{B}$ 的**并矢**(dyadic)，记为 $\boldsymbol{T} = \boldsymbol{AB}$，它有九个分量

$$T_{ij} = A_i B_j \quad (i,\ j = 1,\ 2,\ 3)$$

在坐标系转动变换下，由于

$$A_i' = \alpha_{ik} A_k$$

$$B_j' = \alpha_{jm} B_m$$

从而并矢 $\boldsymbol{T}$ 的每个分量T_{ij}满足变换关系

$$T_{ij}' = \alpha_{ik}\alpha_{jm} A_k B_m = \alpha_{ik}\alpha_{jm} T_{km} \tag{1.4.17}$$

由此可以给出张量的一般定义如下：

如果一个物理量由九个分量构成，每一个分量在坐标系转动变换下像并矢分量一样变换，就称这个物理量为张量(tensor)。并矢是特殊的张量。

有时我们称所有的物理量都为张量，把标量称为零阶张量，矢量称为一阶张量，上面定义的张量则称为二阶张量。如果需要的话，可以类似地定义三阶、四阶等更高阶张量。

必须指出，上面定义的各阶张量严格说来应冠以“三维空间”，因为是根据它们在三维空间中坐标系转动变换下的性质区分的。第 8 章将把类似的定义推广到包括时间在内的四维空间，将看到一个三维空间中的标量、矢量在四维空间中可能不再具有标量、矢量性质。

1.4.3　二阶张量的表示

在三维空间中建立直角坐标系，设沿三个坐标轴的单位基矢为$\boldsymbol{e}_1$，$\boldsymbol{e}_2$，$\boldsymbol{e}_3$。一个二阶张量在这个坐标系下可表示为

$$\boldsymbol{T}=T_{11}\boldsymbol{e}_1\boldsymbol{e}_1+T_{12}\boldsymbol{e}_1\boldsymbol{e}_2+T_{13}\boldsymbol{e}_1\boldsymbol{e}_3+T_{21}\boldsymbol{e}_2\boldsymbol{e}_1+T_{22}\boldsymbol{e}_2\boldsymbol{e}_2+T_{23}\boldsymbol{e}_2\boldsymbol{e}_3+T_{31}\boldsymbol{e}_3\boldsymbol{e}_1+T_{32}\boldsymbol{e}_3\boldsymbol{e}_2+T_{33}\boldsymbol{e}_3\boldsymbol{e}_3$$

$\boldsymbol{e}_i\boldsymbol{e}_j$可看作二阶张量基，$T_{ij}$是 $\boldsymbol{T}$ 张量在这个基下的分量。上式可简记为

$$\boldsymbol{T}=\sum_{ij}T_{ij}\boldsymbol{e}_i\boldsymbol{e}_j\quad(i,j=1,2,3)\tag{1.4.18}$$

一个张量的所有分量可以排成一个矩阵

$$\boldsymbol{T}=\begin{bmatrix}T_{11}&T_{12}&T_{13}\\T_{21}&T_{22}&T_{23}\\T_{31}&T_{32}&T_{33}\end{bmatrix}$$

显然张量 $\boldsymbol{T}$ 和这样的矩阵一一对应。这个矩阵称为张量 $\boldsymbol{T}$ 的**矩阵表示**(matrix representation)。

一个张量若满足$T_{ij}=T_{ji}$，则称这个张量为**对称张量**(symmetric tensor)；如果$T_{ij}=-T_{ji}$，则称其为**反对称张量**(antisymmetric tensor)。任何一个张量都可分解为一个对称张量和一个反对称张量之和。

$$\begin{aligned}\boldsymbol{T}&=\sum_{ij}T_{ij}\boldsymbol{e}_i\boldsymbol{e}_j\\&=\sum_{ij}\frac{1}{2}(T_{ij}+T_{ji})\boldsymbol{e}_i\boldsymbol{e}_j+\sum_{ij}\frac{1}{2}(T_{ij}-T_{ji})\boldsymbol{e}_i\boldsymbol{e}_j\end{aligned}\tag{1.4.19}$$

显然，式(1.4.19)右边第一项是对称张量，第二项是反对称张量。张量的对角元素之和 $\sum_i T_{ii}=T_{11}+T_{22}+T_{33}$ 称为**张量的迹**(tensor trace)。容易证明，张量的迹是标量，即坐标变换下的不变量。如果一个张量的迹是零，则称它为**零迹张量**(null-trace tensor)。显然，反对称张量必为零迹张量。

1.4.4　张量的代数运算

1. 两个张量相加，即对应分量相加。

$$\boldsymbol{T}+\boldsymbol{\Phi}=\sum_{ij}(T_{ij}+\Phi_{ij})\boldsymbol{e}_i\boldsymbol{e}_j\tag{1.4.20}$$

2. 标量 φ 乘以张量 $\boldsymbol{T}$，即以 φ 乘以 $\boldsymbol{T}$ 的每个分量。

$$\varphi\boldsymbol{T}=\sum_{ij}(\varphi T_{ij})\boldsymbol{e}_i\boldsymbol{e}_j\tag{1.4.21}$$

3. 张量和矢量点乘，其结果是一个矢量。

$$
\begin{aligned}
\boldsymbol{f}\cdot\boldsymbol{T} &= \boldsymbol{f}\cdot\sum_{ij} T_{ij}\,\boldsymbol{e}_i\,\boldsymbol{e}_j \\
&= \sum_{ij} T_{ij}(\boldsymbol{f}\cdot\boldsymbol{e}_i)\,\boldsymbol{e}_j = \sum_{ij} f_i\,T_{ij}\,\boldsymbol{e}_j \\
&= \sum_{j}\Big(\sum_{i} f_i T_{ij}\Big)\boldsymbol{e}_j \qquad (1.4.22)
\end{aligned}
$$

这个矢量的第 j 个分量是 $\sum_i f_i\,T_{ij}$。式(1.4.22) 表明，若把$\boldsymbol{f}$的三个分量写成行矩阵，利用 $\boldsymbol{T}$ 的矩阵表示，矢量与张量点乘可由矩阵乘法得出

$$
\boldsymbol{f}\cdot\boldsymbol{T} = [f_1 \quad f_2 \quad f_3]\begin{bmatrix} T_{11} & T_{12} & T_{13} \\ T_{21} & T_{22} & T_{23} \\ T_{31} & T_{32} & T_{33} \end{bmatrix}
$$

同理

$$
\boldsymbol{T}\cdot\boldsymbol{f} = \sum_{i}\Big(\sum_{j} T_{ij} f_j\Big)\boldsymbol{e}_i \qquad (1.4.23)
$$

用矩阵可表示为

$$
\boldsymbol{T}\cdot\boldsymbol{f} = \begin{bmatrix} T_{11} & T_{12} & T_{13} \\ T_{21} & T_{22} & T_{23} \\ T_{31} & T_{32} & T_{33} \end{bmatrix}\begin{bmatrix} f_1 \\ f_2 \\ f_3 \end{bmatrix}
$$

由于矩阵乘法顺序不能交换，所以一般

$$
\boldsymbol{f}\cdot\boldsymbol{T} \neq \boldsymbol{T}\cdot\boldsymbol{f}
$$

4. 张量与张量点乘分一次点乘和二次点乘两种。两个张量一次点乘结果仍是一个张量。

$$
\begin{aligned}
\boldsymbol{T}\cdot\boldsymbol{\Phi} &= \Big(\sum_{ij} T_{ij}\,\boldsymbol{e}_i\,\boldsymbol{e}_j\Big)\cdot\Big(\sum_{kl} \Phi_{kl}\,\boldsymbol{e}_k\,\boldsymbol{e}_l\Big) \\
&= \sum_{ijkl} T_{ij}\,\Phi_{kl}\boldsymbol{e}_i\,\delta_{jk}\,\boldsymbol{e}_l \\
&= \sum_{ijl} T_{ij}\,\Phi_{jl}\,\boldsymbol{e}_i\,\boldsymbol{e}_l \\
&= \sum_{il}\Big(\sum_{j} T_{ij}\Phi_{jl}\Big)\boldsymbol{e}_i\boldsymbol{e}_l \qquad (1.4.24)
\end{aligned}
$$

这个新张量的$\boldsymbol{e}_i\boldsymbol{e}_l$分量就是 $\sum_j T_{ij}\,\Phi_{jl}$。由式(1.4.24) 可知，若把 $\boldsymbol{T}$ 和 $\boldsymbol{\Phi}$ 都表示成矩阵形式，$\boldsymbol{T}$ 和 $\boldsymbol{\Phi}$ 的一次点乘得到的新张量的矩阵就是 $\boldsymbol{T}$ 和 $\boldsymbol{\Phi}$ 相应矩阵的乘积。

$$\boldsymbol{T}\cdot\boldsymbol{\Phi}=\begin{bmatrix}T_{11}&T_{12}&T_{13}\\T_{21}&T_{22}&T_{23}\\T_{31}&T_{32}&T_{33}\end{bmatrix}\begin{bmatrix}\Phi_{11}&\Phi_{12}&\Phi_{13}\\\Phi_{21}&\Phi_{22}&\Phi_{23}\\\Phi_{31}&\Phi_{32}&\Phi_{33}\end{bmatrix}$$

由于矩阵乘法不可交换，所以一般

$$\boldsymbol{T}\cdot\boldsymbol{\Phi}\neq\boldsymbol{\Phi}\cdot\boldsymbol{T}$$

两个张量的二次点乘结果是一个标量。

$$\begin{aligned}\boldsymbol{T}:\boldsymbol{\Phi}&=\Big(\sum_{ij}T_{ij}\,\boldsymbol{e}_i\,\boldsymbol{e}_j\Big):\Big(\sum_{kl}\Phi_{kl}\,\boldsymbol{e}_k\,\boldsymbol{e}_l\Big)\\&=\sum_{ijkl}T_{ij}\,\Phi_{kl}\,\delta_{jk}\,\delta_{il}\\&=\sum_{ij}T_{ij}\,\Phi_{ji}=\sum_i\Big(\sum_j T_{ij}\,\Phi_{ji}\Big)\end{aligned}\tag{1.4.25}$$

这表明，这个标量是一次点乘乘积张量的迹。由于在求迹符号下相乘的矩阵因子可以交换，所以

$$\boldsymbol{T}:\boldsymbol{\Phi}=\boldsymbol{\Phi}:\boldsymbol{T}$$

5. 张量与矢量叉乘定义为

$$\begin{aligned}\boldsymbol{f}\times\boldsymbol{T}&=\boldsymbol{f}\times\Big(\sum_{ij}T_{ij}\,\boldsymbol{e}_i\,\boldsymbol{e}_j\Big)\\&=\sum_{ij}T_{ij}(\boldsymbol{f}\times\boldsymbol{e}_i)\,\boldsymbol{e}_j\end{aligned}\tag{1.4.26}$$

$$\begin{aligned}\boldsymbol{T}\times\boldsymbol{f}&=\Big(\sum_{ij}T_{ij}\,\boldsymbol{e}_i\,\boldsymbol{e}_j\Big)\times\boldsymbol{f}\\&=\sum_{ij}T_{ij}\,\boldsymbol{e}_i(\boldsymbol{e}_j\times\boldsymbol{f})\end{aligned}\tag{1.4.27}$$

乘积仍为张量。

一般

$$\boldsymbol{f}\times\boldsymbol{T}\neq\boldsymbol{T}\times\boldsymbol{f}$$

6. 单位张量：张量 $\boldsymbol{I}=\sum_i\boldsymbol{e}_i\,\boldsymbol{e}_j=\boldsymbol{e}_1\,\boldsymbol{e}_1+\boldsymbol{e}_2\,\boldsymbol{e}_2+\boldsymbol{e}_3\,\boldsymbol{e}_3$，称为**单位张量**(unit tensor)。单位张量的表示矩阵是一个单位矩阵

$$\boldsymbol{I}=\begin{bmatrix}1&0&0\\0&1&0\\0&0&1\end{bmatrix}$$

由式(1.4.22)、式(1.4.23)可知，单位张量与任何矢量点乘的结果仍为原来的矢量。由式(1.4.24)可知，单位张量与任何张量一次点乘，其结果仍是原来的张量。单位张量与张量的二次点乘得到的是该张量的迹。

$$\boldsymbol{I}:\boldsymbol{T} = (\sum_k \boldsymbol{e}_k \boldsymbol{e}_k):(\sum_{ij} T_{ij} \boldsymbol{e}_i \boldsymbol{e}_j) = \sum_{kij} T_{ij} \delta_{ki} \delta_{kj} = \sum_k T_{kk} \tag{1.4.28}$$

如：$\nabla \boldsymbol{r}$ 是一个单位张量。

$$\nabla \boldsymbol{r} = \left(\boldsymbol{e}_x \frac{\partial}{\partial x} + \boldsymbol{e}_y \frac{\partial}{\partial y} + \boldsymbol{e}_z \frac{\partial}{\partial z}\right)[(x-x')\boldsymbol{e}_x + (y-y')\boldsymbol{e}_y + (z-z')\boldsymbol{e}_z]$$

$$= \boldsymbol{e}_x\boldsymbol{e}_x + \boldsymbol{e}_y\boldsymbol{e}_y + \boldsymbol{e}_z\boldsymbol{e}_z = \boldsymbol{I}$$

1.4.5 张量的微分运算

如果空间每一点都对应一个确定的张量，我们就说这个空间是一个**张量场**（tensor field）。对于**张量场**，张量的每个分量都是空间坐标的单值函数，仿照矢量场的情况，可以定义张量场的散度和旋度。

1. 张量场的散度是一个矢量场，定义为

$$\nabla \cdot \boldsymbol{T} = \frac{\partial}{\partial x_1}(\boldsymbol{e}_1 \cdot \boldsymbol{T}) + \frac{\partial}{\partial x_2}(\boldsymbol{e}_2 \cdot \boldsymbol{T}) + \frac{\partial}{\partial x_3}(\boldsymbol{e}_3 \cdot \boldsymbol{T}) \tag{1.4.29}$$

2. 张量场的旋度仍是一个张量场，定义为

$$\nabla \times \boldsymbol{T} = \boldsymbol{e}_1\left[\frac{\partial}{\partial x_2}(\boldsymbol{e}_3 \cdot \boldsymbol{T}) - \frac{\partial}{\partial x_3}(\boldsymbol{e}_2 \cdot \boldsymbol{T})\right] + \boldsymbol{e}_2\left[\frac{\partial}{\partial x_3}(\boldsymbol{e}_1 \cdot \boldsymbol{T}) - \frac{\partial}{\partial x_1}(\boldsymbol{e}_3 \cdot \boldsymbol{T})\right] + \boldsymbol{e}_3\left[\frac{\partial}{\partial x_1}(\boldsymbol{e}_2 \cdot \boldsymbol{T}) - \frac{\partial}{\partial x_2}(\boldsymbol{e}_1 \cdot \boldsymbol{T})\right] \tag{1.4.30}$$

3. 设 φ 是标量场，$\boldsymbol{f}$，$\boldsymbol{g}$ 为矢量场，$\boldsymbol{T}$ 为张量场，则有下面的公式

$$\nabla \cdot (\boldsymbol{f}\boldsymbol{g}) = \boldsymbol{g}\,\nabla \cdot \boldsymbol{f} + \boldsymbol{f} \cdot \nabla \boldsymbol{g} \tag{1.4.31}$$

$$\nabla \cdot (\varphi \boldsymbol{T}) = (\nabla \varphi) \cdot \boldsymbol{T} + \varphi\,\nabla \cdot \boldsymbol{T} \tag{1.4.32}$$

$$\nabla \times (\boldsymbol{f}\boldsymbol{g}) = (\nabla \times \boldsymbol{f})\boldsymbol{g} - \boldsymbol{f} \times \nabla \boldsymbol{g} \tag{1.4.33}$$

$$\nabla \times (\varphi \boldsymbol{T}) = (\nabla \varphi) \times \boldsymbol{T} + \varphi\,\nabla \times \boldsymbol{T} \tag{1.4.34}$$

$$\nabla(\varphi \boldsymbol{f}) = (\nabla \varphi)\boldsymbol{f} + \varphi\,\nabla \boldsymbol{f} \tag{1.4.35}$$

注意到∇算子的微分和矢量双重性质，上述公式便不难导出。

例 1.4.1：设 $R = \sqrt{x^2 + y^2 + z^2}$，计算$\nabla\nabla \frac{1}{R} : \boldsymbol{I}$。

解：$\nabla\nabla \frac{1}{R} = -\nabla \frac{\boldsymbol{R}}{R^3} = -\left[\left(\nabla \frac{1}{R^3}\right)\boldsymbol{R} + \frac{1}{R^3}\nabla \boldsymbol{R}\right] = -\left[\frac{-3\boldsymbol{R}\boldsymbol{R}}{R^5} + \frac{\boldsymbol{I}}{R^3}\right]$

$$\nabla\nabla \frac{1}{R} : \boldsymbol{I} = \frac{1}{R^5}(3\boldsymbol{R}\boldsymbol{R} - R^2\boldsymbol{I}) : \boldsymbol{I}$$

$$= \frac{1}{R^5}(3x^2 + 3y^2 + 3z^2 - 3R^2) = 0$$

例 1.4.2：计算 $\boldsymbol{a}\cdot\nabla\left(\dfrac{\boldsymbol{r}}{r^3}\right)$的值，其中 $\boldsymbol{a}$ 为常矢量。

$$\text{解：}\boldsymbol{a}\cdot\nabla\left(\frac{\boldsymbol{r}}{r^3}\right)=\frac{(\boldsymbol{a}\cdot\nabla)\boldsymbol{r}}{r^3}+\left[(\boldsymbol{a}\cdot\nabla)\frac{1}{r^3}\right]\boldsymbol{r}$$

$$=\frac{\boldsymbol{a}}{r^3}+\left[\boldsymbol{a}\cdot\left(\frac{-3\boldsymbol{r}}{r^5}\right)\right]\boldsymbol{r}$$

$$=\frac{\boldsymbol{a}}{r^3}-\frac{3(\boldsymbol{a}\cdot\boldsymbol{r})\boldsymbol{r}}{r^5}$$

以上结果在第 3 章中要用到。

1.5　积分变换公式

1.5.1　体积分和面积分之间的变换

设 S 是包围积分区域 V 的闭合有向曲面，函数 φ，$\boldsymbol{f}$ 及 $\boldsymbol{T}$ 的每个分量在闭区域 $S+V$ 上连续且有连续的一阶偏导数。高斯积分公式表明，矢量场 $\boldsymbol{f}$ 的散度在区域 V 中的体积分等于该矢量穿过包围 V 的闭合有向曲面 S 的通量，如下所示。

$$\int_V \mathrm{d}\tau\ \nabla\cdot\boldsymbol{f}=\oint_S \mathrm{d}\boldsymbol{\sigma}\cdot\boldsymbol{f}\tag{1.5.1}$$

很多数学书上都给出了式(1.5.1)的推导，在此略去证明。下面给出高斯积分公式的推广

$$\int_V \mathrm{d}\tau\ \nabla\Box=\oint_S \mathrm{d}\boldsymbol{\sigma}\Box\tag{1.5.2}$$

□可以是 φ，f，$\boldsymbol{T}$，$\cdot\boldsymbol{f}$，$\cdot\boldsymbol{T}$，$\times\boldsymbol{f}$ 等。例如□ = $\cdot\boldsymbol{f}$ 时，式(1.5.2)即为式(1.5.1)。

当□ = $\times\boldsymbol{f}$ 时，式(1.5.2)可以写作

$$\int_V \mathrm{d}\tau\ \nabla\times\boldsymbol{f}=\oint_S \mathrm{d}\boldsymbol{\sigma}\times\boldsymbol{f}\tag{1.5.3}$$

作为例子，下面给出此式的证明。

证明：设 $\boldsymbol{a}$ 为任意常矢量，则

$$\boldsymbol{a}\cdot\int_V \mathrm{d}\tau\ \nabla\times\boldsymbol{f}=\int_V \mathrm{d}\tau\boldsymbol{a}\cdot(\nabla\times\boldsymbol{f})=\int_V \mathrm{d}\tau\ \nabla\cdot(\boldsymbol{f}\times\boldsymbol{a})$$

$$= \oint_S \mathrm{d}\boldsymbol{\sigma} \cdot (\boldsymbol{f} \times \boldsymbol{a}) = \oint_S (\mathrm{d}\boldsymbol{\sigma} \times \boldsymbol{f}) \cdot \boldsymbol{a} = \boldsymbol{a} \cdot \oint_S (\mathrm{d}\boldsymbol{\sigma} \times \boldsymbol{f})$$

其中用到了式(1.5.1)和三矢量混合积公式。由于 $\boldsymbol{a}$ 是任意的，从等号两端消去 $\boldsymbol{a}$ 即得式(1.5.3)。

其他情况的证明留作练习。

1.5.2 面积分和线积分之间的变换

设 L 是有向曲面 S 的闭合边界线，其绕行方向与 S 法向成右手螺旋关系，函数 φ、$\boldsymbol{f}$ 及 $\boldsymbol{T}$ 的每个分量在闭区域 $S+L$ 上连续，且有一阶连续偏导数。斯托克斯公式表明，矢量场 $\boldsymbol{f}$ 的旋度穿过有向曲面 S 的通量等于该矢量沿该曲面的闭合边界线 L 的环量，如下所示。

$$\int_S \mathrm{d}\boldsymbol{\sigma} \cdot (\nabla \times \boldsymbol{f}) = \oint_L \mathrm{d}\boldsymbol{l} \cdot \boldsymbol{f} \tag{1.5.4}$$

很多数学书上都给出了式(1.5.4)的推导，在此略去证明。下面给出斯托克斯公式的推广。首先，由矢量混合积公式容易证明：$\boldsymbol{B} \cdot \nabla \times \boldsymbol{A} = (\boldsymbol{B} \times \nabla) \cdot \boldsymbol{A}$，从而可把式(1.5.4)改写成

$$\int_S (\mathrm{d}\boldsymbol{\sigma} \times \nabla) \cdot \boldsymbol{f} = \oint_L \mathrm{d}\boldsymbol{l} \cdot \boldsymbol{f} \tag{1.5.5}$$

此式可推广为

$$\int_S (\mathrm{d}\boldsymbol{\sigma} \times \nabla) \square = \oint_L \mathrm{d}\boldsymbol{l} \square \tag{1.5.6}$$

其中□的含义与前相同。

取□ $=\varphi$，得到

$$\int_S (\mathrm{d}\boldsymbol{\sigma} \times \nabla) \varphi = \oint_L \mathrm{d}\boldsymbol{l} \varphi \tag{1.5.7}$$

作为例子，下面给出此式的证明。

证明：设 $\boldsymbol{a}$ 为任意常矢量，则

$$\begin{aligned}\boldsymbol{a} \cdot \int_S (\mathrm{d}\boldsymbol{\sigma} \times \nabla) \varphi &= \int_S (\mathrm{d}\boldsymbol{\sigma} \times \nabla \varphi) \cdot \boldsymbol{a} \\ &= \int_S \mathrm{d}\boldsymbol{\sigma} \cdot (\nabla \varphi \times \boldsymbol{a})\end{aligned}$$

由于 $\nabla \varphi \times \boldsymbol{a} = \nabla \times (\varphi \boldsymbol{a})$，代入上式，并利用式(1.5.4)得

$$\boldsymbol{a} \cdot \int_S (\mathrm{d}\boldsymbol{\sigma} \times \nabla) \varphi = \oint_L \mathrm{d}\boldsymbol{l} \cdot \varphi \boldsymbol{a} = \boldsymbol{a} \cdot \oint_L \mathrm{d}\boldsymbol{l} \varphi$$

由于 $\boldsymbol{a}$ 是任意的，从两边消去 $\boldsymbol{a}$ 即得式(1.5.7)。

其他情况的证明留作练习。

1.5.3　格林公式

标量格林公式：设 ψ 和 φ 是两个任意连续可微空间坐标函数，S 是包围区域 V 的闭合有向曲面，则有

$$\int_V (\psi \nabla^2 \varphi + \nabla\psi \cdot \nabla\varphi) \mathrm{d}\tau = \oint_S \mathrm{d}\boldsymbol{\sigma} \cdot \psi \nabla\varphi \tag{1.5.8}$$

$$\int_V (\psi \nabla^2 \varphi - \varphi \nabla^2\psi) \mathrm{d}\tau = \oint_S \mathrm{d}\boldsymbol{\sigma} \cdot (\psi \nabla\varphi - \varphi \nabla\psi) \tag{1.5.9}$$

证明：定义矢量 $\boldsymbol{f} = \psi \nabla\varphi$，则

$$\nabla \cdot \boldsymbol{f} = \nabla \cdot (\psi \nabla\varphi) = \psi \nabla^2\varphi + \nabla\psi \cdot \nabla\varphi$$

利用高斯公式(1.5.1)得

$$\int_V (\psi \nabla^2 \varphi + \nabla\psi \cdot \nabla\varphi) \mathrm{d}\tau = \oint_S \mathrm{d}\boldsymbol{\sigma} \cdot \psi \nabla\varphi$$

此时同式(1.5.8)。定义矢量 $\boldsymbol{f} = \varphi \nabla\psi$，重复上面推导得

$$\int_V (\varphi \nabla^2 \psi + \nabla\varphi \cdot \nabla\psi) \mathrm{d}\tau = \oint_S \mathrm{d}\boldsymbol{\sigma} \cdot \varphi \nabla\psi$$

上两式相减即得式(1.5.9)。

例 1.5.1：设在区域 V 内矢量 $\boldsymbol{j}$ 满足 $\nabla \cdot \boldsymbol{j} = 0$，在区域边界面 S 上有法向分量 $j_n = 0$，证明 $\int_V \boldsymbol{j} \mathrm{d}\tau = 0$。

证明：取 $\boldsymbol{x}$ 为坐标矢量，由 $\nabla \cdot (\boldsymbol{j}\boldsymbol{x}) = (\nabla \cdot \boldsymbol{j})\boldsymbol{x} + \boldsymbol{j} \cdot \nabla\boldsymbol{x} = \boldsymbol{j}$

$$\int_V \boldsymbol{j} \mathrm{d}\tau = \int_V \nabla \cdot (\boldsymbol{j}\boldsymbol{x}) \mathrm{d}\tau = \oint_S \mathrm{d}\boldsymbol{\sigma} \cdot \boldsymbol{j}\boldsymbol{x}$$

$$= \oint_S \mathrm{d}\sigma\, j_n \boldsymbol{x} = 0$$

这里利用了在 S 上 $j_n = 0$ 的条件。

1.6　δ 函数

1.6.1　δ 函数的定义

δ 函数(Delta 函数)又称为狄拉克函数，是由英国物理学家狄拉克(Paul Dirac)在研究量子力学的连续谱问题时提出的。δ 函数是一个广义函数，能够

描述物理量分布于确定一点的“点源”，在物理学中得到了广泛应用。在经典电动力学中，人们引入 δ 函数来描述静电场在源电荷所在处的散度，即点电荷的场源强度。

设 $\boldsymbol{x}'$点有一个单位点电荷，以 $\rho(\boldsymbol{x})$表示空间的电荷密度分布，$\rho(\boldsymbol{x})$应具有如下性质

$$\rho(\boldsymbol{x}) = \begin{cases} 0 & \text{当 } \boldsymbol{x} \neq \boldsymbol{x}' \\ \infty & \text{当 } \boldsymbol{x} = \boldsymbol{x}' \end{cases}$$

$$\int_V \rho(\boldsymbol{x})\,\mathrm{d}\tau = \begin{cases} 0 & \text{当 } \boldsymbol{x}' \text{点不在区域 } V \text{ 内} \\ 1 & \text{当 } \boldsymbol{x}' \text{点在区域 } V \text{ 内} \end{cases}$$

这样的密度分布函数在早期的数学理论中是没有意义的，只是由于近代物理学和数学的发展，把函数概念推广后才给出确切定义。这里不准备讨论 δ 函数的普遍理论，只是给出与电动力学应用有关的几个基本性质和两个具体表达式。

由上面说明，δ 函数可以定义为

$$\delta(\boldsymbol{x} - \boldsymbol{x}') = \begin{cases} 0 & \text{当 } \boldsymbol{x} \neq \boldsymbol{x}' \\ \infty & \text{当 } \boldsymbol{x} = \boldsymbol{x}' \end{cases} \tag{1.6.1}$$

$$\int_V \delta(\boldsymbol{x} - \boldsymbol{x}')\,\mathrm{d}\tau = \begin{cases} 0 & \text{当 } V \text{ 内不含} \boldsymbol{x}' \text{点} \\ 1 & \text{当 } V \text{ 内含} \boldsymbol{x}' \text{点} \end{cases} \tag{1.6.2}$$

1.6.2 δ 函数的微商

同普通函数一样，可定义 δ 函数的各级微商。如对一维 δ 函数，其一阶导数可以定义为：

$$\frac{\mathrm{d}\delta(x)}{\mathrm{d}x} = \lim_{\Delta x \to 0} \frac{\delta(x + \Delta x) - \delta(x)}{\Delta x} \tag{1.6.3}$$

电偶极子的电荷密度分布就可用 δ 函数的导数表示。如图 1.6.1 所示，在一维情况下位于 x 轴上x_0点的一个电偶极子，空间电荷密度函数为

$$\begin{aligned} \rho(x) &= -Q\delta[x - (x_0 - \Delta x)] + Q\delta(x - x_0) \\ &= -Q\Delta x \frac{\delta(x - x_0 + \Delta x) - \delta(x - x_0)}{\Delta x} \\ &= -P_x \frac{\mathrm{d}\delta(x - x_0)}{\mathrm{d}x} \end{aligned}$$

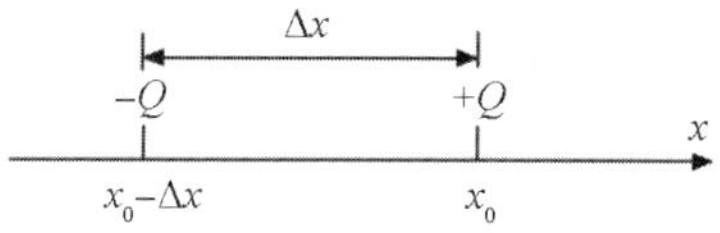

图 1.6.1　电偶极子的电荷密度分布

$P_x = Q\Delta x$ 就是电偶极矩的 x 分量。推广到三维情况，$\boldsymbol{x}_0$点的一个电偶极子，空间电荷密度分布可表示为

$$\rho(\boldsymbol{x}) = -\boldsymbol{P}\cdot\nabla\delta(\boldsymbol{x}-\boldsymbol{x}_0) \tag{1.6.4}$$

1.6.3　δ 函数的选择性

δ 函数具有一个重要性质，称为选择性或还原性，即可对任意在$\boldsymbol{x}_0$点连续的函数 f 积分

$$\int_V f(\boldsymbol{x})\delta(\boldsymbol{x}-\boldsymbol{x}_0)\,\mathrm{d}\tau = f(\boldsymbol{x}_0) \tag{1.6.5}$$

V 是包含$\boldsymbol{x}_0$点的任意区域。式(1.6.5)可看作一个取极限的过程：当积分区域 V 逐渐缩向$\boldsymbol{x}_0$点时，式(1.6.5)左端积分值不变，因为仅$\boldsymbol{x}_0$点附近一个充分小的区域对积分结果才有非零的贡献。当 V 充分接近$\boldsymbol{x}_0$点时，由于$f(\boldsymbol{x})$是在$\boldsymbol{x}_0$点连续的函数，$f(\boldsymbol{x})$可以代以$f(\boldsymbol{x}_0)$移到积分号外，剩下的积分利用式(1.6.2)即得式(1.6.5)。

1.6.4　δ 函数的具体表达式

取一维 δ 函数的傅里叶变换：

$$\delta(x) = \int_{-\infty}^{\infty} C(K)\,\mathrm{e}^{\mathrm{i}Kx}\mathrm{d}K$$

其中 $C(K)$ 为傅里叶变换系数

$$C(K) = \frac{1}{2\pi}\int_{-\infty}^{\infty}\delta(x)\mathrm{e}^{-\mathrm{i}Kx}\mathrm{d}x = \frac{1}{2\pi}$$

可得 δ 函数的傅里叶积分表示

$$\delta(x) = \frac{1}{2\pi}\int_{-\infty}^{\infty}\mathrm{e}^{\mathrm{i}Kx}\mathrm{d}K \tag{1.6.6}$$

或

$$\delta(x-x_0) = \frac{1}{2\pi}\int_{-\infty}^{\infty}\mathrm{e}^{\mathrm{i}K(x-x_0)}\mathrm{d}K$$

推广到三维情况则有

$$\delta(\boldsymbol{x}-\boldsymbol{x}_0)=\frac{1}{(2\pi)^3}\int_{\infty}\mathrm{e}^{\mathrm{i}\boldsymbol{K}\cdot(\boldsymbol{x}-\boldsymbol{x}_0)}\mathrm{d}\boldsymbol{K} \tag{1.6.7}$$

$\mathrm{d}\boldsymbol{K}=\mathrm{d}K_x\mathrm{d}K_y\mathrm{d}K_z$ 是 $\boldsymbol{K}$ 空间的体积元。

例 1.6.1：证明

$$\delta(\boldsymbol{x}-\boldsymbol{x}_0)=-\frac{1}{4\pi}\nabla^2\frac{1}{r} \tag{1.6.8}$$

其中 $r=|\boldsymbol{x}-\boldsymbol{x}_0|$。

证明：将 $\nabla^2\mathrm{e}^{\mathrm{i}\boldsymbol{K}\cdot(\boldsymbol{x}-\boldsymbol{x}_0)}=-K^2\mathrm{e}^{\mathrm{i}\boldsymbol{K}\cdot(\boldsymbol{x}-\boldsymbol{x}_0)}$ 代入式(1.6.7)中，可得

$$\delta(\boldsymbol{x}-\boldsymbol{x}_0)=-\frac{1}{(2\pi)^3}\int_{\infty}\frac{\nabla^2\mathrm{e}^{\mathrm{i}\boldsymbol{K}\cdot(\boldsymbol{x}-\boldsymbol{x}_0)}}{K^2}\mathrm{d}\boldsymbol{K}$$

这里积分运算和微分运算是对不同变数进行的，微分算子 ∇^2 可以移到积分号外

$$\delta(\boldsymbol{x}-\boldsymbol{x}_0)=-\frac{1}{(2\pi)^3}\nabla^2\int_{\infty}\frac{\mathrm{e}^{\mathrm{i}\boldsymbol{K}\cdot(\boldsymbol{x}-\boldsymbol{x}_0)}}{K^2}\mathrm{d}\boldsymbol{K} \tag{1.6.9}$$

为了计算式(1.6.9)右边的积分，在波矢 $\boldsymbol{K}$ 空间取球坐标系($\boldsymbol{K}$, θ, Φ)，坐标原点就取在 $\boldsymbol{x}_0$ 点，取极轴沿 $\boldsymbol{r}=\boldsymbol{x}-\boldsymbol{x}_0$ 方向，由于 $\mathrm{d}\boldsymbol{K}=K^2\sin\theta\mathrm{d}K\mathrm{d}\theta\mathrm{d}\Phi$，所以

$$\begin{aligned}\int_{\infty}\frac{\mathrm{e}^{\mathrm{i}\boldsymbol{K}\cdot(\boldsymbol{x}-\boldsymbol{x}_0)}}{K^2}\mathrm{d}\boldsymbol{K}&=\int_0^{\infty}\mathrm{d}K\int_0^{\pi}\sin\theta\cdot\mathrm{e}^{\mathrm{i}Kr\cos\theta}\mathrm{d}\theta\int_0^{2\pi}\mathrm{d}\Phi\\&=4\pi\int_0^{\infty}\mathrm{d}K\frac{\sin Kr}{Kr}=2\pi^2\frac{1}{r}\end{aligned} \tag{1.6.10}$$

其中已利用了 $\int_0^{\infty}(\sin x)/x\mathrm{d}x=\pi/2$。将式(1.6.10)代入式(1.6.9)得式(1.6.8)。

式(1.6.8)常写作

$$\nabla^2\frac{1}{r}=-4\pi\delta(\boldsymbol{x}-\boldsymbol{x}_0) \tag{1.6.11}$$

或

$$\nabla\cdot\frac{\boldsymbol{r}}{r^3}=4\pi\delta(\boldsymbol{x}-\boldsymbol{x}_0) \tag{1.6.12}$$

这两个式子后面经常会用到。

1.7　关于矢量场的几个定理

如果在一个空间区域中，任意一条闭合曲线都可连续地收缩为一点，而不和区域的边界点相交，这个区域称为**单连通区域**(simply-connected region)。一个区域如果不是单连通区域，就称为多连通区域。例如，由一个空心管子首尾相接构成的环，管内、管外都是多连通区域。

1.7.1　矢量场的类别

如果一个矢量场的旋度处处等于零，称该矢量场为**无旋场**(irrotational field)。如果一个矢量场的散度处处为零，称该矢量场为**无散场**(nondivergent field)。如果一个矢量场的散度和旋度都为零，称该矢量场为**调和场**(harmonic field)。

定理 1：任意标量场的梯度场必为无旋场。即对任意标量场 u，恒有

$$\nabla\times(\nabla u)=0 \tag{1.7.1}$$

证明：令 $\boldsymbol{f}=\nabla u$，则

$$[\nabla\times(\nabla u)]_x=(\nabla\times\boldsymbol{f})_x=\frac{\partial f_z}{\partial y}-\frac{\partial f_y}{\partial z}$$

$$=\frac{\partial}{\partial y}\left(\frac{\partial u}{\partial z}\right)-\frac{\partial}{\partial z}\left(\frac{\partial u}{\partial y}\right)=0$$

同样可证其他分量也是零。

定理 2：任意矢量场的旋度必为无散场。即对任意矢量场 $\boldsymbol{A}$，恒有

$$\nabla\cdot(\nabla\times\boldsymbol{A})=0 \tag{1.7.2}$$

证明留作练习。

1.7.2　标量势存在定理

定理 3：在单连通域内，无旋场必可表示为一个标量场的梯度。即：若 $\nabla\times\boldsymbol{A}=0$ 处处成立，必存在标量函数 φ，满足 $\boldsymbol{A}=\nabla\varphi$。$\varphi$ 常被称为矢量场 $\boldsymbol{A}$ 的**标量势**(scalar potential)。

证明：由于场中各处 $\nabla\times\boldsymbol{A}=0$，$\boldsymbol{A}$ 沿场中任意闭合回路 L 的环量为零，积分 $\int_{M_0}^{M}\boldsymbol{A}\cdot\mathrm{d}\boldsymbol{l}$ 与路径无关。在 M_0 点固定的情况下，积分结果仅是 M 点坐标的函

数。记这个函数为 $\varphi(x, y, z)$。

$$\varphi(x, y, z) = \int_{M_0}^{M} \mathbf{A} \cdot \mathrm{d}\boldsymbol{l} \tag{1.7.3}$$

证明这个函数 φ 就是要求的标量势，即

$$\frac{\partial \varphi}{\partial x} = A_x, \frac{\partial \varphi}{\partial y} = A_y, \frac{\partial \varphi}{\partial z} = A_z$$

A_x, A_y, A_z 分别是矢量 $\mathbf{A}$ 沿 x, y, z 轴的分量。

先证第一式。为此保持 M 点的坐标 y, z 不变，令 x 改变 Δx 到达 M' 点(如图 1.7.1 所示)。

$$\Delta \varphi = \int_{M_0}^{M'} \mathbf{A} \cdot \mathrm{d}\boldsymbol{l} - \int_{M_0}^{M} \mathbf{A} \cdot \mathrm{d}\boldsymbol{l} = \int_{M}^{M'} \mathbf{A} \cdot \mathrm{d}\boldsymbol{l} \tag{1.7.4}$$

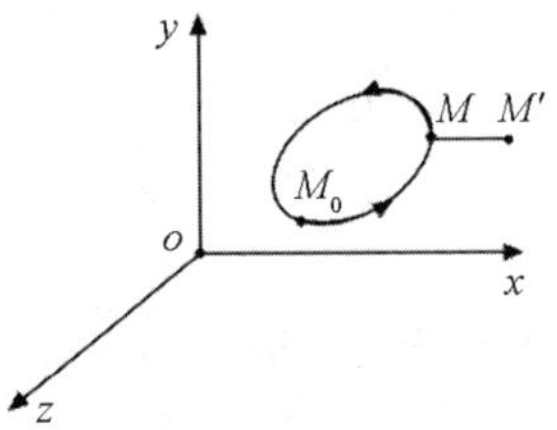

图 1.7.1　标量势存在定理的证明

由于积分与路径无关，从 M 到 M' 的积分可以选沿直线段 MM' 进行。在线段 MM' 上各点 $\mathrm{d}y = \mathrm{d}z = 0$，$\mathrm{d}\boldsymbol{l} = \boldsymbol{i}\mathrm{d}x$，所以

$$\Delta \varphi = \int_{M}^{M'} A_x \mathrm{d}x = A_x \big|_{M^*} \Delta x$$

第二步应用了积分中值定理，M^* 为线段 MM' 上某一点。用 Δx 除以上式两边，并令 M' 缩向 $M(\Delta x \to 0)$ 求极限即得

$$\frac{\partial \varphi}{\partial x} = A_x$$

用同样方法可以证明其他两式也成立。

定理 4：调和场的势函数必满足拉普拉斯方程。即：若 $\mathbf{A}$ 为调和场，则它可以表示为一个势场 $\mathbf{A} = \nabla \varphi$，且 $\nabla \cdot \nabla \varphi = \nabla^2 \varphi = 0$。

证明比较简单，留作读者自证。容易看出，无界空间中的调和场只有零解。即对于一个实际的物理场，调和场只能在有限的区域内存在。

1.7.3　矢量势存在定理

定理 5：在单连通域内，无散场必可表示为一个矢量场的旋度。即：若$\nabla \cdot \boldsymbol{B} = 0$在各处成立，则必有矢量 $\boldsymbol{A}$ 满足$\nabla \times \boldsymbol{A} = \boldsymbol{B}$。$\boldsymbol{A}$ 常被称为矢量场 $\boldsymbol{B}$ 的**矢量势**（vector potential）。

证明：只需证明这样的 $\boldsymbol{A}$ 一定存在。将$\nabla \times \boldsymbol{A} = \boldsymbol{B}$ 写成分量形式

$$\frac{\partial A_z}{\partial y} - \frac{\partial A_y}{\partial z} = B_x,\quad \frac{\partial A_x}{\partial z} - \frac{\partial A_z}{\partial x} = B_y,\quad \frac{\partial A_y}{\partial x} - \frac{\partial A_x}{\partial y} = B_z$$

为简单起见，取 $\boldsymbol{A}$ 满足条件$A_z = 0$，上式化作

$$-\frac{\partial A_y}{\partial z} = B_x,\quad \frac{\partial A_x}{\partial z} = B_y,\quad \frac{\partial A_y}{\partial x} - \frac{\partial A_x}{\partial y} = B_z \tag{1.7.5}$$

由式(1.7.5)前两式得出

$$\begin{cases} A_x = \int_{z_0}^{z} B_y \mathrm{d}z + g(x, y) \\ A_y = -\int_{z_0}^{z} B_x \mathrm{d}z + f(x, y) \end{cases} \tag{1.7.6}$$

g，f 是 x，y 的任意函数。将式(1.7.6)中的A_x，A_y代入式(1.7.5)中的第三式，得

$$-\int_{z_0}^{z}\left(\frac{\partial B_x}{\partial x} + \frac{\partial B_y}{\partial y}\right)\mathrm{d}z + \frac{\partial f}{\partial x} - \frac{\partial g}{\partial y} = B_z \tag{1.7.7}$$

利用条件$\nabla \cdot \boldsymbol{B} = \frac{\partial B_x}{\partial x} + \frac{\partial B_y}{\partial y} + \frac{\partial B_z}{\partial z} = 0$，式(1.7.7)中的积分可换成

$$\int_{z_0}^{z} \frac{\partial B_z}{\partial z}\mathrm{d}z = B_z(x, y, z) - B_z(x, y, z_0)$$

将上式代入式(1.7.7)得

$$\frac{\partial f}{\partial x} - \frac{\partial g}{\partial y} = B_z(x, y, z_0)$$

显然，满足此式的 f 和 g 可以有许多，例如取 $g(x, y) \equiv 0$，得 $f(x, y) = \int_{x_0}^{x} B_z(x, y, z_0)\mathrm{d}x$。这样就找到了一个满足$\nabla \times \boldsymbol{A} = \boldsymbol{B}$ 的矢量 $\boldsymbol{A}$，它的三个分量是

$$
\begin{cases}
A_x = \int_{z_0}^{z} B_y \mathrm{d}z \\
A_y = -\int_{z_0}^{z} B_x \mathrm{d}z + \int_{x_0}^{x} B_z(t, y, z_0)\mathrm{d}t \\
A_z = 0
\end{cases}
$$

由上面证明过程可以看出，满足条件的矢量 $\boldsymbol{A}$ 不是唯一的。事实上，如果 $\boldsymbol{A}$ 满足 $\nabla \times \boldsymbol{A} = \boldsymbol{B}$，可令 $\boldsymbol{A}' = \boldsymbol{A} + \nabla\psi$，其中 ψ 为任意标函数。因为

$$\nabla \times \boldsymbol{A}' = \nabla \times (\boldsymbol{A} + \nabla\psi) = \nabla \times \boldsymbol{A} = \boldsymbol{B}$$

$\boldsymbol{A}'$ 仍然是满足条件的解。

1.7.4 亥姆霍兹定理

亥姆霍兹定理由德国物理学家亥姆霍兹提出，也称为矢量场的唯一性定理。它的核心思想是：一个矢量场由其旋度、散度和边界条件唯一确定。因此，分析矢量场时总是从研究它的散度和旋度着手，矢量场的旋度方程和散度方程构成了描述矢量场的基本方程，它们决定了矢量场的基本特性。由于矢量场的散度和旋度分别代表了纵场源和横场源的强度，亥姆霍兹定理实际上给出了场和源之间的定量关系。

定理 6(亥姆霍兹定理)：空间区域 V 内存在矢量场 $\boldsymbol{F}$，若 $\boldsymbol{F}$ 及其一阶导数连续且有界，则 $\boldsymbol{F}$ 可以由 V 内 $\boldsymbol{F}$ 的散度、旋度以及边界条件(边界面 S 上 $\boldsymbol{F}$ 的矢量场分布)唯一确定，且可表示为一个无旋场 $\boldsymbol{F}_L$ 和一个无散场 $\boldsymbol{F}_T$ 的叠加，即

$$\boldsymbol{F}(\boldsymbol{x}) = \boldsymbol{F}_L(x) + \boldsymbol{F}_T(x) = -\nabla\varphi(\boldsymbol{x}) + \nabla \times \boldsymbol{A}(x) \tag{1.7.8}$$

其中

$$
\begin{cases}
\varphi(\boldsymbol{x}) = \int_V \dfrac{\nabla' \cdot \boldsymbol{F}(\boldsymbol{x}')}{4\pi r}\mathrm{d}\tau' - \oint_S \dfrac{\boldsymbol{F}(\boldsymbol{x}')}{4\pi r} \cdot \mathrm{d}\boldsymbol{\sigma}' \\
\boldsymbol{A}(x) = \int_V \dfrac{\nabla' \times \boldsymbol{F}(\boldsymbol{x}')}{4\pi r}\mathrm{d}\tau' + \oint_S \dfrac{\boldsymbol{F}(\boldsymbol{x}')}{4\pi r} \times \mathrm{d}\boldsymbol{\sigma}' \\
r = |\boldsymbol{x} - \boldsymbol{x}'|
\end{cases}
\tag{1.7.9}
$$

证明：利用 δ 函数性质及式(1.6.8)，有

$$
\begin{aligned}
\boldsymbol{F}(\boldsymbol{x}) &= \int_V \boldsymbol{F}(\boldsymbol{x}')\delta(\boldsymbol{x} - \boldsymbol{x}')\mathrm{d}\tau' \\
&= -\frac{1}{4\pi}\int_V \boldsymbol{F}(\boldsymbol{x}')\ \nabla^2 \frac{1}{r}\mathrm{d}\tau'
\end{aligned}
$$

$$= -\nabla^2\int_V \frac{\boldsymbol{F}(\boldsymbol{x}')}{4\pi r}\mathrm{d}\tau'$$

式中 $r=|\boldsymbol{x}-\boldsymbol{x}'|$ 是 $\boldsymbol{x}$ 和 $\boldsymbol{x}'$ 的函数。对 $\boldsymbol{x}'$ 积分后，结果仅是 $\boldsymbol{x}$ 的函数，记

$$\int_V \frac{\boldsymbol{F}(\boldsymbol{x}')}{4\pi r}\mathrm{d}\tau' = \boldsymbol{G}(\boldsymbol{x}) \tag{1.7.10}$$

利用矢量恒等式 $\nabla\times(\nabla\times\boldsymbol{G})=\nabla(\nabla\cdot\boldsymbol{G})-\nabla^2\boldsymbol{G}$，可将 $\boldsymbol{F}(\boldsymbol{x})$ 表示为

$$\boldsymbol{F}(\boldsymbol{x}) = -\nabla^2\boldsymbol{G} = -\nabla(\nabla\cdot\boldsymbol{G})+\nabla\times(\nabla\times\boldsymbol{G})$$

引入：

$$\varphi(\boldsymbol{x}) = \nabla\cdot\boldsymbol{G} = \nabla\cdot\int_V \frac{\boldsymbol{F}(\boldsymbol{x}')}{4\pi r}\mathrm{d}\tau' \tag{1.7.11}$$

$$\boldsymbol{A}(\boldsymbol{x}) = \nabla\times\boldsymbol{G} = \nabla\times\int_V \frac{\boldsymbol{F}(\boldsymbol{x}')}{4\pi r}\mathrm{d}\tau' \tag{1.7.12}$$

则有

$$\boldsymbol{F}(\boldsymbol{x}) = -\nabla\varphi(\boldsymbol{x})+\nabla\times\boldsymbol{A}(\boldsymbol{x}) = \boldsymbol{F}_L+\boldsymbol{F}_T$$

$\boldsymbol{F}_L=-\nabla\varphi(\boldsymbol{x})$ 为 $\boldsymbol{F}$ 的纵场分量，$\boldsymbol{F}_T=\nabla\times\boldsymbol{A}(\boldsymbol{x})$ 为 $\boldsymbol{F}$ 的横场分量。

下面证明亥姆霍兹分解的具体表达式(1.7.9)。

在式(1.7.11)中，注意到 $r=|\boldsymbol{x}-\boldsymbol{x}'|$，$\nabla$ 算子仅对坐标 $\boldsymbol{x}$ 作用，则式(1.7.11)可化为

$$\begin{aligned}\varphi(\boldsymbol{x}) &= \nabla\cdot\int_V \frac{\boldsymbol{F}(\boldsymbol{x}')}{4\pi r}\mathrm{d}\tau' = \frac{1}{4\pi}\int_V \nabla\cdot\frac{\boldsymbol{F}(\boldsymbol{x}')}{r}\mathrm{d}\tau' \\ &= \frac{1}{4\pi}\int_V \boldsymbol{F}(\boldsymbol{x}')\cdot\nabla\frac{1}{r}\mathrm{d}\tau' \end{aligned} \tag{1.7.13}$$

又由 $\nabla\frac{1}{r}=-\nabla'\frac{1}{r}$，可得

$$\boldsymbol{F}(\boldsymbol{x}')\cdot\nabla\frac{1}{r} = -\boldsymbol{F}(\boldsymbol{x}')\cdot\nabla'\frac{1}{r} = \frac{1}{r}\nabla'\cdot\boldsymbol{F}(\boldsymbol{x}')-\nabla'\cdot\frac{\boldsymbol{F}(\boldsymbol{x}')}{r}$$

将上式代入式(1.7.13)，并应用高斯公式，可得

$$\begin{aligned}\varphi(\boldsymbol{x}) &= \frac{1}{4\pi}\int_V \frac{\nabla'\cdot\boldsymbol{F}(\boldsymbol{x}')}{r}\mathrm{d}\tau' - \frac{1}{4\pi}\int_V \nabla'\cdot\frac{\boldsymbol{F}(\boldsymbol{x}')}{r}\mathrm{d}\tau' \\ &= \frac{1}{4\pi}\int_V \frac{\nabla'\cdot\boldsymbol{F}(\boldsymbol{x}')}{r}\mathrm{d}\tau' - \frac{1}{4\pi}\oint_S \frac{\boldsymbol{F}(\boldsymbol{x}')}{r}\cdot\mathrm{d}\boldsymbol{\sigma}'\end{aligned}$$

此即式(1.7.9)的第一式。

同理，式(1.7.12)可化为

$$\boldsymbol{A}(\boldsymbol{x}) = \nabla\times\int_V \frac{\boldsymbol{F}(\boldsymbol{x}')}{4\pi r}\mathrm{d}\tau' = \frac{1}{4\pi}\int_V \nabla\times\frac{\boldsymbol{F}(\boldsymbol{x}')}{r}\mathrm{d}\tau'$$

$$= \frac{1}{4\pi}\int_V \nabla\frac{1}{r}\times \boldsymbol{F}(\boldsymbol{x}')\,\mathrm{d}\tau' \tag{1.7.14}$$

将

$$\nabla\frac{1}{r}\times\boldsymbol{F}(\boldsymbol{x}')=\boldsymbol{F}(\boldsymbol{x}')\times\nabla'\frac{1}{r}=\frac{1}{r}\nabla'\times\boldsymbol{F}(\boldsymbol{x}')-\nabla'\times\frac{\boldsymbol{F}(\boldsymbol{x}')}{r}$$

代入式(1.7.14)，并应用推广的高斯公式(式(1.5.2)中取$\square = \times \boldsymbol{f}$)，可得

$$\begin{aligned}\boldsymbol{A}(\boldsymbol{x}) &= \frac{1}{4\pi}\int_V \frac{\nabla'\times\boldsymbol{F}(\boldsymbol{x}')}{r}\mathrm{d}\tau' - \frac{1}{4\pi}\int_V \nabla'\times\left[\frac{\boldsymbol{F}(\boldsymbol{x}')}{r}\right]\mathrm{d}\tau' \\ &= \frac{1}{4\pi}\int_V \frac{\nabla'\times\boldsymbol{F}(\boldsymbol{x}')}{r}\mathrm{d}\tau' + \frac{1}{4\pi}\oint_S \frac{\boldsymbol{F}(\boldsymbol{x}')}{r}\times\mathrm{d}\boldsymbol{\sigma}'\end{aligned}$$

此即式(1.7.9)的第二式。

最后证明亥姆霍兹分解的唯一性。在区域 V 内给定 $\boldsymbol{F}$ 的散度和旋度，记为 $\nabla\cdot\boldsymbol{F}=\rho$，$\nabla\times\boldsymbol{F}=\boldsymbol{j}$，在区域 V 的边界面 S 上给定 $\boldsymbol{F}$ 的法向分量F_n或切向分量 F_t。设$\boldsymbol{F}_1$，$\boldsymbol{F}_2$是满足上述条件的两个不同矢量解，令$\boldsymbol{F}'=\boldsymbol{F}_1-\boldsymbol{F}_2$，则在此区域 V 内有$\nabla\times\boldsymbol{F}'=0$，以及$\nabla\cdot\boldsymbol{F}'=0$。$\boldsymbol{F}'$是区域 V 上的调和场，由本节定理 4 可知，$\boldsymbol{F}'$可表示为某标量函数的梯度 $\boldsymbol{F}'=\nabla\boldsymbol{\Phi}$，且有

$$\nabla^2\boldsymbol{\Phi}=0 \tag{1.7.15}$$

利用格林公式(1.5.8)，取其中 $\psi=\varphi=\boldsymbol{\Phi}$，得

$$\int_V[\boldsymbol{\Phi}\,\nabla^2\boldsymbol{\Phi}+(\nabla\boldsymbol{\Phi})^2]\mathrm{d}\tau=\oint_S \mathrm{d}\sigma\cdot\boldsymbol{\Phi}\,\nabla\boldsymbol{\Phi}$$

将式(1.7.15)代入，并注意$\boldsymbol{F}'=\nabla\boldsymbol{\Phi}$，有

$$\oint_V \boldsymbol{F}'^2\mathrm{d}\tau=\oint_S \mathrm{d}\boldsymbol{\sigma}\cdot\boldsymbol{\Phi}\,\boldsymbol{F}' \tag{1.7.16}$$

若给定边界面 S 上的法向分量，则

$$F'_n=F_{1n}-F_{2n}=0$$

由式(1.7.16)得

$$\oint_V \boldsymbol{F}'^2\mathrm{d}\tau=\oint_S \mathrm{d}\sigma\boldsymbol{\Phi}F'_n=0 \tag{1.7.17}$$

若给定边界面 S 上的切向分量，则

$$F'_t=F_{1t}-F_{2t}=0$$

标量函数 $\boldsymbol{\Phi}$ 沿界面切向的微分

$$(\mathrm{d}\boldsymbol{\Phi})_t=\frac{\partial\boldsymbol{\Phi}}{\partial l}\mathrm{d}\boldsymbol{l}=\nabla\boldsymbol{\Phi}\cdot\mathrm{d}\boldsymbol{l}=\boldsymbol{F}'\cdot\mathrm{d}\boldsymbol{l}=F'_t\mathrm{d}\boldsymbol{l}=0$$

这表明在界面 S 上 $\boldsymbol{\Phi}$ 取常数值，则式(1.7.16)右边的面积分可以化为

$$\oint_S \Phi \boldsymbol{F}' \cdot \mathrm{d}\boldsymbol{\sigma} = \Phi \oint_S \boldsymbol{F}' \cdot \mathrm{d}\boldsymbol{\sigma} = \Phi \int_V \nabla \cdot \boldsymbol{F}' \mathrm{d}\tau = 0$$

所以，只要给定在边界面 S 上的法向分量或切向分量，都有

$$\oint_V \boldsymbol{F}'^2 \mathrm{d}\tau = 0 \tag{1.7.18}$$

而$\boldsymbol{F}'^2$ 为非负数，式(1.7.18)成立的条件是 V 内各处 $\boldsymbol{F}'=0$，即$\boldsymbol{F}_1=\boldsymbol{F}_2$成立，所以区域 V 内的矢量场唯一确定。注意：证明唯一性时只需要给出边界面上的法向分量F_n或切向分量F_t。

对于无限大空间内的矢量场 $\boldsymbol{F}$，若激发矢量场的场源分布在有限区域中，则可假设矢量场 $\boldsymbol{F}$ 在无限远处衰减为 0，此时式(1.7.9)给出：

$$\varphi(\boldsymbol{x}) = \int_V \frac{\nabla' \cdot \boldsymbol{F}(\boldsymbol{x}')}{4\pi r} \mathrm{d}\tau'$$

$$\boldsymbol{A}(\boldsymbol{x}) = \int_V \frac{\nabla' \times \boldsymbol{F}(\boldsymbol{x}')}{4\pi r} \mathrm{d}\tau'$$

在学习完第 2 章之后可以看到，对于无限大空间的静电场，亥姆霍兹定理给出由库仑定律得到的静电场计算公式，对于无限大空间的稳恒磁场，亥姆霍兹定理给出由毕奥－萨伐尔定律得到的稳恒磁场计算公式。

亥姆霍兹定理表明，任意一个矢量场都可以分解为两部分：一部分为无旋场，由纵场源激发；另一部分为无散场，由横场源激发。这种矢量场分解的思想在物理学中有重要应用，例如在电磁场量子化之后纵场和横场与光子的自旋取值相对应。亥姆霍兹定理明确给出了空间区域内的矢量场被唯一确定的条件，这是贯穿电动力学理论的一条“暗线”，在后面的章节中会看到它的重要性。

习　题

1.1　求下列各矢量的散度和旋度，其中 $\boldsymbol{a}$，$\boldsymbol{b}$ 是常矢量。

$$(\boldsymbol{a} \cdot \boldsymbol{r})\boldsymbol{b},\ \psi(r)\boldsymbol{r},\ \psi(r)(\boldsymbol{a} \times \boldsymbol{r}),\ \boldsymbol{r} \times (\boldsymbol{a} \times \boldsymbol{r})$$

1.2　计算下列各式的值($r \neq 0$)。

$$\nabla \frac{1}{r},\ \nabla \times \frac{\boldsymbol{r}}{r^3},\ \nabla \cdot \frac{\boldsymbol{r}}{r^3},\ \nabla \cdot \nabla \frac{1}{r}$$

1.3　计算下列各式的值，其中 $\boldsymbol{a}$ 为常矢量，$r \neq 0$。

$$\nabla\left(\boldsymbol{a} \cdot \frac{\boldsymbol{r}}{r^3}\right),\ \nabla \cdot \left(\boldsymbol{a} \times \frac{\boldsymbol{r}}{r^3}\right),\ \nabla \times \left(\boldsymbol{a} \times \frac{\boldsymbol{r}}{r^3}\right),\ (\boldsymbol{a} \cdot \nabla)\frac{\boldsymbol{r}}{r^3}$$

1.4 已知 $\boldsymbol{E}=\boldsymbol{E}_0 e^{i(\boldsymbol{k}\cdot\boldsymbol{x}-\omega t)}$，其中$\boldsymbol{E}_0$，$\boldsymbol{k}$ 为常矢量，ω 为常数，$\boldsymbol{k}\perp\boldsymbol{E}_0$。

(1)求$\nabla\cdot\boldsymbol{E}$ 及$\nabla\times\boldsymbol{E}$。

(2)证明 $\boldsymbol{E}$ 满足亥姆霍兹方程，即

$$\nabla^2\boldsymbol{E}+k^2\boldsymbol{E}=0$$

1.5 设$\boldsymbol{A}$，$\boldsymbol{B}$ 为任意矢量场，ψ 为标量场，说明下列两等式是否正确。

(1)$(\boldsymbol{A}\cdot\nabla)\psi=\boldsymbol{A}\cdot(\nabla\psi)$。

(2)$(\boldsymbol{A}\cdot\nabla)\boldsymbol{B}=\boldsymbol{A}(\nabla\cdot\boldsymbol{B})$。

1.6 $r=|\boldsymbol{x}-\boldsymbol{x}'|=\sqrt{(x-x')^2+(y-y')^2+(z-z')^2}$是源点 $\boldsymbol{x}'$到场点 $\boldsymbol{x}$ 的距离，$R=|\boldsymbol{x}|$是场点到坐标原点的距离。若源点 $\boldsymbol{x}'$到坐标原点的距离$|\boldsymbol{x}'|\ll R$，试证$\dfrac{1}{r}$可表示为：

$$\frac{1}{r}=\frac{1}{R}-\boldsymbol{x}'\cdot\nabla\frac{1}{R}+\frac{1}{2!}(\boldsymbol{x}'\cdot\nabla)^2\frac{1}{R}+\cdots$$

1.7 写出点 $\boldsymbol{M}$ 的矢径 $\boldsymbol{r}$ 在柱坐标系、球坐标系下的表示，并分别用柱坐标、球坐标证明

$$\nabla\cdot\boldsymbol{r}=3,\ \nabla\times\boldsymbol{r}=0$$

1.8 写出下列情况下基矢的变换矩阵。

(1)从直角坐标系转换为柱坐标系和作相反转换。

(2)从直角坐标系转换为球坐标系和作相反转换。

1.9 写出绕 z 轴转动 α 角的转动欧拉矩阵。坐标系的任意转动可以通过三个欧拉转动实现，即：先绕 z 轴转动α_1角，再绕新的 x'轴转动α_2角，最后绕新的 z'轴转动α_3角。试构造坐标系作任意转动的转动矩阵。

1.10 设 $\boldsymbol{T}$ 是一个二阶张量，$\boldsymbol{b}$ 是一个矢量，证明 $\boldsymbol{a}=\boldsymbol{T}\cdot\boldsymbol{b}$ 是一个矢量。

1.11 设 $\boldsymbol{a}$ 是一个矢量场，证明$\nabla\boldsymbol{a}$ 是一个二阶张量。

1.12 证明对于坐标系转动变换，二阶张量的对称性是不变的。即：在某一坐标系中对称(反对称)的张量，在所有相对原坐标系有过转动的坐标系中仍然是对称(反对称)的。

1.13 证明二阶张量的迹是坐标系转动变换下的不变量。

1.14 已知一个电荷系统的电偶极矩定义为

$$\boldsymbol{P}(t)=\int_V\rho(\boldsymbol{x}',t)\,\boldsymbol{x}'\mathrm{d}\tau'$$

利用电荷守恒定律$\nabla\cdot\boldsymbol{j}+\dfrac{\partial\rho}{\partial t}=0$，证明

$$\frac{\mathrm{d}\boldsymbol{P}(t)}{\mathrm{d}t} = \int_V \boldsymbol{j}(\boldsymbol{x}', t)\,\mathrm{d}\tau'$$

1.15　证明矢量格林公式

$$\int_V \{\boldsymbol{Q}\cdot[\nabla\times(\nabla\times\boldsymbol{P})] - (\nabla\times\boldsymbol{P})\cdot(\nabla\times\boldsymbol{Q})\}\,\mathrm{d}\tau$$

$$= -\oint_S \mathrm{d}\boldsymbol{\sigma}\cdot\boldsymbol{Q}\times(\nabla\times\boldsymbol{P})$$

$$\int_V \{\boldsymbol{Q}\cdot[\nabla\times(\nabla\times\boldsymbol{P})] - \boldsymbol{P}\cdot[\nabla\times(\nabla\times\boldsymbol{Q})]\}\,\mathrm{d}\tau$$

$$= -\oint_S \mathrm{d}\boldsymbol{\sigma}\cdot[\boldsymbol{P}\times(\nabla\times\boldsymbol{Q}) - \boldsymbol{Q}\times(\nabla\times\boldsymbol{P})]$$

其中 S 是包围区域 V 的闭合有向曲面，$\boldsymbol{P}$，$\boldsymbol{Q}$ 是在闭区域 $V+S$ 上连续可微的任意矢量函数。

1.16　证明矢量场 $\boldsymbol{A}=2xz\boldsymbol{i}+2yz^2\boldsymbol{j}+(x^2+2y^2z-1)\boldsymbol{k}$ 存在标量势函数，并求其标量势。

1.17　证明矢量场 $\boldsymbol{A}=y\boldsymbol{i}+z^2\boldsymbol{j}+x^2\boldsymbol{k}$ 存在矢量势函数，并求其矢量势。

第 2 章　宏观电磁现象的基本规律

电荷守恒定律、麦克斯韦方程组和洛伦兹力公式构成了电磁现象的基本规律。本章通过对不同条件下电磁现象实验规律的分析、概括，总结出电荷守恒定律、麦克斯韦方程组以及洛伦兹力公式，并根据这些基本规律揭示电磁场的物质本质。

2.1　电荷、电流和电荷守恒定律

自然界中只存在正、负两种电荷。实验证明，在自然界中可以自由存在的电荷总是**基本电荷单位** $\boldsymbol{e}$(fundamental charge unit e)的整数倍，这个特性称为电荷的量子性。基本电荷单位 e 就是一个电子所带电量的绝对值，测量得出

$$e=1.602\times10^{-19}\ \mathrm{C}$$

近代粒子物理的发展揭示了夸克的存在，每一种夸克带有 $-e/3$ 或 $2e/3$ 的电量，但是夸克都是处于囚禁状态，至今尚未在实验中发现自由夸克。

一个宏观物体所带电荷是构成它的微观粒子电荷的代数和。因此，任何宏观物体的电量必然也是基本电荷 e 的整数倍。宏观物体电荷量严格来说是分立的、不连续的或者量子化的。但是一个宏观物体包含了数目极大的带电粒子，基本电荷单位 e 又是如此之小，以致在足够精确的范围内，可以认为宏观物体电荷量是连续取值的，从而可以引入电荷密度的概念。

为了描述电荷在带电体上的分布，引入**体电荷密度**(volume charge density) $\rho(\boldsymbol{x})$。空间 $\boldsymbol{x}$ 点的体电荷密度定义为包括 $\boldsymbol{x}$ 点在内的小区域 Ω 中的电荷总量 ΔQ 与区域 Ω 的体积 ΔV 之比，在 Ω 缩向 $\boldsymbol{x}$ 点($\Delta V\to0$)的极限值，即

$$\rho(\boldsymbol{x})=\lim_{\Delta V\to0}\frac{\Delta Q}{\Delta V} \tag{2.1.1}$$

这里区域 Ω 是物理上常用的“**物理小体积**”概念，即宏观上是个无穷小体积，但微观上仍包含大量粒子。实际上，在研究宏观电磁现象时，所讨论的空间某点

上的物理量都是在该点处“物理小体积”内的平均值，此平均值称为宏观物理量。

如果在研究的问题中，可以忽略带电体大小和形状的影响，可以把带电体上的电荷看成集中在一个几何点上，称其为**点电荷**(point charge)。点电荷的电荷密度用 δ 函数描写。例如，坐标 $\boldsymbol{x}'$点上电量为 Q 的点电荷，其密度分布函数为

$$\rho(\boldsymbol{x}) = Q\delta(\boldsymbol{x}-\boldsymbol{x}') \tag{2.1.2}$$

有些情况下电荷分布在一个薄层中，可以忽略薄层厚度的影响，例如在静电场中的带电导体就是如此。此时可以用**面电荷密度**(surface charge density) $\sigma(\boldsymbol{x})$描写电荷分布。面上 $\boldsymbol{x}$ 点的面电荷密度定义为，包括 $\boldsymbol{x}$ 点的面元 ΔS 带的电荷总量 ΔQ 与面元面积 ΔS 之比，在 ΔS 缩向 $\boldsymbol{x}$ 点($\Delta S\to 0$)的极限值，即

$$\sigma(\boldsymbol{x}) = \lim_{\Delta S\to 0}\frac{\Delta Q}{\Delta S} \tag{2.1.3}$$

与此类似，若电荷沿一条细线分布，可以引进**线电荷密度**(linear charge density) $\lambda(\boldsymbol{x})$。线上 $\boldsymbol{x}$ 点的线电荷密度定义为，含有 $\boldsymbol{x}$ 点的线元 Δl 上的电荷总量 ΔQ 与线元 Δl 之比，在 Δl 缩向 $\boldsymbol{x}$ 点($\Delta l\to 0$)的极限值，即

$$\lambda(\boldsymbol{x}) = \lim_{\Delta l\to 0}\frac{\Delta Q}{\Delta l} \tag{2.1.4}$$

2.1.1　电流

电荷在空间的运动形成电流。为了描述电流在空间的分布，引进**电流密度矢量**(current density vector)$\boldsymbol{j}(\boldsymbol{x})$。电流场中 $\boldsymbol{x}$ 点的电流密度矢量 $\boldsymbol{j}(\boldsymbol{x})$的方向就是 $\boldsymbol{x}$ 点电流流动的方向$\hat{\boldsymbol{i}}$，大小等于过 $\boldsymbol{x}$ 点与电流垂直的面元 ΔS 上流过的电流强度 ΔI 与面元 ΔS 之比，在 ΔS 缩向 $\boldsymbol{x}$ 点($\Delta S\to 0$)时的极限值，即

$$\boldsymbol{j}(\boldsymbol{x}) = \lim_{\Delta S\to 0}\frac{\Delta I}{\Delta S}\hat{\boldsymbol{i}} \tag{2.1.5}$$

若电流在一个厚度可以忽略的薄层中流动，可以用**面电流密度**(surface current density)$\boldsymbol{\alpha}(\boldsymbol{x})$描述电流分布。面上 $\boldsymbol{x}$ 点的面电流密度 $\boldsymbol{\alpha}(\boldsymbol{x})$方向同 $\boldsymbol{x}$ 点的电流流动方向$\hat{\boldsymbol{i}}$，大小定义为过 $\boldsymbol{x}$ 点与电流垂直的线元 Δl 上流过的电流强度 ΔI(实际上是长为 Δl、高为小量 Δh 的横截面上流过的电流强度)与线元长度 Δl 之比，在 Δl 缩向 x 点($\Delta l\to 0$)时的极限值，即

$$\boldsymbol{\alpha}(\boldsymbol{x}) = \lim_{\Delta l\to 0}\frac{\Delta I}{\Delta l}\hat{\boldsymbol{i}} \tag{2.1.6}$$

在电流场中，通过任一有向曲面 S 的电流强度 I，就是电流密度矢量 $\boldsymbol{j}$ 对曲面 S 的通量。

$$I = \int_S \boldsymbol{j} \cdot \mathrm{d}\boldsymbol{\sigma} \tag{2.1.7}$$

在面电流情况下，流过面上任一有向曲线 L 的电流强度（如图 2.1.1 所示）可表示为

$$I = \int_L (\boldsymbol{\alpha} \times \hat{\boldsymbol{n}}) \cdot \mathrm{d}\boldsymbol{l} \tag{2.1.8}$$

其中 $\boldsymbol{\alpha}$ 为面电流密度矢量，$\hat{\boldsymbol{n}}$ 为电流所在平面的法向向量，$\mathrm{d}\boldsymbol{l}$ 为有向曲线 L 的微分线元。

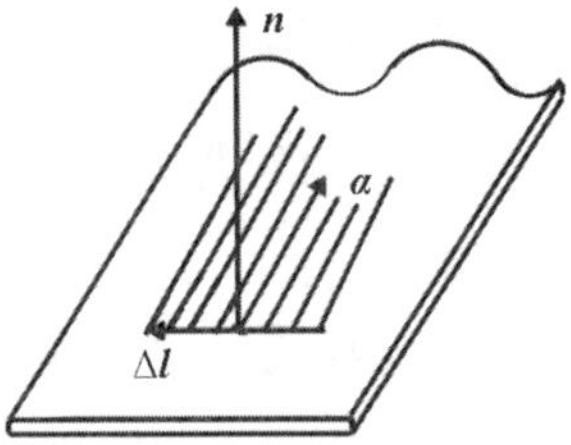

图 2.1.1　面电流

如果电流是由一种带电粒子的运动形成的，设这种带电粒子的电荷密度为 $\rho(\boldsymbol{x})$，运动速度为 $\boldsymbol{v}$，则电流密度可表示为

$$\boldsymbol{j}(\boldsymbol{x}) = \rho(\boldsymbol{x})\boldsymbol{v} \tag{2.1.9}$$

如果电流是由几种带电粒子运动形成的，则总电流密度矢量等于这几种带电粒子电流密度的矢量和。

2.1.2　电荷守恒定律

实验表明，在一个孤立物理系统中，不论发生任何变化过程（不限于电磁过程，可以是化学反应、原子核裂变和聚合、粒子衰变等），系统中所有电荷的代数和不变。这个实验事实称为**电荷守恒定律**（charge conservation law），这是迄今人们认识到的自然界中精确成立的少数几个基本定律之一。电荷守恒定律与电子的稳定性有关，如果电子能够衰变，则必然违反电荷守恒定律。换而言之，如果电荷守恒定律不是精确地成立，则电子的寿命将是有限的。现代的物理研究估计出电子的寿命超过 10^{21} 年，这已远远超出大爆炸理论推测的宇宙年龄 1.38×10^{10} 年。

考虑由闭合曲面 S 包围的空间区域 V，由于电荷守恒，V 中发生的任何过程都不会引起电荷总量的变化，V 中的电荷增加率必然等于单位时间内由界面 S 流入的电荷，即

$$\frac{\mathrm{d}}{\mathrm{d}t}\int_V \rho \mathrm{d}\tau = -\oint_S \mathrm{d}\boldsymbol{\sigma} \cdot \boldsymbol{j} \tag{2.1.10}$$

这就是电荷守恒定律的积分形式。当区域 V 取定时(边界面 S 不随时间变化)，V 中的电荷增加率等于 V 中各点电荷增加率之和，式(2.1.10)左端对时间的微商可变成偏微商移到积分号内，同时对右端应用高斯公式得

$$\int_V \frac{\partial \rho}{\partial t}\mathrm{d}\tau = -\int_V \mathrm{d}\tau\, \nabla\cdot \boldsymbol{j}$$

由于上式对任意区域 V 成立，被积函数必处处相等。所以

$$\frac{\partial \rho}{\partial t} + \nabla \cdot \boldsymbol{j} = 0 \tag{2.1.11}$$

这就是电荷守恒定律的微分形式，又称**电流连续性方程**(current continuity equation)。

在稳恒情况下，电荷密度不随时间变化，由式(2.1.11)可得到稳恒电流连续性方程

$$\nabla \cdot \boldsymbol{j} = 0 \tag{2.1.12}$$

其积分形式为

$$\oint_S \mathrm{d}\boldsymbol{\sigma} \cdot \boldsymbol{j} = 0 \tag{2.1.13}$$

上式对任意闭合曲面 S 成立，表明稳恒电流线总是闭合的。

2.2　真空中的静电场方程

2.2.1　库仑定律

库仑定律是静电情况下的一条基本实验规律，它奠定了静电学的理论基础。库仑定律表述如下：真空中静止的点电荷 Q' 对另一个静止点电荷 Q 的作用力为

$$\boldsymbol{F} = \frac{QQ'\boldsymbol{r}}{4\pi\varepsilon_0 r^3} \tag{2.2.1}$$

ε_0 是真空介电常数，$\boldsymbol{r} = \boldsymbol{x} - \boldsymbol{x}'$ 是由电荷 Q' 所在点 $\boldsymbol{x}'$ 指向电荷 Q 所在点 $\boldsymbol{x}$ 的矢

量，$r=|\boldsymbol{r}|$。两个点电荷之间的库仑相互作用情况如图 2.2.1 所示。要强调的是，库仑定律只适用于真空、静止、点电荷情况。

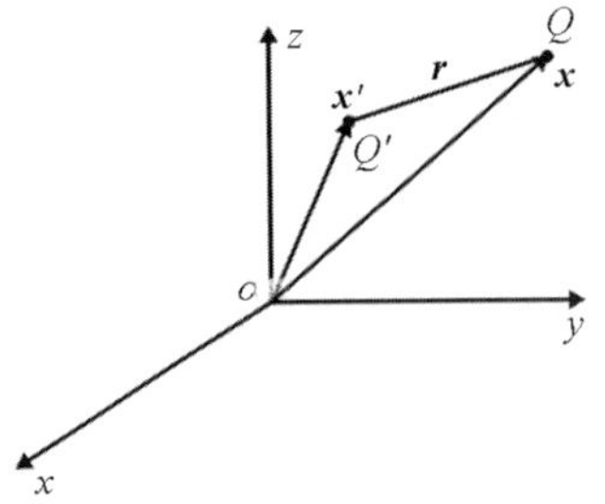

图 2.2.1　两个点电荷之间的库仑相互作用

库仑定律正确地描绘了真空中两个静止点电荷作用力的大小和方向，但它并没有揭示这个作用力的本质。在法拉第以前，传统观念认为电荷之间的作用是“超距作用”，即一个带电体不通过任何中间媒介，直接地、瞬时地把作用力施加到另一个带电体上。法拉第最早引入“场作用”的概念，他认为电磁作用是通过“场”这种中间媒介，以有限速度传播过去的。尽管“超距作用”和“场作用”都可解释库仑定律，但在电荷运动的情况下，场可以脱离电荷在空间单独存在，这两种观点显示出本质上不同的物理内容。现代物理已抛弃了超距作用的观点，认为任何相互作用都是通过物理场进行的，场本身就是物质存在和运动的一种方式。电磁场就是传播电磁相互作用的一种特殊物质。

2.2.2　电场强度

在电荷 Q'周围的空间中引入另一点电荷 q，q 会受到力的作用，称电荷在其中会受到作用力的空间为**电场**(electric field)。按照场作用的观点，q 受到的作用力是 Q'激发的场对 q 的作用，这个作用力和 Q'激发的场的大小和方向有关。可以把 q 作为试探电荷，放入 Q'场中的不同点，根据它的受力情况研究 Q'电荷场的空间分布。不过 q 应足够小，以免它的引入改变了原来的场分布。

设试探电荷 q 在场中 $\boldsymbol{x}$ 点受到的作用力为 $\boldsymbol{F}$，定义力 $\boldsymbol{F}$ 与 q 之比为该点的**电场强度**(electric field intensity)，记为 $\boldsymbol{E}$，则场中 $\boldsymbol{x}$ 点的电荷 q 所受到的力可写为

$$\boldsymbol{F}=q\boldsymbol{E} \tag{2.2.2}$$

电场强度则定义为

$$\boldsymbol{E}=\boldsymbol{F}/q$$

电场强度是个矢量，其方向与该点正电荷受电场力方向相同，大小等于单位点电荷在该点受到的电场作用力。要强调的是，电场是由源电荷激发的，与是否存在试探电荷无关。

在电荷分布已知的情况下，可以利用库仑定律计算静电场。单个点电荷 Q' 激发的电场可由式(2.2.1)和式(2.2.2)得到。

$$\boldsymbol{E}=\frac{Q'\boldsymbol{r}}{4\pi\varepsilon_0 r^3} \tag{2.2.3}$$

实验证明，多个点电荷激发的电场等于每个点电荷单独激发的电场矢量和，这个性质称为**电场的叠加性**(superposition of electric fields)。必须指出，电场叠加性应当看作一条新的实验定律，它不是库仑定律的逻辑推论。有人可能会想，试探电荷若受到 Q_1'的作用力 $\boldsymbol{F}_1$，以及 Q_2'的作用力 $\boldsymbol{F}_2$，那么它受到的合力 $\boldsymbol{F}=\boldsymbol{F}_1+\boldsymbol{F}_2$，从而可推出 $\boldsymbol{E}=\boldsymbol{E}_1+\boldsymbol{E}_2$。事实上，在上面求合力运算时已假设 Q_1'对试探电荷的作用力不受 Q_2'存在与否的影响，而这正是场叠加原理的另一种表述。

设空间有 N 个点电荷，其中第 i 个点电荷的坐标为 $\boldsymbol{x}_i'$，它到观察点 $\boldsymbol{x}$ 的矢距为 $\boldsymbol{r}_i=\boldsymbol{x}-\boldsymbol{x}_i'$，由电场叠加性可知，$\boldsymbol{x}$ 点的总电场强度

$$\boldsymbol{E}(\boldsymbol{x})=\sum_{i=1}^{N}\frac{Q'_i\boldsymbol{r}_i}{4\pi\varepsilon_0 r_i^3} \tag{2.2.4}$$

若电荷连续分布，取体积元 $\mathrm{d}\tau'$，$\mathrm{d}\tau'$内的电荷量 $\mathrm{d}Q'=\rho(\boldsymbol{x}')\mathrm{d}\tau'$，当 $\mathrm{d}\tau'$足够小就可以把 $\mathrm{d}Q'$看成点电荷，场点 $\boldsymbol{x}$ 的总电场就是各个电荷元激发电场的矢量和

$$\boldsymbol{E}(\boldsymbol{x})=\int_V\frac{\rho(\boldsymbol{x}')\boldsymbol{r}}{4\pi\varepsilon_0 r^3}\mathrm{d}\tau' \tag{2.2.5}$$

V 是电荷分布区域，$\boldsymbol{r}=\boldsymbol{x}-\boldsymbol{x}'$是由源点引向场点的矢量。显然，式(2.2.4)是式(2.2.5)的特殊情况。

2.2.3　静电场的散度

密度分布为 $\rho(\boldsymbol{x}')$的电荷激发的静电场由式(2.2.5)给出。对式(2.2.5)两边取散度，注意到∇的微分运算和积分运算分别是对场点坐标和源点坐标进行的，其次序可交换，所以

$$\nabla\cdot\boldsymbol{E}(\boldsymbol{x})=\int_V\frac{\rho(\boldsymbol{x}')}{4\pi\varepsilon_0}\nabla\cdot\frac{\boldsymbol{r}}{r^3}\mathrm{d}\tau'$$

$$= \int_V \frac{\rho(x')}{4\pi\varepsilon_0} 4\pi\delta(\boldsymbol{x} - \boldsymbol{x}')\mathrm{d}\tau'$$

$$= \frac{\rho(\boldsymbol{x})}{\varepsilon_0} \tag{2.2.6}$$

表明空间各点的电荷密度就是该点作为静电场源的源强度。

在区域 V 上对式(2.2.6)两边积分，并利用高斯积分变换公式得

$$\oint_S \mathrm{d}\boldsymbol{\sigma} \cdot \boldsymbol{E} = \frac{Q}{\varepsilon_0} \tag{2.2.7}$$

Q 是 S 面包围的区域 V 中的电荷总量。式(2.2.7)是熟知的电场高斯定理：**穿过任意闭合曲面的电场通量等于该闭合曲面包围的电荷总量除以** ε_0。

在电荷分布具有某种对称性的情况下，电场分布也会具有一定对称性，此时可利用高斯定理方便地求出电场分布。

2.2.4 静电场的旋度

对式(2.2.5)两边取旋度

$$\nabla\times \boldsymbol{E}(\boldsymbol{x}) = \nabla\times \int_V \frac{\rho(\boldsymbol{x}')\boldsymbol{r}}{4\pi\varepsilon_0 r^3}\mathrm{d}\tau'$$

交换积分运算和微分运算的次序，并利用$\nabla\times\boldsymbol{r}/r^3=0$，求得

$$\nabla\times\boldsymbol{E}(\boldsymbol{x})=0 \tag{2.2.8}$$

这表明静电场是无旋的，静电场是纵场。正电荷是电力线的源，负电荷是电力线的汇，静电场电力线总是源于正电荷，止于负电荷上或无穷远处，不构成闭合环线。

例 2.2.1：电荷 Q 均匀分布在半径为 a 的球内，求空间各点的电场强度，并由得到的电场强度计算电场的散度和旋度。

解：与带电球同心，作半径为 r 的球面，由电荷分布的球对称性可知，球面上各点电场强度有相同的值，并且都沿径向。根据高斯定理，注意到 $r>a$ 时，半径 r 的球内电荷总量是 Q，而 $r<a$ 时，球内电荷总量是 Qr^3/a^3，得

$$\boldsymbol{E}=\begin{cases}\dfrac{Q\boldsymbol{r}}{4\pi\varepsilon_0 r^3} & r>a\\[2ex] \dfrac{Q\boldsymbol{r}}{4\pi\varepsilon_0 a^3} & r<a\end{cases} \tag{2.2.9}$$

可以看到，在带电球体的表面($r=a$)，内外场强的大小趋于同一数值$\dfrac{Q}{4\pi\varepsilon_0 a^2}$，场

强在球面上是连续的,并且数值达到最大。

利用式(2.2.9)可得电场的散度和旋度为:

(1)$r>a$ 时,

$$\nabla\cdot\boldsymbol{E}=\frac{Q}{4\pi\varepsilon_0}\nabla\cdot\frac{\boldsymbol{r}}{r^3}=0$$

$$\nabla\times\boldsymbol{E}=\frac{Q}{4\pi\varepsilon_0}\nabla\times\frac{\boldsymbol{r}}{r^3}=0$$

(2)$r<a$ 时,

$$\nabla\cdot\boldsymbol{E}=\frac{Q}{4\pi\varepsilon_0 a^3}\nabla\cdot\boldsymbol{r}=\frac{Q}{\frac{4\pi}{3}a^3\varepsilon_0}=\frac{\rho}{\varepsilon_0}$$

其中 ρ 是带电球电荷密度。

$$\nabla\times\boldsymbol{E}=\frac{Q}{4\pi\varepsilon_0 a^3}\nabla\times\boldsymbol{r}=0$$

这些结果完全符合本节得出的静电场方程(2.2.6)和方程(2.2.8)。

2.3　稳恒电流磁场方程

2.3.1　安培定律

实验证明两个电流之间存在作用力。安培在分析了大量的实验资料以后,总结出真空中两个稳恒电流元之间作用力的公式。电流元 $I(\boldsymbol{x})\mathrm{d}\boldsymbol{l}$ 受到电流元 $I(\boldsymbol{x}')\mathrm{d}\boldsymbol{l}'$ 的作用力 $\mathrm{d}\boldsymbol{F}$ 可以表示为

$$\mathrm{d}\boldsymbol{F}=\frac{\mu_0}{4\pi}\frac{I(\boldsymbol{x})\mathrm{d}\boldsymbol{l}\times[I(\boldsymbol{x}')\mathrm{d}\boldsymbol{l}'\times\boldsymbol{r}]}{r^3}\tag{2.3.1}$$

$\boldsymbol{r}$ 是由 $\boldsymbol{x}'$ 点引向 $\boldsymbol{x}$ 点的矢量，表示 $I(\boldsymbol{x})\mathrm{d}\boldsymbol{l}$ 相对于 $I(\boldsymbol{x}')\mathrm{d}\boldsymbol{l}'$ 的相对位矢(如图 2.3.1 所示),μ_0 是真空磁导率。

同理，电流元 $I(\boldsymbol{x}')\mathrm{d}\boldsymbol{l}'$ 受到电流元 $I(\boldsymbol{x})\mathrm{d}\boldsymbol{l}$ 的作用力 $\mathrm{d}\boldsymbol{F}'$ 可以表示为

$$\mathrm{d}\boldsymbol{F}'=\frac{\mu_0}{4\pi}\frac{I(\boldsymbol{x}')\mathrm{d}\boldsymbol{l}'\times[I(\boldsymbol{x})\mathrm{d}\boldsymbol{l}\times\boldsymbol{r}']}{r^3}\tag{2.3.2}$$

其中 $\boldsymbol{r}'=-\boldsymbol{r}$。

安培定律反映了真空中两个稳恒电流元之间的相互作用，其在稳恒磁场中

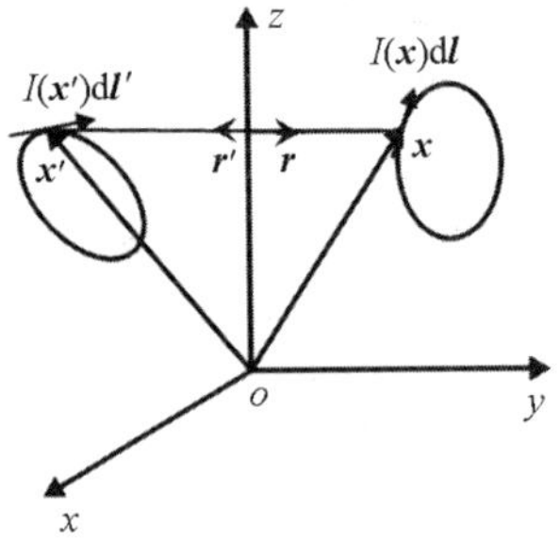

图 2. 3. 1 两个稳恒电流元之间的相互作用

的地位和库仑定律在静电场中的地位相当。但是这两个定律之间有重大差异。容易看出，两个电流元之间的作用力并不满足牛顿第三定律。原因在于“电流元”只是为了叙述、分析方便引进的抽象概念，客观世界中并不存在孤立的稳恒电流元。两个闭合的稳恒电流圈之间的作用力满足作用力与反作用力定律，证明留作读者练习。

考虑导线有截面 d$\boldsymbol{S}$，电流元可以表示为

$$I(\boldsymbol{x})\,\mathrm{d}\boldsymbol{l} = (\boldsymbol{j}\cdot \mathrm{d}\boldsymbol{S})\,\mathrm{d}\boldsymbol{l} = \boldsymbol{j}\mathrm{d}\tau$$

dτ 是体积元，从而可以把式(2. 3. 1)和式(2. 3. 2)改写为

$$\mathrm{d}\boldsymbol{F} = \frac{\mu_0}{4\pi}\frac{\boldsymbol{j}(\boldsymbol{x})\,\mathrm{d}\tau \times [\boldsymbol{j}(\boldsymbol{x}')\,\mathrm{d}\tau' \times \boldsymbol{r}]}{r^3} \tag{2. 3. 3}$$

$$\mathrm{d}\boldsymbol{F}' = \frac{\mu_0}{4\pi}\frac{\boldsymbol{j}(\boldsymbol{x}')\,\mathrm{d}\tau' \times [\boldsymbol{j}(\boldsymbol{x})\,\mathrm{d}\tau \times \boldsymbol{r}']}{r^3} \tag{2. 3. 4}$$

2. 3. 2 毕奥 - 萨伐尔定律

根据场作用观点，两个电流元之间的作用也是通过场传递的，称传递电流之间相互作用的场为**磁场**(magnetic field)。对放入其中的电流有作用力是磁场的特性，可以引入一个小电流，根据它在磁场中的受力情况，研究磁场的性质和分布。

由式(2. 3. 3)可知，电流元$\boldsymbol{j}(\boldsymbol{x})\mathrm{d}\tau$ 受到电流元$\boldsymbol{j}(\boldsymbol{x}')\mathrm{d}\tau'$的作用力可以写为

$$\mathrm{d}\boldsymbol{F} = \boldsymbol{j}(\boldsymbol{x})\,\mathrm{d}\tau \times \mathrm{d}\boldsymbol{B}(\boldsymbol{x}) \tag{2. 3. 5}$$

d$\boldsymbol{B}(\boldsymbol{x})$与电流元$\boldsymbol{j}(\boldsymbol{x})\mathrm{d}\tau$ 无关，是刻画电流元$\boldsymbol{j}(\boldsymbol{x}')$在 $\boldsymbol{x}$ 点所产生磁场性质的量，称为**磁感应强度**(magnetic induction intensity)(没有把它称为磁场强度是由于历史上磁场强度一词已用来表示另一个物理量)。将式(2. 3. 5)与式(2. 3. 3)

比较，$d\boldsymbol{B}(\boldsymbol{x})$可以写作

$$d\boldsymbol{B}(\boldsymbol{x})=\frac{\mu_0}{4\pi}\frac{\boldsymbol{j}(\boldsymbol{x}')d\tau'\times\boldsymbol{r}}{r^3} \tag{2.3.6}$$

实验表明，磁场也满足叠加性，一个稳恒电流激发的磁场可以表示为各个电流元磁场的叠加。

$$\boldsymbol{B}(\boldsymbol{x})=\frac{\mu_0}{4\pi}\int\frac{\boldsymbol{j}(\boldsymbol{x}')d\tau'\times\boldsymbol{r}}{r^3} \tag{2.3.7}$$

式(2.3.7)称为**毕奥－萨伐尔定律**。

在线电流情况下，导线外各点电流密度都是零，可以只对导线回路 $\boldsymbol{L}$ 作积分，式(2.3.7)可写为

$$\boldsymbol{B}(\boldsymbol{x})=\frac{\mu_0}{4\pi}\oint_L\frac{I d\boldsymbol{l}\times\boldsymbol{r}}{r^3} \tag{2.3.8}$$

2.3.3　稳恒电流磁场的散度

毕奥－萨伐尔定律反映了稳恒电流激发磁场的规律，下面由这条定律出发，求出稳恒电流磁场所满足的方程。

首先改写毕奥－萨伐尔定律为

$$\boldsymbol{B}(\boldsymbol{x})=\frac{\mu_0}{4\pi}\int\frac{\boldsymbol{j}(\boldsymbol{x}')\times\boldsymbol{r}}{r^3}d\tau'=\frac{\mu_0}{4\pi}\int\left(\nabla\frac{1}{r}\right)\times\boldsymbol{j}(\boldsymbol{x}')d\tau'$$

注意∇算子是对场点坐标微分的算子，与源点坐标 $\boldsymbol{x}'$无关，所以

$$\nabla\times\left[\boldsymbol{j}(\boldsymbol{x}')\frac{1}{r}\right]=\left(\nabla\frac{1}{r}\right)\times\boldsymbol{j}(\boldsymbol{x}')$$

由此，可把磁场表示为一个矢量函数的旋度

$$\boldsymbol{B}(\boldsymbol{x})=\frac{\mu_0}{4\pi}\nabla\times\int\frac{\boldsymbol{j}(\boldsymbol{x}')d\tau'}{r}=\nabla\times\boldsymbol{A}(\boldsymbol{x}) \tag{2.3.9}$$

其中

$$\boldsymbol{A}(\boldsymbol{x})=\frac{\mu_0}{4\pi}\int\frac{\boldsymbol{j}(\boldsymbol{x}')d\tau'}{r} \tag{2.3.10}$$

是磁场的**矢量势**(vector potential)，它是描述磁场的另一个重要物理量，关于矢量势在后面还要作仔细的讨论。

由于 $\boldsymbol{B}(\boldsymbol{x})$可以表示为一个矢量场的旋度，根据 1.7 节定理 2，有

$$\nabla\cdot\boldsymbol{B}(\boldsymbol{x})=0 \tag{2.3.11}$$

式(2.3.11)表明磁场是横场，磁力线总是构成闭合回路。

自然界中是否存在纵磁场，即是否存在磁荷(磁单极子)激发或吸收磁力线，一直是物理学家关心的问题。1931年，英国物理学家狄拉克从理论上提出了磁单极子的预言，认为自然界中可以独立存在仅带有单一磁极的磁性物质。美国物理学家费米等也都从理论上探讨过磁单极子存在的可能性。科学家们在高能加速实验和宇宙射线中寻找磁单极子，分析陨石和美国“阿波罗”飞船运回的月岩，但至今仍没有可靠的证据能够证明磁单极子的存在。在不存在磁荷的前提下，式(2.3.11)是普遍磁场的一个基本方程式。

2.3.4 稳恒磁场的旋度

现在由毕奥－萨伐尔定律出发求稳恒磁场的旋度。由式(2.3.9)得

$$\nabla\times\boldsymbol{B}=\nabla\times(\nabla\times\boldsymbol{A})=\nabla(\nabla\cdot\boldsymbol{A})-\nabla^2\boldsymbol{A} \tag{2.3.12}$$

求磁场旋度归结为计算式(2.3.12)最右边两项。第一项由式(2.3.10)得

$$\begin{aligned}\nabla\cdot\boldsymbol{A}&=\frac{\mu_0}{4\pi}\nabla\cdot\int_V\frac{\boldsymbol{j}(\boldsymbol{x}')\,\mathrm{d}\tau'}{r}\\&=\frac{\mu_0}{4\pi}\int_V\left(\nabla\frac{1}{r}\right)\cdot\boldsymbol{j}(\boldsymbol{x}')\,\mathrm{d}\tau'\\&=-\frac{\mu_0}{4\pi}\int_V\left(\nabla'\frac{1}{r}\right)\cdot\boldsymbol{j}(\boldsymbol{x}')\,\mathrm{d}\tau'\end{aligned} \tag{2.3.13}$$

这里应用了$\nabla\frac{1}{r}=-\nabla'\frac{1}{r}$。应用公式为

$$\nabla'\cdot\left[\boldsymbol{j}(\boldsymbol{x}')\frac{1}{r}\right]=\left(\nabla'\frac{1}{r}\right)\cdot\boldsymbol{j}(\boldsymbol{x}')+\frac{1}{r}\nabla'\cdot\boldsymbol{j}(\boldsymbol{x}') \tag{2.3.14}$$

由稳恒电流条件式(2.1.12)可得，式(2.3.14)右端第二项等于零。把式(2.3.14)代入式(2.3.13)，得

$$\nabla\cdot\boldsymbol{A}=-\frac{\mu_0}{4\pi}\int_V\nabla'\cdot\left[\boldsymbol{j}(\boldsymbol{x}')\frac{1}{r}\right]\mathrm{d}\tau'=-\frac{\mu_0}{4\pi}\oint_S\mathrm{d}\boldsymbol{\sigma}'\cdot\boldsymbol{j}(\boldsymbol{x}')/r$$

由于积分区域 V 含有 $\boldsymbol{j}(\boldsymbol{x}')\neq0$ 的全部区域，在 V 的边界面 S 上 $j_n\equiv0$，因此

$$\nabla\cdot\boldsymbol{A}=0 \tag{2.3.15}$$

式(2.3.12)中的第二项是

$$\begin{aligned}\nabla^2\boldsymbol{A}(\boldsymbol{x})&=\frac{\mu_0}{4\pi}\int\boldsymbol{j}(\boldsymbol{x}')\,\nabla^2\frac{1}{r}\mathrm{d}\tau'\\&=-\frac{\mu_0}{4\pi}\int\boldsymbol{j}(\boldsymbol{x}')4\pi\delta(\boldsymbol{x}-\boldsymbol{x}')\,\mathrm{d}\tau'\end{aligned}$$

$$= -\mu_0 \boldsymbol{j}(\boldsymbol{x}) \tag{2.3.16}$$

把式(2.3.15)、式(2.3.16)代入式(2.3.12)中，得稳恒磁场的旋度

$$\nabla \times \boldsymbol{B} = \mu_0 \boldsymbol{j} \tag{2.3.17}$$

这表明电流密度矢量描述稳恒电流磁场的源强度。

在磁场中任一有向曲面上对式(2.3.17)两端积分

$$\int_S \mathrm{d}\boldsymbol{\sigma} \cdot \nabla \times \boldsymbol{B} = \mu_0 \int_S \mathrm{d}\boldsymbol{\sigma} \cdot \boldsymbol{j} = \mu_0 I$$

I 为通过有向曲面 S 的电流强度。设 L 是曲面 S 的边界线，其绕行方向与 S 法向成右手螺旋关系，应用斯托克斯积分变换公式得

$$\oint_L \boldsymbol{B} \cdot \mathrm{d}\boldsymbol{l} = \mu_0 I \tag{2.3.18}$$

式(2.3.18)即**安培环路定理**(Ampere's circuital law)：**磁感应强度沿任一闭合回路 L 的环量，等于穿过以 L 为边界的任意曲面的电流强度**。在电流分布具有一定对称性的情况下，应用安培环路定理常可方便地求出空间的磁场分布。例如，通电螺线管内部的磁场、无限长载流直导线的磁场就可用这种方法求出。

例 2.3.1：电流 I 均匀分布在半径为 a 的无限长直导线内，求空间各点的磁感应强度 $\boldsymbol{B}$，并由此计算稳恒电流磁场的散度和旋度。

解：由于电流分布具有轴对称性，在与导线垂直的平面内，任何以导线轴为中心、半径为 ρ 的圆周上各点磁感应强度大小相同，并且都沿圆周切线方向。由安培环路定理得

对 $\rho > a$，$\oint \boldsymbol{B} \cdot \mathrm{d}\boldsymbol{l} = 2\pi\rho B = \mu_0 I$

$$\boldsymbol{B} = \frac{\mu_0 I}{2\pi\rho} \boldsymbol{e}_\Phi$$

对 $\rho < a$，半径为 ρ 的圆面上电流强度为 $I\rho^2/a^2$，$\oint \boldsymbol{B} \cdot \mathrm{d}\boldsymbol{l} = 2\pi\rho B = \mu_0 I \rho^2/a^2$

$$\boldsymbol{B} = \frac{\mu_0 I \rho}{2\pi a^2} \boldsymbol{e}_\Phi$$

由于在圆柱坐标系中，$\boldsymbol{B}$ 只有 $\boldsymbol{e}_\Phi$ 分量，由式(1.3.22)和式(1.3.23)知

对 $\rho > a$，$\nabla \times \boldsymbol{B} = -\frac{\partial}{\partial z}\left(\frac{\mu_0 I}{2\pi\rho}\right)\boldsymbol{e}_\rho + \frac{1}{\rho}\left[\frac{\partial}{\partial \rho}\left(\rho \frac{\mu_0 I}{2\pi\rho}\right)\right]\boldsymbol{e}_z = 0$

$$\nabla \cdot \boldsymbol{B} = \frac{1}{\rho} \frac{\partial}{\partial \Phi}\left(\frac{\mu_0 I}{2\pi\rho}\right) = 0$$

对 $\rho<a$，$\nabla\times\boldsymbol{B}=-\dfrac{\partial}{\partial z}\left(\dfrac{\mu_0 I\rho}{2\pi a^2}\right)\boldsymbol{e}_\rho+\dfrac{1}{\rho}\left[\dfrac{\partial}{\partial\rho}\left(\rho\dfrac{\mu_0 I\rho}{2\pi a^2}\right)\right]\boldsymbol{e}_z=\dfrac{\mu_0 I}{\pi a^2}\boldsymbol{e}_z$

$$\nabla\cdot\boldsymbol{B}=\frac{1}{\rho}\frac{\partial}{\partial\Phi}\left(\frac{\mu_0 I\rho}{2\pi a^2}\right)=0$$

这些结果都完全符合本节得到的稳恒电流磁场方程(2.3.11)和式(2.3.17)。

2.4 真空中的麦克斯韦方程组和洛伦兹力公式

前两节通过对静电场和稳恒磁场实验规律的分析，得到静电场和稳恒磁场的基本方程。本节分析这些基本方程式，把其中普遍适用的部分推广到变化电磁场情况中。对于与变化电磁场不相适应的部分，则根据变化电磁场的实验规律加以修正、补充，最后建立描述电磁现象的普遍规律麦克斯韦方程组以及洛伦兹力公式。

2.4.1 法拉第电磁感应定律

在奥斯特发现电流可以激发磁场以后，就有许多人从事逆现象的研究，即电流能产生磁场，反过来能不能用磁场产生出电流呢？1831 年，法拉第取得了成功。他从实验上发现，沿任何一个导体回路，当穿过该回路所围曲面的磁通量发生变化时，回路中就有电流产生。这种电流叫**感生电流**(induced current)，这一现象被称为**电磁感应现象**(phenomenon of electromagnetic induction)。

关于电磁感应现象，法拉第从实验中总结出以下规律：闭合导体回路中的感生电动势与通过以该回路为边界的任一曲面磁通量的减少率成正比。取曲面法向与回路方向成右手螺旋关系，法拉第电磁感应定律可表示为

$$\boldsymbol{\varepsilon}=-\frac{\mathrm{d}}{\mathrm{d}t}\int_S \mathrm{d}\boldsymbol{\sigma}\cdot\boldsymbol{B} \tag{2.4.1}$$

$\boldsymbol{\varepsilon}$ 是回路中的感生电动势，它可用电场沿导体回路的环量表示。

$$\varepsilon=\oint_L \boldsymbol{E}\cdot\mathrm{d}\boldsymbol{l}$$

则式(2.4.1)可以写作

$$\oint_L \boldsymbol{E}\cdot\mathrm{d}\boldsymbol{l}=-\frac{\mathrm{d}}{\mathrm{d}t}\int_S \mathrm{d}\boldsymbol{\sigma}\cdot\boldsymbol{B} \tag{2.4.2}$$

如果固定导体回路及曲面 S 位形，穿过曲面 S 的磁通量变化率就等于曲面

上各点磁感应强度变化率之和，式(2.4.2)中对时间的全微商就可变为偏微商移到积分号内，式(2.4.2)可写作

$$\oint \boldsymbol{E} \cdot \mathrm{d}\boldsymbol{l} = -\int_S \frac{\partial \boldsymbol{B}}{\partial t} \cdot \mathrm{d}\boldsymbol{\sigma} \tag{2.4.3}$$

感生电流的出现实际上是导体内部的电荷受到电场作用力定向移动的结果。因此，电磁感应现象的本质在于变化磁场在它周围空间中激发出感生电场。既然感生电场是由变化磁场产生的，那么它与导体回路的存在与否无关。因此，式(2.4.3)中的积分回路可以脱离具体的导体回路，L 可取空间任意一条闭合曲线。对式(2.4.3)左端的积分应用斯托克斯公式得

$$\nabla \times \boldsymbol{E} = -\frac{\partial \boldsymbol{B}}{\partial t} \tag{2.4.4}$$

这表明在变化电磁场情况下，电场的横场分量不再是零，源强度就是磁感应强度矢量的减少率。容易看出，式(2.4.4)包含稳定情况，所以它是普遍情况下电磁场的一个基本方程。

由式(2.4.4)还可得到一个重要结果。对式(2.4.4)两边取散度，注意到对时间微商和对空间坐标微商次序可交换，得到

$$\frac{\partial}{\partial t}(\nabla \cdot \boldsymbol{B}) = \nabla \cdot \frac{\partial \boldsymbol{B}}{\partial t} = -\nabla \cdot (\nabla \times \boldsymbol{E}) = 0$$

这表明磁感应强度矢量的散度与时间无关，只可能是空间坐标的函数，即

$$\nabla \cdot \boldsymbol{B} = \Psi(\boldsymbol{x})$$

分析表明，$\Psi(\boldsymbol{x})$必然恒等于零。因为可以设想对一个随时间变化的磁场 $\boldsymbol{B}(\boldsymbol{x}, t)$，通过适当的安排，总可通过足够长的时间演化使系统达到稳恒磁场 $\boldsymbol{B}(\boldsymbol{x})$。由式(2.3.11)知，稳恒磁场满足 $\nabla \cdot \boldsymbol{B} = \boldsymbol{0}$。而 $\Psi(\boldsymbol{x})$ 与时间无关，故必有 $\Psi(x) = 0$。即对变化电磁场仍有

$$\nabla \cdot \boldsymbol{B} = 0 \tag{2.4.5}$$

事实上，$\nabla \cdot \boldsymbol{B} = 0$ 根源于自然界中不存在自由磁荷，在变化电磁场情况下它仍然成立是很自然的。

2.4.2　变化情况下电磁场的散度和旋度

在分析静电场时，得到静电场的散度

$$\nabla \cdot \boldsymbol{E} = \frac{\rho}{\varepsilon_0} \tag{2.4.6}$$

它表示电荷是纵电场的源，空间一点的电荷密度就是该点作为纵电场源的源强

度。式(2.4.6)在变化电磁场情况下是否仍成立，归结于变化电磁场中电场的纵场分量是否还有电荷以外的其他的源。电荷是纵电场唯一的源。所以，式(2.4.6)可以推广到变化电磁场的一般情况。

稳恒电流磁场的旋度由式(2.3.17)得到。

$$\nabla \times \boldsymbol{B} = \mu_0 \boldsymbol{j} \tag{2.4.7}$$

在变化电磁场情况下它是否还正确呢？假设式(2.4.7)可以推广到变化电磁场情况，那么

$$\mu_0 \nabla \cdot \boldsymbol{j} = \nabla \cdot (\nabla \times \boldsymbol{B}) = 0$$

即变化电磁场情况下仍有$\nabla \cdot \boldsymbol{j} = 0$，电流仍然是稳恒的。由电荷守恒定律$\nabla \cdot \boldsymbol{j} + \partial\rho/\partial t = 0$，还可进一步推出空间各点的电荷密度都满足$\partial\rho/\partial t = 0$，且不随时间变化。显然，这些都与变化电磁场不相符。所以，式(2.4.7)不能直接推广到变化电磁场的情况，必须修改。

英国物理学家麦克斯韦提出了一个修改式(2.4.7)的方案。他认为存在一个称为**位移电流**(displacement current)的物理量$\boldsymbol{j}_D$，它和电流密度矢量$\boldsymbol{j}$一起构成闭合矢量

$$\nabla \cdot (\boldsymbol{j} + \boldsymbol{j}_D) = 0 \tag{2.4.8}$$

$\boldsymbol{j}_D$和真实电流一样可以激发磁场，从而式(2.4.7)修改为

$$\nabla \times \boldsymbol{B} = \mu_0 (\boldsymbol{j} + \boldsymbol{j}_D) \tag{2.4.9}$$

此式取散度得$\nabla \cdot \boldsymbol{j} = -\nabla \cdot \boldsymbol{j}_D$，因而理论上的矛盾就消除了。剩下的问题是：位移电流是什么？引入位移电流$\boldsymbol{j}_D$的假设是否合理？

下面由式(2.4.8)求出$\boldsymbol{j}_D$的一个可能的表达式。根据电荷守恒定律$\nabla \cdot \boldsymbol{j} + \partial\rho/\partial t = 0$以及式(2.4.6)，可得出

$$\nabla \cdot \left(\boldsymbol{j} + \varepsilon_0 \frac{\partial \boldsymbol{E}}{\partial t}\right) = 0 \tag{2.4.10}$$

比较式(2.4.10)和式(2.4.8)，可以把$\boldsymbol{j}_D$写成

$$\boldsymbol{j}_D = \varepsilon_0 \frac{\partial \boldsymbol{E}}{\partial t} \tag{2.4.11}$$

可见，位移电流$\boldsymbol{j}_D$本质上是电场的变化率，$\boldsymbol{j}_D$和真实电流一样可以激发磁场正是“变化的电场产生磁场”的体现。

引入位移电流假设以后，可以把普遍情况下磁场的旋度写为

$$\nabla \times \boldsymbol{B} = \mu_0 \boldsymbol{j} + \mu_0 \varepsilon_0 \frac{\partial \boldsymbol{E}}{\partial t} \tag{2.4.12}$$

综上可得，包含变化电磁场的普遍电磁场方程为

$$\begin{cases}\nabla \times \boldsymbol{E} = -\dfrac{\partial \boldsymbol{B}}{\partial t} \\ \nabla \times \boldsymbol{B} = \mu_0 \boldsymbol{j} + \mu_0 \varepsilon_0 \dfrac{\partial \boldsymbol{E}}{\partial t} \\ \nabla \cdot \boldsymbol{E} = \dfrac{\rho}{\varepsilon_0} \\ \nabla \cdot \boldsymbol{B} = 0\end{cases} \tag{2.4.13}$$

这组方程式称为**麦克斯韦方程组**，它反映了普遍情况下电荷、电流激发电磁场以及电磁场运动的规律，是电动力学最主要的理论基础。

麦克斯韦方程组是由不同条件下电磁场的特殊规律加以推广得到的，这种推广的正确性必须经受检验。今天，麦克斯韦方程组的实验验证已成为历史。在这里从理论上进一步分析这组方程式作为电场现象普遍规律的合理性。

麦克斯韦方程组作为电磁现象的普遍规律，包括电荷守恒定律，必须是一组协调一致、没有内部矛盾的方程组。式(2.4.13)中第一式说明磁感应强度的减少率是横电场的源强度；第二式表明横磁场的源有两个部分，一部分是电流密度，另一部分是电场对时间的变化率；第三式表示纵电场的源强度和电荷密度有关；第四式表明纵磁场的源处处为零，自然界中不存在纵磁场。一个矢量场的横场部分和纵场部分是独立的，可以分别确定，所以式(2.4.13)中的第一、第三两式不存在矛盾问题，同样第二、第四两式也不会有矛盾。但是第一、第四两式对 $\boldsymbol{B}$ 的散度作出了不同的要求：对第一式取散度得出 $\partial/\partial t(\nabla \cdot \boldsymbol{B}) = 0$，从而 $\nabla \cdot \boldsymbol{B}$ 可以是任何与时间无关的空间坐标函数 $\boldsymbol{\Psi}(\boldsymbol{x})$；而第四式要求 $\nabla \cdot \boldsymbol{B} = 0$。这只是进一步指出 $\boldsymbol{\Psi}(\boldsymbol{x}) \equiv 0$，所以第四式和第一式不矛盾，前者只是对后者的一个补充条件。同样对第二式取散度得

$$\nabla \cdot \boldsymbol{j} + \varepsilon_0 \frac{\partial}{\partial t} \nabla \cdot \boldsymbol{E} = 0$$

利用电流守恒定律代入有

$$\frac{\partial}{\partial t}(\varepsilon_0 \nabla \cdot \boldsymbol{E} - \rho) = 0$$

式(2.4.13)中的第二式要求电场散度满足

$$\varepsilon_0 \nabla \cdot \boldsymbol{E} - \rho = \varphi(x)$$

$\varphi(x)$ 是任意与时间无关的函数。而第三式则进一步指出 $\varphi(x) \equiv 0$。所以第二式和第三式也不矛盾，第三式只是对第二式的一个补充条件。

由于第二式是由稳恒磁场方程结合电荷守恒定律推广得到的，麦克斯韦方程组不会和电荷守恒定律矛盾，事实上可以证明：电荷守恒定律已蕴含在麦克

斯韦方程组中。

麦克斯韦方程组最重要的特点就是它揭示了电磁场内在的矛盾和运动。按照这组方程式，除电荷激发纵电场和电流激发横磁场外，磁场的变化可以激发横电场，电场的变化又可激发横磁场。当空间某一区域发生电场和磁场的扰动时，这种扰动就可通过横电场和横磁场的互相激发传播出去，形成在空间运动的电磁波。麦克斯韦最初就是根据这组方程式预言了电磁波的存在，并根据光波具有和电磁波相同的特点，指出光就是电磁波。麦克斯韦的这些预言吸引了当时一大批物理学家从事电磁现象的理论和实验研究。就在麦克斯韦预言电磁波存在二十年后，赫兹从实验上证实了电磁波的存在，麦克斯韦方程组作为电磁理论基础得到了实验证实。

2.4.3 洛伦兹力公式

由库仑定律，可以得到静止电荷 q 在静电场 $\boldsymbol{E}$ 中受到的电场力

$$\boldsymbol{F}=q\boldsymbol{E}$$

若电荷是连续分布

$$q=\int_V\rho\mathrm{d}\tau$$

可引入**力密度**的概念，即单位体积电荷所受到的力

$$\boldsymbol{F}=\int_V\boldsymbol{f}\mathrm{d}\tau$$

则有

$$\boldsymbol{f}=\rho\boldsymbol{E}\tag{2.4.14}$$

由安培定律，可以得到稳恒电流元 $\boldsymbol{j}(\boldsymbol{x})\mathrm{d}\tau$ 在稳恒磁场 $\boldsymbol{B}$ 中受到的力

$$\boldsymbol{F}=\boldsymbol{j}(\boldsymbol{x})\mathrm{d}\tau\times\boldsymbol{B}$$

则单位体积电流所受的力为

$$\boldsymbol{f}=\boldsymbol{j}\times\boldsymbol{B}\tag{2.4.15}$$

洛伦兹把上述两个公式结合在一起，并假设其可以推广到变化电磁场的一般情况，则电荷密度为 ρ，速度为 $\boldsymbol{v}$ 的电荷元受到电磁场作用力的力密度为

$$\boldsymbol{f}=\rho\boldsymbol{E}+\boldsymbol{j}\times\boldsymbol{B}=\rho(\boldsymbol{E}+\boldsymbol{v}\times\boldsymbol{B})\tag{2.4.16}$$

对于电量为 q 的带电粒子，电荷密度为 $q\delta(\boldsymbol{x}-\boldsymbol{x}')$，它受到的作用力可由式(2.4.16)求出

$$\boldsymbol{F}=\int_\infty\boldsymbol{f}\mathrm{d}\tau'=q(\boldsymbol{E}+\boldsymbol{v}\times\boldsymbol{B})\tag{2.4.17}$$

式(2.4.17)称为**洛伦兹力公式**(Lorentz formula)，其中 $q\boldsymbol{E}$ 是电荷受到的电场作

用力，$q\boldsymbol{v}\times\boldsymbol{B}$ 是电荷运动形成的电流受到的磁场作用力。式(2.4.16)表示单位体积内的洛伦兹力，又称为洛伦兹力密度公式。

可以看到，洛伦兹力公式的建立也要经历从特殊情况(静电场和稳恒磁场)到一般情况(变化电磁场)的推广。这种推广最初仅是一种假设，大量的实验事实证明了它的正确性以后，它才成为电动力学的理论基础之一。

对于大量可以自由运动的带电粒子构成的体系，比如宇宙空间和加速器上的高能带电粒子束、聚变装置中的等离子体，可以通过联立求解真空中的麦克斯韦方程组和各粒子所受的洛伦兹力方程来自洽地给出带电体系的运动。随着超级计算机的发展，这已经成为相关领域中一种重要的数值研究方法。

2.5　介质中的麦克斯韦方程组

上一节得到了真空中的麦克斯韦方程组，它描述了真空背景下的电磁场运动规律。在研究各种电磁现象时，经常遇到**介质**(material，或称为媒质)存在的情况。于是人们自然要问，当有介质存在时，上述麦克斯韦方程组是否仍然成立？从微观角度来看，介质都是由原子、分子组成的，原子中又包含电子和原子核等带电粒子，这些带电粒子都可以认为是真空背景下的自由电荷系统。然而，这些微观粒子的运动还遵循量子力学的规律，例如介质可以根据其导电性分为导体、半导体和绝缘体，导体中原子的外层电子能够自由运动，而绝缘体中的电子只能被束缚在原子分子附近，这些特性需要结合量子力学和统计物理学才能解释，已经超出了本课程的范畴。此外，在很多情况下，我们也不关心介质内部微观粒子的运动，而仅仅关心介质的存在对电磁场造成的影响。

当有介质存在时，本来宏观上呈中性的介质，在电磁场作用下，由于其中带电粒子分布和运动发生变化，可能出现宏观的电荷、电流分布。这些宏观的电荷、电流会激发新的场，叠加在原来的电磁场上，改变原来的场分布。电动力学里解决介质中电磁场问题的思路是：不去逐个考察每个带电粒子是怎么运动的，而是用一些基于对大量微观粒子做统计平均所得到的宏观参量来描述介质的响应，并将介质的响应体现在麦克斯韦方程组中，得到介质中的麦克斯韦方程组。

从宏观角度看，为了解释介质对外场的响应，应把介质中的电荷区分为**自由电荷**(free charge)和**束缚电荷**(bound charge)两种类型。自由电荷是指能够在介质内部自由移动的电荷，其运动形成自由电流；束缚电荷则只能在所在原子分子位置附近做微小的位移，其运动形成束缚电流。良导体内部存在足够多的自由电荷，而绝缘体则只由束缚电荷构成。要了解介质内的电磁场，首先要讨论自由电荷和束缚电荷对介质电磁特性的影响。

2.5.1 电介质在外加电场中的极化

电介质(dielectric)是绝缘介质，内部不存在自由电荷，只有束缚电荷。根据电介质分子的电结构不同，可以分为两类：一类电介质分子的正、负电荷中心重合在一起，这类分子称为**无极分子**(non-polar molecules)；另一类电介质分子的正、负电荷中心不重合，每个分子可等效地看作由一对等值异号点电荷构成的电偶极子，这类分子称为**有极分子**(polar molecules)。在无外场情况下，由于分子作无规则热运动，任意物理小体积中平均分子电偶极矩为零，电介质中没有宏观电荷、电流分布。

当处在电磁场中时，无极分子的正、负电荷受到相反方向作用力，正、负电荷中心将被拉开，形成一个电偶极子；有极分子的电偶极子受电场作用力将不同程度地转向电场方向，同时分子电偶极矩由于正、负电荷受相反方向的作用力有增大趋势。这两种效应都会在电介质中造成宏观的电偶极矩分布。这种现象称为**电介质的极化**(dielectric polarization)。

我们用矢量 $\boldsymbol{P}$ 描写电介质中的宏观电偶极矩分布。定义 $\boldsymbol{P}$ 为物理小体积 ΔV 内的分子电偶极矩矢量和与体积 ΔV 之比，即

$$\boldsymbol{P}=\frac{\left(\sum_i \boldsymbol{p}_i\right)}{\Delta V} \tag{2.5.1}$$

$\boldsymbol{p}_i$为其中第 i 个分子的电偶极矩，求和遍及 ΔV 内所有分子。显然，$\boldsymbol{P}$ 与电介质的极化程度有关，场越强，每个分子正、负电荷中心被拉开的距离越大，同时分子电偶极矩的定向排列越趋于整齐，这两种效应都导致 $\boldsymbol{P}$ 增大。所以，$\boldsymbol{P}$ 可以刻画电介质的极化程度，称为**极化强度矢量**(polarization intensity vector)。设电介质分子的平均电偶极矩为 $\boldsymbol{p}_e$，单位体积内的分子数为 $\boldsymbol{n}$，由式(2.5.1)可得

$$\boldsymbol{P}=\boldsymbol{n}\boldsymbol{p}_e \tag{2.5.2}$$

由于极化，即使原来中性的电介质电荷发生了相对移动，也可能导致在一个物理小体积 ΔV 中出现净余的正电荷或负电荷。现在研究电介质内束缚电荷密度 ρ_P 与极化强度矢量 $\boldsymbol{P}$ 的关系(如图 2.5.1 所示)。

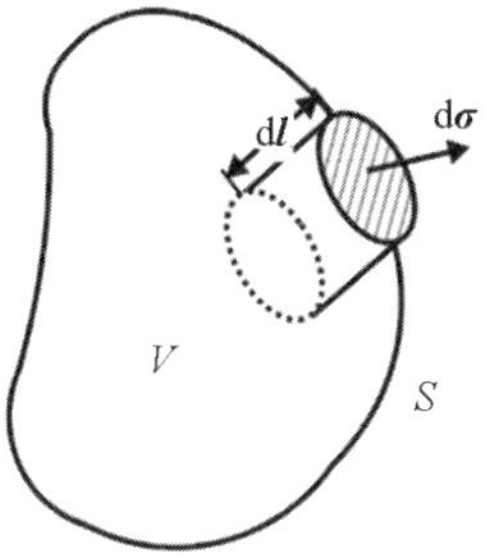

图 2. 5. 1　束缚电荷密度与极化强度矢量的关系

在电介质内取一闭合曲面 S，设包围的空间区域为 V，在 S 上取一面元 $\mathrm{d}\boldsymbol{\sigma}$，研究由于极化将有多少正电荷通过面元 $\mathrm{d}\boldsymbol{\sigma}$ 穿出界面。设电介质分子的平均电偶极矩为 $\boldsymbol{p}_e$，并认为 $\boldsymbol{p}_e$ 是由两个相距为 $\mathrm{d}\boldsymbol{l}$ 的正负点电荷 q 构成。以 $\mathrm{d}\boldsymbol{\sigma}$ 为底，以 $\mathrm{d}\boldsymbol{l}$ 为高作一个小柱体，这个柱体的体积是 $\mathrm{d}\boldsymbol{l}\cdot\mathrm{d}\boldsymbol{\sigma}$。显然，若一个分子电偶极子的负电荷位于这个柱体内，其正电荷必定穿过 $\mathrm{d}\boldsymbol{\sigma}$ 面。记电介质单位体积内的分子数为 n，则穿过 $\mathrm{d}\boldsymbol{\sigma}$ 面元的正电荷是

$$\mathrm{d}Q = nq\mathrm{d}\boldsymbol{l}\cdot\mathrm{d}\boldsymbol{\sigma} = n\boldsymbol{p}_e\cdot\mathrm{d}\boldsymbol{\sigma} = \boldsymbol{P}\cdot\mathrm{d}\boldsymbol{\sigma}$$

对边界面积分即给出穿过闭合曲面 S 的正电荷总量

$$Q = \oint_S \boldsymbol{P}\cdot\mathrm{d}\boldsymbol{\sigma}$$

由于电介质原来是中性的，在 V 内必留下等量负电荷。由 ρ_P 表示 V 内束缚电荷密度，则有

$$\int_V \rho_P \mathrm{d}\tau = -\oint_S \boldsymbol{P}\cdot\mathrm{d}\boldsymbol{\sigma} \tag{2.5.3}$$

由于区域 V 是任取的，应用高斯积分变换公式得

$$\rho_P = -\nabla\cdot\boldsymbol{P} \tag{2.5.4}$$

这就是电介质中极化电荷密度与极化矢量 $\boldsymbol{P}$ 之间的关系。由此式可知，如果介质均匀极化，内部的 $\boldsymbol{P}$ 处处相等，则内部极化电荷处处为零，极化电荷只可能在介质表面出现。

如果电介质中的场是随时间变化的，极化矢量 $\boldsymbol{P}$ 也会随时间变化，每个极化分子正、负电荷相对位移随时间变化可能造成宏观的电流分布。这种电流称为**极化电流**（polarization current），是一种束缚电流。易知极化电流密度为

$$\boldsymbol{j}_p = \frac{\partial \boldsymbol{P}}{\partial t} \tag{2.5.5}$$

2.5.2 介质在外磁场中的磁化

根据介质的电磁结构，构成介质的原子分子中，电子具有轨道磁矩和自旋磁矩，原子核也具有磁矩。由于原子核的磁矩比电子磁矩小 3 个数量级，可以认为原子或分子磁矩等于原子或分子中各电子轨道磁矩和自旋磁矩的矢量和。根据介质原子或分子磁矩在外磁场中的响应特性，以及在撤除外磁场后能否保持磁性的特点，可以把介质分为顺磁质、抗磁质和铁磁质。

为了解释介质对外磁场的响应，安培提出分子电流的概念。把分子的总磁矩等效为一个圆电流（称为分子电流）的磁矩。设分子电流为 i，分子电流圈的面积为 $\boldsymbol{a}$，$\boldsymbol{a}$ 的方向与圆电流方向成右手螺旋关系，则与一个分子电流相应的磁矩为

$$\boldsymbol{m} = i\boldsymbol{a} \tag{2.5.6}$$

在没有外磁场时，由于分子电流取向的无规则性，在介质中一般并不表现出宏观磁偶极矩分布。但是在外磁场作用下，由于分子磁矩受磁场作用力趋向沿磁场方向，介质中可能出现宏观磁偶极矩分布和宏观电流分布。这种现象称为介质的**磁化**（magnetization）。定义物理小体积 ΔV 内所有分子磁偶极矩矢量和与 ΔV 之比为 $\boldsymbol{M}$。

$$\boldsymbol{M} = \frac{\sum_i \boldsymbol{m}_i}{\Delta V} \tag{2.5.7}$$

矢量 $\boldsymbol{M}$ 与介质的磁化程度有关。磁场越强，分子磁偶极子定向排列越趋于整齐，每个分子的磁矩在磁场方向上的投影越大，$\boldsymbol{M}$ 值越大。所以 $\boldsymbol{M}$ 可以刻画磁介质的磁化程度，称为**磁化强度矢量**（magnetization intensity vector）。设分子磁偶极子的平均磁矩为 $\boldsymbol{m}_e$，单位体积内的分子数为 $\boldsymbol{n}$，由式(2.5.7)可得

$$\boldsymbol{M} = \boldsymbol{n}\boldsymbol{m}_e \tag{2.5.8}$$

由于在磁场中分子电流取向发生变化，原来没有电流的磁介质也可能出现宏观的电流分布，称为**磁化电流**（magnetization current）。记磁化电流密度为$\boldsymbol{j}_M$，现在我们就来研究磁化电流与磁化强度矢量的关系（如图 2.5.2 所示）。

在介质内部取一曲面 S，其边界线为 L，计算由于磁化从 S 背面流向前面的总磁化电流I_M。若分子电流圈和 S 面不相交或相交两次，即从背面流出来，又从前面流进去，这样的分子电流对I_M没有贡献。**只有被边界线 L 穿过的分子流才对 I_M 有贡献**。因此，通过面 S 的总磁化电流就等于被 L 穿过的分子电流圈数乘以分子电流 i。设每个分子的平均磁矩为 $\boldsymbol{m}_e$，并把 $\boldsymbol{m}_e$ 等效为面积为 $\boldsymbol{a}$、电

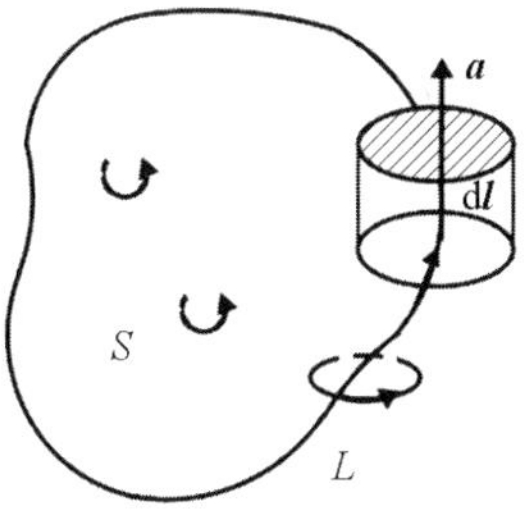

图 2.5.2　磁化电流与磁化强度矢量的关系

流为 i 的电流圈。在 S 边界线 L 上取一线元 $\mathrm{d}\boldsymbol{l}$，以 $\boldsymbol{a}$ 为底，以 $\mathrm{d}\boldsymbol{l}$ 为斜高作一小柱体，显然，只有那些中心位于此柱体内的分子电流才被 $\mathrm{d}\boldsymbol{l}$ 穿过。记单位体积中的分子数目为 n，则被 $\mathrm{d}\boldsymbol{l}$ 穿过的分子电流为

$$\mathrm{d}I_M = ni\boldsymbol{a}\cdot\mathrm{d}\boldsymbol{l} = n\boldsymbol{m}_e\cdot\mathrm{d}\boldsymbol{l} = \boldsymbol{M}\cdot\mathrm{d}\boldsymbol{l}$$

穿过 S 面的总磁化电流为

$$\boldsymbol{I}_M = \oint_L \boldsymbol{M}\cdot\mathrm{d}\boldsymbol{l} \tag{2.5.9}$$

总磁化电流可以表示为磁化电流密度 $\boldsymbol{j}_M$ 的通量。

$$\boldsymbol{I}_M = \int_S \boldsymbol{j}_M\cdot\mathrm{d}\boldsymbol{\sigma} \tag{2.5.10}$$

对式(2.5.10)应用斯托克斯公式，并令式(2.5.10)与式(2.5.9)相等，得到

$$\boldsymbol{j}_M = \nabla\times\boldsymbol{M} \tag{2.5.11}$$

显然，对于均匀磁化的磁介质，$\boldsymbol{M}$ 与空间坐标无关，磁介质的内部磁化电流处处为零，磁化电流只可能出现在表面上。

由式(2.5.11)可以得到

$$\nabla\cdot\boldsymbol{j}_M = \nabla\cdot(\nabla\times\boldsymbol{M}) = 0 \tag{2.5.12}$$

这表明磁化电流是闭合的，介质磁化不会引起介质内宏观电荷密度的变化。这是因为分子电流是束缚在原子核周围的电流，不可能把电荷从一个地方传输到另一个地方。只是由于这些微观分子电流在磁场中规则取向，分子电流互相拼接才表现为宏观的电流分布。

2.5.3　传导

如果介质并非完全的绝缘体，其内部存在自由电荷，则在电场作用下介质中还可能出现**传导电流**(conduction current)，记为 $\boldsymbol{j}_f$。由欧姆定律可知，传导电流遵从规律

$$\boldsymbol{j}_f = \sigma_e \boldsymbol{E} \tag{2.5.13}$$

σ_e是介质的**电导率**(conductivity)。电荷在中性介质中自由移动的结果可能导致出现自由电荷的宏观分布，介质内部的自由电荷密度为ρ_f。

2.5.4 电位移矢量和磁场强度

从宏观角度来看，在电磁场作用下，介质中可能出现极化、磁化、传导现象。极化由极化强度矢量$\boldsymbol{P}$描述，磁化由磁化强度矢量$\boldsymbol{M}$描述，而传导电流则由电流密度矢量$\boldsymbol{j}_f$描述。总的电荷和电流为

$$\rho = \rho_f + \rho_p = \rho_f - \nabla \cdot \boldsymbol{P} \tag{2.5.14}$$

$$\boldsymbol{j} = \boldsymbol{j}_f + \boldsymbol{j}_M + \boldsymbol{j}_P = \boldsymbol{j}_f + \nabla \times \boldsymbol{M} + \frac{\partial \boldsymbol{P}}{\partial t} \tag{2.5.15}$$

把这些电荷、电流源代入真空中的麦克斯韦方程组，得

$$\begin{cases} \nabla \times \boldsymbol{E} = -\dfrac{\partial \boldsymbol{B}}{\partial t} \\ \nabla \times \boldsymbol{B} = \mu_0 \left(\boldsymbol{j}_f + \nabla \times \boldsymbol{M} + \dfrac{\partial \boldsymbol{P}}{\partial t} \right) + \mu_0 \varepsilon_0 \dfrac{\partial \boldsymbol{E}}{\partial t} \\ \nabla \cdot \boldsymbol{E} = \dfrac{\rho_f - \nabla \cdot \boldsymbol{P}}{\varepsilon_0} \\ \nabla \cdot \boldsymbol{B} = 0 \end{cases} \tag{2.5.16}$$

极化矢量$\boldsymbol{P}$和磁化矢量$\boldsymbol{M}$无法预知也难以测量，我们希望在上面方程中把它消去。为此引入两个新的矢量

$$\boldsymbol{D} = \varepsilon_0 \boldsymbol{E} + \boldsymbol{P} \tag{2.5.17}$$

$$\boldsymbol{H} = \boldsymbol{B}/\mu_0 - \boldsymbol{M} \tag{2.5.18}$$

利用$\boldsymbol{D}$和$\boldsymbol{H}$可以把式(2.5.16)化为

$$\begin{cases} \nabla \times \boldsymbol{E} = -\dfrac{\partial \boldsymbol{B}}{\partial t} \\ \nabla \times \boldsymbol{H} = \boldsymbol{j}_f + \dfrac{\partial \boldsymbol{D}}{\partial t} \\ \nabla \cdot \boldsymbol{D} = \rho_f \\ \nabla \cdot \boldsymbol{B} = 0 \end{cases} \tag{2.5.19}$$

其中只包含传导电流和自由电荷。这组方程式称为**介质中的麦克斯韦方程组**(Maxwell's equations in materials)。矢量$\boldsymbol{D}$称为**电位移矢量**(electric displacement vetor)，$\boldsymbol{H}$称为**磁场强度**(magnetic field intensity)。

由式(2.5.16)看出，$\boldsymbol{E}$ 的纵场部分是由介质中所有电荷——自由电荷和极化电荷共同激发的，它是介质中的真正宏观场。而式(2.5.19)中 $\boldsymbol{D}$ 的纵场部分只是自由电荷激发的，$\boldsymbol{D}$ 不能代表介质中真正的场，只是一个辅助物理量。同样，由于 $\boldsymbol{B}$ 是由介质中的所有电流——传导、极化、磁化电流共同激发的，它代表介质中的真正场，而 $\boldsymbol{H}$ 只是一个辅助量。

2.5.5　介质的电磁性质方程

介质对电场和磁场的响应分别由极化矢量 $\boldsymbol{P}$ 和磁化矢量 $\boldsymbol{M}$ 描述。介质中，$\boldsymbol{P}$ 和 $\boldsymbol{E}$、$\boldsymbol{M}$ 和 $\boldsymbol{B}$ 的关系由介质的特性决定，由此可以得到介质中 $\boldsymbol{D}$ 和 $\boldsymbol{E}$、$\boldsymbol{H}$ 和 $\boldsymbol{B}$ 之间的关系，实现对介质中的麦克斯韦方程组(2.5.19)的求解。反映介质中 $\boldsymbol{D}$ 和 $\boldsymbol{E}$、$\boldsymbol{H}$ 和 $\boldsymbol{B}$ 之间关系的方程称为**介质的电磁性质方程**或**本构关系**(constitutive relations)。这些方程原则上可以由介质的微观电磁结构出发，从理论上推导出来。但是，由于微观粒子的运动受介质结构的制约和量子规律的支配，以及热运动的影响，情况比较复杂，因此在电动力学中常采用近似的经验规律表示。

实验指出，在静电场、稳恒磁场和缓变电磁场情况下，对于大多数介质，极化强度矢量 $\boldsymbol{P}$ 和电场强度 $\boldsymbol{E}$ 之间有简单线性关系

$$\boldsymbol{P}=\chi_e\varepsilon_0\boldsymbol{E} \tag{2.5.20}$$

χ_e称为介质**极化率**(polarizability)。满足式(2.5.20)的介质称为各向同性线性介质。

定义

$$\varepsilon_r=1+\chi_e \tag{2.5.21}$$

为介质**相对介电常数**(relative permittivity)，并引入

$$\varepsilon=\varepsilon_r\varepsilon_0 \tag{2.5.22}$$

为介质的**介电常数**(permittivity)，则得

$$\boldsymbol{D}=\varepsilon_0\boldsymbol{E}+\boldsymbol{P}=\varepsilon_0(1+\chi_e)\boldsymbol{E}$$

即

$$\boldsymbol{D}=\varepsilon\boldsymbol{E} \tag{2.5.23}$$

同理，对于各向同性线性非铁磁性介质，磁化强度矢量 $\boldsymbol{M}$ 和 $\boldsymbol{H}$ 之间满足如下简单线性关系

$$\boldsymbol{M}=\chi_M\boldsymbol{H} \tag{2.5.24}$$

χ_M称为介质**磁化率**(magnetic susceptibility)。把式(2.5.24)代入式(2.5.18)中得

$$\boldsymbol{B} = \mu_0 (1 + \chi_M) \boldsymbol{H}$$

定义

$$\mu_r = 1 + \chi_M \tag{2.5.25}$$

为介质**相对磁导率**(relative permeability)，同时定义介质**磁导率**(permeability)为

$$\mu = \mu_r \mu_0 \tag{2.5.26}$$

则得

$$\boldsymbol{B} = \mu \boldsymbol{H} \tag{2.5.27}$$

如果介质有一定的导电性，一般情况下电流和电场的关系由式(2.5.13)给出。式(2.5.23)、式(2.5.27)以及式(2.5.13)就是最常见的各向同性线性介质的电磁性质方程。

当电磁场迅速变化时，介质中的分子电偶极子和磁偶极子不能跟上外场的变化，介质极化率和磁化率与频率有关，这种性质称为介质的色散。对于色散介质，极化矢量 $\boldsymbol{P}$ 和磁化矢量 $\boldsymbol{M}$ 与场之间存在位相滞后，某时刻的 $\boldsymbol{P}$ 和 $\boldsymbol{M}$ 与场的历史有关，而不是仅由该时刻的场决定。因此，对于高频电磁场的问题，往往需要对麦克斯韦方程组做傅里叶变换，转换到频域中去求解。

还有一类介质，在某些方向上容易发生极化或磁化，而在另外一些方向上则难以发生极化或磁化，导致 $\boldsymbol{P}$ 与 $\boldsymbol{E}$、$\boldsymbol{M}$ 与 $\boldsymbol{B}$ 的方向不同。这种介质称为各向异性介质，其本构方程必须由张量形式描述

$$\boldsymbol{D} = \boldsymbol{\varepsilon} \cdot \boldsymbol{E} \tag{2.5.28}$$

$$\boldsymbol{B} = \boldsymbol{\mu} \cdot \boldsymbol{H} \tag{2.5.29}$$

此时 $\boldsymbol{\varepsilon}$ 和 $\boldsymbol{\mu}$ 由二阶张量矩阵表示。

在强场作用下，许多介质还表现出非线性的特征，即 $\boldsymbol{D}$ 不仅和 $\boldsymbol{E}$ 的一次项有关，而且还和 $\boldsymbol{E}$ 的二次项或更高次项有关。

$$D_i = \sum_j \varepsilon_{ij} E_j + \sum_{jk} \varepsilon_{ijk} E_j E_k + \cdots \tag{2.5.30}$$

对于 $\boldsymbol{B}$ 有类似的表达式。

对于铁电物质和铁磁物质，$\boldsymbol{D}$ 和 $\boldsymbol{E}$、$\boldsymbol{B}$ 和 $\boldsymbol{H}$ 的关系不仅是非线性的，而且是非单值的，与极化、磁化的具体过程有关。铁电物质和铁磁物质的电磁性质要用“电滞回线”和“磁滞回线”表示。

对于导电介质，由式(2.5.13)给出的欧姆定律在很多情况下不适用。例如，对于稀薄等离子体或高频电磁场中的导体，σ_e表现为频率的函数，而且取复数形式，$\boldsymbol{j}$ 与 $\boldsymbol{E}$ 之间存在位相差。对于低温超导体，实验证明超导体内的电

流可分成两部分，一部分可以用欧姆定律描述，另一部分则服从另外的经验规律。对于化学电池或温差电偶，由于化学势或温度梯度会影响粒子的迁移，式(2. 5. 13)要修改为

$$\boldsymbol{j}_f=\sigma_e(\boldsymbol{E}+\boldsymbol{K}) \tag{2. 5. 31}$$

$\boldsymbol{K}$ 是外来非电动力的等效场。

研究各种介质的电磁性质不是本课程的任务。这里我们仅指出，当处理各种实际问题时，必须注意上面给出的介质电磁性质方程适用的条件。

2. 6　电磁场的边值关系

2. 6. 1　边值关系，积分形式的麦克斯韦方程组

当研究一个区域 V 中的电磁场时，经常遇到 V 被几种不同介质分割成几个子区域的情况。在介质分界面上，由于介质的电磁性质突变，电磁场量 $\boldsymbol{E}$, $\boldsymbol{D}$, $\boldsymbol{B}$, $\boldsymbol{H}$ 发生不连续的跃变，微分形式的麦克斯韦方程组在界面上失去意义，求解区域 V 中的电磁场就必须对各个子区域分别求解。要解出一个子区域中的电磁场，除要知道区域内的电荷、电流以及初始条件外，还必须给出这个子区域的边界条件。

界面两侧场量的跃变和界面上电荷、电流分布有关。以介质与真空交界面为例：在外场$\boldsymbol{E}_0$作用下，介质面上将出现一层束缚电荷，束缚面电荷激发的场与外场叠加的结果引起界面两侧场量不连续的跃变。一般情况下，界面上还可能有自由面电荷或面电流分布，这些电荷电流同样也会影响界面两侧场量的跃变。把描述两侧场量改变与界面上电荷电流之间的关系式称为**边值关系**(boundary-value relations)，这就是所需要的边界条件。

对微分形式的麦克斯韦方程组(2. 5. 19)，在任一闭合曲线 L 所包围的有向曲面 $\boldsymbol{S}$ 上积分前两式，在任一闭合曲面 S 所包围的区域 V 上积分后两式，可得到积分形式的麦克斯韦方程组

$$
\begin{cases}
\oint_L \boldsymbol{E}\cdot \mathrm{d}\boldsymbol{l} = -\int_S \dfrac{\partial \boldsymbol{B}}{\partial t}\cdot \mathrm{d}\boldsymbol{\sigma} \\
\oint_L \boldsymbol{H}\cdot \mathrm{d}\boldsymbol{l} = I_f + \int_S \dfrac{\partial \boldsymbol{D}}{\partial t}\cdot \mathrm{d}\boldsymbol{\sigma} \\
\oint_S \mathrm{d}\boldsymbol{\sigma}\cdot \boldsymbol{D} = Q_f \\
\oint_S \mathrm{d}\boldsymbol{\sigma}\cdot \boldsymbol{B} = 0
\end{cases}
\tag{2.6.1}
$$

在两种介质的交界面上，微分形式的麦克斯韦方程组不再适用，但是积分形式的麦克斯韦方程组是适用的，下面由式(2.6.1)出发导出界面上的边值关系。

2.6.2 场量沿界面法向分量的边值关系

首先证明电位移矢量法向分量的跃变与界面上自由电荷面密度有关。

在两介质交界面上取一面元 ΔS，以 ΔS 为中截面作一扁平小柱体，使柱体上下两底面分别深入两侧介质内足够多的分子层中，但柱高 h 仍可看作宏观小量(如图 2.6.1 所示)。把式(2.6.1)中第三式应用到这个小柱体上，公式左端沿柱体表面进行面积分。由于柱高 h 是个小量，而在侧面上 $\boldsymbol{D}$ 处处有限，侧面对面积分的贡献可略去。上下两底面的积分由下式给出

$$\boldsymbol{n}\cdot(\boldsymbol{D}_2-\boldsymbol{D}_1)\Delta S$$

式(2.6.1)中第三式的右端是柱体内总自由电荷。在柱高 $h\to 0$ 情况下，体分布电荷贡献是零，面分布电荷的贡献为 $\sigma_f\cdot S$，所以

$$\boldsymbol{n}\cdot(\boldsymbol{D}_2-\boldsymbol{D}_1)\Delta S=\sigma_f\Delta S$$

即

$$\boldsymbol{n}\cdot(\boldsymbol{D}_2-\boldsymbol{D}_1)=\sigma_f \tag{2.6.2}$$

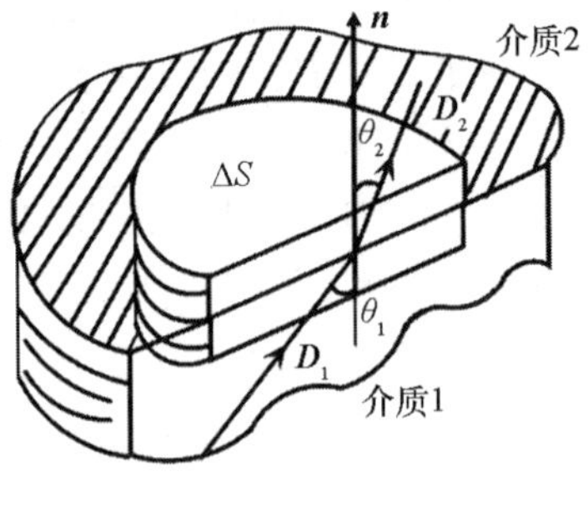

图 2.6.1 场量沿界面法向分量的边值关系

电位移矢量在界面上的跃变与界面上自由电荷面密度有关。把式(2.5.3)应用到这个小柱体上，可以导得

$$-\boldsymbol{n}\cdot(\boldsymbol{P}_2-\boldsymbol{P}_1)=\sigma_P \tag{2.6.3}$$

σ_P是界面上极化电荷面密度。极化强度矢量法向分量的跃变与界面上极化电荷面密度有关。把式(2.6.2)和式(2.6.3)两边相加得

$$\boldsymbol{n}\cdot\varepsilon_0(\boldsymbol{E}_2-\boldsymbol{E}_1)=\sigma_f+\sigma_P \tag{2.6.4}$$

此处已利用了$\boldsymbol{D}=\varepsilon_0\boldsymbol{E}+\boldsymbol{P}$。这表明电场强度法向分量的跃变与界面上的总电荷密度(自由和极化)有关。

把式(2.6.1)中第四式应用到上述扁平柱体上，可得

$$\boldsymbol{n}\cdot(\boldsymbol{B}_2-\boldsymbol{B}_1)=0 \tag{2.6.5}$$

这表明磁感应强度法向分量总是连续的，与界面上的电荷、电流无关。

2.6.3　场量沿界面切向分量的边值关系

界面上的面电流将引起界面两侧磁场切向分量发生跃变。为求出两者的关系，在界面上取一线元 $\Delta\boldsymbol{l}$，并以它为中线垂直于界面作一小矩形。矩形上下两边分别深入界面两侧介质足够多的分子层中，但两短边仍可看成宏观小量(如图 2.6.2 所示)。

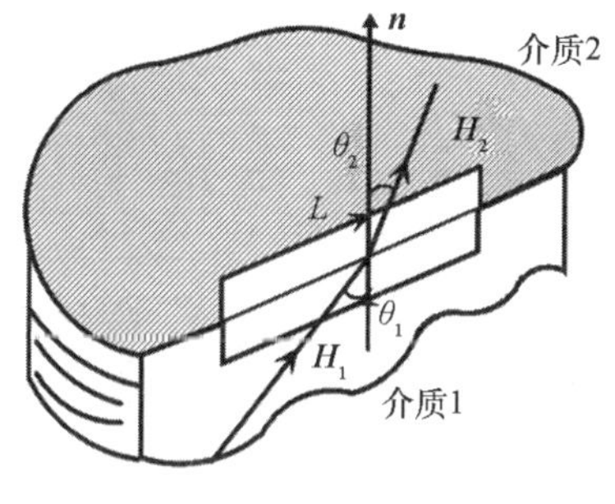

图 2.6.2　场量沿界面切向分量的边值关系

把式(2.6.1)中的第二式应用到这个矩形回路上，等式左端积分给出

$$(\boldsymbol{H}_2-\boldsymbol{H}_1)\cdot\Delta\boldsymbol{l}$$

由于回路面积趋于零，体分布的电流对右端积分贡献为零，仅面分布的电流有非零贡献

$$\boldsymbol{I}_f=(\boldsymbol{\alpha}_f\times\boldsymbol{n})\cdot\Delta\boldsymbol{l}$$

等式右端第二项由于$\dfrac{\partial\boldsymbol{D}}{\partial t}$有限，回路包围面积趋于零，$\int_S\dfrac{\partial\boldsymbol{D}}{\partial t}\cdot\mathrm{d}\boldsymbol{\sigma}=0$，得出

$$(\boldsymbol{H}_2-\boldsymbol{H}_1)\cdot\Delta\boldsymbol{l}=(\boldsymbol{\alpha}_f\times\boldsymbol{n})\cdot\Delta\boldsymbol{l}$$

注意到 $\Delta\boldsymbol{l}$ 可以是界面上的任意矢量，由上式得

$$(\boldsymbol{H}_2-\boldsymbol{H}_1)_{\parallel}=\boldsymbol{\alpha}_f\times\boldsymbol{n}$$

"∥"表示平行于界面上的分量。以 $\boldsymbol{n}$ 叉乘上式得

$$\boldsymbol{n}\times(\boldsymbol{H}_2-\boldsymbol{H}_1)=\boldsymbol{\alpha}_f \tag{2.6.6}$$

这里用到了 $\boldsymbol{n}\cdot\boldsymbol{\alpha}_f=0$。式(2.6.6)表明磁场强度切向分量跃变与界面上自由电流面密度有关。

如果把式(2.5.9)

$$\boldsymbol{I}_M=\oint_L\boldsymbol{M}\cdot\mathrm{d}\boldsymbol{l}$$

应用到上述矩形回路上，完全相同的论证可以得出

$$\boldsymbol{n}\times(\boldsymbol{M}_2-\boldsymbol{M}_1)=\boldsymbol{\alpha}_M \tag{2.6.7}$$

$\boldsymbol{\alpha}_M$是界面上磁化电流面密度。把式(2.6.6)和式(2.6.7)相加，并应用$\boldsymbol{B}=\mu_0(\boldsymbol{H}+\boldsymbol{M})$得

$$\boldsymbol{n}\times\frac{1}{\mu_0}(\boldsymbol{B}_2-\boldsymbol{B}_1)=\boldsymbol{\alpha}_f+\boldsymbol{\alpha}_M \tag{2.6.8}$$

所以，磁感应强度 $\boldsymbol{B}$ 切向分量的跃变与界面上自由电流和磁化电流的总和有关。

同样地，把麦克斯韦方程组(2.6.1)中的第一式应用到上述矩形回路上，得电场切向分量的边值关系

$$\boldsymbol{n}\times(\boldsymbol{E}_2-\boldsymbol{E}_1)=0 \tag{2.6.9}$$

电场的切向分量总是连续的。

总结上文结果，得到与麦克斯韦方程组对应的一组电磁场边值关系

$$\begin{cases}\boldsymbol{n}\times(\boldsymbol{E}_2-\boldsymbol{E}_1)=0\\ \boldsymbol{n}\times(\boldsymbol{H}_2-\boldsymbol{H}_1)=\boldsymbol{\alpha}_f\\ \boldsymbol{n}\cdot(\boldsymbol{D}_2-\boldsymbol{D}_1)=\sigma_f\\ \boldsymbol{n}\cdot(\boldsymbol{B}_2-\boldsymbol{B}_1)=0\end{cases} \tag{2.6.10}$$

式(2.6.10)就是常用的电磁场边值关系，它们本质上是麦克斯韦方程组在介质交界面上的具体变化。

例 2.6.1：证明在导体界面上电流法向分量满足边值关系

$$\boldsymbol{n}\cdot(\boldsymbol{j}_2-\boldsymbol{j}_1)=-\frac{\partial\sigma_f}{\partial t} \tag{2.6.11}$$

σ_f是导体界面上的自由电荷面密度。

证明：将积分形式的电荷守恒定律

$$\oint_S \mathrm{d}\boldsymbol{\sigma}\cdot\boldsymbol{j}=-\int_V\frac{\partial\rho}{\partial t}\mathrm{d}\tau$$

应用到图 2.6.1 中的扁平小柱体上，注意对于实际导体电流都是体分布的，在柱体侧面上的积分为零。在导体面薄层中的电荷可以看作面电荷分布，体分布的电荷由于柱体积趋于零，对右端积分无贡献，得出电流法向分量的边值关系

$$\boldsymbol{n}\cdot(\boldsymbol{j}_2-\boldsymbol{j}_1)=-\frac{\partial\sigma_f}{\partial t}$$

在稳定情况下，$\frac{\partial\sigma_f}{\partial t}=0$，有

$$\boldsymbol{n}\cdot(\boldsymbol{j}_2-\boldsymbol{j}_1)=0 \tag{2.6.12}$$

即稳恒电流的法向分量总是连续的。

2.7　电磁场的能量、动量和角动量

前面得到了电磁现象的基本规律：电荷守恒定律、麦克斯韦方程组和洛伦兹力公式。下面就从这些基本规律出发揭示电磁场的物质性。

2.7.1　电磁场能量、能量密度和能流密度

历史上对一种新能量形式的认识，总是通过它和已知的能量形式的相互转换实现的。当电磁场和电荷相互作用时，场对电荷做功，带电体能量会发生变化。根据能量守恒，带电体能量的增加就等于电磁场能量的减少。

考虑一个空间区域 V，其中存在电磁场 $\boldsymbol{E}$ 和 $\boldsymbol{B}$，电荷密度为 ρ，电荷运动速度为 $\boldsymbol{v}$，电磁场对电荷作用力的力密度为

$$\boldsymbol{f}=\rho(\boldsymbol{E}+\boldsymbol{v}\times\boldsymbol{B})$$

电磁场对电荷做功的功率密度为

$$\boldsymbol{f}\cdot\boldsymbol{v}=\rho(\boldsymbol{E}+\boldsymbol{v}\times\boldsymbol{B})\cdot\boldsymbol{v}=\boldsymbol{j}\cdot\boldsymbol{E}$$

$\boldsymbol{j}=\rho\boldsymbol{v}$ 为电流密度。电磁场对电荷做功的总功率为

$$P_{总}=\int_V\boldsymbol{f}\cdot\boldsymbol{v}\mathrm{d}\tau=\int_V\boldsymbol{j}\cdot\boldsymbol{E}\mathrm{d}\tau \tag{2.7.1}$$

根据能量守恒定律，电磁场对电荷做功的总功率应等于电磁场能量的减少率。为了得出电磁场能量表达式，下面把电流密度 $\boldsymbol{j}$ 通过场量表达出来。由麦

克斯韦方程

$$\boldsymbol{j}=\nabla\times\boldsymbol{H}-\frac{\partial\boldsymbol{D}}{\partial t}$$

得

$$\boldsymbol{j}\cdot\boldsymbol{E}=\boldsymbol{E}\cdot\nabla\times\boldsymbol{H}-\boldsymbol{E}\cdot\frac{\partial\boldsymbol{D}}{\partial t} \tag{2.7.2}$$

利用

$$\nabla\cdot(\boldsymbol{E}\times\boldsymbol{H})=\boldsymbol{H}\cdot\nabla\times\boldsymbol{E}-\boldsymbol{E}\cdot\nabla\times\boldsymbol{H}$$

以及另一个麦克斯韦方程

$$\nabla\times\boldsymbol{E}=-\frac{\partial\boldsymbol{B}}{\partial t}$$

可得

$$\boldsymbol{E}\cdot(\nabla\times\boldsymbol{H})=-\nabla\cdot(\boldsymbol{E}\times\boldsymbol{H})-\boldsymbol{H}\cdot\frac{\partial\boldsymbol{B}}{\partial t}$$

将此结果代入式(2.7.2)中得

$$\boldsymbol{j}\cdot\boldsymbol{E}=-\nabla\cdot(\boldsymbol{E}\times\boldsymbol{H})-\left(\boldsymbol{E}\cdot\frac{\partial\boldsymbol{D}}{\partial t}+\boldsymbol{H}\cdot\frac{\partial\boldsymbol{B}}{\partial t}\right) \tag{2.7.3}$$

引进一个新的量 w, 使得

$$\frac{\partial w}{\partial t}=\boldsymbol{E}\cdot\frac{\partial\boldsymbol{D}}{\partial t}+\boldsymbol{H}\cdot\frac{\partial\boldsymbol{B}}{\partial t} \tag{2.7.4}$$

可把式(2.7.3)改写为

$$\boldsymbol{j}\cdot\boldsymbol{E}=-\nabla\cdot(\boldsymbol{E}\times\boldsymbol{H})-\frac{\partial w}{\partial t} \tag{2.7.5}$$

将式(2.7.5)代入式(2.7.1)中, 并利用高斯公式得

$$P_{总}=-\oint_S \mathrm{d}\boldsymbol{\sigma}\cdot(\boldsymbol{E}\times\boldsymbol{H})-\frac{\mathrm{d}}{\mathrm{d}t}\int_V w\mathrm{d}\tau \tag{2.7.6}$$

这里 S 是包围区域 V 的闭合曲面。为了看清上式各项的物理意义, 把积分区域 V 扩大为无穷大空间。对于分布在有限区域内的电荷、电流, 在任何有限时间内, 无穷远处的电磁场量都必定是零, 式(2.7.6)可以写作

$$P_{总}=-\frac{\mathrm{d}}{\mathrm{d}t}\int w\mathrm{d}\tau \tag{2.7.7}$$

此式左端是全空间电磁场对电荷做功的总功率。全空间中除电荷外, 就是与它作用的电磁场, 由能量守恒定律可知, 式(2.7.7)右端必定是全空间中电磁场能量的减少率。因此 w 应理解为电磁场**能量密度**(energy density)。

在特殊情况下, 可以给出电磁场能量密度的具体表达式。若所考虑的空间

区域是各向同性的线性介质，$\boldsymbol{D}=\varepsilon\boldsymbol{E}$，$\boldsymbol{B}=\mu\boldsymbol{H}$，由式(2.7.4)可得

$$\frac{\partial w}{\partial t}=\frac{\partial}{\partial t}\left[\frac{1}{2}(\boldsymbol{E}\cdot\boldsymbol{D}+\boldsymbol{B}\cdot\boldsymbol{H})\right]$$

从而 w 可写为

$$w=\frac{1}{2}(\boldsymbol{E}\cdot\boldsymbol{D}+\boldsymbol{B}\cdot\boldsymbol{H}) \tag{2.7.8}$$

这就是电磁场能量密度的表达式。在真空情况下，上式转化为熟知的形式

$$w=\frac{1}{2}\left(\varepsilon_0E^2+\frac{1}{\mu_0}B^2\right)$$

必须注意，在一般情况下电磁场能量密度的表达式应由式(2.7.4)给出。

现在讨论式(2.7.6)各项的意义，式(2.7.6)可以写作

$$\int_V\boldsymbol{j}\cdot\boldsymbol{E}\mathrm{d}\tau+\frac{\mathrm{d}}{\mathrm{d}t}\int_V w\mathrm{d}\tau=-\oint_S\mathrm{d}\boldsymbol{\sigma}\cdot(\boldsymbol{E}\times\boldsymbol{H}) \tag{2.7.9}$$

此式左端是区域 V 中电磁场对电荷做功的总功率与区域 V 内电磁场能量增加率之和，由能量守恒定律可知，右端的积分一定代表着由区域边界面 S 上流进来的电磁场能量。所以，$\boldsymbol{E}\times\boldsymbol{H}$ 可以理解为电磁场**能量流密度**(energy flux density)，记为

$$\boldsymbol{S}=\boldsymbol{E}\times\boldsymbol{H} \tag{2.7.10}$$

$\boldsymbol{S}$ 的方向表示电磁场能量流动的方向，大小等于单位时间内通过与能量流动方向垂直的单位面积上的电磁场能量。$\boldsymbol{S}$ 称为坡印亭矢量。

电磁场与带电体相互作用使得能量可以转化为带电体机械能的实验事实，说明电磁场具有能量。其能量密度由式(2.7.8)给出，能量在场中的流动情况则由式(2.7.10)中的矢量 $\boldsymbol{S}$ 描述。式(2.7.9)就是电磁场与电荷相互作用中能量守恒定律的积分形式，微分形式的能量守恒定律可利用高斯积分变换公式得出。

$$\frac{\partial w}{\partial t}+\nabla\cdot\boldsymbol{S}=-\boldsymbol{j}\cdot\boldsymbol{E} \tag{2.7.11}$$

2.7.2　电磁场动量、动量密度和动量流密度张量

现在采用和前面相同的方法讨论电磁场动量问题，即通过电磁场和电荷相互作用，带电体的机械动量增加，由动量守恒定律证明电磁场具有动量，并求得电磁场动量的表达式。

考虑一个存在电磁场的空间区域 V，为了避免由于介质的存在带来的复杂

性，假设 V 中只有自由运动的电荷。设电荷密度为 ρ，电流密度为 $\boldsymbol{j}$，电荷受到电磁场作用力的力密度为

$$\boldsymbol{f}=\rho\boldsymbol{E}+\boldsymbol{j}\times\boldsymbol{B} \tag{2.7.12}$$

利用真空中的麦克斯韦方程组，可以把式(2.7.12)右端的电荷、电流都用电磁场量表达出来

$$\rho=\varepsilon_0\nabla\cdot\boldsymbol{E}$$

$$\boldsymbol{j}=\frac{1}{\mu_0}\nabla\times\boldsymbol{B}-\varepsilon_0\frac{\partial\boldsymbol{E}}{\partial t}$$

再代入式(2.7.12)中，得

$$\boldsymbol{f}=\varepsilon_0(\nabla\cdot\boldsymbol{E})\boldsymbol{E}+\left(\frac{1}{\mu_0}\nabla\times\boldsymbol{B}-\varepsilon_0\frac{\partial\boldsymbol{E}}{\partial t}\right)\times\boldsymbol{B} \tag{2.7.13}$$

利用另外两个麦克斯韦方程

$$\nabla\cdot\boldsymbol{B}=0$$

$$\nabla\times\boldsymbol{E}=-\frac{\partial\boldsymbol{B}}{\partial t}$$

可以把式(2.7.13)化为对 $\boldsymbol{E}$, $\boldsymbol{B}$ 更为对称的形式

$$\boldsymbol{f}=\left[\varepsilon_0(\nabla\cdot\boldsymbol{E})\boldsymbol{E}+\frac{1}{\mu_0}(\nabla\cdot\boldsymbol{B})\boldsymbol{B}+\frac{1}{\mu_0}(\nabla\times\boldsymbol{B})\times\boldsymbol{B}+\varepsilon_0(\nabla\times\boldsymbol{E})\times\boldsymbol{E}\right]-\varepsilon_0\frac{\partial}{\partial t}(\boldsymbol{E}\times\boldsymbol{B}) \tag{2.7.14}$$

为化简方括号中的部分，再利用矢量分析公式

$$(\nabla\times\boldsymbol{E})\times\boldsymbol{E}=(\boldsymbol{E}\cdot\nabla)\boldsymbol{E}-\frac{1}{2}\nabla E^2$$

可把其中与电场 $\boldsymbol{E}$ 有关的部分化为

$$\begin{aligned}\varepsilon_0(\nabla\cdot\boldsymbol{E})\boldsymbol{E}+\varepsilon_0(\nabla\times\boldsymbol{E})\times\boldsymbol{E}&=\varepsilon_0(\nabla\cdot\boldsymbol{E})\boldsymbol{E}+\varepsilon_0(\boldsymbol{E}\cdot\nabla)\boldsymbol{E}-\frac{1}{2}\varepsilon_0\nabla E^2\\&=\varepsilon_0\nabla\cdot(\boldsymbol{E}\boldsymbol{E})-\frac{1}{2}\varepsilon_0\nabla\cdot\boldsymbol{I}E^2\\&=\nabla\cdot\left(\varepsilon_0\boldsymbol{E}\boldsymbol{E}-\frac{1}{2}\varepsilon_0\boldsymbol{I}E^2\right)\end{aligned} \tag{2.7.15}$$

$\boldsymbol{I}$ 为单位张量。同理，与磁场 $\boldsymbol{B}$ 有关部分可化为

$$\frac{1}{\mu_0}(\nabla\cdot\boldsymbol{B})\boldsymbol{B}+\frac{1}{\mu_0}(\nabla\times\boldsymbol{B})\times\boldsymbol{B}=\nabla\cdot\left(\frac{1}{\mu_0}\boldsymbol{B}\boldsymbol{B}-\frac{1}{2}\boldsymbol{I}\frac{1}{\mu_0}B^2\right) \tag{2.7.16}$$

将上两式代入式(2.7.14)，并令

$$\boldsymbol{g}=\varepsilon_0(\boldsymbol{E}\times\boldsymbol{B}) \tag{2.7.17}$$

$$\boldsymbol{T} = -\varepsilon_0\boldsymbol{EE} - \frac{1}{\mu_0}\boldsymbol{BB} + \frac{1}{2}\boldsymbol{I}\left(\varepsilon_0 E^2 + \frac{1}{\mu_0}B^2\right) \tag{2.7.18}$$

式(2.7.14)可化简为

$$\boldsymbol{f} + \frac{\partial \boldsymbol{g}}{\partial t} = -\nabla \cdot \boldsymbol{T} \tag{2.7.19}$$

为了理解式(2.7.19)中各项的物理意义，在区域 V 上对等式两端积分，并利用高斯公式把右边化为面积分形式，得

$$\int_V \boldsymbol{f}\mathrm{d}\tau + \frac{\mathrm{d}}{\mathrm{d}t}\int_V \boldsymbol{g}\mathrm{d}\tau = -\oint_S \mathrm{d}\boldsymbol{\sigma}\cdot\boldsymbol{T} \tag{2.7.20}$$

若积分区域 V 为无穷大空间，而电磁场的源仅分布在有限区域内，则可知无穷远处场为零，式(2.7.20)右端面积分为零，得到

$$\int_\infty \boldsymbol{f}\mathrm{d}\tau = -\frac{\mathrm{d}}{\mathrm{d}t}\int_V \boldsymbol{g}\mathrm{d}\tau \tag{2.7.21}$$

式(2.7.21)左端表示全空间的电荷所受到的电磁力，由牛顿第二定律可知，这也是全空间电荷的机械动量的增加率。根据动量守恒定律，式(2.7.21)右端就表示全空间电磁场动量减少率。这表明 $\boldsymbol{g}$ 的物理意义就是电磁场的动量密度，$\boldsymbol{g}$ 称为电磁场**动量密度矢量**(momentum density vector)。

回到式(2.7.20)，其左端是区域 V 中电荷动量增加率和电磁场动量增加率之和，根据动量守恒定律可知，其右端必须解释为通过区域 V 的边界面 S 流入的电磁场动量。因而 $\boldsymbol{T}$ 就是电磁场动量流密度，称它为电磁场**动量流密度张量**(momentum current density tensor)。式(2.7.20)和式(2.7.19)分别是积分和微分形式的动量守恒定律。

电磁场动量流密度张量 $\boldsymbol{T}$ 还可以解释为单位面积上区域 V 外的场通过边界面 S 对区域内的电磁场作用力，因此又常把 $\boldsymbol{T}$ 称为**电磁场张力张量**或者**电磁场压强张量**(electromagnetic tension tensor)。

例 2.7.1：讨论静电场中导体受到的作用力。

解：由式(2.7.18)可知，静电场张力张量

$$\boldsymbol{T} = -\varepsilon_0\boldsymbol{EE} + \frac{1}{2}\boldsymbol{I}\,\varepsilon_0 E^2 \tag{2.7.22}$$

在静电情况下，导体外侧电场垂直于导体表面，导体内部电场 $\boldsymbol{E}=0$，导体表面受到电场净作用力。单位面积上受到的外部电场作用力为

$$\boldsymbol{f} = -\boldsymbol{n}\cdot\boldsymbol{T} = -\boldsymbol{n}\cdot\left(-\varepsilon_0\boldsymbol{EE} + \frac{1}{2}\boldsymbol{I}\,\varepsilon_0 E^2\right) = \frac{1}{2}\varepsilon_0 E^2\boldsymbol{n} \tag{2.7.23}$$

利用电磁场边值关系式(2.6.10)得到

$$\sigma_f = D_{2n} = \varepsilon_0 E_n$$

式(2.7.23)还可通过导体面上自由电荷面密度表示。

$$\boldsymbol{f} = \frac{1}{2}\sigma_f E\boldsymbol{n} \tag{2.7.24}$$

这是计算静电场中导体受力的一个有用公式。

例 2.7.2：计算自由空间中均匀平面电磁波的能量密度、能流密度矢量、动量密度矢量和动量流密度张量。

解：设电磁波沿 Z 轴正向传播，电场和磁场分别为

$$\boldsymbol{E} = E_0\cos(\omega t - kz)\boldsymbol{e}_x$$

$$\boldsymbol{B} = \sqrt{\mu_0\varepsilon_0}E_0\cos(\omega t - kz)\boldsymbol{e}_y$$

则电磁波的能量密度为

$$w = \frac{1}{2}\left(\varepsilon_0 E^2 + \frac{1}{\mu_0}B^2\right) = \varepsilon_0 E_0^2\cos^2(\omega t - kz)$$

能流密度矢量为

$$\boldsymbol{S} = \frac{1}{\mu_0}\boldsymbol{E}\times\boldsymbol{B} = \sqrt{\frac{\varepsilon_0}{\mu_0}}E_0^2\cos^2(\omega t - kz)\boldsymbol{e}_z = cw\,\boldsymbol{e}_z$$

动量密度矢量为

$$\boldsymbol{g} = \varepsilon_0(\boldsymbol{E}\times\boldsymbol{B}) = \frac{\boldsymbol{S}}{c^2} = \frac{w}{c}\boldsymbol{e}_z$$

动量流密度张量为

$$\boldsymbol{T} = -\varepsilon_0\boldsymbol{EE} - \frac{1}{\mu_0}\boldsymbol{BB} + w\boldsymbol{I} = w\boldsymbol{e}_z\boldsymbol{e}_z = cg\boldsymbol{e}_z$$

计算结果表明，自由空间中均匀平面电磁波携带的能量和动量均以光速传播，且传播方向与波矢传播方向相同。

2.7.3 电磁场角动量、角动量流密度张量

美国物理学家费曼所著的《费曼物理学讲义》中有一个著名的佯谬，由此引出了电磁场角动量的概念。如图 2.7.1 所示，一个薄而圆的塑料盘装在一根竖直轴上，盘能够自由转动。在该盘上放一个与其同轴的线圈，线圈内有稳恒电流 I 流过。圆盘的边缘上固定着一些金属球，每个小球都带有一定的电量 Q。忽略所有摩擦力。初始时刻，稳恒电流通过线圈，整个装置静止不动；现在突然切断电源而使得线圈内电流变为 0，整个圆盘还能保持静止吗？由电磁感应定律可知，电流的突然消失会导致磁通量的变化，从而产生方向沿着圆盘边缘

切线方向的涡旋电场。金属小球受到涡旋电场的作用力，会带动圆盘旋转起来。这就引起了另一个疑问：切断电流前后，整个装置没有受到任何机械力的作用，角动量应该保持不变；但是切断电流后圆盘旋转，表示系统中产生了与机械运动相关的角动量，难道整个系统违背了角动量守恒定律吗？

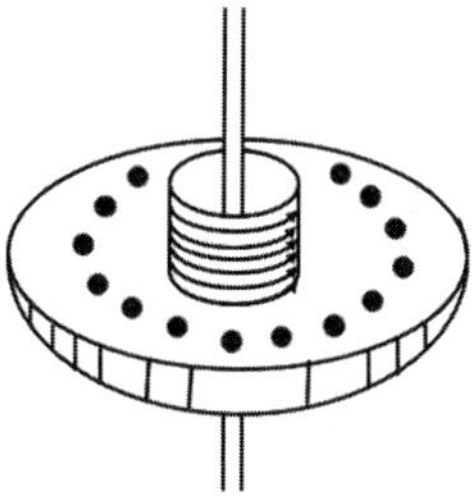

图 2.7.1　费曼佯谬

角动量守恒定律是自然界的基本定律，费曼佯谬恰好说明了电磁场也存在角动量。切断电流后，正是电磁场的角动量转化为圆盘做机械运动的角动量，引起了圆盘的旋转。下面我们就从电磁场动量的表达式出发，推导电磁场角动量的表达式。

考虑电磁场对带电体施加的力矩

$$\boldsymbol{L} = \int_V (\boldsymbol{r} \times \boldsymbol{f})\,\mathrm{d}\tau$$

将式(2.7.19)代入上式，可得

$$\int_V (\boldsymbol{r} \times \boldsymbol{f})\,\mathrm{d}\tau = -\int_V [\boldsymbol{r} \times (\nabla \cdot \boldsymbol{T})]\,\mathrm{d}\tau - \frac{\mathrm{d}}{\mathrm{d}t}\int_V (\boldsymbol{r} \times \boldsymbol{g})\,\mathrm{d}\tau$$

由 $\boldsymbol{r} \times (\nabla \cdot \boldsymbol{T}) = -\nabla \cdot (\boldsymbol{T} \times \boldsymbol{r})$，并利用高斯公式，上式可化为

$$\int_V (\boldsymbol{r} \times \boldsymbol{f})\,\mathrm{d}\tau = -\oint_S \mathrm{d}\boldsymbol{\sigma} \cdot [-(\boldsymbol{T} \times \boldsymbol{r})] - \frac{\mathrm{d}}{\mathrm{d}t}\int_V (\boldsymbol{r} \times \boldsymbol{g})\,\mathrm{d}\tau \qquad (2.7.25)$$

与前面类似，很容易看出式(2.7.25)所具有的物理意义。式子左边表示带电体机械角动量的增加率，右边第一项表示边界面上电磁场角动量的流入率，右边第二项表示电磁场角动量的减少率。

定义电磁场的角动量密度

$$\boldsymbol{l}_{\mathrm{em}} = \boldsymbol{r} \times \boldsymbol{g} = \varepsilon_0 \boldsymbol{r} \times (\boldsymbol{E} \times \boldsymbol{B}) \qquad (2.7.26)$$

和电磁场的角动量通量密度张量

$$\boldsymbol{M} = -(\boldsymbol{T} \times \boldsymbol{r}) \qquad (2.7.27)$$

可以把式(2.7.25)写成更简洁的形式

$$\int_V (\boldsymbol{r} \times \boldsymbol{f}) \mathrm{d}\tau = -\oint_S \mathrm{d}\boldsymbol{\sigma} \cdot \boldsymbol{M} - \frac{\mathrm{d}}{\mathrm{d}t} \int_V \boldsymbol{l}_{\mathrm{em}} \mathrm{d}\tau \tag{2.7.28}$$

由于此式对任意区域 V 都成立，易得

$$\boldsymbol{r} \times \boldsymbol{f} = -\nabla \cdot \boldsymbol{M} - \frac{\mathrm{d}\boldsymbol{l}_{\mathrm{em}}}{\mathrm{d}t} \tag{2.7.29}$$

式(2.7.28)和式(2.7.29)分别是积分和微分形式的角动量守恒定律。

要说明的是，角动量密度定义式(2.7.26)和角动量守恒定律式(2.7.29)是普遍适用的。对于电磁波来说，除具有与光强空间分布相关的轨道角动量之外，还具有与光子极化相关的自旋角动量。可以证明式(2.7.26)中已经包含了自旋角动量的部分。

综上所述，我们从麦克斯韦电磁理论出发，得到了电磁场能量、动量和角动量的普遍表达式。当电磁场与物质相互作用时，电磁场的能量、动量和角动量可以转化为与实物粒子机械运动相关的能量、动量和角动量。基于这些原理的粒子加速技术和光学捕获技术已经在物理学、生物科学、医学等多个学科中得到了广泛的应用。

习 题

2.1 电荷 Q 均匀分布在半径为 a 的球面上。

(1)求空间电场分布。

(2)求电场散度和旋度。

(3)证明球面两侧电场的突变可表示为σ_f/ε_0，σ_f为球面上的自由电荷面密度。

2.2 在内外半径分别为r_1和r_2的介质球壳上均匀分布着密度为 ρ 的自由电荷。球壳介质的介电常数为 ε。

(1)求空间各点的电场。

(2)求各点电场的散度和旋度。

2.3 证明两个稳恒电流圈之间的作用力满足牛顿第三定律。

2.4 内外半径分别为ρ_1和ρ_2的无穷长中空导体圆柱，沿轴向有稳恒均匀自由电流$\boldsymbol{j}_f$，导体磁导率为 μ。

(1)求空间磁感应强度分布。

(2)计算磁感应强度的散度和旋度。

2.5　证明电荷守恒定律已隐含在麦克斯韦方程组中。

2.6　将一平板电容器接入交流电路中，板上电荷按周期 $Q = Q_0 \sin wt$ 变化。设极板面积为 a，略去边缘效应。

(1)求电容器内的位移电流密度。

(2)证明位移电流等于电路中的传导电流。

2.7　证明均匀介质内部的极化体电荷密度ρ_p总是等于自由电荷密度ρ_f的 $-(1-\varepsilon_0/\varepsilon)$倍。

2.8　计算习题(2.2)中的极化体电荷和极化面电荷分布。

2.9　计算习题(2.4)中的磁化体电流和磁化面电流分布。

2.10　证明：

(1)在静电情况下，导体外侧的电力线总是垂直于导体表面。

(2)在稳恒电流情况下，导体内侧的电力线总是平行于导体表面。

2.11　平行板电容器内有两层介质，厚度分别为d_1，d_2，两层介质的介电常数和电导率分别为ε_1，σ_{e1}和ε_2，σ_{e2}，加在电容器两板上的电压是 V。

(1)忽略边缘效应，求介质 1 和介质 2 中的电场。

(2)求电容器内的电流密度。

(3)求两介质交界面上的自由电荷面密度和极化电荷面密度。

2.12　半径为ρ_0、电导率为σ_e的无穷长直圆柱导线，沿轴向通以均匀稳恒电流 I，导线表面有单位长度电量为 λ 的面电荷。

(1)求导线外侧的能流密度 $\boldsymbol{S}$。

(2)证明由导线表面进入导线内的电磁场能量等于导线内的焦耳热损耗。

2.13　一同轴电缆，内导体半径为 a，外导体半径为 b，假设内外导体之间为真空，导体可看成是理想导体，馈电电压(即内外柱之间的电压)为 V，电流为 I。

(1)计算内外导体间的能流密度 $\boldsymbol{S}$。

(2)证明该电缆线传输功率 $P = IV$。

2.14　假设把半径为 a、带电总量为 Q 的导体球分成两半，试求两半球的斥力。

2.15　证明存在静电场和稳恒磁场的区域中，电磁场能流穿过任一闭合曲面的通量恒为零，即能流总是沿着闭合路径流动。

第 3 章　静电场

静电场(electrostatic field)是普遍变化电磁场的重要特殊情况。在静电场中，一切物理量都不随时间变化($\partial/\partial t=0$)，电荷相对于观察者处于静止状态($\boldsymbol{j}=0$)。本章讨论静电场的性质和求解静电场问题的各种方法。

3.1　静电场标势的多极展开

3.1.1　静电场标势的存在性

麦克斯韦方程组在静电条件下($\partial/\partial t=0$, $\boldsymbol{j}=0$)，分裂为只含电学量和只含磁学量的两组独立的方程，其中关于电场的方程是

$$\begin{cases}\nabla\times\boldsymbol{E}=0\\ \nabla\cdot\boldsymbol{D}=\rho\end{cases} \tag{3.1.1}$$

与此相应的边值关系是

$$\begin{cases}\boldsymbol{n}\times(\boldsymbol{E}_2-\boldsymbol{E}_1)=0\\ \boldsymbol{n}\cdot(\boldsymbol{D}_2-\boldsymbol{D}_1)=\sigma\end{cases} \tag{3.1.2}$$

此外，假设介质是均匀、线性、各向同性的，电磁性质方程可以写为

$$\boldsymbol{D}=\varepsilon\boldsymbol{E} \tag{3.1.3}$$

式(3.1.1)~(3.1.3)就是讨论静电场问题的基础。

静电场方程式(3.1.1)是一组矢量方程，一般情况下难以直接求解。但是由于静电场是完全纵场，$\nabla\times\boldsymbol{E}=0$，根据标量势存在定理，可以引入一个标量函数 φ，使

$$\boldsymbol{E}=-\nabla\varphi \tag{3.1.4}$$

在场中两点间对式(3.1.4)进行积分，得

$$\int_{x_1}^{x_2}\boldsymbol{E}\cdot\mathrm{d}\boldsymbol{l}=-\int_{x_1}^{x_2}\nabla\varphi\cdot\mathrm{d}\boldsymbol{l}=\int_{x_2}^{x_1}\mathrm{d}\varphi=\varphi(\boldsymbol{x}_1)-\varphi(\boldsymbol{x}_2) \tag{3.1.5}$$

上式表明，把单位正电荷从 $\boldsymbol{x}_1$ 移到$\boldsymbol{x}_2$，电场力做的功与路径无关，静电场是保守场。φ 称为**静电场标势**(electrostatic scalar potential)，简称为静电势或电势。

由式(3.1.4)可知，φ 可以附加一个与空间坐标无关的常数。为了唯一确定空间各点电势值，常选场中某一点为电势零点。电势零点的选择原则上是任意的，但当电荷分布在一有限区域时，常取无穷远点为电势零点。由式(3.1.5)可知，这时空间任意一点 $\boldsymbol{x}$ 的电势为

$$\varphi(\boldsymbol{x}) = \int_{x}^{\infty} \boldsymbol{E} \cdot \mathrm{d}\boldsymbol{l} \tag{3.1.6}$$

例 3.1.1：求均匀电场$\boldsymbol{E}_0$中的电势分布。

解：均匀电场可以看作无限大平板电容器内部的电场，电荷不是分布在有限区域内，不能取电势零点为无限远点，但可取坐标系原点为电势零点。由式(3.1.5)可知，空间任意点 $\boldsymbol{x}$ 的电势为

$$\varphi(\boldsymbol{x}) = \int_{x}^{0} \boldsymbol{E}_0 \cdot \mathrm{d}\boldsymbol{l} = -\boldsymbol{E}_0 \cdot \boldsymbol{x} \tag{3.1.7}$$

例 3.1.2：半径为ρ_0的无限长均匀带电圆柱面，单位长度带电荷 η，求空间电势分布。

解：柱内电场 $\boldsymbol{E}=0$，在柱坐标系下的柱外电场

$$\boldsymbol{E} = \frac{\eta\boldsymbol{\rho}}{2\pi\varepsilon_0\rho^2}$$

由式(3.1.5)可知

$$\begin{aligned}\varphi(\boldsymbol{x}) - \varphi(\boldsymbol{x}_0) &= \int_{\rho}^{\rho_0} \frac{\eta\boldsymbol{\rho}}{2\pi\varepsilon_0\rho^2} \cdot \mathrm{d}\boldsymbol{l} \\ &= \int_{\rho}^{\rho_0} \frac{\eta\boldsymbol{\rho}}{2\pi\varepsilon_0\rho^2} \cdot \mathrm{d}\boldsymbol{\rho} = -\frac{\eta}{2\pi\varepsilon_0}\ln\frac{\rho}{\rho_0} \quad (\rho \geqslant \rho_0)\end{aligned} \tag{3.1.8}$$

这里取电势零点在柱面上。

当电荷集中分布在柱轴上时，式(3.1.8)仍成立，此时ρ_0是电势零点到柱轴的距离。线密度为 η 的无限长均匀带电直线的电势是

$$\varphi = -\frac{\eta}{2\pi\varepsilon_0}\ln\frac{\rho}{\rho_0} \tag{3.1.9}$$

3.1.2 有限区域电荷在无界空间中的电势

真空中点电荷 Q 在无界空间中激发的电场由式(2.2.3)给出。由式(3.1.6)求得点电荷的电势为

$$\varphi(\boldsymbol{x}) = \int_r^{\infty} \frac{Q\boldsymbol{r}}{4\pi\varepsilon_0 r^3} \cdot \mathrm{d}\boldsymbol{l} = \frac{Q}{4\pi\varepsilon_0 r} \tag{3.1.10}$$

根据电场叠加性可得，有限区域 V 中连续分布的电荷系统在无界空间中的电势为

$$\varphi(\boldsymbol{x}) = \int_V \frac{\rho(\boldsymbol{x}')\mathrm{d}\tau'}{4\pi\varepsilon_0 r} \tag{3.1.11}$$

其中 $r = |\boldsymbol{x} - \boldsymbol{x}'|$ 是源点到场点的距离。

例 3.1.3：求电偶极子激发的电势和电场。

解：由式(1.6.4)可知，位于 $\boldsymbol{x}_0'$ 点、偶极矩为 $\boldsymbol{P}$ 的电偶极子电荷密度为

$$\rho(\boldsymbol{x}') = -\boldsymbol{P} \cdot \nabla'\delta(\boldsymbol{x}' - \boldsymbol{x}_0')$$

代入式(3.1.11)中，得

$$\varphi(\boldsymbol{x}) = -\frac{\boldsymbol{P}}{4\pi\varepsilon_0} \cdot \int_V \frac{\nabla'\delta(\boldsymbol{x}' - \boldsymbol{x}_0')}{r}\mathrm{d}\tau'$$

其中 $r = |\boldsymbol{x} - \boldsymbol{x}'|$，积分区域 V 是包含电偶极子在内的小区域。

$$\int_V \frac{\nabla'\delta(\boldsymbol{x}' - \boldsymbol{x}_0')}{r}\mathrm{d}\tau' = \int_V \nabla'\left[\frac{\delta(\boldsymbol{x}' - \boldsymbol{x}_0')}{r}\right]\mathrm{d}\tau' - \int_V \delta(\boldsymbol{x}' - \boldsymbol{x}_0')\, \nabla' \frac{1}{r}\mathrm{d}\tau'$$

等式右端第一项积分可以化为 V 边界面 S 上的积分，在边界面上 $\delta(\boldsymbol{x}' - \boldsymbol{x}_0') = 0$ 这一项的贡献等于零。第二项积分结果为 $-\boldsymbol{r}/r^3$，这里 $r = |\boldsymbol{x} - \boldsymbol{x}_0'|$，是电偶极子所在点 $\boldsymbol{x}_0'$ 到观察场点 $\boldsymbol{x}$ 的距离。所以电偶极子电势是

$$\varphi(\boldsymbol{x}) = \frac{\boldsymbol{P} \cdot \boldsymbol{r}}{4\pi\varepsilon_0 r^3} \tag{3.1.12}$$

由 $\boldsymbol{E} = -\nabla\varphi$ 得到电偶极子激发的电场

$$\boldsymbol{E} = \frac{1}{4\pi\varepsilon_0}\left[\frac{3(\boldsymbol{P} \cdot \boldsymbol{r})\boldsymbol{r}}{r^5} - \frac{\boldsymbol{P}}{r^3}\right] \tag{3.1.13}$$

3.1.3 小区域电荷在远区电势的多极展开

电荷作为静电场的源，其分布局限在一个有限的小区域内，且所关心的静电场分布区域距离电荷源很远，这种特殊情况在物理学中有重要的应用。例如在研究原子能级和光谱的超精细结构时，需要考虑原子核对原子外层电子的作用。由于原子核大小为 10^{-13} 厘米量级，原子大小为 10^{-8} 厘米量级，原子核对原子外层电子的作用就可看成小区域电荷在远区的场对电子的作用。

设电荷分布的小区域限度为 l，取坐标原点在小区域内，场点坐标 $\boldsymbol{x}$ 满足 $|\boldsymbol{x}| = R \gg l$。给定场点 $\boldsymbol{x}$，$r = |\boldsymbol{x} - \boldsymbol{x}'|$ 仅是源点坐标 $\boldsymbol{x}'$ 的函数。由于 $\boldsymbol{x}'$ 点限制在

小区域 V 内，x'，y'，z'都是小量，$1/r$ 可以在坐标原点展开为

$$\frac{1}{r}=\frac{1}{R}-\boldsymbol{x}'\cdot\nabla\frac{1}{R}+\frac{1}{2!}(\boldsymbol{x}'\cdot\nabla)^2\frac{1}{R}+\cdots \tag{3.1.14}$$

其中 $R=r|_{x'=0}$是坐标原点到场点的距离。将式(3.1.14)代入式(3.1.11)中得

$$\begin{aligned}\varphi(\boldsymbol{x}) &= \frac{1}{4\pi\varepsilon_0}\int_V\rho(\boldsymbol{x}')\left[\frac{1}{R}-\boldsymbol{x}'\cdot\nabla\frac{1}{R}+\frac{1}{2!}(\boldsymbol{x}'\cdot\nabla)^2\frac{1}{R}+\cdots\right]\mathrm{d}\tau' \\ &= \varphi^{(0)}+\varphi^{(1)}+\varphi^{(2)}+\cdots\end{aligned} \tag{3.1.15}$$

考察式(3.1.15)的前三项，其中与源点 $\boldsymbol{x}'$有关的积分部分代表着小区域内的电荷分布。分别定义：

电单极矩(electric monopole)　$Q=\int_V\rho(\boldsymbol{x}')\mathrm{d}\tau'$　(3.1.16)

电偶极矩(electric dipole)　$\boldsymbol{P}=\int_V\rho(\boldsymbol{x}')\boldsymbol{x}'\mathrm{d}\tau'$　(3.1.17)

电四极矩(electric quadrupole)　$\boldsymbol{D}^*=\int_V 3\boldsymbol{x}'\boldsymbol{x}'\rho(\boldsymbol{x}')\mathrm{d}\tau'$

(3.1.18)

则式(3.1.15)的前三项可以写为

$$\varphi^{(0)}=\frac{Q}{4\pi\varepsilon_0 R} \tag{3.1.19}$$

$$\varphi^{(1)}=-\frac{1}{4\pi\varepsilon_0}\boldsymbol{P}\cdot\nabla\frac{1}{R}=\frac{\boldsymbol{P}\cdot\boldsymbol{R}}{4\pi\varepsilon_0 R^3} \tag{3.1.20}$$

$$\varphi^{(2)}=\frac{1}{4\pi\varepsilon_0}\frac{1}{6}\boldsymbol{D}^*:\nabla\nabla\frac{1}{R} \tag{3.1.21}$$

显然，$\varphi^{(0)}$是把小区域内所有电荷集中于坐标原点的点电荷所产生的电势，$\varphi^{(1)}$是置于坐标原点的电偶极矩为 $\boldsymbol{P}$ 的电偶极子的电势，$\varphi^{(2)}$是置于坐标原点的电四极子在远区激发的电势。同样可以定义更高阶的电多极矩，把展开式的 $\varphi^{(n)}$项表示成系统的 2^n 极矩所产生的势。这表明小区域内电荷所产生的远场电势可以看成由小区域内电荷量以及分布决定的点电荷、电偶极子、电四极子等电多极子势的叠加，称为静电势的**多极展开**(multipole expansion)。电势多极展开的各项与前一项之比为 $1/R$，所以在静电场远场条件($R\gg l$)下，电势的多极展开可以快速收敛。在实际应用中，我们不必计算无穷项，只要计算不为 0 的前几项就可以达到足够的精度。

式(3.1.18)定义的电四极矩是一个对称张量，可以有六个不同的分量。由于张量的迹是坐标变换下的不变量，在所有坐标系下都等于一个常数，所以一个对称张量真正独立的分量只有五个。为了利用这一性质简化计算，可把电四

极矩定义修改为下面的形式，称之为**约化电四极矩**(reduced electric quadrupole)

$$\boldsymbol{D}^* = \int \rho(\boldsymbol{x}')(3\boldsymbol{x}'\boldsymbol{x}' - r'^2 \boldsymbol{I})\mathrm{d}\tau' \tag{3.1.22}$$

容易看出，这样定义的 $\boldsymbol{D}^*$ 是个零迹张量

$$D_{11}^* + D_{22}^* + D_{33}^* = 0$$

由于$\boldsymbol{I} : \nabla\nabla\dfrac{1}{R} = 0$，容易证明按照这两种不同的电四极矩定义给出的远区电势是相同的。但采用式(3.1.22)的定义有时可以给计算带来一些方便。

要说明的是，虽然$\varphi^{(1)}$作为多极展开的一级近似，其物理意义是把该小区域电荷在远区的电势近似看作由一对正、负电荷所构成的电偶极子所产生的势，但是按照式(3.1.17)可以计算任意电荷分布所具有的净电偶极矩，并不限于正负电荷对。同理，$\varphi^{(2)}$作为多极展开的二级近似，其物理意义是把该小区域电荷在远区的电势近似看作由一对电偶极子所构成的电四极子所产生的势，但是电四极矩的定义适用于任意电荷分布。

由定义式可知，一般情况下，一个电荷系统的电多极矩不仅取决于系统电荷分布，还和坐标原点(即作展开的点)的选择有关。如果一个电荷位于坐标原点，则它仅有电单极矩。如果它不放在原点，则系统的电偶极矩和电四极矩都不为0。计算电多极矩时，往往可以利用系统电荷分布的对称性，选择合适的坐标系来简化计算。此外，可以证明：若系统电单极矩(总电荷量)为0，则电偶极矩的值与坐标原点选择无关；若系统电单极矩和电偶极矩都为0，则电四极矩的值与坐标原点选择无关。更高级电多极矩情况可以类推，当前面 n 个矩都为0时，2^n极矩的值与坐标原点的选择无关。

例3.1.4：两个同心均匀带电圆环，半径分别为 a 和 $b(a > b)$，电荷量分别是 Q 和 $-Q$，求远区电势多极展开的前三项。

解：系统电荷总量为零。由于电荷分布具有相对环心反射的对称性，即$\rho(\boldsymbol{x}') = \rho(-\boldsymbol{x}')$，系统总电偶极矩亦为零。只需要计算系统的电四极矩的远区场。

令 $\lambda = \dfrac{Q}{2\pi a}$为外环电荷线密度，外环对系统电四极矩的贡献为

$$\begin{aligned}\boldsymbol{D}_{外}^* &= \oint \lambda 3\boldsymbol{x}'\boldsymbol{x}'\mathrm{d}l' \\ &= \oint 3\lambda(a\cos\theta\,\boldsymbol{e}_x + a\sin\theta\,\boldsymbol{e}_y)(a\cos\theta\,\boldsymbol{e}_x + a\sin\theta\,\boldsymbol{e}_y)a\mathrm{d}\theta \\ &= \frac{3}{2}Q\,a^2(\boldsymbol{e}_x\boldsymbol{e}_x + \boldsymbol{e}_y\boldsymbol{e}_y)\end{aligned}$$

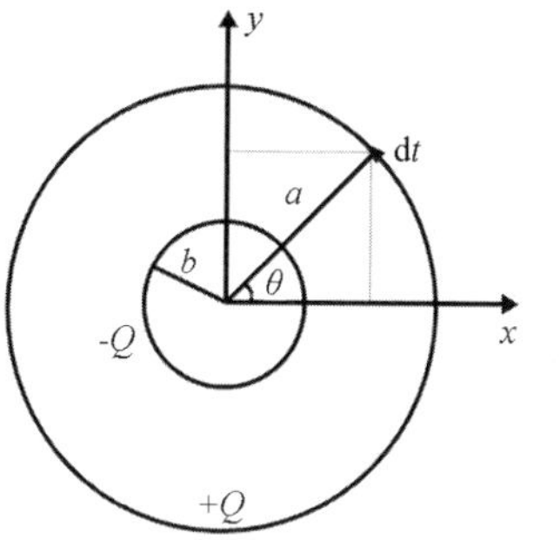

例 3.1.4 图

对内环，同样的计算得到

$$\boldsymbol{D}_{内}^{*} = -\frac{3}{2}Q\,b^{2}(\boldsymbol{e}_x\boldsymbol{e}_x+\boldsymbol{e}_y\boldsymbol{e}_y)$$

系统总电四极矩

$$\boldsymbol{D}^{*} = \frac{3}{2}Q(a^{2}-b^{2})(\boldsymbol{e}_x\boldsymbol{e}_x+\boldsymbol{e}_y\boldsymbol{e}_y)$$

远区电势

$$\begin{aligned}\varphi(\boldsymbol{x}) &= \frac{1}{4\pi\varepsilon_0}\frac{1}{6}\boldsymbol{D}^{*}:\nabla\nabla\frac{1}{R}\\ &= \frac{Q(a^{2}-b^{2})}{16\pi\varepsilon_0}\frac{1}{R^{5}}(x^{2}+y^{2}-2z^{2})\end{aligned}$$

例 3.1.5：一个均匀带电的椭球体，半长轴为 a，半短轴为 b，总电荷为 Q，求它的电偶极矩、电四极矩及对应的远区电势。

解：取坐标系原点在椭球中心，由于系统电荷分布具有相对中心反演对称性，系统总电偶极矩为零。系统电四极矩

$$\boldsymbol{D}^{*} = \int\rho(\boldsymbol{x}')(3\boldsymbol{x}'\boldsymbol{x}'-r'^{2}\boldsymbol{I})\,\mathrm{d}\tau'$$

由电荷分布对称性可知

$$D_{xy}^{*} = D_{xz}^{*} = D_{zy}^{*} = 0$$

只需计算三个对角分量。为计算各对角分量，选用广义球坐标系

$$\begin{cases}x' = bR'\sin\theta'\cos\Phi'\\ y' = bR'\sin\theta'\sin\Phi'\\ z' = aR'\cos\theta'\end{cases}$$

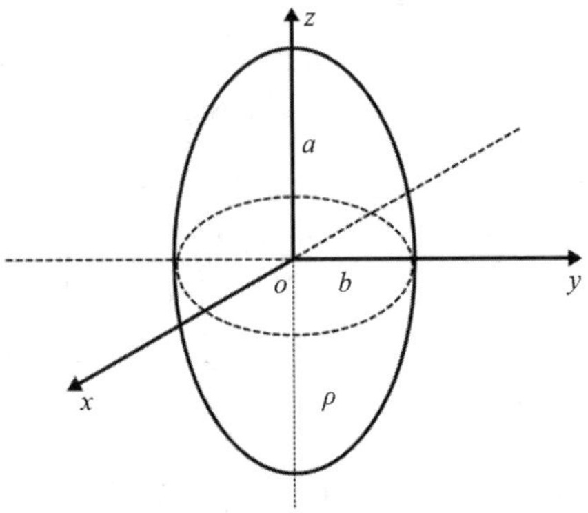

例 3.1.5 图

在这个坐标系下的体积元为：

$$d\tau' = a\,b^2 R'^2 dR' \sin\theta' d\theta' d\Phi'$$

容易算出

$$\int x'^2 d\tau' = \int y'^2 d\tau' = \frac{4\pi}{15} a b^4$$

$$\int z'^2 d\tau' = \frac{4\pi}{15} a^3 b^2$$

所以

$$D_{zz}^* = \rho \int_V (3z'^2 - r'^2) d\tau' = \rho \int_V (2z'^2 - x'^2 - y'^2) d\tau'$$

$$= \frac{2}{5} Q (a^2 - b^2)$$

由于 $D_{xx}^* + D_{yy}^* + D_{zz}^* = 0$，$D_{xx}^* = D_{yy}^*$，所以

$$D_{xx}^* = D_{yy}^* = -\frac{1}{2} D_{zz}^* = -\frac{Q}{5}(a^2 - b^2)$$

系统的电四极矩

$$\boldsymbol{D}^* = \frac{Q}{5}(a^2 - b^2)(-\boldsymbol{e}_x\boldsymbol{e}_x - \boldsymbol{e}_y\boldsymbol{e}_y + 2\boldsymbol{e}_z\boldsymbol{e}_z)$$

电四极矩的远区电势是

$$\varphi^{(2)} = \frac{1}{24\pi\varepsilon_0} \boldsymbol{D}^* : \nabla\nabla \frac{1}{R} = \frac{Q(a^2 - b^2)}{40\pi\varepsilon_0} \left(\frac{3z^2 - R^2}{R^5} \right)$$

取到四极项，椭球电势为

$$\varphi = \frac{Q}{4\pi\varepsilon_0} \left[\frac{1}{R} + \frac{a^2 - b^2}{10} \left(\frac{3\cos\theta^2 - 1}{R^3} \right) \right]$$

3.2　静电场势微分方程

上一节得到，只要知道空间的电荷分布，就可通过直接积分或者多极展开求出空间中的电势分布，进而得到电场分布。但通常情况下，电荷分布要由电场决定，无法预先知道。例如，在电场中引进一块导体，导体上会出现感应电荷，感应电荷的分布就由场分布决定。在场(包括感应电荷激发的场在内)没有求出之前，感应电荷不可能求出。与此类似，若电场中存在电介质，极化电荷的分布也由总场决定。因此，需要找出电荷和场相互制约的关系，或者说它们相互作用达到平衡时所满足的方程和边界条件。从数学上来看，就是要把静电场求解的问题转化为求解一定边界条件下的微分方程的问题。静电场的电势是标量，电场是矢量，求解电势满足的微分方程比求解电场满足的微分方程要简单，因此下面讨论电势满足的微分方程定解问题的求解。

3.2.1　电势满足的微分方程和边值关系

将式(3.1.4)中用势表示的场强 $\boldsymbol{E}$ 代入式(3.1.3)，得

$$\boldsymbol{D} = -\varepsilon\nabla\varphi$$

利用方程 $\nabla\cdot\boldsymbol{D}=\rho$，对上式两边取散度，注意在均匀介质内，介电常数 ε 和坐标无关，得

$$\nabla^2\varphi = -\frac{\rho}{\varepsilon} \tag{3.2.1}$$

这就是电势在均匀、各向同性、线性介质中满足的微分方程。式(3.2.1)称为**泊松方程**。如果所研究区域中 $\rho=0$，则得**拉普拉斯方程**

$$\nabla^2\varphi = 0 \tag{3.2.2}$$

泊松方程和拉普拉斯方程只在一种均匀介质内部成立，若待求区域含有几个均匀分区，还必须给出在两介质交界面上电势满足的边值关系。注意到式(3.1.4)，边值关系式(3.1.2)中的两个方程可写为

$$\frac{\partial\varphi_2}{\partial l}-\frac{\partial\varphi_1}{\partial l}=0 \tag{3.2.3}$$

$$\varepsilon_2\frac{\partial\varphi_2}{\partial n}-\varepsilon_1\frac{\partial\varphi_1}{\partial n}=-\sigma_f \tag{3.2.4}$$

其中 $\partial\varphi/\partial l$ 和 $\partial\varphi/\partial n$ 分别表示电势沿界面切向和法向的方向导数，σ_f 表示界面

上的自由电荷密度。在推导式(3.2.4)时用到了 $\boldsymbol{D}=\varepsilon\boldsymbol{E}$。由式(3.2.3)可得

$$\frac{\partial}{\partial l}(\varphi_2-\varphi_1)=0$$

这表明在两介质交界面上任意点，两侧电势只能相差一个常数。由式(3.1.5)可知这个常数必须是零，所以式(3.2.3)可采取另一形式

$$\varphi_2=\varphi_1 \tag{3.2.5}$$

即在界面两侧电势值连续。

静电问题中常常出现待求区域内有导体存在的情况，此时各导体表面构成待求区域的内边界。由于导体表面为等势面，应用第一类边界条件，得到

$$\varphi_2|_S=\text{常数} \tag{3.2.6}$$

然而，只有外接电动势或者接地的导体才能给出电势值。对于孤立导体，能够预先给出的是导体上的总电量 Q。由电场的边值关系，可以得到

$$-\varepsilon_2\frac{\partial\varphi_2}{\partial n}\bigg|_S=\sigma_f \tag{3.2.7}$$

在导体面上对式(3.2.7)积分得到

$$-\oint_S\varepsilon_2\frac{\partial\varphi_2}{\partial n}\mathrm{d}\sigma=Q \tag{3.2.8}$$

注意上式中导体表面的法线方向指向导体外部。

当导体表面作为边界面时，可以根据具体情况，以式(3.2.6)或式(3.2.8)作为边界条件。导体面上的电荷分布由电场决定，在场未求出之前 σ_f 是未知的，边值关系式(3.2.7)不能用作边界条件，而应在求出电势后用来求解导体面上的电荷分布。

综上所述，除了所研究区 V 内各分区交界面上的边值关系，决定区域 V 中的场还需要给出 V 边界面 S 上的边界条件。S 面上的边界条件有三种类型：

(1) **第一类边界条件**：给定区域边界面 S 上的电势值，即 $\varphi|_S$ 给定。

(2) **第二类边界条件**：给定电势沿界面法向的方向导数，即 $\frac{\partial\varphi}{\partial n}\Big|_S$ 给定。

(3) **混合边界条件**：给定一部分边界面上的 $\varphi|_{S_1}$，给定其余部分边界面上的 $\frac{\partial\varphi}{\partial n}\Big|_{S_2}$。

3.2.2 静电场唯一性定理

假设区域 V 中含 n 个均匀介质分区以及若干个导体(如图3.2.1所示)，静

电场唯一性定理可表述为：在区域 V 中，给定自由电荷密度分布ρ_f，区域 V 边界面 S 上的 φ 或$\partial\varphi/\partial n$ 值，以及每个导体上的电势φ_K或电荷总量Q_K，则区域 V 内的电场是唯一的。

证明：设区域 V 内的电势是 φ，φ 在 V 内第 i 个均匀介质子区域内满足泊松方程

$$\nabla^2\varphi = -\rho_f/\varepsilon_i \tag{3.2.9}$$

在 i，j 两介质分区交界面上满足边值关系

$$\varphi_i = \varphi_j \tag{3.2.10}$$

$$\varepsilon_i\frac{\partial\varphi_i}{\partial n} - \varepsilon_j\frac{\partial\varphi_j}{\partial n} = -\sigma_f \tag{3.2.11}$$

这里已约定 $\boldsymbol{n}$ 的方向由 j 区指向 i 区。在第 k 个导体表面上满足

$$\varphi\big|_{S_k} = \varphi_k(\text{常数}) \tag{3.2.12}$$

或

$$-\sum_l \int_{S_l^k}\varepsilon_l\frac{\partial\varphi_l}{\partial n}\mathrm{d}\sigma = Q_k \tag{3.2.13}$$

这里S_l^k是第 k 个导体和介质 l 的交界面，求和遍及与第 k 个导体邻接的所有介质分区。φ 在区域边界面 S 上满足给定的$\varphi\big|_S$值或$\left.\frac{\partial\varphi}{\partial n}\right|_S$值。

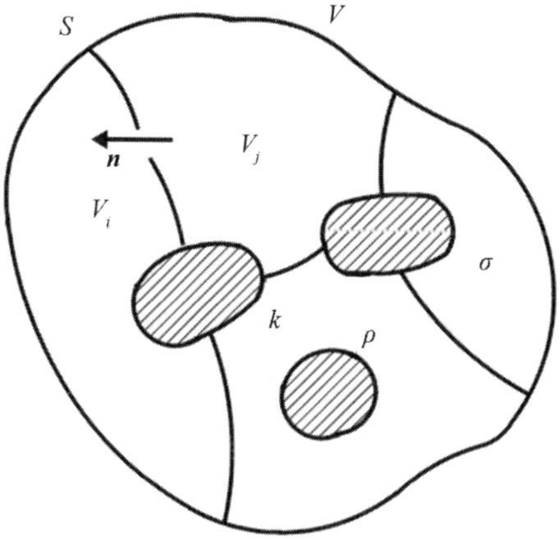

图 3.2.1　包含分区介质和导体的区域 V

下面证明上述条件唯一地确定了区域 V 内的电场。设两个解 φ' 和 φ''都满足式(3.2.9)～(3.2.13)及区域边界面 S 上的条件。令

$$\Phi = \varphi' - \varphi'' \tag{3.2.14}$$

则由式(3.2.9)~(3.2.13)可知，在每个介质子区域内满足拉普拉斯方程

$$\nabla^2 \Phi = 0 \tag{3.2.15}$$

在两介质子区域交界面上满足边值关系

$$\Phi_i = \Phi_j \tag{3.2.16}$$

$$\varepsilon_i \frac{\partial \Phi_i}{\partial n} - \varepsilon_j \frac{\partial \Phi_j}{\partial n} = 0 \tag{3.2.17}$$

在第 k 个导体上满足

$$\Phi \big|_{S^k} = 0 \tag{3.2.18}$$

或

$$\sum_l \int_{S_l^k} \varepsilon_l \frac{\partial \Phi_l}{\partial n} \mathrm{d}\sigma = 0 \tag{3.2.19}$$

在区域边界面 S 上满足

$$\Phi \big|_S = 0 \quad 或 \quad \frac{\partial \Phi}{\partial n}\bigg|_S = 0 \tag{3.2.20}$$

把格林公式(1.5.8)应用到 V 中第 i 个介质分区 V_i 上，取 $\psi = \Phi$，$\varphi = \varepsilon_i \Phi$，则有

$$\int_{V_i} \varepsilon_i (\Phi \nabla^2 \Phi + \nabla\Phi \cdot \nabla\Phi) \mathrm{d}\tau = \oint_{S_i} \varepsilon_i \Phi \nabla\Phi \cdot \mathrm{d}\boldsymbol{\sigma}$$

应用条件式(3.2.15)，上式化作

$$\int_{V_i} \varepsilon_i (\nabla\Phi)^2 \mathrm{d}\tau = \oint_{S_i} \varepsilon_i \Phi \nabla\Phi \cdot \mathrm{d}\boldsymbol{\sigma}$$

对 V 中所有介质子区域求和，得

$$\sum_i \int_{V_i} \varepsilon_i (\nabla\Phi)^2 \mathrm{d}\tau = \sum_i \oint_{S_i} \varepsilon_i \Phi \nabla\Phi \cdot \mathrm{d}\boldsymbol{\sigma} \tag{3.2.21}$$

式(3.2.21)右边求和后意味着在各个介质分区所有表面上积分，这些表面可分成三个部分：(1)两介质交界面；(2)导体表面；(3)区域 V 的边界面。

(1)在两介质交界面上，由式(3.2.16)和式(3.2.17)可知，$\Phi_i = \Phi_j$，$\varepsilon_i \partial\Phi_i/\partial n = \varepsilon_j \partial\Phi_j/\partial n$，但 $\mathrm{d}\boldsymbol{\sigma}_i = -\mathrm{d}\boldsymbol{\sigma}_j$，即同一面元对两介质有不同方向，所以介质交界面上的积分互相抵消，贡献为零。

(2)在第 k 个导体面上，由于 $\Phi_k =$ 常数，故可以移到积分号外，第 k 个导体面上的积分化为

$$\Phi_k \sum_l \int_{S_l^k} \varepsilon_l \frac{\partial \Phi}{\partial n} \mathrm{d}\boldsymbol{\sigma}$$

式(3.2.18)或式(3.2.19)都导致此式值为零，所以所有导体面上积分结果是零。

(3)最后剩下的是在区域 V 边界面 S 上的积分，由于在 S 面上有$\Phi|_S=0$ 或 $\partial\Phi/\partial n|_S=0$，因此在 S 面上积分为零。

综合上述，式(3.2.21)可写作

$$\sum_i \int_{V_i} \varepsilon_i (\nabla\Phi)^2 \mathrm{d}\tau = 0 \tag{3.2.22}$$

这里被积函数$\varepsilon_i(\nabla\Phi_i)^2 \geqslant 0$，式(3.2.22)成立的条件为当且仅当在 V 以内所有点上满足

$$\nabla\Phi = 0 \tag{3.2.23}$$

即 Φ 为与空间坐标无关的常数。由式(3.2.14)可知，φ'和 φ''只能相差一常数，而电势附加一常数对电场没有影响，所以 V 内的电场是唯一确定的。

容易看出，如果给出的是第一类边界条件或混合边界条件，即给出条件中含有部分导体或边界面 S 上的电势值，φ'和 φ''相差的那个常数只能取零值。区域 V 中的电势也是唯一的。否则，唯一性定理只能保证区域 V 中的电场是唯一的。

静电唯一性定理的重要性在于：(1)它指明了在数学上如何正确地建立静电场的定解问题；(2)对于一个满足唯一性条件的静电问题，它保证了不论用什么方法得到的问题的解都是正确解。静电唯一性定理使得我们能够利用任何合适的方法去求解静电问题，为电像法等方法提供了理论依据。

例 3.2.1：静电屏蔽(electrostatic shielding)：若给定导体壳空腔内的介质、导体和电荷分布，则导体壳空腔中的场被唯一确定，且与导体壳外的电荷与电场分布无关。

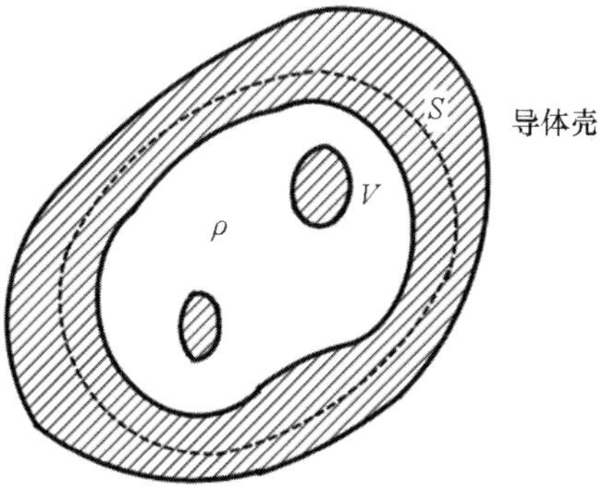

例 3.2.1 图

证明：在壳体内部取一闭合曲面 S 作为壳内区域的边界面。壳内区域 V 除包含空腔内的介质、导体和电荷外，还含有被 S 包围在内的壳体部分导体。由高斯定理可知，闭合曲面 S 所包围的总电荷量为零，说明这部分导体上的总电荷恒等于腔内区域电荷总量，但符号相反。边界面 S 上：$\boldsymbol{E}=-\nabla\varphi\equiv 0$，则有 $\partial\varphi/\partial n=\boldsymbol{n}\cdot\nabla\varphi\equiv 0$。由唯一性定理可知，壳内区域 V 中的场是唯一的。

由于导体上电荷守恒，易知边界面 S 外那部分导体上的电荷总量恒等于腔内区域电荷总量，受到壳内条件的影响。因此，对于壳外空间，不能仅由壳外电荷和导体分布来给定边界条件，壳外电场不能由壳外条件唯一确定。

如果把导体壳接地，则给定导体壳上电势。由唯一性定理可知，壳外空间中的电场也由壳外条件唯一确定。导体壳内、外区互不影响。

例 3.2.2：两同心导体球壳之间充以两种介质，左半部分介质介电常数为 ε_1，右半部分为 ε_2，设内球壳带电荷总量 Q，外球壳接地，求电场空间分布及球壳上的电荷分布。

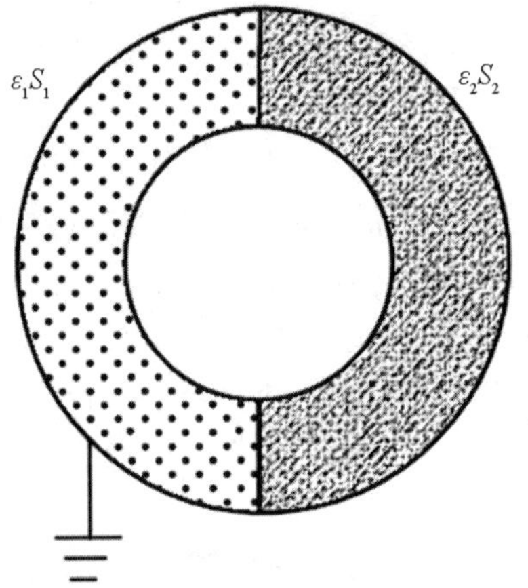

例 3.2.2 图

解：取导体球壳的球心为坐标原点。由于导体球壳的表面电场一定沿法向分量，电场一定是径向的，又由于两介质交界面上电场的切向分量必须是连续的，则可设电场为以下形式

$$\boldsymbol{E}=\frac{A}{r^3}\boldsymbol{r} \tag{3.2.24}$$

其中 A 为待定常数。A 可由内球表面上电荷总量为 Q 的条件决定

$$\oint \boldsymbol{D} \cdot \mathrm{d}\boldsymbol{\sigma} = \int_{S_{左}} \varepsilon_1 \boldsymbol{E} \cdot \mathrm{d}\boldsymbol{\sigma} + \int_{S_{右}} \varepsilon_2 \boldsymbol{E} \cdot \mathrm{d}\boldsymbol{\sigma} = Q$$

$S_{左}$、$S_{右}$是左右两半球面，将式(3.2.24)代入上式得

$$A = \frac{Q}{2\pi(\varepsilon_1 + \varepsilon_2)}$$

所以球壳间电场为

$$\boldsymbol{E}_{左} = \boldsymbol{E}_{右} = \frac{Q}{2\pi(\varepsilon_1 + \varepsilon_2)} \frac{\boldsymbol{r}}{r^3} \tag{3.2.25}$$

容易验证$\nabla \cdot \boldsymbol{E} = 0$，相应电势在两球壳间区域满足拉普拉斯方程。由于式(3.2.25)满足问题的方程及全部边界条件，根据唯一性定理可知，这就是问题的解。

可以注意到，尽管此题中介质不具有球对称分布，但电场却是球对称的。这是由于电场 $\boldsymbol{E}$ 是由自由电荷和极化电荷共同激发的。由于介质分布是非球对称的，因此自由电荷和极化电荷分布也是非球对称的，但二者之和具有球对称性，从而保证了 $\boldsymbol{E}$ 的球对称性。

3.3　分离变量法

静电场问题可以归结为电势所满足的泊松方程或拉普拉斯方程的边值问题，本节讨论用分离变量法来求解这类问题。

如果求解区域中没有自由电荷分布，这个区域中的电势满足拉普拉斯方程

$$\nabla^2 \varphi = 0 \tag{3.3.1}$$

用分离变量法求解拉普拉斯方程边值问题的一般步骤是：(1)根据求解区域边界面或介质分界面的几何形状，选择适当的坐标系；(2)在所选择的坐标系下解拉普拉斯方程，给出线性叠加形式解；(3)利用问题给出的定解条件确定叠加系数。最常用的坐标系有球坐标系、柱坐标系和直角坐标系，拉普拉斯方程在这三种坐标系下的一般解在数理方法课程中已做过介绍，这里重点介绍如何根据具体问题的边值关系、边界条件确定一般解中的叠加系数。

3.3.1　球坐标系下的分离变量

在球坐标系中，拉普拉斯方程为

$$\frac{1}{r^2}\frac{\partial}{\partial r}\left(r^2 \frac{\partial \varphi}{\partial r}\right) + \frac{1}{r^2 \sin\theta}\frac{\partial}{\partial \theta}\left(\sin\theta \frac{\partial \varphi}{\partial \theta}\right) + \frac{1}{r^2 \sin^2\theta}\frac{\partial^2 \varphi}{\partial \Phi^2} = 0 \tag{3.3.2}$$

其一般形式解为

$$\varphi(r,\theta,\Phi)=\sum_{nm}\left(A_{nm}r^n+\frac{B_{nm}}{r^{n+1}}\right)P_n^m(\cos\theta)\cos m\Phi+$$
$$\sum_{nm}\left(C_{nm}r^n+\frac{D_{nm}}{r^{n+1}}\right)P_n^m(\cos\theta)\sin m\Phi \tag{3.3.3}$$

其中(r, θ, Φ)是球坐标系下的半径、极角和方位角。P_n^m是 m 阶 n 次**缔合勒让德函数**(associated Legendre function)。A_{nm}, B_{nm}, C_{nm}, D_{nm}是待定常数，由具体问题边界条件确定。

在实际解题时，通过对问题对称性的分析，常选用满足问题需要的最简单形式解。如果所讨论的问题具有轴对称性，取对称轴为极轴，电场分布与方位角无关，此时可取通解为

$$\varphi(r,\theta)=\sum_{n=0}\left(A_nr^n+\frac{B_n}{r^{n+1}}\right)P_n(\cos\theta) \tag{3.3.4}$$

其中$P_n(\cos\theta)$是**勒让德函数**，A_n, B_n为待定常数。

例 3.3.1：在均匀外场$\boldsymbol{E}_0$中，置入半径为 R_0 的导体球，球上总电荷为 Q，求空间电场分布。

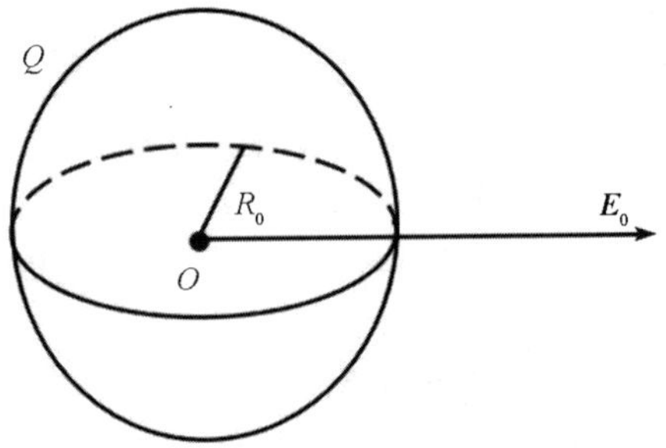

例 3.3.1 图

解：取极轴过球心沿外场方向，取球心为坐标系原点，电场分布与方位角 Φ 无关，通解可写为

$$\varphi=\sum_{n=0}\left(A_nr^n+\frac{B_n}{r^{n+1}}\right)P_n(\cos\theta) \tag{3.3.5}$$

边界条件

(1) $\varphi|_{r\to\infty}=-E_0r\cos\theta$

(2) $\varphi|_{r=R_0}=\varphi_0$(待定常数)

(3) $-\varepsilon_0 \oint_{r=R_0} \frac{\partial \varphi}{\partial r} \mathrm{d}\sigma = Q$

由条件(1)可得

$$A_1 = -E_0, \quad A_n = 0(n \neq 1)$$

$$\varphi = \sum_{n=0}^{\infty} \frac{B_n}{r^{n+1}} P_n(\cos\theta) - E_0 r\cos\theta \tag{3.3.6}$$

由条件(2)可得

$$B_0 = R_0 \varphi_0, \quad B_1 = E_0 R_0^3, \quad B_n = 0(n \neq 0, 1)$$

$$\varphi = \frac{R_0 \varphi_0}{r} + \left(\frac{E_0 R_0^3}{r^2} - E_0 r\right)\cos\theta \tag{3.3.7}$$

应用条件(3)，由式(3.3.7)可以得出待定常数φ_0。

$$Q = -\varepsilon_0 \oint_{r=R_0} \left[-\frac{R_0\varphi_0}{r^2} - \left(\frac{2E_0R_0^3}{r^3} + E_0\right)\cos\theta\right] r^2 \sin\theta \mathrm{d}\theta \mathrm{d}\Phi$$
$$= 4\pi\varepsilon_0 R_0 \varphi_0$$

所以

$$\varphi_0 = \frac{Q}{4\pi\varepsilon_0 R_0}$$

代入式(3.3.7)中得空间电势分布

$$\varphi(r, \theta) = \frac{Q}{4\pi\varepsilon_0 r} + \frac{E_0 R_0^3}{r^2}\cos\theta - E_0 r\cos\theta \tag{3.3.8}$$

电场

$$\boldsymbol{E} = -\nabla\varphi = \frac{Q\boldsymbol{r}}{4\pi\varepsilon_0 r^3} + R_0^3\left[\frac{3(\boldsymbol{E}_0 \cdot \boldsymbol{r})\boldsymbol{r}}{r^5} - \frac{\boldsymbol{E}_0}{r^3}\right] + \boldsymbol{E}_0 \tag{3.3.9}$$

球面上感应电荷对外场的贡献相当于一个位于球心的电偶极子的场。这个电偶极子的电偶极矩为 $\boldsymbol{P} = 4\pi\varepsilon_0 R_0^3 \boldsymbol{E}_0$，大小与球体积成正比，方向沿外电场方向。

3.3.2　柱坐标系下的分离变量

由式(1.3.24)，柱坐标系下拉普拉斯方程为

$$\frac{1}{\rho}\frac{\partial}{\partial\rho}\left(\rho\frac{\partial\varphi}{\partial\rho}\right) + \frac{1}{\rho^2}\frac{\partial^2\varphi}{\partial\Phi^2} + \frac{\partial^2\varphi}{\partial z^2} = 0 \tag{3.3.10}$$

一般解比较复杂，不拟写出。用得较多的是场分布与 z 坐标无关的二维情况，此时一般解可表示为

$$\varphi(\rho, \Phi) = C_0 + D_0\ln\rho + \sum_{n=1}^{\infty}\left[(A_n\cos n\Phi + B_n\sin n\Phi)\rho^n + \right.$$

$$(C_n\cos n\Phi + D_n\sin n\Phi)\rho^{-n}] \quad (3.3.11)$$

其中C_0，D_0，A_n，B_n，C_n，D_n均为待定常数。

例 3.3.2：半径为 a、介电常数为 ε 的无限长介质柱置于均匀外电场$\boldsymbol{E}_0$中。柱轴与$\boldsymbol{E}_0$垂直，求空间电势分布。

解：取 Z 轴沿柱轴，极轴沿外场的圆柱坐标系。电场分布与 z 坐标无关，柱内、柱外空间电势一般形式为

$$\varphi_{外}(\rho,\Phi) = C_0 + D_0\ln\rho + \sum_{n=1}^{\infty}[(A_n\cos n\Phi + B_n\sin n\Phi)\rho^n + (C_n\cos n\Phi + D_n\sin n\Phi)\rho^{-n}] \quad (\rho > a) \quad (3.3.12)$$

$$\varphi_{内}(\rho,\Phi) = C_0' + D_0'\ln\rho + \sum_{n=1}^{\infty}[(A_n'\cos n\Phi + B_n'\sin n\Phi)\rho^n + (C_n'\cos n\Phi + D_n'\sin n\Phi)\rho^{-n}] \quad (\rho < a) \quad (3.3.13)$$

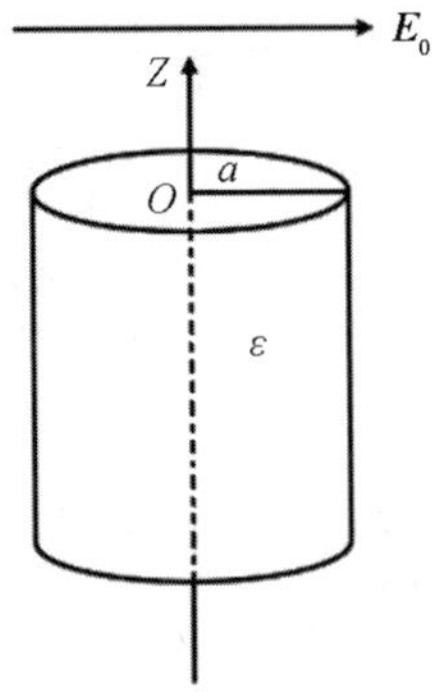

例 3.3.2 图

边界条件

(1) $\varphi_{内}|_{\rho=0}$有限

(2) $\varphi_{外}|_{\rho\to\infty} = -E_0\rho\cos\Phi$

(3) $\varphi_{内}|_{\rho=a} = \varphi_{外}|_{\rho=a}$，$\varepsilon\dfrac{\partial\varphi_{内}}{\partial\rho}\Big|_{\rho=a} = \varepsilon_0\dfrac{\partial\varphi_{外}}{\partial\rho}\Big|_{\rho=a}$

由条件(1)可得，$D_0'=0$，$C_n'=D_n'=0$

$$\varphi_{内}(\rho,\Phi) = C_0' + \sum_{n=1}^{\infty}(A_n'\cos n\Phi + B_n'\sin n\Phi)\rho^n \quad (3.3.14)$$

由条件(2)可得，$C_0 = D_0 = B_n = 0$，$A_n = 0(n \neq 1)$，$A_1 = -E_0$

$$\varphi_{外}(\rho, \Phi) = \sum_{n=1}^{\infty} (C_n \cos n\Phi + D_n \sin n\Phi) \rho^{-n} - E_0 \rho \cos\Phi \quad (3.3.15)$$

再对式(3.3.14)和式(3.3.15)用条件(3)得

$$\begin{cases} C'_0 + \sum_{n=1}^{\infty} (A'_n \cos n\Phi + B'_n \sin n\Phi) a^n \\ \quad = \sum_{n=1}^{\infty} (C_n \cos n\Phi + D_n \sin n\Phi) a^{-n} - E_0 a \cos\Phi \\ \varepsilon \sum_{n=1}^{\infty} n(A'_n \cos n\Phi + B'_n \sin n\Phi) a^{n-1} \\ \quad = \varepsilon_0 \sum_{n=1}^{\infty} (-n)(C_n \cos n\Phi + D_n \sin n\Phi) a^{-n-1} - \varepsilon_0 E_0 \cos\Phi \end{cases} \quad (3.3.16)$$

比较 $\cos\Phi$，$\sin\Phi(n=1)$的系数得

$$C'_0 = 0, \quad \begin{cases} A'_1 a = C_1 a^{-1} - E_0 a \\ \varepsilon A'_1 = -\varepsilon_0 C_1 / a^2 - \varepsilon_0 E_0 \end{cases}, \quad \begin{cases} B'_1 a = D_1 / a \\ \varepsilon B'_1 = -\varepsilon_0 D_1 / a^2 \end{cases}$$

解得

$$\begin{cases} A'_1 = -\dfrac{2\varepsilon_0}{\varepsilon + \varepsilon_0} E_0 \\ C_1 = \dfrac{\varepsilon - \varepsilon_0}{\varepsilon + \varepsilon_0} a^2 E_0 \end{cases}, \quad \begin{cases} B'_1 = 0 \\ D_1 = 0 \end{cases}$$

比较 $\cos n\Phi$，$\sin n\Phi(n \neq 1)$的系数得

$$\begin{cases} a^n A'_n = C_n / a^n \\ \varepsilon A'_n a^{n-1} = -\varepsilon_0 a^{-n-1} C_n \end{cases}, \quad \begin{cases} a^n B'_n = D_n a^{-n} \\ \varepsilon B'_n a^{n-1} = -\varepsilon_0 D_n a^{-n-1} \end{cases}$$

这两个方程组都只有零解

$$A'_n = C_n = B'_n = D_n = 0$$

所以圆柱内外的电势分别为

$$\begin{cases} \varphi_{内}(\rho, \Phi) = -\dfrac{2\varepsilon_0}{\varepsilon_0 + \varepsilon} E_0 \rho \cos\Phi \quad (\rho < a) \\ \varphi_{外}(\rho, \Phi) = \dfrac{\varepsilon - \varepsilon_0}{\varepsilon + \varepsilon_0} \dfrac{a^2}{\rho} E_0 \cos\Phi - E_0 \rho \cos\Phi \quad (\rho > a) \end{cases} \quad (3.3.17)$$

柱内外空间电场

$$\begin{cases} \boldsymbol{E}_{内} = \dfrac{2\varepsilon_0}{\varepsilon_0 + \varepsilon}\boldsymbol{E}_0 \\ \boldsymbol{E}_{外} = \dfrac{\varepsilon - \varepsilon_0}{\varepsilon + \varepsilon_0}a^2\left[\dfrac{2(\boldsymbol{E}_0 \cdot \rho)\rho}{\rho^4} - \dfrac{\boldsymbol{E}_0}{\rho^2}\right] + \boldsymbol{E}_0 \end{cases} \tag{3.3.18}$$

由于$2\varepsilon_0/(\varepsilon + \varepsilon_0) < 1$，介质柱内的场比$\boldsymbol{E}_0$弱，这是由于极化电荷在柱内的场与$\boldsymbol{E}_0$反向。介质柱内极化强度矢量

$$\boldsymbol{P} = (\varepsilon - \varepsilon_0)\boldsymbol{E}_{内} = \frac{\varepsilon - \varepsilon_0}{\varepsilon + \varepsilon_0}2\varepsilon_0\boldsymbol{E}_0$$

3.3.3 直角坐标系下的分离变量

直角坐标系下拉普拉斯方程为

$$\frac{\partial^2\varphi}{\partial x^2} + \frac{\partial^2\varphi}{\partial y^2} + \frac{\partial^2\varphi}{\partial z^2} = 0 \tag{3.3.19}$$

其一般形式解也比较复杂。二维情况下(假设场分布与z坐标无关)的一般解是

$$\varphi(x, y) = (A_0 + B_0x)(C_0 + D_0y) + \sum_{n=1}^{\infty}(A_n\cos k_nx + B_n\sin k_nx)(C_n\mathrm{ch}k_ny + D_n\mathrm{sh}k_ny) \tag{3.3.20}$$

这里A_0，B_0，C_0，D_0，A_n，B_n，C_n，D_n，k_n都是待定的。

例3.3.3：有一无限长的接地金属槽，横截面为正方形，上盖与地绝缘，且具有电势$V_0\sin\dfrac{\pi}{a}x$，求槽内电势分布。

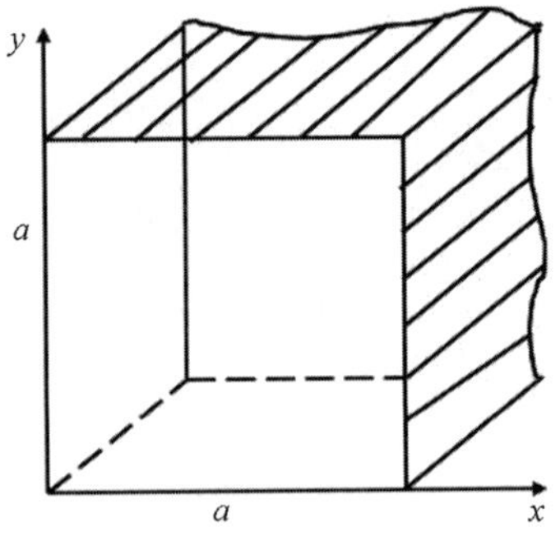

例3.3.3图

解：取直角坐标系，因为槽很长，可以认为电势与z坐标无关。二维情况下的一般解由式(3.3.20)给出。

边界条件

(1) $\varphi|_{x=0}=0 \quad (0 \leqslant y \leqslant a)$

(2) $\varphi|_{x=a}=0 \quad (0 \leqslant y \leqslant a)$

(3) $\varphi|_{y=0}=0 \quad (0 \leqslant x \leqslant a)$

(4) $\varphi|_{y=a}=V_0 \sin \frac{\pi}{a}x \quad (0<x<a)$

由条件(1)可得，式(3.3.20)中$A_n=0(n=0, 1, 2, \cdots)$，则有

$$\varphi(x, y) = B_0 x(C_0 + D_0 y) + \sum_{n=1}^{\infty} B_n \sin k_n x(C_n \mathrm{ch} k_n y + D_n \mathrm{sh} k_n y)$$

代入条件(2)可得：

$$\varphi|_{x=a} = B_0 a(C_0 + D_0 y) + \sum_{n=1}^{\infty} B_n \sin k_n a(C_n \mathrm{ch} k_n y + D_n \mathrm{sh} k_n y) = 0$$

由于上式对任意 y 坐标都成立，故只能有：$B_0=0$，且 $\sin k_n a=0$。由此可得：

$$\varphi(x,y) = \sum_{n=1}^{\infty} B_n \sin k_n x(C_n \mathrm{ch} k_n y + D_n \mathrm{sh} k_n y), \quad k_n = \frac{n\pi}{a} \quad (n=1,2,\cdots)$$

再代入条件(3)可得：

$$\varphi|_{y=0} = \sum_{n=1}^{\infty} B_n C_n \sin k_n x = 0$$

由于上式对任意 x 坐标都成立，故只能有 $C_n=0$。由此可得：

$$\varphi(x, y) = \sum_{n=1}^{\infty} B_n D_n \sin \frac{n\pi}{a}x \mathrm{sh} \frac{n\pi}{a}y$$

由条件(4)可得

$$V_0 \sin \frac{\pi}{a}x = \sum_{n=1}^{\infty} B_n D_n \sin \frac{n\pi x}{a} \mathrm{sh} n\pi$$

比较 $\sin \frac{n\pi}{a}x$ 的系数得

$$B_1 D_1 = V_0 / \mathrm{sh}\pi$$

$$B_n D_n = 0 \quad (n \neq 1)$$

于是得到

$$\varphi(x, y) = \frac{V_0}{\mathrm{sh}\pi} \sin \frac{\pi x}{a} \mathrm{sh} \frac{\pi}{a} y$$

3.3.4 解泊松方程边值问题的特解法

对于泊松方程

$$\nabla^2\varphi = -\rho/\varepsilon \tag{3.3.21}$$

的边值问题，如果先不考虑边界条件，能找出这个方程的一个特解 φ''，我们就可把方程式(3.3.21)的一般解表示为 $\varphi=\varphi'+\varphi''$，其中 φ'仍然满足拉普拉斯方程$\nabla^2\varphi'=0$。求出 φ'的一般解后，再将 $\varphi=\varphi'+\varphi''$代入问题的边界条件，定出$\varphi'$中的待定常数，这样就得到了原泊松方程边值问题的解。

从物理上看，这种做法相当于把所考虑区域中的电势分成两部分：一部分是由区域内的电荷在无界空间中激发的，它由特解描述；另一部分是外区和边界上电荷的贡献，这部分贡献通过边界条件反映出来。

例 3.3.4：在均匀外电场 $\boldsymbol{E}_0$中，置入一均匀带电且半径为 R_0 的介质球，介质球内电荷密度为常数 ρ，介电常数为 ε，求空间各点电势分布。

解：球内空间电势满足泊松方程

$$\nabla^2\varphi_{内} = -\rho/\varepsilon$$

球外电势满足拉普拉斯方程。取极轴过球心且沿外场方向，在这个球坐标系下电势分布与方位角 Φ 无关。容易验证 $\varphi''=-\rho r^2/6\varepsilon$ 是球内空间泊松方程的一个特解，空间电势可表示为

$$\varphi_{内} = \sum_n \left(C_n r^n + \frac{D_n}{r^{n+1}}\right)P_n(\cos\theta) - \frac{\rho r^2}{6\varepsilon}$$

$$\varphi_{外} = \sum_n \left(A_n r^n + \frac{B_n}{r^{n+1}}\right)P_n(\cos\theta)$$

边值关系和边界条件是

(1) $\varphi_{外}\big|_{r\to\infty} = -E_0 r\cos\theta$

(2) $\varphi_{内}\big|_{r\to 0}$有限

(3) $\varphi_{外}\big|_{r=R_0} = \varphi_{内}\big|_{r=R_0}$，$\varepsilon_0\dfrac{\partial\varphi_{外}}{\partial r}\bigg|_{r=R_0} = \varepsilon\dfrac{\partial\varphi_{内}}{\partial r}\bigg|_{r=R_0}$

由条件(1)可得，$A_n=0(n\neq 1)$，$A_1=-E_0$

$$\varphi_{外} = \sum_n \frac{B_n}{r^{n+1}}P_n(\cos\theta) - E_0 r\cos\theta$$

由条件(2)可得，$D_n=0$

$$\varphi_{内} = \sum_{n=0}^{\infty} C_n r^n P_n(\cos\theta) - \frac{\rho r^2}{6\varepsilon}$$

再利用边值关系(3)得到

$$\sum_n C_n R_0^n P_n(\cos\theta) - \frac{\rho R_0^2}{6\varepsilon} = -E_0 R_0 \cos\theta + \sum_n \frac{B_n}{R_0^{n+1}} P_n(\cos\theta)$$

$$\varepsilon \sum_n n C_n R_0^{n-1} P_n(\cos\theta) - \frac{\rho R_0}{3}$$

$$= -\varepsilon_0 E_0 \cos\theta + \varepsilon_0 \sum_n \left[-(n+1) \frac{B_n}{R_0^{n+2}} P_n(\cos\theta) \right]$$

比较$P_n(\cos\theta)$对应项系数得

$$\begin{cases} C_0 - \rho R_0^2/(6\varepsilon) = B_0/R_0 \\ -\rho R_0/3 = -\varepsilon_0 B_0/R_0^2 \end{cases} \quad (n=0)$$

$$\begin{cases} C_1 R_0 = -E_0 R_0 + B_1/R_0^2 \\ \varepsilon C_1 = -\varepsilon_0 E_0 - 2\varepsilon_0 B_1/R_0^3 \end{cases} \quad (n=1)$$

$$\begin{cases} C_n R_0^n = B_n/R_0^{n+1} \\ \varepsilon n C_n R_0^{n-1} = -\varepsilon_0 (n+1) B_n/R_0^{n+2} \end{cases} \quad (n \neq 0, 1)$$

由以上三个方程组解得

$$B_0 = \rho R_0^3/(3\varepsilon_0), \ C_0 = (\varepsilon_0 + 2\varepsilon)\rho R_0^2/(6\varepsilon\varepsilon_0)$$

$$B_1 = (\varepsilon - \varepsilon_0) E_0 R_0^3/(2\varepsilon_0 + \varepsilon), \ C_1 = -3\varepsilon_0 E_0/(2\varepsilon_0 + \varepsilon)$$

$$C_n = B_n = 0 \quad (n \neq 0, 1)$$

所以

$$\varphi_{内} = -\frac{\rho r^2}{6\varepsilon} + \frac{\varepsilon_0 + 2\varepsilon}{6\varepsilon_0 \varepsilon}\rho R_0^2 - \frac{3\varepsilon_0 E_0}{2\varepsilon_0 + \varepsilon} r\cos\theta$$

$$\varphi_{外} = -E_0 r\cos\theta + \frac{\rho R_0^3}{3\varepsilon_0 r} + \frac{(\varepsilon - \varepsilon_0) E_0 R_0^3}{2\varepsilon_0 + \varepsilon} \frac{1}{r^2}\cos\theta$$

球外空间电势由三部分组成：一部分是外加均匀场的贡献，一部分是电量为$\frac{4}{3}\pi R_0^3 \rho$的位于球心的点电荷的贡献，还有一部分是介质球在外场中极化电偶极矩的贡献。

3.4　电像法

如果所研究的区域V中有电荷分布，区域V的部分或全部边界面的形状具有某种几何对称性，那么我们常可以用一种特殊方法——**电像法**(method of electrostatic images)求解该区域中的泊松方程边值问题。

电像法的基本思想是：在电场作用下，边界面上出现感应(导体边界)或极化(介质边界)电荷，区域 V 中的场就是由 V 内的电荷和这些边界面上电荷所产生的场的叠加。如果能用一个或几个假想的电荷(称为像电荷)等效地代替边界面上电荷的贡献，区域 V 内的场就可表示为这些像电荷和 V 内电荷的场的叠加。像电荷必须放在区域 V 外，以保证区域 V 内原来的源保持不变。像电荷的大小和位置根据边界条件确定，以确保所得到的场能够满足全部边界条件。根据唯一性定理，这样得到的场就是区域 V 内泊松方程边值问题的解。

电像法是一种等效思想的体现，用像电荷置换掉我们不感兴趣的区域，在我们所关心的区域内给出与原问题同样的解。要注意的是，应在区域之外给出与原问题不同的解。

例 3.4.1：点电荷 Q 位于一个接地无限大导体板附近，求空间电场分布。

解：如图所示，设点电荷 Q 位于接地无限大导体板上方 z 轴上，到导体板的距离为 a。由于静电屏蔽，下半空间没有电场。设上半空间区域为 V，V 的边界面是无穷大导体板 S 和无穷远面 S_∞。V 中电势满足边值问题。

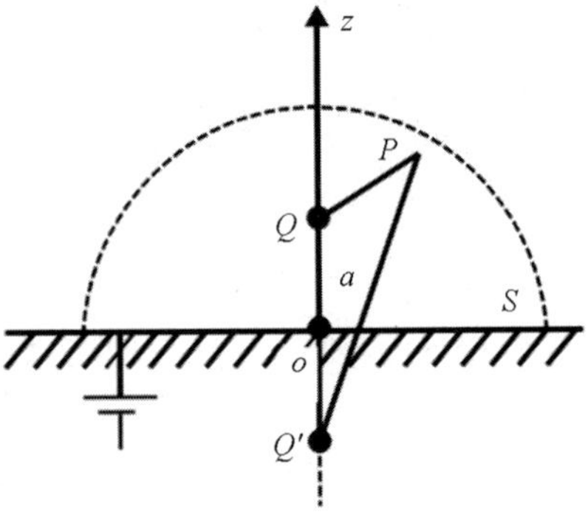

例 3.4.1 图

$$\begin{cases}\nabla^2\varphi = -\dfrac{Q}{\varepsilon_0}\delta(x,\ y,\ z-a) \\ \varphi\big|_{z=0} = 0 \\ \varphi\big|_{S_\infty} = 0\end{cases} \tag{3.4.1}$$

V 中电场由点电荷 Q 和导体板上的感应电荷共同激发。设感应电荷的场可以用位于下半空间的点电荷 Q' 的场等效，由对称性考虑，Q' 应位于 z 轴上，用 a' 表示 Q' 到 O 的距离，则上半空间的电势可表示为

$$\varphi(\boldsymbol{x})=\frac{1}{4\pi\varepsilon_0}\left[\frac{Q}{\sqrt{x^2+y^2+(z-a)^2}}+\frac{Q'}{\sqrt{x^2+y^2+(z+a')^2}}\right] \quad (3.4.2)$$

由边界条件$\varphi|_{z=0}=0$ 得

$$\frac{Q}{\sqrt{x^2+y^2+a^2}}=-\frac{Q'}{\sqrt{x^2+y^2+a'^2}}$$

显然，$Q'=-Q$，$a'=a$ 是上式的一个解，于是

$$\varphi(\boldsymbol{x})=\frac{1}{4\pi\varepsilon_0}\left[\frac{Q}{\sqrt{x^2+y^2+(z-a)^2}}-\frac{Q}{\sqrt{x^2+y^2+(z+a)^2}}\right] \quad (3.4.3)$$

容易检验式(3.4.3)满足式(3.4.1)中的方程和全部边界条件，而边值问题式(3.4.1)根据唯一性定理有唯一解，所以式(3.4.3)就是问题的正确解。

导体板上的感应电荷面密度

$$\sigma_f=-\varepsilon_0\frac{\partial\varphi}{\partial z}\bigg|_{z=0}=-\frac{Qa}{2\pi\left(x^2+y^2+a^2\right)^{3/2}}$$

积分可得导体板上的感应电荷总量

$$Q_{感}=\int_\infty \sigma_f \mathrm{d}\sigma=-\frac{Qa}{2\pi}\int_0^\infty\frac{2\pi r\mathrm{d}r}{\left(r^2+a^2\right)^{3/2}}=-Q=Q'$$

例 3.4.2：真空中有一个半径为 R_0 的接地导体球，距球心为 $a(a>R_0)$处有点电荷 Q，求空间电势分布。

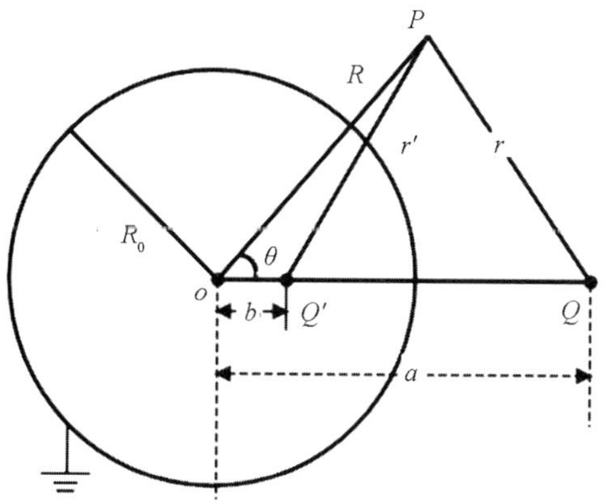

例 3.4.2 图

解：取坐标系原点在球心 O，x 轴沿 OQ 方向，球内空间电势是零，球外电势满足边值问题：

$$\begin{cases}\nabla^2\varphi = -\dfrac{Q}{\varepsilon_0}\delta(x-a,\ y,\ z)\\ \varphi|_{R=R_0}=0\\ \varphi|_{R\to\infty}=0\end{cases} \tag{3.4.4}$$

据唯一性定理可知，其解是唯一的。

球外电场是由点电荷 Q 和球面上感应电荷共同激发的。假设球面上感应电荷对球外电场的贡献用位于球内的假想点电荷 Q'代替，由对称性考虑，Q'应位于 OQ 连线上。设 Q'到球心距离为 b，则球外电势

$$\varphi(\boldsymbol{x})=\frac{1}{4\pi\varepsilon_0}\left[\frac{Q}{\sqrt{R^2+a^2-2Ra\cos\theta}}+\frac{Q'}{\sqrt{R^2+b^2-2Rb\cos\theta}}\right] \tag{3.4.5}$$

利用边界条件$\varphi|_{R=R_0}=0$ 得

$$\frac{Q}{\sqrt{R_0^2+a^2-2R_0a\cos\theta}}=-\frac{Q'}{\sqrt{R_0^2+b^2-2R_0b\cos\theta}}$$

即

$$Q^2(R_0^2+b^2)-2\,Q^2R_0b\cos\theta=Q'^2(R_0^2+a^2)-2Q'^2R_0a\cos\theta$$

要求上式对任意 θ 值成立，必有

$$\begin{cases}Q^2(R_0^2+b^2)=Q'^2(R_0^2+a)\\ Q^2b^2=Q'^2a\end{cases}$$

由此解得

$$\begin{cases}b=R_0^2/a\\ Q'=-R_0Q/a\end{cases} \tag{3.4.6}$$

上面求解中舍去了 $b=a$ 的根，因为这将使像电荷位于球外，结果不可能满足式(3.4.4)中的泊松方程。

将式(3.4.6)结果代入式(3.4.5)中得

$$\varphi(\boldsymbol{x})=\frac{1}{4\pi\varepsilon_0}\left[\frac{Q}{\sqrt{R^2+a^2-2Ra\cos\theta}}-\frac{R_0Q}{a\sqrt{R^2+R_0^4/a^2-2RR_0^2\cos\theta/a}}\right] \tag{3.4.7}$$

显然，式(3.4.7)中 φ 还满足$\varphi|_{R\to\infty}=0$ 的条件。由于式(3.4.7)满足式(3.4.4)中的方程和全部边界条件，根据唯一性定理，它就是问题的正确解。

由式(3.4.7)可求出球面上感应电荷面密度

$$\sigma_f=-\varepsilon_0\frac{\partial\varphi}{\partial R}\bigg|_{R=R_0}=-\frac{Q(a^2-R_0^2)}{4\pi R_0(R_0^2+a^2-2R_0a\cos\theta)^{3/2}}$$

在球面上积分得感应电荷总量

$$Q_{感} = -\frac{Q(a^2 - R_0^2)}{4\pi R_0}\oint_S \frac{R_0^2 \sin\theta \mathrm{d}\theta \mathrm{d}\phi}{(R_0^2 + a^2 - 2R_0 a\cos\theta)^{3/2}}$$

$$= -\frac{R_0 Q}{a} = Q'$$

上面两个例子中，边界面就像一面“镜子”，像电荷 Q'是源电荷 Q 在“镜子”中的像，这就是电像法名字的由来。例 3.4.1 中，边界面为无限大导体平面，故 Q'和 Q 数值相等，且位置关于导体面对称。例 3.4.2 中，边界面为导体球面，故 $Q' \neq Q$。像电荷的大小和位置与边界面的几何形状有关。

上面两个例子中，边界面上的感应电荷总量也等于像电荷。要说明的是，这并不在任何情况下都成立。

例 3.4.3：如上例，但导体球不接地，而带电Q_0，求球外电势及 Q 受到的电场力。

解：如例 3.4.2 图所示，本例中球外电势是边值问题

$$\begin{cases} \nabla^2\varphi = -\dfrac{Q}{\varepsilon_0}\delta(x-a, y, z) \\ \varphi|_{R=R_0} = C(\text{待定常数}) \\ -\varepsilon_0 \oint_{R=R_0} \dfrac{\partial\varphi}{\partial R}\mathrm{d}\sigma = Q_0 \\ \varphi|_{R\to\infty} = 0 \end{cases} \tag{3.4.8}$$

的解。根据唯一性定理，其解是唯一的。

由上例，如果先把导体球接地，球面上将出现与 Q 符号相反的感应电荷，电量$Q' = -\frac{R_0}{a}Q$，它对外场的贡献可以用 OQ 连线上到 O 距离 $b = R_0^2/a$ 的像电荷Q'代替。此时球体是电势为零的等势体。现在去掉接地线，再给导体球加置$Q_0 - Q'$的电荷，由于原来电荷已达平衡，新加置电荷为保持球体仍是等势体，必在球面上均匀分布，对外场的贡献可以用位于球心的点电荷代替。此时导体球上电荷总量为$Q_0 - Q' + Q' = Q_0$，空间电势为

$$\varphi(\boldsymbol{x}) = \frac{1}{4\pi\varepsilon_0}\left[\frac{Q}{\sqrt{R^2 + a^2 - 2Ra\cos\theta}} + \frac{Q'}{\sqrt{R^2 + b^2 - 2Rb\cos\theta}} + \frac{Q_0 - Q'}{R}\right] \tag{3.4.9}$$

式中 $b = R_0^2/a$，$Q' = -R_0 Q/a$。直接计算可以验证导体球上电荷总量就是Q_0。

$$
\begin{aligned}
&-\varepsilon_0\oint_{R=R_0}\frac{\partial\varphi}{\partial R}\mathrm{d}\sigma\\
&=-\frac{1}{4\pi}\oint\left[\frac{Q(a\cos\theta-R_0)}{(R_0^2+a^2-2R_0a\cos\theta)^{3/2}}+\frac{Q'(b\cos\theta-R_0)}{(R_0^2+b^2-2R_0b\cos\theta)^{3/2}}-\frac{Q_0-Q'}{R_0^2}\right]\mathrm{d}\sigma\\
&=Q'+Q_0-Q'=Q_0
\end{aligned}
$$

上式中前两项积分在例 3.4.2 中已求出，就是 Q'。另外，式(3.4.9)显然满足 $\varphi|_{R\to\infty}=0$ 的条件。所以它就是边值问题式(3.4.8)的正确解。

现在求点电荷 Q 受到的电场力。由于导体球面上电荷已用像电荷 Q' 及位于球心的点电荷 Q_0-Q' 等效，点电荷 Q 受到的作用力为

$$
\begin{aligned}
F&=\frac{1}{4\pi\varepsilon_0}\left[\frac{Q(Q_0-Q')}{a^2}+\frac{QQ'}{(a-b)^2}\right]\\
&=\frac{QQ_0}{4\pi\varepsilon_0a^2}-\frac{Q^2R_0^3}{4\pi\varepsilon_0}\frac{(2a^2-R_0^2)}{(a^2-R_0^2)^2}
\end{aligned}
\tag{3.4.10}
$$

式(3.4.10)右端第二项是吸引力，当 $a\to R_0$ 时这项可以大于第一项，即当 Q_0 和 Q 同号时，只要 Q 足够靠近球面，它仍可以受到导体球吸引。这是因为：由于静电感应，虽然整个球体带与 Q 同号的电荷，在靠近 Q 的球面上仍可以出现与 Q 异号的电荷分布。

例 3.4.4：设有两种介电常数为 ε_1，ε_2 的均匀介质，每种介质充满半空间，交界面为一个无限大平面。若在介质 1 中离交界面为 a 处放一个点电荷 Q，求两介质中的电势。

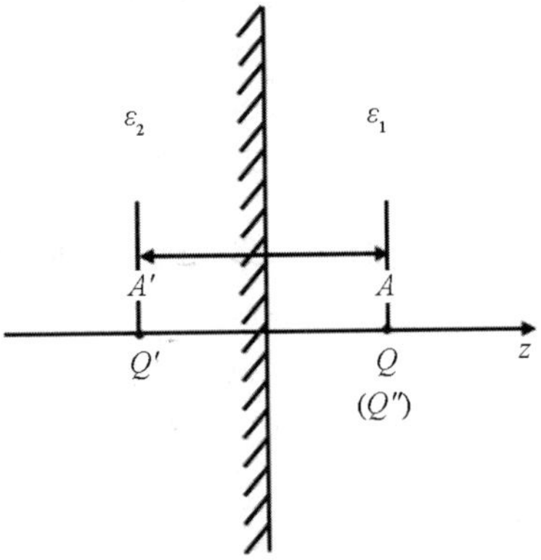

例 3.4.4 图

解：设两介质交界面为 $z=0$ 平面，$z>0$ 空间电势满足方程

$$\nabla^2\varphi_1 = -\frac{Q}{\varepsilon_1}\delta(x, y, z-a) \tag{3.4.11}$$

$z<0$ 空间电势满足方程

$$\nabla^2\varphi_2 = 0 \tag{3.4.12}$$

边界条件是

$$\begin{cases}\varphi_1\big|_\infty = 0 \\ \varphi_2\big|_\infty = 0\end{cases} \tag{3.4.13}$$

全空间电势有唯一解。

$z>0$ 区域中的场由点电荷 Q 和界面上极化电荷共同激发。设界面上极化电荷可以用位于 $z<0$ 区域中 A'点的像电荷 Q'代替，$z>0$ 区域中的场相当于 Q 和 Q'在介电常数为ε_1的均匀无限介质中的场。所以

$$\varphi_1(\boldsymbol{x}) = \frac{1}{4\pi\varepsilon_1}\left(\frac{Q}{\sqrt{\rho^2+(z-a)^2}} + \frac{Q'}{\sqrt{\rho^2+(z+a)^2}}\right) \tag{3.4.14}$$

$z<0$ 区域中的场由位于 A 点的点电荷 Q 和界面上的极化电荷以及 Q 所在点的极化电荷共同激发，这些电荷用位于 A 点的点电荷 Q''等效，$z<0$ 区域中的场可表示为

$$\varphi_2(x) = \frac{1}{4\pi\varepsilon_2}\frac{Q''}{\sqrt{\rho^2+(z-a)^2}} \tag{3.4.15}$$

将式(3.4.14)和式(3.4.15)代入 $z=0$ 面上的边值关系

$$\varphi_1\big|_{z=0} = \varphi_2\big|_{z=0}$$

$$\varepsilon_2\frac{\partial\varphi_2}{\partial z}\bigg|_{z=0} = \varepsilon_1\frac{\partial\varphi_1}{\partial z}\bigg|_{z=0}$$

得

$$\begin{cases}\dfrac{Q+Q'}{\varepsilon_1} = \dfrac{Q''}{\varepsilon_2} \\ -Q+Q' = -Q''\end{cases}$$

由此解出

$$Q' = -\frac{\varepsilon_2-\varepsilon_1}{\varepsilon_2+\varepsilon_1}Q,\ Q'' = \frac{2\varepsilon_2}{\varepsilon_2+\varepsilon_1}Q$$

代入式(3.4.14)和式(3.4.15)，得

$$\varphi_1(\boldsymbol{x}) = \frac{Q}{4\pi\varepsilon_1}\left[\frac{1}{\sqrt{\rho^2+(z-a)^2}} - \frac{\varepsilon_2-\varepsilon_1}{\varepsilon_2+\varepsilon_1}\frac{1}{\sqrt{\rho^2+(z+a)^2}}\right]$$

$$\varphi_2(\boldsymbol{x}) = \frac{Q}{4\pi\varepsilon_2}\left[\frac{2\varepsilon_2}{\varepsilon_2+\varepsilon_1}\frac{1}{\sqrt{\rho^2+(z-a)^2}}\right]$$

显然，上两式分别满足$\varphi_1|_\infty=0$，$\varphi_2|_\infty=0$，及式(3.4.11)和式(3.4.12)，根据唯一性定理，这就是所要求的解。

由上面应用电像法的几个例子可以看出，唯一性定理可以使我们通过不很严格的数学步骤得到的具有猜测性质的解，上升为问题的严格解。

3.5 格林函数方法

对于具有几何对称性的边界，可以用电像法求解点电荷的静电边值问题。能否借此解决同样边界，但电荷分布较复杂的静电边值问题呢？这就是本节要介绍的格林函数方法。

3.5.1 格林函数

区域 V 上单位点电荷激发的满足一定边界条件的电势就称为该区域上这类边值问题的**格林函数**(Green function)。若记格林函数为 $G(\boldsymbol{x}, \boldsymbol{x}')$($\boldsymbol{x}'$表示源点坐标，$\boldsymbol{x}$ 表示场点坐标)，区域 V 上的格林函数 $G(\boldsymbol{x}, \boldsymbol{x}')$就是泊松方程

$$\nabla^2 G(\boldsymbol{x}, \boldsymbol{x}') = -\frac{1}{\varepsilon_0}\delta(\boldsymbol{x}-\boldsymbol{x}') \tag{3.5.1}$$

满足一定边界条件的解。若 G 在区域边界面 S 上满足

$$G(\boldsymbol{x}, \boldsymbol{x}')|_{x\in S}=0 \tag{3.5.2}$$

则称这样的 G 为区域 V 上**第一类边值问题的格林函数**。若 G 在区域边界面 S 上满足

$$\left.\frac{\partial G(\boldsymbol{x}, \boldsymbol{x}')}{\partial n}\right|_{x\in S}=0 \tag{3.5.3}$$

则称 G 为区域 V 上**第二类边值问题的格林函数**。

格林函数具有对称性质：

$$G(\boldsymbol{x}, \boldsymbol{x}') = G(\boldsymbol{x}', \boldsymbol{x}) \tag{3.5.4}$$

即位于 $\boldsymbol{x}'$点上的单位点电荷在一定边界条件下在 $\boldsymbol{x}$ 点的电势，等于相同边界条件下位于 $\boldsymbol{x}$ 点的单位点电荷在 $\boldsymbol{x}'$点的电势值。下面证明式(3.5.4)成立。

证明：区域 V 中位于$\boldsymbol{x}_1'$点和$\boldsymbol{x}_2'$点单位点源激发的电势 $G(\boldsymbol{x}, \boldsymbol{x}_1')$，$G(\boldsymbol{x}, \boldsymbol{x}_2')$分别满足泊松方程

$$\nabla^2 G(\boldsymbol{x},\ \boldsymbol{x}_1') = -\frac{1}{\varepsilon_0}\delta(\boldsymbol{x}-\boldsymbol{x}_1') \tag{3.5.5}$$

$$\nabla^2 G(\boldsymbol{x},\ \boldsymbol{x}_2') = -\frac{1}{\varepsilon_0}\delta(\boldsymbol{x}-\boldsymbol{x}_2') \tag{3.5.6}$$

利用格林公式(1.5.9)，取其中 ψ 和 φ 分别为 $G(\boldsymbol{x},\ \boldsymbol{x}_1')$ 和 $G(\boldsymbol{x},\ \boldsymbol{x}_2')$，得

$$\begin{aligned}&\int_V [G(\boldsymbol{x},\ \boldsymbol{x}_1')\ \nabla^2 G(\boldsymbol{x},\ \boldsymbol{x}_2') - G(\boldsymbol{x},\ \boldsymbol{x}_2')\ \nabla^2 G(\boldsymbol{x},\ \boldsymbol{x}_1')]\mathrm{d}\tau\\ &= \oint_S \left[G(\boldsymbol{x},\ \boldsymbol{x}_1')\ \frac{\partial G(\boldsymbol{x},\ \boldsymbol{x}_2')}{\partial n} - G(\boldsymbol{x},\ \boldsymbol{x}_2')\ \frac{\partial G(\boldsymbol{x},\ \boldsymbol{x}_1')}{\partial n}\right]\mathrm{d}\sigma\end{aligned}$$

注意到无论对第一类或第二类边值问题的格林函数，上式右端在边界面 S 上的积分都是零，将式(3.5.5)和式(3.5.6)代入上式左端，得

$$\int_V [G(\boldsymbol{x},\ \boldsymbol{x}_1')\delta(\boldsymbol{x}-\boldsymbol{x}_2') - G(\boldsymbol{x},\ \boldsymbol{x}_2')\delta(\boldsymbol{x}-\boldsymbol{x}_1')]\mathrm{d}\tau = 0$$

积分得

$$G(\boldsymbol{x}_2',\ \boldsymbol{x}_1') = G(\boldsymbol{x}_1',\ \boldsymbol{x}_2')$$

即式(3.5.4)成立。

3.5.2　用格林函数表示泊松方程边值问题的解

泊松方程的边值问题是求在区域 V 内满足泊松方程

$$\nabla^2\varphi(\boldsymbol{x}) = -\rho(\boldsymbol{x})/\varepsilon_0 \tag{3.5.7}$$

在区域边界面 S 上满足第一类或第二类边界条件的解。为了把区域 V 内的电势解 $\varphi(\boldsymbol{x})$ 和区域 V 相应边值问题的格林函数联系起来，我们把格林公式(1.5.9)应用到区域 V 上

$$\int_V (\psi\ \nabla^2\varphi - \varphi\ \nabla^2\psi)\mathrm{d}\tau = \oint_S \left(\psi\ \frac{\partial\varphi}{\partial n} - \varphi\ \frac{\partial\psi}{\partial n}\right)\mathrm{d}\sigma$$

取其中的 φ 为要求的电势 $\varphi(\boldsymbol{x})$，取 ψ 为区域 V 上相应边值问题的格林函数 $G(\boldsymbol{x},\ \boldsymbol{x}')$。为了符合以前的习惯，把积分变数 $\boldsymbol{x}$ 变成 $\boldsymbol{x}'$，同时交换 $G(\boldsymbol{x},\ \boldsymbol{x}')$ 中 $\boldsymbol{x}$ 和 $\boldsymbol{x}'$ 的位置，得

$$\begin{aligned}&\int_V [G(\boldsymbol{x}',\ \boldsymbol{x})\ \nabla'^2\varphi(\boldsymbol{x}') - \varphi(\boldsymbol{x}')\ \nabla'^2 G(\boldsymbol{x}',\ \boldsymbol{x})]\mathrm{d}\tau'\\ &= \oint \left[G(\boldsymbol{x}',\ \boldsymbol{x})\ \frac{\partial\varphi(\boldsymbol{x}')}{\partial n'} - \varphi(\boldsymbol{x}')\ \frac{\partial G(\boldsymbol{x}',\ \boldsymbol{x})}{\partial n'}\right]\mathrm{d}\sigma'\end{aligned} \tag{3.5.8}$$

利用式(3.5.7)将式(3.5.8)左边第一项化为

$$-\frac{1}{\varepsilon_0}\int_V G(\boldsymbol{x}',\ \boldsymbol{x})\rho(\boldsymbol{x}')\mathrm{d}\tau'$$

利用式(3.5.1)将式(3.5.8)左边第二项化为

$$\frac{1}{\varepsilon_0}\int_V \varphi(\boldsymbol{x}')\delta(\boldsymbol{x}'-\boldsymbol{x})\mathrm{d}\tau' = \frac{1}{\varepsilon_0}\varphi(\boldsymbol{x})$$

把上两式代入式(3.5.8)中，解得

$$\varphi(\boldsymbol{x}) = \int_V G(\boldsymbol{x}',\boldsymbol{x})\rho(\boldsymbol{x}')\mathrm{d}\tau' + \varepsilon_0\oint_S\left[G(\boldsymbol{x}',\boldsymbol{x})\frac{\partial\varphi(\boldsymbol{x}')}{\partial n'} - \varphi(\boldsymbol{x}')\frac{\partial G(\boldsymbol{x}',\boldsymbol{x})}{\partial n'}\right]\mathrm{d}\sigma' \tag{3.5.9}$$

对于泊松方程第一类边值问题，已给出了区域边界面 S 上的电势分布 $\varphi|_S$，再注意到第一类边值问题的格林函数满足式(3.5.2)，由式(3.5.9)得泊松方程第一类边值问题的解

$$\varphi(\boldsymbol{x}) = \int_V G(\boldsymbol{x}',\boldsymbol{x})\rho(\boldsymbol{x}')\mathrm{d}\tau' - \varepsilon_0\oint_S \varphi(\boldsymbol{x}')\frac{\partial G(\boldsymbol{x}',\boldsymbol{x})}{\partial n'}\mathrm{d}\sigma' \tag{3.5.10}$$

由这个公式，只要求出区域 V 上第一类边值问题的格林函数 $G(\boldsymbol{x}',\boldsymbol{x})$，区域 V 中的电势就可由已知的电荷分布、边界面上的 $\varphi(\boldsymbol{x})$ 计算出来。泊松方程第一类边值问题完全得到解决。

对于第二类边值问题，格林函数满足的边界条件是式(3.5.3)，式(3.5.9)中面积分的第二项消失。由于已给出电势在区域边界面上法向导数值 $\partial\varphi/\partial n|_S$，只要求出区域 V 上第二类边值问题的格林函数，泊松方程第二类边值问题的解就可由以下积分给出。

$$\varphi(\boldsymbol{x}) = \int_V G(\boldsymbol{x}',\boldsymbol{x})\rho(\boldsymbol{x}')\mathrm{d}\tau' + \varepsilon_0\oint_S G(\boldsymbol{x}',\boldsymbol{x})\frac{\partial\varphi(\boldsymbol{x}')}{\partial n'}\mathrm{d}\sigma' \tag{3.5.11}$$

式(3.5.10)和式(3.5.11)体现了格林函数的物理意义：对于一个给定边界条件的边值问题，只要求出其格林函数，无论其中引入怎样的电荷分布，都可以通过对格林函数积分的方法得到场的分布。由于格林函数与区域内的电荷分布及边界面上 φ 或 $\partial\varphi/\partial n$ 的具体函数形式无关，一旦给出了某个区域上的格林函数，则该区域上各种电荷分布情况下，同类型的边值问题都可得到解决。从这个意义上说，格林函数方法是电磁场计算和分析中的普遍方法。

一个区域上的格林函数是在给定边界条件下的点源响应，但是求格林函数一般并不容易。特别要注意的是，对于有限区域，第二类边值问题的格林函数实际上是不存在的。这是因为有限区域内存在单位点电荷时，闭合边界面上的电通量是不等于零的，而第二类边值问题的格林函数却有 $\oint_S(\partial G/\partial n)\mathrm{d}\sigma = 0$。以下我们主要讨论第一类边值问题的格林函数。

3.5.3　简单边界的格林函数

1. 无界空间的格林函数

在无界空间中单位点源的电势满足

$$\begin{cases}\nabla^2 G = -\dfrac{1}{\varepsilon_0}\delta(\boldsymbol{x}-\boldsymbol{x}') \\ G\big|_{|\boldsymbol{x}-\boldsymbol{x}'|\to\infty} = 0\end{cases} \tag{3.5.12}$$

无界空间的格林函数是

$$G(\boldsymbol{x},\ \boldsymbol{x}') = \frac{1}{4\pi\varepsilon_0|\boldsymbol{x}-\boldsymbol{x}'|} \tag{3.5.13}$$

2. 上半空间的格林函数

在无限大接地导体板上半空间存在一个单位点电荷。上半空间中的电势就是格林函数，满足边值问题

$$\begin{cases}\nabla^2 G = -\dfrac{1}{\varepsilon_0}\delta(x,\ y,\ z-z') \\ G\big|_{z=0} = 0 \\ G\big|_{r\to\infty} = 0\end{cases} \tag{3.5.14}$$

$$G(\boldsymbol{x},\ \boldsymbol{x}') = \frac{1}{4\pi\varepsilon_0}\left[\frac{1}{\sqrt{x^2+y^2+(z-z')^2}} - \frac{1}{\sqrt{x^2+y^2+(z+z')^2}}\right] \tag{3.5.15}$$

3. 球外、球内空间的格林函数

在导体球外存在一个单位点电荷，如图3.5.1所示。球外空间中的电势就是格林函数，满足边值问题

$$\begin{cases}\nabla^2 G(\boldsymbol{x},\ \boldsymbol{x}') = -\dfrac{1}{\varepsilon_0}\delta(\boldsymbol{x}-\boldsymbol{x}') \\ G\big|_{R=R_0} = 0\end{cases} \tag{3.5.16}$$

例3.4.2已求得

$$G(\boldsymbol{x},\ \boldsymbol{x}') = \frac{1}{4\pi\varepsilon_0}\left(\frac{1}{r} - \frac{R_0}{ar'}\right) \tag{3.5.17}$$

现在取球心 O 为坐标系原点，建立球坐标系，$\boldsymbol{x}'$为点电荷坐标，$\boldsymbol{x}$ 为观察场点坐标，令 $R' = |\boldsymbol{x}'|$，$R = |\boldsymbol{x}|$，则式(3.5.17)中

$$a = R'$$

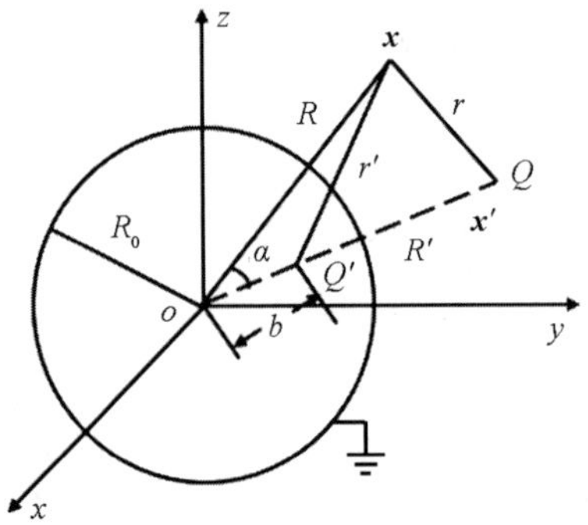

图 3.5.1　**球外、球内空间的格林函数**

$$r=\sqrt{R^2+R'^2-2RR'\cos\alpha}$$

$$r'=\sqrt{R^2+b^2-2Rb\cos\alpha}=\frac{1}{R'}\sqrt{R^2R'^2+R_0^4-2R_0^2RR'\cos\alpha}$$

此处已用到像电荷坐标 $b\boldsymbol{x}'/R'=R_0^2\boldsymbol{x}'/R'^2$，$\alpha$ 是矢径 $\boldsymbol{x}'$和 $\boldsymbol{x}$ 的夹角。若 $\boldsymbol{x}$ 点球坐标为$(R,\ \theta,\ \Phi)$，$\boldsymbol{x}'$点球坐标为$(R',\ \theta',\ \Phi')$，则

$$\cos\alpha=\cos\theta\cos\theta'+\sin\theta\sin\theta'\cos(\Phi-\Phi') \tag{3.5.18}$$

式(3.5.17)可写作

$$G(\boldsymbol{x},\ \boldsymbol{x}')=\frac{1}{4\pi\varepsilon_0}\left[\frac{1}{\sqrt{R^2+R'^2-2RR'\cos\alpha}}-\frac{1}{\sqrt{R^2+R'^2/R_0^2+R_0^2-2RR'\cos\alpha}}\right] \tag{3.5.19}$$

其中 $\cos\alpha$ 由式(3.5.18)给出。

球内空间的格林函数与球外空间的格林函数形式相同，各量的含义依像电荷与原点电荷位置对换而变化。

4. 二维空间的格林函数

如图3.5.2 所示，二维空间的格林函数就是过$(x,\ y)$平面上$\boldsymbol{x}'$点、平行于z轴、线密度为1的无限长带电直线的电势。由式(3.1.9)可知

$$G(\boldsymbol{x},\ \boldsymbol{x}')=-\frac{1}{2\pi\varepsilon_0}\ln(r/r_0) \tag{3.5.20}$$

若记$\rho'=|\boldsymbol{x}'|$，$\rho=|\boldsymbol{x}|$，$\boldsymbol{x}$ 和 $\boldsymbol{x}'$间夹角为 α，则

$$r=\sqrt{\rho^2+\rho'^2-2\rho\rho'\cos\alpha}$$

r_0 是$(x,\ y)$平面上的电势参考点到$\boldsymbol{x}'$点的距离。

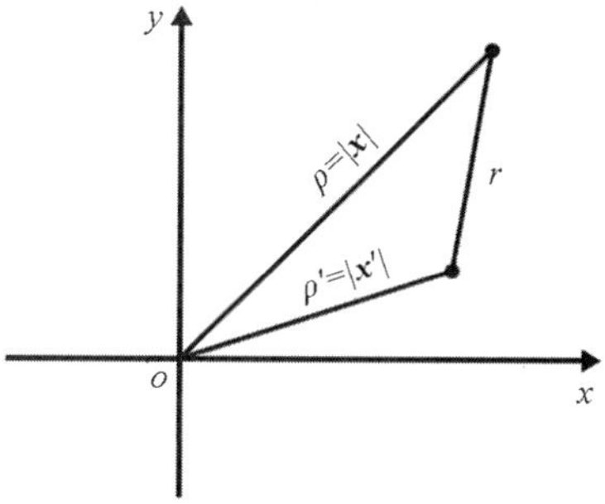

图 3.5.2　二维空间的格林函数

5. 二维半无限空间的格林函数

如图 3.5.3 所示，$y=0$ 是无限大接地导体平面，二维半无限空间的格林函数是位于 $y>0$ 空间(x', y')处，平行于 z 轴、线密度为 1 的无限长带电导线在 $y>0$ 区域中的电势。由电像法求得

$$G(\boldsymbol{x}, \boldsymbol{x}') = -\frac{1}{2\pi\varepsilon_0}\ln(R_1/R_2) \tag{3.5.21}$$

式中

$$R_1 = \sqrt{(x-x')^2+(y-y')^2}$$
$$R_2 = \sqrt{(x-x')^2+(y+y')^2}$$

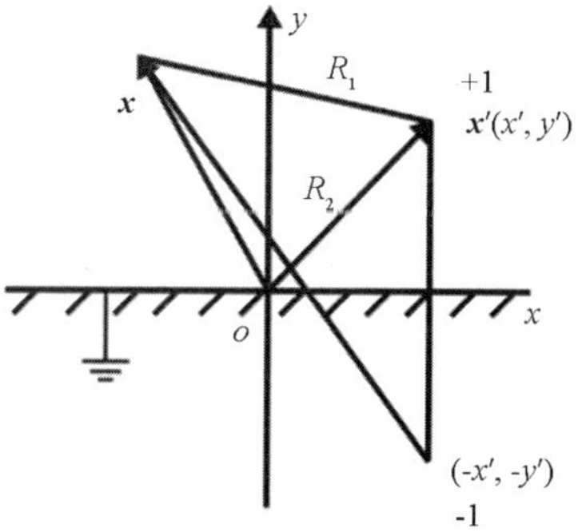

图 3.5.3　二维半无限空间的格林函数

例 3.5.1：已知半径为 R_0 的球面上电势为 $f(\theta, \Phi)$，求球外空间的电势分布。

解：球外空间没有电荷分布，给定球面上的电势分布，这是球外空间拉普

拉斯方程第一类边值问题。由式(3.5.10)得

$$\varphi(\boldsymbol{x}) = -\varepsilon_0 \oint_S \varphi(\boldsymbol{x}') \frac{\partial G(\boldsymbol{x}', \boldsymbol{x})}{\partial n'} \mathrm{d}\sigma' \tag{3.5.22}$$

这里积分在半径为 R_0 的球面和无穷大球面上进行，但无穷大球面上 $\varphi(\boldsymbol{x}') \equiv 0$，对积分无贡献。在球面上有 $\varphi(\boldsymbol{x}') = f(\theta, \Phi)$，利用球外空间第一类边值问题的格林函数式(3.5.19)，有

$$\left.\frac{\partial G(\boldsymbol{x}', \boldsymbol{x})}{\partial n'}\right|_{R'=R_0}$$

$$= -\frac{\partial}{\partial R'}\left[\frac{1}{4\pi\varepsilon_0}\left(\frac{1}{\sqrt{R^2 + R'^2 - 2RR'\cos\alpha}} - \frac{1}{\sqrt{R^2R'^2/R_0^2 + R_0^2 - 2RR'\cos\alpha}}\right)\right]_{R'=R_0}$$

$$= -\frac{1}{4\pi\varepsilon_0}\frac{(R^2 - R_0^2)/R_0}{(R^2 + R_0^2 - 2RR_0\cos\alpha)^{3/2}} \tag{3.5.23}$$

这里注意到，对球外空间来说，球面正法向是指向球心。将式(3.5.23)代入式(3.5.22)得

$$\varphi(\boldsymbol{x}) = \frac{(R^2 - R_0^2)}{4\pi}R_0 \int_0^{2\pi}\mathrm{d}\Phi' \int_0^{\pi} \frac{f(\theta', \Phi')\sin\theta'\mathrm{d}\theta'}{(R^2 + R_0^2 - 2RR_0\cos\alpha)^{3/2}} \tag{3.5.24}$$

其中 $\cos\alpha$ 由式(3.5.18)给出。

可以看到，一旦给定了球面电势 $f(\theta', \Phi')$ 的具体形式，就可以通过积分得到球外的电势分布，进而得到球外电场。球面电势是由球内电荷分布决定的，通过应用格林函数方法，我们可以把各种电荷分布在相同边界条件下的问题统一地用积分方法来解决。

3.6 静电场能量和静电作用力

3.6.1 静电场能量

将电磁场能量密度公式应用于静电场情况下，可得静电场能量密度

$$w = \frac{1}{2}\boldsymbol{E} \cdot \boldsymbol{D} \tag{3.6.1}$$

全空间静电场总能量

$$W = \frac{1}{2}\int_\infty \boldsymbol{E} \cdot \boldsymbol{D}\mathrm{d}\tau \tag{3.6.2}$$

在静电情况下，当介质分布给定时，静电场的分布完全决定于自由电荷分布，所以静电场总能量可以通过电荷分布表示出来。由 $\boldsymbol{E} = -\nabla\varphi$ 有

$$\boldsymbol{E}\cdot\boldsymbol{D} = -\nabla\varphi\cdot\boldsymbol{D}$$

利用

$$\begin{aligned}\nabla\cdot(\varphi\boldsymbol{D}) &= \nabla\varphi\cdot\boldsymbol{D} + \varphi\nabla\cdot\boldsymbol{D}\\ &= \nabla\varphi\cdot\boldsymbol{D} + \varphi\rho_f\end{aligned}$$

ρ_f是电荷密度。利用上两式得

$$\boldsymbol{E}\cdot\boldsymbol{D} = -\nabla\cdot(\varphi\boldsymbol{D}) + \rho_f\varphi$$

代入式(3.6.2)中

$$W = \frac{1}{2}\int_\infty \rho_f\varphi\mathrm{d}\tau - \frac{1}{2}\int_\infty \nabla\cdot(\varphi\boldsymbol{D})\mathrm{d}\tau$$

式中右边第二项可化为无穷远面上的积分，对于有限区域分布的电荷系统，由于 $\varphi\sim 1/r$，$D\sim 1/r^2$，而 $S\sim r^2$，当 $r\to\infty$ 时，这个积分值为零。所以，全空间静电场总能量

$$W = \frac{1}{2}\int_\infty \rho_f\varphi\mathrm{d}\tau \tag{3.6.3}$$

要说明的是，式(3.6.3)的积分(实际上这个积分可以只包含$\rho_f\neq 0$ 的区域)给出全空间静电场总能量，但绝不意味着$\frac{1}{2}\rho_f\varphi$ 可以解释为静电场能量密度，因为电场能量储存在场中，并不仅仅局限在$\rho_f\neq 0$ 的区域。

下面讨论几种常见电荷体系所产生的静电场的总能量。

1. 点电荷

考虑位于 $\boldsymbol{x}'$点、电量为 Q 的点电荷，其电荷密度$\rho_f(\boldsymbol{x}) = Q\delta(\boldsymbol{x}-\boldsymbol{x}')$，代入式(3.6.3)，得点电荷 Q 在全空间激发静电场总能量

$$W = \frac{1}{2}Q\varphi(\boldsymbol{x}') \tag{3.6.4}$$

注意到，点电荷所产生的电势

$$\varphi(\boldsymbol{x}) = \frac{Q}{4\pi\varepsilon_0|\boldsymbol{x}-\boldsymbol{x}'|}$$

在 $\boldsymbol{x}'$点处是发散的，所以一个点电荷静电场总能量是无限大的。这就是点电荷模型的“发散困难”。

2. 均匀带电球体

设电荷 Q 均匀分布在半径为 R 的球体内，取球心为坐标原点，建立球坐标

系，积分得到其在全空间激发静电场总能量

$$W = \frac{1}{2}\int_V \frac{3Q}{4\pi R^3}\varphi \mathrm{d}\tau = \frac{3Q^2}{20\pi\varepsilon_0 R}$$

3. 带电量 Q 的孤立导体

静电情况下电荷只分布在导体表面，且导体表面为等势面。故孤立导体静电场总能量为

$$W = \frac{1}{2}\int_s \sigma_f \varphi \mathrm{d}\sigma' = \frac{1}{2}\varphi\int_s \sigma_f \mathrm{d}\sigma' = \frac{1}{2}\varphi Q \tag{3.6.5}$$

σ_f 是导体面上电荷面密度，Q 是导体带电荷总量，φ 是导体电势。

一个实际的带电系统总是由一个个点电荷构成的。这里我们发现一个问题：为什么单个点电荷的静电场能量是发散的，而由许多个点电荷构成的带电体的总电场的能量又是一个有限值呢？这个问题的关键是：点电荷的发散困难是点电荷模型带来的，是数学上的发散，但是一个电荷系统所产生的静电场能量是有物理意义的。为了在数学上能够把这个发散的点电荷静电场能量排除，确切地描述一个电荷系统静电场的能量，须引入两个概念：自能和相互作用能。

3.6.2 自能和相互作用能

移动一个带电体中的电荷，需要抵抗电荷之间的静电力而做功 dA，从而带电体的静电势能(简称静电能)将改变 dW。由于能量守恒，二者的关系为 dA = dW。对于一个带电体，可以把其无限分割为很多带电小微元，这些小微元最初都分散在距离无限远的位置上。规定各小微元处于距离无限远状态下的静电能为 0，现有带电体的静电能 W 是相对于这种状态而言的。即：W 是把各电荷从无限远处分散的状态聚集成现有体系时抵抗静电力所做的全部功。

设带电体系由若干个带电体组成。把每个带电体上的各部分电荷从无限分散的状态聚集起来做的功，等于这个带电体的**自能**(self-energy)。把每个带电体看作一个不可分割的整体，把各带电体从彼此距离无限远的状态移到现有位置上所做的功，等于它们之间的**相互作用能**(interaction energy)。容易看出，一个带电体系中各带电体的相互作用能，可以定义为带电体系的静电场总能量减去其中每个带电体单独存在时的静电场总能量。

1. 点电荷系

对于 N 个点电荷构成的电荷系，设第 i 个点电荷电量为 Q_i，坐标为 $\boldsymbol{x}_i$，空

间电荷密度

$$\rho_f(\boldsymbol{x}) = \sum_i Q_i\delta(\boldsymbol{x} - \boldsymbol{x}_i)$$

代入式(3.6.3)中，得这 N 个点电荷激发的静电场总能量

$$W = \frac{1}{2}\int \sum_i Q_i\delta(\boldsymbol{x} - \boldsymbol{x}_i)\varphi(\boldsymbol{x})\mathrm{d}\tau = \frac{1}{2}\sum_i Q_i\varphi(\boldsymbol{x}_i) \tag{3.6.6}$$

$\varphi(\boldsymbol{x}_i)$是$\boldsymbol{x}_i$点的电势，其中包括第 i 个点电荷自己激发的电势。设第 i 个点电荷在$\boldsymbol{x}_i$点激发的电势为 $\varphi_i'(\boldsymbol{x}_i)$，点电荷系的相互作用能是

$$W_i = W - W_s = \frac{1}{2}\sum_i Q_i\varphi(\boldsymbol{x}_i) - \frac{1}{2}\sum_i Q_i\varphi_i'(\boldsymbol{x}_i) = \frac{1}{2}\sum_i Q_i\varphi'(\boldsymbol{x}_i) \tag{3.6.7}$$

$\varphi'(\boldsymbol{x}_i)$是除第 i 个点电荷外其他所有电荷在 $\boldsymbol{x}_i$ 点的电势。可以看到，虽然单个点电荷的自能发散，但点电荷系的相互作用能是有确切意义的。

2. 带电导体系

对于 N 个导体构成的带电导体系，其静电场总能量

$$W = \frac{1}{2}\sum_i \oint_{S_i}\sigma_f\varphi_i\mathrm{d}\sigma = \frac{1}{2}\sum_i \varphi_i\int_{S_i}\sigma_f\mathrm{d}\sigma = \frac{1}{2}\sum_i \varphi_i Q_i \tag{3.6.8}$$

σ_f是导体面上电荷面密度，Q_i是第 i 个导体的总电荷，φ_i是第 i 个导体的电势，其中包括第 i 个导体自己激发的电势。

带电导体系的相互作用能是

$$W_i = W - W_s = \frac{1}{2}\sum_i \varphi_i Q_i - \frac{1}{2}\sum_i \varphi_{is}Q_i = \frac{1}{2}\sum_i \varphi_i' Q_i \tag{3.6.9}$$

φ_i'是除第 i 个导体外其他所有带电导体在第 i 个导体上激发的电势。

3.6.3 小区域电荷在外场中的能量

小区域电荷在外场中的能量，就是小区域中的电荷和激发外场的电荷之间的相互作用能。设小区域 V 中的电荷密度为 $\rho(\boldsymbol{x})$，它激发的电势是$\varphi_1(\boldsymbol{x})$，激发外场的电荷分布为$\rho_e(\boldsymbol{x})$，它分布在区域$V_e$中，所激发的电势为$\varphi_e(\boldsymbol{x})$，则小区域电荷在外场中的能量是

$$\begin{aligned} W_i &= \frac{1}{2}\int_{\infty}(\rho + \rho_e)(\varphi_1 + \varphi_e)\mathrm{d}\tau - \frac{1}{2}\int_V \rho\varphi_1\mathrm{d}\tau - \frac{1}{2}\int_{V_e}\rho_e\varphi_e\mathrm{d}\tau \\ &= \frac{1}{2}\int_V(\rho\,\varphi_e)\mathrm{d}\tau + \frac{1}{2}\int_{V_e}(\rho_e\,\varphi_1)\mathrm{d}\tau \end{aligned} \tag{3.6.10}$$

可以证明式(3.6.10)中右边的两项相等。事实上，将 $\varphi=\int\frac{\rho(\boldsymbol{x}')\mathrm{d}\tau'}{4\pi\varepsilon_0|\boldsymbol{x}-\boldsymbol{x}'|}$ 代入上式第二项，有

$$\int_{V_e}(\rho_e\varphi_1)\mathrm{d}\tau=\int_{V_e}\rho_e(\boldsymbol{x})\left[\int_V\frac{\rho(\boldsymbol{x}')\mathrm{d}\tau'}{4\pi\varepsilon_0|\boldsymbol{x}-\boldsymbol{x}'|}\right]\mathrm{d}\tau$$

交换积分次序，可得

$$\int_{V_e}(\rho_e\varphi_1)\mathrm{d}\tau=\int_V\rho(\boldsymbol{x})\left[\int_{V_e}\frac{\rho_e(x')\mathrm{d}\tau'}{4\pi\varepsilon_0|\boldsymbol{x}-\boldsymbol{x}'|}\right]\mathrm{d}\tau=\int_V(\rho\varphi_e)\mathrm{d}\tau$$

所以式(3.6.10)可写作

$$W_i=\int_V\rho(\boldsymbol{x})\varphi_e(\boldsymbol{x})\mathrm{d}\tau \tag{3.6.11}$$

对式(3.6.11)积分有贡献的仅是 $\rho(\boldsymbol{x})\neq0$ 的小区域，在小区域内，外场 $\varphi_e(\boldsymbol{x})$ 中 $\boldsymbol{x}$ 的变化范围很小，可以将 $\varphi_e(\boldsymbol{x})$ 在小区域内一点(取这点为坐标系原点)作泰勒展开：

$$\varphi_e(\boldsymbol{x})=\varphi_e(0)+\boldsymbol{x}\cdot\nabla\varphi_e(0)+\frac{1}{2}\boldsymbol{xx}:\nabla\nabla\varphi_e(0)+\cdots$$

代入式(3.6.11)得

$$\begin{aligned}W_i&=\int\rho(\boldsymbol{x})\mathrm{d}\tau\,\varphi_e(0)+\int\rho(\boldsymbol{x})\boldsymbol{x}\mathrm{d}\tau\cdot\nabla\varphi_e(0)+\frac{1}{2}\int\rho(\boldsymbol{x})\boldsymbol{xx}\mathrm{d}\tau:\nabla\nabla\varphi_e(0)+\cdots\\&=Q\varphi_e(0)+\boldsymbol{P}\cdot\nabla\varphi_e(0)+\frac{1}{6}\boldsymbol{D}^*:\nabla\nabla\varphi_e(0)+\cdots\\&=Q\varphi_e(0)-\boldsymbol{P}\cdot\boldsymbol{E}_e(0)-\frac{1}{6}\boldsymbol{D}^*:\nabla\boldsymbol{E}_e(0)+\cdots\end{aligned}\tag{3.6.12}$$

上式右边第一项是电量等于小区域电荷总量、位于坐标原点 O 的点电荷在外场中的能量；第二项是系统相对坐标原点的电偶极矩置于坐标原点时在外场中的能量；第三项是系统的电四极矩在外场中的能量；……

式(3.6.12)表明，小区域电荷在外场中的能量可以表示为各级电多极矩在外场中的能量之和。其中点电荷在外场中的能量和外场电势有关，电偶极子在外场中的能量和外场强度有关，而电四极子在外场中的能量则和外场强度梯度有关。只有在非均匀外场中，电四极子能量项才有非零的贡献。

3.6.4 静电作用力

密度为 $\rho(\boldsymbol{x})$ 的电荷受到的静电场作用力为

$$\boldsymbol{F}=\int\rho(\boldsymbol{x})\boldsymbol{E}(\boldsymbol{x})\mathrm{d}\tau \tag{3.6.13}$$

通常用计算矢量函数的积分求力是不方便的，下面介绍**虚位移法**(virtual displacement method)。

我们称规定系统形状、尺寸、位置的一组独立几何量q_k($k=1, 2, \cdots$)为系统的**广义坐标**(generalized coordinates)。系统静电场总能量当然是这些广义坐标的函数，记为$W(q_k)$。企图改变某一广义坐标的力，就称为对应于这个广义坐标的**广义力**(generalized force)。广义力与由它引起的广义坐标的改变量的乘积就等于广义力做的功。广义坐标可以是距离、角度、体积、面积等，相应的广义力就是通常的力、转矩、压强、表面张力等。

设想在静电力作用下，系统第k个广义坐标发生了δq_k的变化，则静电力做的功就可表示为

$$\delta A = \sum_k F_k \delta q_k \tag{3.6.14}$$

静电力做功一定引起系统静电场总能量的改变。下面区分两种情况讨论。

1. **孤立电荷系统**(isolated charge system)：与外界不存在能量交换的系统。对于孤立系统，静电力做功就等于系统静电场能量的减少量，所以

$$\delta A = -\delta W = -\sum_k \frac{\partial W}{\partial q_k}\delta q_k$$

和式(3.6.14)比较，得

$$F_k = -\frac{\partial W}{\partial q_k} \tag{3.6.15}$$

如果在电场力做功过程中，系统各带电体电荷分布都不发生变化，各个电荷自能不变，静电场能量的减少就只是电荷系统相互作用能的减少。在这种情况下

$$F_k = -\left.\frac{\partial W_i}{\partial q_k}\right|_{Q=C} \tag{3.6.16}$$

2. **非孤立电荷系统**(non-isolated charge system)：指可以和外界有能量交换的系统。设系统中有导体和外电源相连，当系统某一广义坐标发生变化时，导体系统的电容必定会发生变化。和外源相连的导体，为了保持与外电源的电势相等，必然从外电源迁移电荷。设δW_0为外电源供给的能量，δW为体系静电场能量的增加量，δA为静电力做的功，按能量守恒有

$$\delta W_0 = \delta W + \delta A \tag{3.6.17}$$

若第l个导体增加的电荷量为δQ_l，则外电源供给的总能量是

$$\delta W_0 = \sum_l \varphi_l \delta Q_l$$

而导体系统静电场能量的改变由式(3.6.8)得

$$\delta W = \frac{1}{2}\sum_{l} \varphi_l \delta Q_l$$

所以 $\delta W_0 = 2\delta W$。代入式(3.6.17)得对非孤立系统

$$\delta W = \delta A$$

即

$$\sum_{k} \frac{\partial W}{\partial q_k}\delta q_k = \sum_{k} F_k \delta q_k$$

所以

$$F_k = \frac{\partial W}{\partial q_k} \tag{3.6.18}$$

这与式(3.6.15)相比正好差一负号。这是由于系统从外电源中获得了等于静电场做功2倍的能量。

例3.6.1：计算偶极矩为 $\boldsymbol{P}$ 的电偶极子在外场 $\boldsymbol{E}$ 中受到的作用力和力矩。

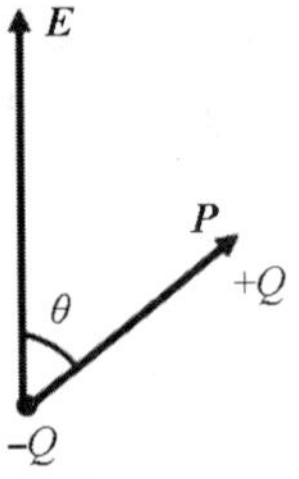

例3.6.1图

解：假设电偶极子是刚性的，在电场力作用下偶极矩 $\boldsymbol{P}$ 不变。电偶极子在外场中的势能

$$W_i = -\boldsymbol{P}\cdot\boldsymbol{E} = -PE\cos\theta \tag{3.6.19}$$

θ 是 $\boldsymbol{P}$ 与外场 $\boldsymbol{E}$ 的夹角，由式(3.6.16)可知，与广义坐标 θ 对应的广义力矩是

$$L = -\frac{\partial W_i}{\partial\theta} = -PE\sin\theta$$

力矩的方向是使 $\boldsymbol{P}$ 与 $\boldsymbol{E}$ 夹角减小，故上式可写成矢量形式

$$\boldsymbol{L} = \boldsymbol{P}\times\boldsymbol{E} \tag{3.6.20}$$

作用在偶极子上的力 $\boldsymbol{F} = -\nabla W_i$，所以

$$\boldsymbol{F} = \nabla(\boldsymbol{P}\cdot\boldsymbol{E}) = \boldsymbol{P}\cdot\nabla\boldsymbol{E} \tag{3.6.21}$$

可见，只在非均匀外场中，电偶极子才受到不为零的静电力。

例3.6.2：一个平板电容器板长为 l，宽为 b，板间距离为 d，从板左端插入一块介电常数为 ε 的介质板，插入深度为 x，介质板与导体间无空隙，求介质板

受到的作用力。略去电容器的边缘效应，保持两板间电势差为 V。

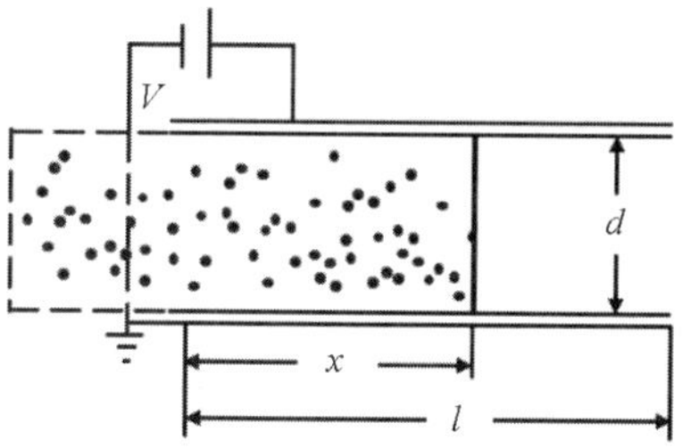

例 3.6.2 图

解：由于保持板间电压为常数，当把介质板推入电容器时，电容器电容增加。电源必须向电容器充电，这是一个非孤立系统。电容器内静电场能量

$$W = \frac{1}{2}\int_v \varepsilon E^2 \mathrm{d}\tau = \frac{1}{2}\varepsilon\left(\frac{V}{d}\right)^2 bxd + \frac{1}{2}\varepsilon_0\left(\frac{V}{d}\right)^2 bd(l-x)$$

$$= \frac{1}{2}\left(\frac{V}{d}\right)^2 bd[\varepsilon_0 l + (\varepsilon - \varepsilon_0)x]$$

由式(3.6.18)可知，作用在介质板上的力

$$F_x = \frac{\partial W}{\partial x} = \frac{1}{2}\left(\frac{V}{d}\right)^2 bd(\varepsilon - \varepsilon_0)$$

由于 $F_x > 0$，电场力将使介质板更深地进入电容器中。

习　题

3.1　证明在无电荷区域中任一点静电势的值，等于以该点为球心的任一球面上电势的平均值。

3.2　一个点电荷 Q 位于$(-a, 0, 0)$处，另一个点电荷 Q 位于$(a, 0, 0)$处。求：

(1)这个电荷系统相对于坐标原点的电偶极矩、电四极矩。

(2)计算该系统在远区的电势(准确到四极项)。

3.3　求电荷面密度为σ_f的均匀带电矩形薄片在远处的电势，准确到四极项。设矩形片的长、宽分别为 a 和 b。

3.4　点电荷 $+Q$ 位于坐标系原点，两个 $+Q$，两个 $-Q$ 的点电荷分别位于 x 轴和 y 轴上，到坐标系原点距离均为 a。计算此电荷系统在远区的电势(准确

到四极项)。

3.5　半径为 a 的带电球体内电荷密度 $\rho_f = \rho_0 \cos\theta$，$\rho_0$ 为常数，求此带电球在远区的电势(准确到四极项)。

3.6　球坐标系下空间电势分布为:

$$\varphi(\boldsymbol{x}) = \frac{1}{4\pi\varepsilon_0}\left[-\frac{1}{R} + \left(\frac{1}{R} + \frac{1}{a}\right)e^{-2R/a}\right]$$

其中，Q，a 均为常量，求激发上述电势的电荷分布。

3.7　有一个点电荷 Q 位于某一直线上，从该直线辐向展开 3 个半平面，形成 3 个两面角 α_1，α_2，α_3($\alpha_1 + \alpha_2 + \alpha_3 = 2\pi$)，每个角内空间充满一种均匀介质，介电常数分别为 ε_1，ε_2，ε_3，求空间电势分布。

3.8　半球为 R_0 的导体球，带自由电荷总量 Q，使之一半浸在介电常数为 ε 的液体中，另一半露于真空中。求静电情况下的电势分布。

3.9　有一个半径为 R_0 的不带电导体球，自由浮在不导电液体上。球的质量为 m，液体介电常数为 ε，此时导体球只有 1/4 的体积浸在液体中。问:如果要使导体球一半浸入液体中，导体球必须带多大的电量 Q?

3.10　在均匀外电场 E_0 中，置入半径为 R_0 的导体球，导体球与地保持电势差 φ_0，求空间电势分布。

3.11　半径为 R_0 的均匀介质球，中心置一个点电荷 Q，球的介电常数为 ε，球外为真空，求空间电势分布。

3.12　介电常数为 ε_1 的均匀介质球中心放置一个电偶极子 P，球外空间充满介电常数为 ε_2 的另一种均匀介质。求空间电势分布和极化电荷分布。

3.13　有一个点电荷 Q 位于两个互相垂直的接地导体平面所围成的直角空间内，点电荷到两个平面的距离分别为 a 和 b，求空间电势分布。

3.14　在接地的导体平面上有一个半径为 a 的半球凸部，半球球心在导体平面上，点电荷 Q 位于系统的对称轴上，并与平面相距 b($b > a$)，求空间电势分布。

3.15　半径为 a 的不接地导体球，球心放在坐标系原点。球上总电荷为零。球外 x 轴上 $x = b$ 和 $x = c$($c > b > a$)处各放一个点电荷 Q。求 $x = c$ 处点电荷受到的电场力。

3.16　两根平行于 z 轴放置的无限长均匀带电直线，电荷线密度分别为 $\pm\lambda$，两线相距 $2b$。

(1)证明这个电荷系统等势面与 xy 平面交线是一个圆。

(2)对给定的电势 c，求出这个圆的半径和圆心位置。

3.17　一个半径为 R_0 的球面，在球坐标 $0<\theta<\frac{\pi}{2}$ 的半球面上电势为 φ_0，在 $\frac{\pi}{2}<\theta<\pi$ 的半球面上电势为 $-\varphi_0$，求空间各点电势。

3.18　设有两个偶极子，它们的偶极矩为 $\boldsymbol{P}$，大小相等，并都指向 z 轴方向，其一位置在原点，另一位置在 $\theta=\frac{\pi}{2}$，距原点为 R 处，求这两个偶极子的相互作用能和相互作用力。

3.19　有一个电偶极矩为 P 的偶极子，位于无限大接地导体板上方距离板面为 a 处，求导体平面对偶极子的吸引力。

3.20　一个平行板电容器竖直浸入不可压缩、介电常数为 ε、密度为 ρ_m 的液体中，电容器间距为 d，电势差为 V，求电容器内液体上升的高度。

第 4 章　稳恒电场和稳恒磁场

稳恒电场(steady electric field)和**稳恒磁场**(steady magnetic field)的基本特点是电荷、电流及一切场量都不随时间变化$\left(\frac{\partial}{\partial t}=0\right)$，与静电场不同的是存在稳定的电流流动($\boldsymbol{j}\neq 0$)。在稳恒条件下，介质中的麦克斯韦方程组化为

$$\begin{cases}\nabla\times\boldsymbol{E}=0\\ \nabla\times\boldsymbol{H}=\boldsymbol{j}\\ \nabla\cdot\boldsymbol{D}=\rho\\ \nabla\cdot\boldsymbol{B}=0\end{cases}$$

由于$\boldsymbol{j}\neq 0$，稳恒电场和稳恒磁场同时存在，但磁场不随时间变化，不会激发涡旋电场，电场仍然只有纵场分量。由上式可以看出，稳恒条件下的电场和磁场是解耦的，我们可以把稳恒电场和稳恒磁场分开研究。

4.1　稳恒电场

4.1.1　稳恒电场方程和边值关系

上式中和稳恒电场有关的方程是

$$\nabla\times\boldsymbol{E}=0 \tag{4.1.1}$$

$$\nabla\cdot\boldsymbol{D}=\rho_f \tag{4.1.2}$$

由于稳恒电场是电流流动产生的，有关稳恒电场的问题里，通常总有导体存在。当求出导体面上的电荷分布以后，导体外部的场可以化为静电场问题。所以对稳恒电场问题，我们只需研究导体内部的电场分布。

由

$$\nabla\times\boldsymbol{H}=\boldsymbol{j} \tag{4.1.3}$$

可得稳恒电流方程

$$\nabla \cdot \boldsymbol{j} = 0 \tag{4.1.4}$$

要维持稳定电流的存在，必须有非静电力做功，此时欧姆定律为

$$\boldsymbol{j} = \sigma_e(\boldsymbol{E} + \boldsymbol{E}_k) \tag{4.1.5}$$

$\boldsymbol{E}_k$表示外来非静电力的等效场。由式(4.1.4)、式(4.1.5)得

$$\nabla \cdot \boldsymbol{E} = -\nabla \cdot \boldsymbol{E}_k \tag{4.1.6}$$

通常把$\boldsymbol{E}_k \neq 0$ 的区域称为**电源区**(source region)，决定电源区内的场需要考虑非静电力的来源。本章只讨论电源区外的场。在电源区外，$\boldsymbol{E}_k = 0$，所以

$$\nabla \cdot \boldsymbol{E} = 0 \tag{4.1.7}$$

式(4.1.1)表示电源区外的稳恒电场是无旋场，可以像静电场一样引入标势 φ 描述

$$\boldsymbol{E} = -\nabla\varphi \tag{4.1.8}$$

代入式(4.1.7)中，得电源区外均匀导体内的稳定电场势方程

$$\nabla^2\varphi = 0 \tag{4.1.9}$$

在不同导体交界面上，电场边值关系

$$\boldsymbol{n} \times (\boldsymbol{E}_2 - \boldsymbol{E}_1) = 0 \tag{4.1.10}$$

$$\boldsymbol{n} \cdot (\boldsymbol{D}_2 - \boldsymbol{D}_1) = \sigma_f \tag{4.1.11}$$

稳恒电流的边值关系

$$\boldsymbol{n} \cdot (\boldsymbol{j}_2 - \boldsymbol{j}_1) = 0 \tag{4.1.12}$$

引进标势后，边值关系式(4.1.10)可用电势连续条件

$$\varphi_2 = \varphi_1 \tag{4.1.13}$$

代替，详见 3.2 节。

利用欧姆定律，边值关系式(4.1.12)化为

$$\sigma_{e2}\frac{\partial\varphi_2}{\partial n} - \sigma_{e1}\frac{\partial\varphi_1}{\partial n} = 0 \tag{4.1.14}$$

常遇到的稳恒电场问题中，边界一般是作为电源区的电极表面。由于作为电极的导体一般都是良导体，可近似认为是理想导体，其电导率$\sigma_e \to \infty$。而电极上电流$\boldsymbol{j} = \sigma_e\boldsymbol{E}$ 总是有限的，因此可以认为电极内 $\boldsymbol{E} = 0$，电极是一个等势体。电极上有两类边界条件，一类是给定电极上的电势 φ，另一类是给定电极上的总电流

$$I = \oint_S \boldsymbol{j} \cdot \mathrm{d}\boldsymbol{\sigma} = -\oint_S \sigma_e \frac{\partial\varphi}{\partial n}\mathrm{d}\sigma \tag{4.1.15}$$

对于确定电源区外导体内的场，根据具体情况，给出这两类边界条件中的一类。

由上述讨论可知，稳恒电场问题可以通过引入标势 φ 而转化为关于标势的微分方程定解问题。首先求解拉普拉斯方程(4.1.9)和边界条件得到标势 φ，再由式(4.1.8)得到导体内的场，最后由式(4.1.2)和式(4.1.11)给出导体内和导体交界面上的电荷分布。

4.1.2 稳恒电场的求解

综合上面的讨论，可以将没有电荷分布区域的静电场方程和电源区外的稳恒电场方程进行对比，见表4.1.1。

表4.1.1 静电场方程和稳恒电场方程对比

静电场	稳恒电场
$\nabla\times\boldsymbol{E}=0$ $\boldsymbol{E}=-\nabla\varphi$ $\nabla\cdot\boldsymbol{D}=0$ $\boldsymbol{D}=\varepsilon\boldsymbol{E}$ $\nabla^2\varphi=0$ $Q=\oint_S\boldsymbol{D}\cdot\mathrm{d}\boldsymbol{\sigma}$	$\nabla\times\boldsymbol{E}=0$ $\boldsymbol{E}=-\nabla\varphi$ $\nabla\cdot\boldsymbol{j}=0$ $\boldsymbol{j}=\sigma_e\boldsymbol{E}$ $\nabla^2\varphi=0$ $I=\oint_S\boldsymbol{j}\cdot\mathrm{d}\boldsymbol{\sigma}$
$\begin{cases}\varphi_i=\varphi_j\\ \varepsilon_i\dfrac{\partial\varphi_i}{\partial n}-\varepsilon_j\dfrac{\partial\varphi_j}{\partial n}=0\end{cases}$	$\begin{cases}\varphi_i=\varphi_j\\ \sigma_{ei}\dfrac{\partial\varphi_i}{\partial n}-\sigma_{ej}\dfrac{\partial\varphi_j}{\partial n}=0\end{cases}$

可见，只要作代换

$$\boldsymbol{j}\rightleftharpoons\boldsymbol{D},\quad \sigma_e\rightleftharpoons\varepsilon,\quad I\rightleftharpoons Q$$

就可由一组方程得到另外一组方程。稳恒电场问题的求解方法和静电场拉普拉斯方程边值问题的求解方法完全相同。但必须注意，由于介质 $\varepsilon\geqslant 1$，但σ_e却可以取零值，在方程的数学形式相似的情况下，求解方程得到的静电场和稳恒电场分布可以有很大差别。

例4.1.1：球形电容器内外半径分别为 a 和 b，其间填充电导率为σ_e、介电常数为 ε 的介质，若两极间电压为U_0，求电容器内各点的电场强度 $\boldsymbol{E}$ 和两极间的漏电阻。

解：电容器内电势满足拉普拉斯方程

$$\nabla^2\varphi=0 \tag{4.1.16}$$

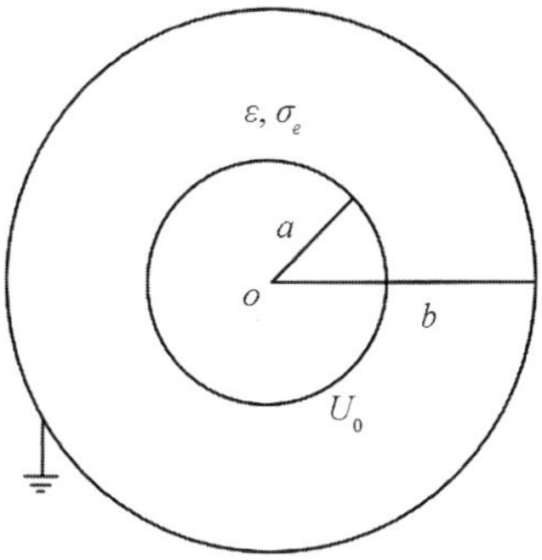

例 4.1.1 图

取原点在球心的球坐标系，问题具有球对称性，电势分布与 θ，Φ 无关。设其解形式为

$$\varphi = \frac{c_1}{r} + c_0 \tag{4.1.17}$$

由边界条件 $\varphi|_{r=a} = U_0$ 及 $\varphi|_{r=b} = 0$ 得

$$U_0 = \frac{c_1}{a} + c_0$$

$$0 = \frac{c_1}{b} + c_0$$

解得

$$c_1 = \frac{abU_0}{b-a},\ c_0 = \frac{aU_0}{a-b}$$

代入式(4.1.17)中得

$$\varphi = \frac{abU_0}{b-a}\frac{1}{r} + \frac{aU_0}{a-b} \tag{4.1.18}$$

球内电场

$$\boldsymbol{E} = -\nabla\varphi = -\frac{abU_0}{a-b}\frac{\boldsymbol{r}}{r^3} \tag{4.1.19}$$

电容器内电流密度

$$\boldsymbol{j} = \sigma_e\boldsymbol{E} = -\sigma_e\frac{abU_0}{a-b}\frac{\boldsymbol{r}}{r^3} \tag{4.1.20}$$

电流强度

$$\boldsymbol{I} = \oint_{a<r<b}\boldsymbol{j}\cdot \mathrm{d}\boldsymbol{\sigma} = 4\pi\sigma_e\frac{U_0ab}{b-a} \tag{4.1.21}$$

两极间漏电阻

$$R=\frac{U_0}{I}=\frac{b-a}{4\pi\sigma_e ab} \tag{4.1.22}$$

例 4.1.2：在一个很大的电解槽中充满电导率为σ_{e_2}的液体，其中流有均匀电流 $\boldsymbol{j}_f$，在其中置入半径为 a、电导率为σ_{e_1}的小球，求稳恒电流分布和自由电荷分布。

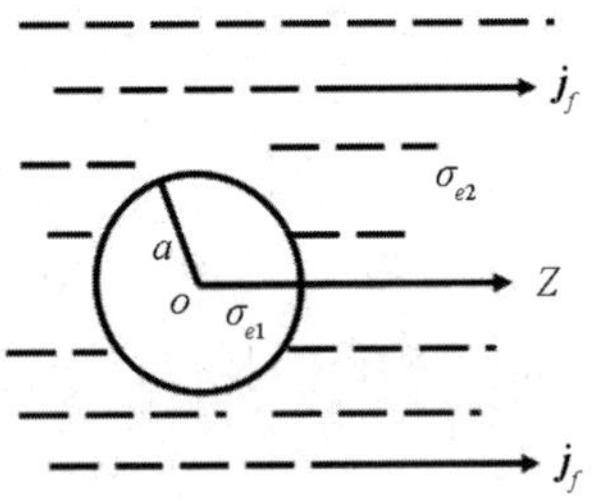

例 4.1.2 图

解：所考虑区域不含电源区，电势满足

$$\nabla^2\varphi=0$$

取极轴过球心且沿电流方向，电势分布相对于极轴具有轴对称性。考虑到边界条件

(1) $\varphi_{内}\big|_{R=0}$有限

(2) $\varphi_{外}\big|_{R\to\infty}=-E_0R\cos\theta=-\dfrac{j_f}{\sigma_{e_2}}R\cos\theta$

可设

$$\begin{cases}\varphi_{内}=\sum\limits_n A_n R^n P_n(\cos\theta)\\ \varphi_{外}=\sum\limits_n \dfrac{B_n}{R^{n+1}}P_n(\cos\theta)-\dfrac{j_f}{\sigma_{e_2}}R\cos\theta\end{cases} \tag{4.1.23}$$

在 $R=a$ 处，电势应满足边值关系

(3) $\varphi_{内}\big|_{R=a}=\varphi_{外}\big|_{R=a}$

(4) $\sigma_{e_1}\dfrac{\partial\varphi_{内}}{\partial R}\bigg|_{R=a}=\sigma_{e_2}\dfrac{\partial\varphi_{外}}{\partial R}\bigg|_{R=a}$

利用边值关系(3)、(4)，由式(4.1.23)得

$$\begin{cases} \varphi_{内} = -\dfrac{3j_f}{\sigma_{e_1}+2\sigma_{e_2}}R\cos\theta \\ \varphi_{外} = -\dfrac{j_f}{\sigma_{e_2}}R\cos\theta + \dfrac{j_f(\sigma_{e_1}-\sigma_{e_2})}{\sigma_{e_2}(\sigma_{e_1}+2\sigma_{e_2})}\dfrac{a^3}{R^2}\cos\theta \end{cases} \tag{4.1.24}$$

由此可得球内外电流分布

$$\boldsymbol{j}_{内} = \sigma_{e_1}\boldsymbol{E}_{内} = \sigma_{e_1}(-\nabla\varphi_{内}) = \frac{3\sigma_{e_1}}{\sigma_{e_1}+2\sigma_{e_2}}\boldsymbol{j}_f$$

$$\boldsymbol{j}_{外} = \sigma_{e_2}\boldsymbol{E}_{外} = \sigma_{e_2}(-\nabla\varphi_{外}) = \boldsymbol{j}_f + \frac{(\sigma_{e_1}-\sigma_{e_2})a^3}{\sigma_{e_1}+2\sigma_{e_2}}\left[\frac{3(\boldsymbol{j}_f\cdot\boldsymbol{R})\boldsymbol{R}}{R^5} - \frac{\boldsymbol{j}_f}{R^3}\right]$$

均匀导体内自由电荷密度是零，但在导体球面有面电荷分布

$$\sigma = \sigma_f + \sigma_p = \varepsilon_0\boldsymbol{n}\cdot(\boldsymbol{E}_{外}-\boldsymbol{E}_{内}) = \frac{3(\sigma_{e_1}-\sigma_{e_2})\varepsilon_0}{\sigma_{e_2}(\sigma_{e_1}+2\sigma_{e_2})}j_f\cos\theta \tag{4.1.25}$$

当$\sigma_{e_1} \gg \sigma_{e_2}$时，即导体球可看作良导体，由式(4.1.24)得

$$\boldsymbol{j}_{内} \cong 3\boldsymbol{j}_f$$

$$\boldsymbol{j}_{外} \cong \boldsymbol{j}_f + a^3\left[\frac{3(\boldsymbol{j}_f\cdot\boldsymbol{R})\boldsymbol{R}}{R^5} - \frac{\boldsymbol{j}_f}{R^3}\right] \xrightarrow{R\to\infty} \boldsymbol{j}_f$$

而当$\sigma_{e_1} \ll \sigma_{e_2}$时，

$$\boldsymbol{j}_{内} \to 0$$

$$\boldsymbol{j}_{外} = \boldsymbol{j}_f - \frac{a^3}{2}\left[\frac{3(\boldsymbol{j}_f\cdot\boldsymbol{R})\boldsymbol{R}}{R^5} - \frac{\boldsymbol{j}_f}{R^3}\right] \xrightarrow{R\to\infty} \boldsymbol{j}_f$$

4.2　稳恒电流磁场的矢势和小区域电流在远区矢势的磁多极展开

4.2.1　稳恒电流磁场的矢势

稳恒电流磁场满足以下两个方程

$$\nabla\times\boldsymbol{H} = \boldsymbol{j} \tag{4.2.1}$$

$$\nabla\cdot\boldsymbol{B} = 0 \tag{4.2.2}$$

稳恒磁场是无散场，可以引进一个矢量势函数 $\boldsymbol{A}$ 描述

$$\boldsymbol{B} = \nabla\times\boldsymbol{A} \tag{4.2.3}$$

在任一以闭合曲线 L 为边界的曲面 S 上积分式(4.2.3)两端，得

$$\int_S \boldsymbol{B} \cdot \mathrm{d}\boldsymbol{\sigma} = \int_S \mathrm{d}\boldsymbol{\sigma} \cdot \nabla \times \boldsymbol{A} = \oint_L \mathrm{d}\boldsymbol{l} \cdot \boldsymbol{A} \tag{4.2.4}$$

这表明矢势 $\boldsymbol{A}$ 沿任意闭合回路的环量，等于穿过以该回路为边界的任意曲面的磁通量，如图 4.2.1 所示。

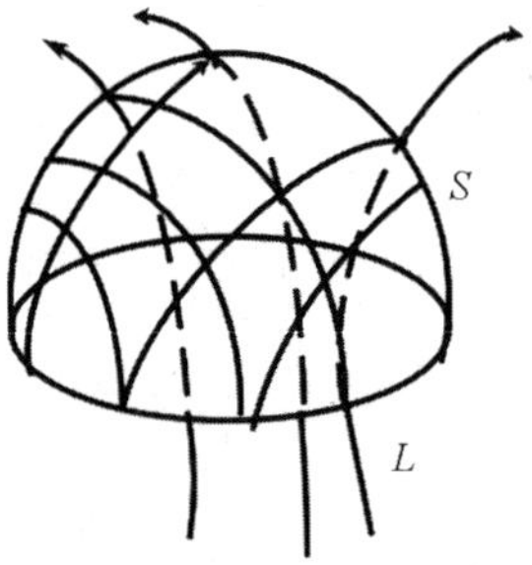

图 4.2.1　矢势 A 沿闭合回路 L 的环量

用矢势 $\boldsymbol{A}$ 描述磁场，$\boldsymbol{A}$ 并不是唯一的。对 $\boldsymbol{A}$ 加上一个任意纵场矢量 $\nabla\varphi$，由于

$$\nabla \times (\boldsymbol{A} + \nabla\varphi) = \nabla \times \boldsymbol{A}$$

$\boldsymbol{A} + \nabla\varphi$ 和 $\boldsymbol{A}$ 描述同一磁场，所以 $\boldsymbol{A}$ 的纵场部分是完全任意的。

在 2.3 节曾根据稳恒电流激发磁场的毕奥－萨伐尔定律得到了稳恒电流磁场的矢势式(2.3.10)，则

$$\boldsymbol{A} = \frac{\mu_0}{4\pi}\int \frac{\boldsymbol{j}(\boldsymbol{x}')\,\mathrm{d}\tau'}{r} \tag{4.2.5}$$

在线电流情况下可表示为

$$\boldsymbol{A} = \frac{\mu_0 I}{4\pi}\oint_L \frac{\mathrm{d}\boldsymbol{l}'}{r} \tag{4.2.6}$$

一般地，计算式(4.2.5)和式(4.2.6)中矢势 $\boldsymbol{A}$ 的积分，比根据毕奥－萨伐尔定律计算 $\boldsymbol{B}$ 的积分要容易得多，而一旦求得了矢势 $\boldsymbol{A}$，磁场 $\boldsymbol{B}$ 就可以由式(4.2.3)得到。引进矢势 $\boldsymbol{A}$ 给直接计算稳恒电流的磁场也能带来一些方便。

例 4.2.1：真空中有长为 $2L$ 的直载流细导线，求当其中流有稳恒电流 I 时，对磁场的贡献。

解：设细导线沿 z 轴放置，z' 处电流元 $I\mathrm{d}z'$ 到场点 $\boldsymbol{x}$ 的距离 $r = \sqrt{\rho^2 + (z - z')^2}$，由式(4.2.6)得，矢势

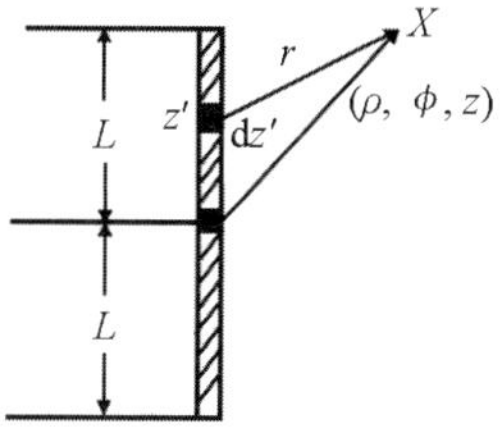

例 4.2.1 图

$$\boldsymbol{A}(\boldsymbol{x}) = \frac{\mu_0 I}{4\pi}\int_{-L}^{L}\frac{\mathrm{d}z'}{\sqrt{\rho^2 + (z-z')^2}}\boldsymbol{e}_z = \frac{\mu_0 I}{4\pi}\left[\operatorname{sh}^{-1}\left(\frac{z+L}{\rho}\right) - \operatorname{sh}^{-1}\left(\frac{z-L}{\rho}\right)\right]\boldsymbol{e}_z \tag{4.2.7}$$

磁感应强度

$$\boldsymbol{B} = \nabla\times\boldsymbol{A} = -\frac{\partial A_z}{\partial\rho}\boldsymbol{e}_\Phi = \frac{\mu_0 I}{4\pi\rho}\left\{\frac{z+L}{[\rho^2+(z+L)^2]^{1/2}} - \frac{z-L}{[\rho^2+(z-L)^2]^{1/2}}\right\}\boldsymbol{e}_\Phi \tag{4.2.8}$$

当 $L\to\infty$ 时，式(4.2.8)化为

$$\boldsymbol{B} = \frac{\mu_0 I}{2\pi\rho}\boldsymbol{e}_\Phi$$

与用安培环路定理得到的结果一致。

例 4.2.2：求半径为 a、载电流为 I 的电流环在远处激发的磁场。

解：取球坐标系，原点在环心 O，圆环位于 $\theta=\pi/2$ 平面上。由于电流只有 $\boldsymbol{e}_\Phi$ 分量，矢量 $\boldsymbol{A}$ 也只有$\boldsymbol{e}_\Phi$分量，而且A_Φ与方位角 Φ 无关。为了简单，取场点 $\boldsymbol{x}(R,\ \theta,\ 0)$，即在 $\Phi=0$ 的平面上。

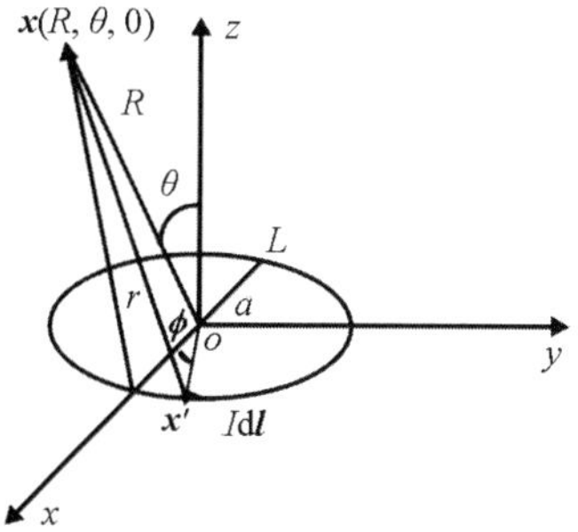

例 4.2.2 图

$$A_{\Phi} = A_y = \frac{\mu_0 I}{4\pi}\oint_L \frac{\mathrm{d}l_y}{r} = \frac{\mu_0 I}{4\pi}\int_0^{2\pi}\frac{a\cos\Phi'\mathrm{d}\Phi'}{\sqrt{R^2+a^2-2\boldsymbol{x}\cdot\boldsymbol{x}'}} \tag{4.2.9}$$

其中

$$\boldsymbol{x}\cdot\boldsymbol{x}' = (R\sin\theta\boldsymbol{e}_x + R\cos\theta\boldsymbol{e}_z)\cdot(a\cos\Phi'\boldsymbol{e}_x + a\sin\Phi'\boldsymbol{e}_y) = Ra\sin\theta\cos\Phi'$$

代入式(4.2.9)中得

$$A_{\Phi} = \frac{\mu_0 Ia}{4\pi}\int_0^{2\pi}\frac{\cos\Phi'\mathrm{d}\Phi'}{\sqrt{R^2+a^2-2Ra\sin\theta\cos\Phi'}} \tag{4.2.10}$$

当 $R \gg a$ 时，

$$\frac{1}{\sqrt{R^2+a^2-2Ra\sin\theta\cos\Phi'}} \approx \frac{1}{R}\left(1+\frac{a}{R}\sin\theta\cos\Phi'\right)$$

代入式(4.2.10)求得

$$A_{\Phi} = \frac{\mu_0 Ia}{4\pi R}\int_0^{2\pi}\left(1+\frac{a}{R}\sin\theta\cos\Phi'\right)\cos\Phi'\mathrm{d}\Phi' = \frac{\mu_0 Ia^2}{4R^2}\sin\theta$$

引入磁矩

$$\boldsymbol{m} = I\boldsymbol{S} = I\pi a^2\,\boldsymbol{e}_z$$

电流环在远区的磁矢势可以写作

$$\boldsymbol{A} = \frac{\mu_0}{4\pi}\boldsymbol{m}\times\frac{\boldsymbol{R}}{R^3} \tag{4.2.11}$$

由 $\boldsymbol{B} = \nabla\times\boldsymbol{A}$ 得到磁感应强度

$$\boldsymbol{B} = \frac{\mu_0}{4\pi}\left[\frac{3(\boldsymbol{m}\cdot\boldsymbol{R})\boldsymbol{R}}{R^5} - \frac{\boldsymbol{m}}{R^3}\right] \tag{4.2.12}$$

其中 $\boldsymbol{R}$ 为场点到电流环中心的相对位矢。

3.1 节中给出了电偶极子产生的电场

$$\boldsymbol{E} = \frac{1}{4\pi\varepsilon_0}\left[\frac{3(\boldsymbol{P}\cdot\boldsymbol{r})\boldsymbol{r}}{r^5} - \frac{\boldsymbol{P}}{r^3}\right]$$

其中 $\boldsymbol{r}$ 为场点到电偶极子的距离。

对比式(4.2.12)和式(3.1.13)可以看到，若作变换

$$\begin{cases}\boldsymbol{B} \rightleftharpoons \varepsilon_0\boldsymbol{E} \\ \mu_0\boldsymbol{m} \rightleftharpoons \boldsymbol{P}\end{cases} \tag{4.2.13}$$

就可以由一个式子化为另一个式子。电流环所激发的远区磁场与电偶极子激发的远区电场在数学形式上的相似性，使得我们可以把电流环等效为一对距离很近的假想磁荷，磁偶极矩矢量为 $\boldsymbol{m} = q_m\boldsymbol{l}$，方向由负磁荷指向正磁荷，称为**磁偶极子**(magnetic dipole)，磁偶极子所处的位置就是电流环的中心。电偶极子、电

流环、磁偶极子所产生的场如图 4. 2. 2 所示。要注意的是，电偶极子内部的电场由正电荷指向负电荷，方向与电偶极矩矢量相反。而磁场线是闭合曲线，磁偶极子内部的磁场与磁偶极矩矢量同向。

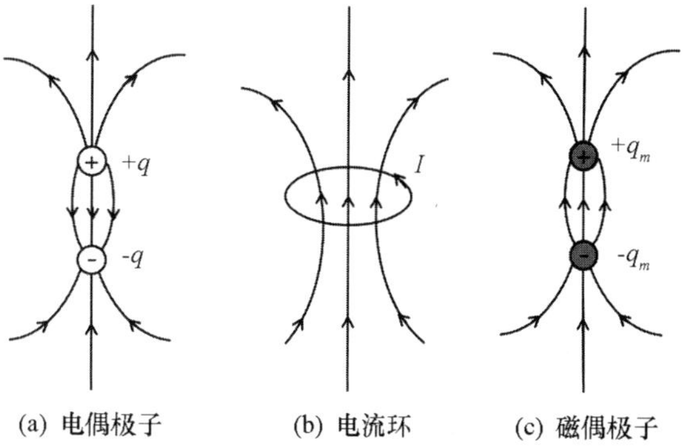

图 4. 2. 2　三种构型的场

4. 2. 2　小区域电流远区磁场矢势的磁多极展开

小区域中的电荷在远区的电场可以表示为各级电多极子场的叠加(见 3. 1 节)。现在我们来证明，分布在小区域中的电流，其远区磁场也可表示为各级磁多极子场的叠加。

电流分布 $\boldsymbol{j}(\boldsymbol{x}')$ 在无界空间中激发的磁场矢势由式(4. 2. 5)给出。如果电流分布在一个小区域 V 中，观察场点到这个小区域距离又很远，$1/r$ 可以相对取在 V 内的坐标原点展开为

$$\frac{1}{r}=\frac{1}{R}-\boldsymbol{x}'\cdot\nabla\frac{1}{R}+\frac{1}{2!}\boldsymbol{x}'\boldsymbol{x}':\nabla\nabla\frac{1}{R}+\cdots$$

代入式(4. 2. 5)得

$$\boldsymbol{A}=\boldsymbol{A}^{(0)}+\boldsymbol{A}^{(1)}+\boldsymbol{A}^{(2)}+\cdots$$

其中

$$\boldsymbol{A}^{(0)}=\frac{\mu_0}{4\pi}\int_V\boldsymbol{j}(\boldsymbol{x}')\mathrm{d}\tau'\frac{1}{R} \tag{4. 2. 14}$$

$$\boldsymbol{A}^{(1)}=-\frac{\mu_0}{4\pi}\int_V\boldsymbol{j}(\boldsymbol{x}')\boldsymbol{x}'\mathrm{d}\tau'\cdot\nabla\frac{1}{R} \tag{4. 2. 15}$$

$$\boldsymbol{A}^{(2)}=\frac{\mu_0}{4\pi}\frac{1}{2!}\int_V\boldsymbol{j}(\boldsymbol{x}')\boldsymbol{x}'\boldsymbol{x}'\mathrm{d}\tau':\nabla\nabla\frac{1}{R} \tag{4. 2. 16}$$

注意现在讨论的是稳恒电流，利用1.5节中例1.5.1的结果$\int_V \boldsymbol{j}(\boldsymbol{x}')\mathrm{d}\tau'=0$，有$\boldsymbol{A}^{(0)}=0$。这表明小区域电流远场磁矢势的多极展开中不含有类似于点电荷的磁荷(磁单极子)项，这与自然界中不存在自由磁荷的事实有关。

对展开式的第二项式(4.2.15)，利用恒等式

$$\boldsymbol{j}(\boldsymbol{x}')\boldsymbol{x}'\cdot\nabla\frac{1}{R}=-[\boldsymbol{j}(\boldsymbol{x}')\times\boldsymbol{x}']\times\nabla\frac{1}{R}+\boldsymbol{x}'\boldsymbol{j}(\boldsymbol{x}')\cdot\nabla\frac{1}{R}$$

两边同时加上$\boldsymbol{j}(\boldsymbol{x}')\boldsymbol{x}'\cdot\nabla\frac{1}{R}$后除以2，得

$$\boldsymbol{j}(\boldsymbol{x}')\boldsymbol{x}'\cdot\nabla\frac{1}{R}=-\frac{1}{2}[\boldsymbol{j}'(\boldsymbol{x}')\times\boldsymbol{x}']\times\nabla\frac{1}{R}+\frac{1}{2}\left[\boldsymbol{x}'\boldsymbol{j}(\boldsymbol{x}')\cdot\nabla\frac{1}{R}+\boldsymbol{j}(\boldsymbol{x}')\boldsymbol{x}'\cdot\nabla\frac{1}{R}\right] \tag{4.2.17}$$

利用稳恒电流条件$\nabla'\cdot\boldsymbol{j}(\boldsymbol{x}')=0$，容易证明

$$\nabla'\cdot\left[\boldsymbol{j}(\boldsymbol{x}')\boldsymbol{x}'\boldsymbol{x}'\cdot\nabla\frac{1}{R}\right]=\boldsymbol{j}(\boldsymbol{x}')\boldsymbol{x}'\cdot\nabla\frac{1}{R}+\boldsymbol{x}'\boldsymbol{j}(\boldsymbol{x}')\cdot\nabla\frac{1}{R}$$

将此式代入式(4.2.17)右端第二个方括号内，然后把式(4.2.17)代入式(4.2.15)中，得

$$\boldsymbol{A}^{(1)}=\frac{\mu_0}{4\pi}\int_V\frac{1}{2}[\boldsymbol{j}(\boldsymbol{x}')\times\boldsymbol{x}']\times\nabla\frac{1}{R}\mathrm{d}\tau'-\frac{\mu_0}{4\pi}\int_V\frac{1}{2}\nabla'\cdot\left[\boldsymbol{j}(\boldsymbol{x}')\boldsymbol{x}'\boldsymbol{x}'\cdot\nabla\frac{1}{R}\right]\mathrm{d}\tau' \tag{4.2.18}$$

利用高斯积分变换公式，上式右端第二个积分可化为积分区域V边界面S上的积分。由于稳恒电流完全包含在区域V内，在V边界面S上$\boldsymbol{n}\cdot\boldsymbol{j}(\boldsymbol{x}')=0$，这一项贡献为零。所以式(4.2.18)化为

$$\boldsymbol{A}^{(1)}=\frac{\mu_0}{4\pi}\left[\frac{1}{2}\int_V\boldsymbol{x}'\times\boldsymbol{j}(\boldsymbol{x}')\mathrm{d}\tau'\right]\times\frac{\boldsymbol{R}}{R^3}=\frac{\mu_0}{4\pi}\boldsymbol{m}\times\boldsymbol{R}/R^3 \tag{4.2.19}$$

式中

$$\boldsymbol{m}=\frac{1}{2}\int_V\boldsymbol{x}'\times\boldsymbol{j}(\boldsymbol{x}')\mathrm{d}\tau' \tag{4.2.20}$$

是小区域电流的磁偶极矩。$\boldsymbol{A}^{(1)}$是磁矩等于$\boldsymbol{m}$的磁偶极子放在坐标原点时在远区激发的矢势。

对于如例4.2.2中的电流环，在式(4.2.20)中做$\boldsymbol{j}(\boldsymbol{x}')\mathrm{d}\tau'\to I\mathrm{d}\boldsymbol{l}'$的替换，可得$\boldsymbol{m}=\frac{I}{2}\oint\boldsymbol{x}'\times\mathrm{d}\boldsymbol{l}'=I\boldsymbol{S}$，$\boldsymbol{S}$是电流环所围的面积矢量。由此可见，系统电流磁偶极矩的定义是电流环的磁矩$\boldsymbol{m}=I\boldsymbol{S}$定义的推广和普遍化。利用式(4.2.20)

可以计算不限于环形线圈的任何形状的电流区域具有的磁偶极矩。

可以证明，矢势展开式(4.2.16)以及后面各项，对应着更高级磁多极子的贡献。由于实际情况中很少用到，此处不再讨论。

4.3　稳恒磁场矢势的微分方程和磁场唯一性定理

由上一节可以看出，如果能给出全空间中包括磁化电流在内的电流分布，就可通过积分式(4.2.5)求出电流磁场矢势和磁场。但在某些情况下电流分布是由磁场决定的，例如在磁场未求出之前，不知道磁化电流分布。和静电场情况一样，我们需要求出电流和磁场相互作用、相互制约的关系，即把求磁场问题转化为微分方程的边值问题。

4.3.1　矢势 A 的微分方程和边值关系

在均匀线性、各向同性介质内有

$$\boldsymbol{B} = \mu \boldsymbol{H}$$

这里 μ 是一个与空间坐标无关的常数，把这个关系式及 $\boldsymbol{B} = \nabla \times \boldsymbol{A}$ 代入式(4.2.1)得

$$\nabla \times (\nabla \times \boldsymbol{A}) = \mu \boldsymbol{j}$$

即

$$\nabla(\nabla \cdot \boldsymbol{A}) - \nabla^2 \boldsymbol{A} = \mu \boldsymbol{j} \tag{4.3.1}$$

由于 $\boldsymbol{A}$ 的纵场部分是完全任意的，我们取 $\boldsymbol{A}$ 的纵场部分为零，即得均匀线性、各向同性介质内磁场矢势满足的微分方程为

$$\begin{cases} \nabla^2 \boldsymbol{A} = -\mu \boldsymbol{j} \\ \nabla \cdot \boldsymbol{A} = 0 \end{cases} \tag{4.3.2}$$

在直角坐标系下，沿三个坐标轴的单位基矢与空间坐标无关，式(4.3.2)中的第一式可直接化为三个分量方程

$$\nabla^2 A_i = -\mu \boldsymbol{j}_i \quad (i = x, y, z) \tag{4.3.3}$$

这与静电势 φ 满足的泊松方程形式完全一样，因此在无界空间中的解是

$$\boldsymbol{A}(\boldsymbol{x}) = \frac{\mu}{4\pi} \int \frac{\boldsymbol{j}(\boldsymbol{x}')}{r} \mathrm{d}\tau'$$

即式(4.2.5)(此解满足 $\nabla \cdot \boldsymbol{A} = 0$，见式(2.3.15))。在一般正交曲线坐标系下，式(4.3.2)的分量方程要由 $\nabla \cdot (\nabla \cdot \boldsymbol{A}) - \nabla^2 \boldsymbol{A} = \mu \boldsymbol{j}$ 决定，不具有在直角坐

标系下式(4. 3. 3)的简单形式。

矢势 **A** 在两种介质交界面上的边值关系可由以下普遍磁场的边值关系得出。

$$\begin{cases}\boldsymbol{n}\times(\boldsymbol{H}_2-\boldsymbol{H}_1)=\boldsymbol{\alpha}_f\\ \boldsymbol{n}\cdot(\boldsymbol{B}_2-\boldsymbol{B}_1)=0\end{cases}$$

即

$$\boldsymbol{n}\times\left(\frac{1}{\mu_2}\nabla\times\boldsymbol{A}_2-\frac{1}{\mu_1}\nabla\times\boldsymbol{A}_1\right)=\boldsymbol{\alpha}_f \tag{4.3.4}$$

$$\boldsymbol{n}\cdot(\nabla\times\boldsymbol{A}_2-\nabla\times\boldsymbol{A}_1)=0 \tag{4.3.5}$$

边值关系式(4. 3. 5)可化为另一种便于使用的形式。在两介质交界面上任取一面元 ΔS，设其法向为 $\boldsymbol{n}$，L 为其边界线，规定 L 绕行方向与 $\boldsymbol{n}$ 成右手螺旋关系。在 ΔS 上积分式(4. 3. 5)得

$$\int_{\Delta S}\mathrm{d}\boldsymbol{\sigma}\cdot(\nabla\times\boldsymbol{A}_2-\nabla\times\boldsymbol{A}_1)=0$$

或

$$\oint_L\mathrm{d}\boldsymbol{l}\cdot(\boldsymbol{A}_2-\boldsymbol{A}_1)=0$$

由于 **A** 为横场，它的环量不恒等于零，上式积分为零，意味着在交界面上被积函数处处为零，所以

$$A_{2t}-A_{1t}=0 \tag{4.3.6}$$

这就说明界面两侧 **A** 的切向分量在界面上连续。

4. 3. 2 稳恒磁场的唯一性定理

对于含有 n 个均匀介质分区的区域 V，唯一确定其中磁场 **B** 的条件可表述为：**给定区域 V 内的自由电流分布，且给定区域 V 边界面上的 B_t 或 A_t，则区域 V 内的 B 是唯一的。**

证明：用矢势 **A** 描述磁场。给定区域 V 内的自由电流 $\boldsymbol{j}_f$，**A** 在 V 内每个均匀子区域 V_i 中满足方程

$$\begin{cases}\nabla^2\boldsymbol{A}=-\mu_i\boldsymbol{j}_f\\ \nabla\cdot\boldsymbol{A}=0\end{cases} \tag{4.3.7}$$

在两均匀子区域交界面上满足边值关系

$$\begin{cases}A_{it}=A_{jt}\\ \boldsymbol{n}\times\left(\frac{1}{\mu_i}\nabla\times\boldsymbol{A}_i-\frac{1}{\mu_j}\nabla\times\boldsymbol{A}_j\right)=\boldsymbol{\alpha}_f\end{cases} \tag{4.3.8}$$

（规定 $\boldsymbol{n}$ 由 j 区指向 i 区），并且在区域 V 的边界面 S 上满足给定的$B_t=(\nabla\times\boldsymbol{A})_t$值或$A_t$值。

设有两个不同的矢势 $\boldsymbol{A}'$和 $\boldsymbol{A}''$满足上述所有条件，定义一个新的矢量 $\boldsymbol{A}=\boldsymbol{A}'-\boldsymbol{A}''$，则 $\boldsymbol{A}$ 在每个子区域中满足

$$\begin{cases}\nabla^2\boldsymbol{A}=0\\ \nabla\cdot\boldsymbol{A}=0\end{cases}\tag{4.3.9}$$

在两子区域交界面上满足边值关系

$$\begin{cases}A_{it}=A_{jt}\\ \dfrac{1}{\mu_i}(\nabla\times\boldsymbol{A}_i)_t=\dfrac{1}{\mu_i}(\nabla\times\boldsymbol{A}_j)_t\end{cases}\tag{4.3.10}$$

在边界面 S 上有$A_t=0$ 或$(\nabla\times\boldsymbol{A})_t=0$

利用恒等式

$$\nabla\cdot\left[\boldsymbol{A}\times\frac{1}{\mu_i}(\nabla\times\boldsymbol{A})\right]=\frac{1}{\mu_i}(\nabla\times\boldsymbol{A})^2-\boldsymbol{A}\cdot\left[\nabla\times\frac{1}{\mu_i}(\nabla\times\boldsymbol{A})\right]$$

在第 i 个子区域上积分上式两端，并利用高斯定理有

$$\oint_{s_i}\mathrm{d}\boldsymbol{\sigma}\cdot\left[\boldsymbol{A}\times\frac{1}{\mu_i}(\nabla\times\boldsymbol{A})\right]=\int_{v_i}\mathrm{d}\tau\left[\frac{1}{\mu_i}(\nabla\times\boldsymbol{A})^2-\boldsymbol{A}\cdot\left[\nabla\times\frac{1}{\mu_i}(\nabla\times\boldsymbol{A})\right]\right.\tag{4.3.11}$$

由式(4.3.9)，在第 i 个子区域内有

$$\nabla\times(\nabla\times\boldsymbol{A})=\nabla(\nabla\cdot\boldsymbol{A})-\nabla^2\boldsymbol{A}=0$$

式(4.3.11)可写作

$$\int_{v_i}\frac{1}{\mu_i}(\nabla\times\boldsymbol{A})^2\mathrm{d}\tau=\oint_{s_i}\mathrm{d}\boldsymbol{\sigma}\cdot\left[\boldsymbol{A}\times\frac{1}{\mu_i}(\nabla\times\boldsymbol{A})\right]$$

在所有子区域对上式两边求和

$$\sum_i\int_{v_i}\frac{1}{\mu_i}(\nabla\times\boldsymbol{A})^2\mathrm{d}\tau=\sum_i\oint_{s_i}\mathrm{d}\boldsymbol{\sigma}\cdot\left[\boldsymbol{A}\times\frac{1}{\mu_i}(\nabla\times\boldsymbol{A})\right]\tag{4.3.12}$$

注意到，在 i, j 两分区交界面上，对第 i 区积分和对第 j 区积分时的面元法向分量是相反的，而式(4.3.12)右端的被积函数可以写成

$$\mathrm{d}\boldsymbol{\sigma}\times\boldsymbol{A}\cdot\frac{1}{\mu_i}(\nabla\times\boldsymbol{A})$$

因为式(4.3.10)在界面两侧相等，所以式(4.3.12)右端的积分对所有内部交界面求和后等于零。最后，在边界面 S 上，无论$A_t=0$ 还是$(\nabla\times\boldsymbol{A})_t=0$，都导致积分值为零，所以式(4.3.12)化为

$$\sum_i \int_{v_i} \frac{1}{\mu_i} (\nabla\times \mathbf{A})^2 \mathrm{d}\tau = 0 \tag{4.3.13}$$

由于$(\nabla\times\mathbf{A})^2$为非负数，在区域 V 上必处处有

$$\nabla\times\mathbf{A}=0$$

即$\mathbf{B}'=\nabla\times\mathbf{A}'=\nabla\times\mathbf{A}''=\mathbf{B}''$，所以区域 V 上的磁场是唯一的。

4.3.3 二维问题

在一般正交曲线坐标系下，矢势 $\mathbf{A}$ 的微分方程式(4.3.2)的分量方程是复杂的。在球坐标系下它的三个分量方程是

$$\begin{cases}\nabla^2 A_r - \dfrac{2}{r^2}A_r - \dfrac{2}{r^2\sin\theta}\dfrac{\partial}{\partial\theta}(A_\theta\sin\theta) - \dfrac{2}{r^2\sin\theta}\dfrac{\partial A_\Phi}{\partial\Phi} = -\mu j_r \\ \nabla^2 A_\theta - \dfrac{1}{r^2\sin^2\theta}A_\theta + \dfrac{2}{r^2}\dfrac{\partial A_r}{\partial\theta} - \dfrac{2\cos\theta}{r^2\sin^2\theta}\dfrac{\partial A_\Phi}{\partial\Phi} = -\mu j_\theta \\ \nabla^2 A_\Phi - \dfrac{A_\Phi}{r^2\sin^2\theta} + \dfrac{2}{r^2\sin\theta}\dfrac{\partial A_r}{\partial\Phi} + \dfrac{2\cos\theta}{r^2\sin^2\theta}\dfrac{\partial A_\theta}{\partial\Phi} = -\mu j_\Phi\end{cases} \tag{4.3.14}$$

这是一个关于A_r，A_θ，A_Φ的二阶联立偏微分方程组。在柱坐标系下式(4.3.2)的三个分量方程是

$$\begin{cases}\nabla^2 A_\rho - \dfrac{1}{\rho^2}A_\rho - \dfrac{2}{\rho^2}\dfrac{\partial A_\Phi}{\partial\Phi} = -\mu j_\rho \\ \nabla^2 A_\Phi - \dfrac{1}{\rho^2}A_\Phi + \dfrac{2}{\rho^2}\dfrac{\partial A_\rho}{\partial\Phi} = -\mu j_\Phi \\ \nabla^2 A_z = -\mu j_z\end{cases} \tag{4.3.15}$$

这些方程组的求解是繁难的。但是在某些特殊情况下，由于问题的对称性，**A 只有沿某坐标的一个分量，且与这个坐标变量无关，**这时式(4.3.2)可化为标量的二维泊松方程，比较容易求解。下面举例说明这种情况。

例 4.3.1：一个半径为 R_0 的均匀带电薄导体球壳，绕自身某直径以角速度 $\boldsymbol{\omega}$ 旋转，给定球壳上的总电荷 Q，求球壳内外空间中的磁场矢势和磁场。

解：取球心为原点、极轴沿转轴的球坐标系。球壳上有面电流

$$\boldsymbol{\alpha} = \frac{Q}{4\pi R_0^2}\omega\, \boldsymbol{e}_z \times (R_0\, \boldsymbol{e}_r) = \frac{Q\omega}{4\pi R_0}\boldsymbol{e}_\Phi \sin\theta \tag{4.3.16}$$

电流仅有沿$\boldsymbol{e}_\Phi$方向分量，并且电流分布与 Φ 无关。矢势 $\mathbf{A}$ 也只有A_Φ分量，且A_Φ仅是 r 和 θ 的函数，与 Φ 无关。球内球外空间中矢势 A 都具有以下形式：

$$\mathbf{A} = A(r,\ \theta)\boldsymbol{e}_\Phi \tag{4.3.17}$$

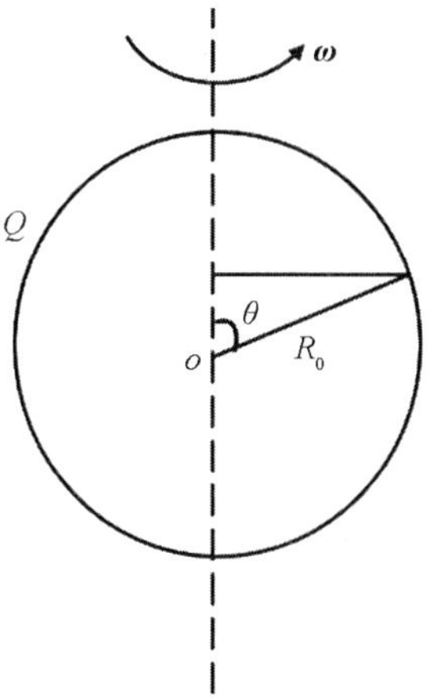

例 4.3.1 图

由式(4.3.14)，并注意到球内、球外空间中 $\boldsymbol{j}=0$，得

$$\nabla^2 A(r,\ \theta)-\frac{1}{r^2\sin^2\theta}A(r,\ \theta)=0 \tag{4.3.18}$$

在球面上矢势满足边值关系

$$\begin{cases} A_{内}\big|_{r=R_0}=A_{外}\big|_{r=R_0} \\ \boldsymbol{e}_r\times\left[-\dfrac{1}{r}\dfrac{\partial}{\partial r}(rA_{外})\boldsymbol{e}_\theta+\dfrac{1}{r}\dfrac{\partial}{\partial r}(rA_{内})\boldsymbol{e}_\theta\right]_{r=R_0}=\dfrac{Q\omega\mu_0}{4\pi R_0}\boldsymbol{e}_\Phi\sin\theta \end{cases} \tag{4.3.19}$$

由边值关系式(4.3.19)的第二式可知，A 应有如下形式：

$$A(r,\ \theta)=F(r)\sin\theta \tag{4.3.20}$$

将式(4.3.20)代入式(4.3.18)得

$$r^2F''(r)+2rF'(r)-2F(r)=0 \tag{4.3.21}$$

考虑到$A_{内}\big|_{r=0}$有限，$A_{外}\big|_{r\to\infty}=0$，取式(4.3.21)解的形式为

$$F(r)=\begin{cases} C_1 r & (r<R_0) \\ C_2/r^2 & (r>R_0) \end{cases} \tag{4.3.22}$$

于是由式(4.3.20)得

$$\begin{cases} A_{内}=C_1 r\sin\theta \\ A_{外}=C_2\sin\theta/r^2 \end{cases} \tag{4.3.23}$$

利用边值关系式(4.3.19)，得方程组

$$\begin{cases} C_1R_0 = \dfrac{C_2}{R_0^2} \\ \dfrac{C_2}{R_0^3} + 2C_1 = \dfrac{Q\omega\mu_0}{4\pi R_0} \end{cases}$$

由此解得

$$C_1 = \frac{Q\mu_0\omega}{12\pi R_0}, \qquad C_2 = \frac{Q\mu_0\omega R_0^2}{12\pi}$$

代回式(4.3.23)，得球内球外空间的矢势

$$\begin{cases} \boldsymbol{A}_{内} = \dfrac{Q\,\mu_0}{12\pi R_0}(\boldsymbol{\omega} \times \boldsymbol{r}) \quad (r < R_0) \\ \boldsymbol{A}_{外} = \dfrac{Q\,\mu_0 R_0^2}{12\pi}\left(\boldsymbol{\omega} \times \dfrac{\boldsymbol{r}}{r^3}\right) \quad (r > R_0) \end{cases} \tag{4.3.24}$$

球内、球外磁感应强度

$$\boldsymbol{B}_{内} = \nabla \times \boldsymbol{A}_{内} = \frac{Q\mu_0}{12\pi R_0}\nabla \times (\boldsymbol{\omega} \times r) = \frac{Q\mu_0}{6\pi R_0}\boldsymbol{\omega} \tag{4.3.25}$$

$$\boldsymbol{B}_{外} = \nabla \times \boldsymbol{A}_{外} = \frac{Q\mu_0 R_0^2}{12\pi}\nabla \times \left(\boldsymbol{\omega} \times \frac{\boldsymbol{r}}{r^3}\right) = -\frac{\mu_0}{4\pi}\frac{QR_0^2}{3}\boldsymbol{\omega} \cdot \nabla\left(\frac{\boldsymbol{r}}{r^3}\right)$$

$$= \frac{\mu_0}{4\pi}\left[\frac{3(\boldsymbol{m} \cdot \boldsymbol{r})\boldsymbol{r}}{r^5} - \frac{\boldsymbol{m}}{r^3}\right] \tag{4.3.26}$$

其中 $\boldsymbol{m} = \dfrac{QR_0^2}{3}\boldsymbol{\omega}$ 为球面电流磁矩。

上述结果表明：球内空间是均匀磁场，球外空间磁场则相当于一个位于球心的磁偶极子的场。

例 4.3.2：将磁导率为μ_1、半径为 a 的无限长均匀介质圆柱放入磁导率为μ_2的均匀介质中，并在垂直于圆柱轴方向加一均匀磁场$\boldsymbol{H}_0$，求圆柱内外的矢势和磁感应强度。

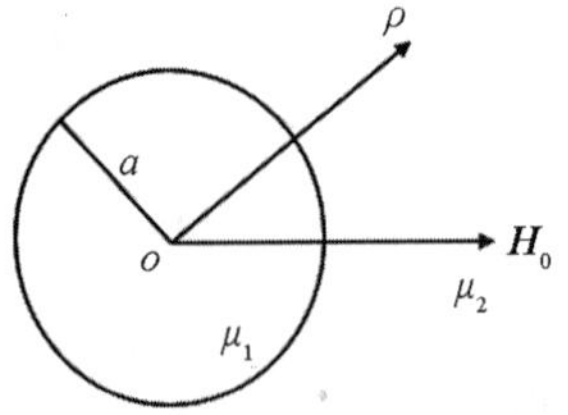

例 4.3.2 图

解：取圆柱轴为 z 轴，极轴沿外场方向。在圆柱面上有磁化电流，$\boldsymbol{\alpha}_m=\boldsymbol{n}\times(\boldsymbol{M}_{外}-\boldsymbol{M}_{内})$沿$\boldsymbol{e}_z$方向，且与 z 坐标无关。全空间无自由电流分布，所以矢势 $\boldsymbol{A}$ 只有 z 分量，且与 z 坐标无关，在柱内外空间都满足拉普拉斯方程。在柱坐标系下

$$\nabla^2 A_z(\rho,\ \Phi)=0 \tag{4.3.27}$$

其解可写作

$$\begin{aligned}A_z &= C_0+D_0\ln\rho+\sum_{n=1}^{\infty}[(A_n\cos n\Phi+B_n\sin n\Phi)\rho^n+\\&\quad(C_n\cos n\Phi+D_n\sin n\Phi)\rho^{-n}]\end{aligned}$$

利用边界条件$A_{内}|_{\rho=0}$有限，$A_{外}|_{\rho\to\infty}=\mu_2 H_0\rho\sin\Phi$，可得

$$\begin{cases}A_{内}=C_0+\displaystyle\sum_{n=1}^{\infty}(A_n\cos n\Phi+B_n\sin n\Phi)\rho^n\\ A_{外}=\mu_2 H_0\rho\sin\Phi+\displaystyle\sum_{n=1}^{\infty}(C_n\cos n\Phi+D_n\sin n\Phi)\rho^{-n}\end{cases} \tag{4.3.28}$$

在 $\rho=a$ 的柱面上边值关系由式(4.3.4)、式(4.3.6)给出，即

$$\begin{cases}A_{内}|_{\rho=a}=A_{外}|_{\rho=a}\\ \boldsymbol{e}_\rho\times\dfrac{1}{\mu_2}\left(\dfrac{1}{\rho}\dfrac{\partial A_{外}}{\partial\Phi}\boldsymbol{e}_\rho-\dfrac{\partial A_{外}}{\partial\rho}\boldsymbol{e}_\Phi\right)_{\rho=a}=\boldsymbol{e}_\rho\times\dfrac{1}{\mu_1}\left(\dfrac{1}{\rho}\dfrac{\partial A_{内}}{\partial\Phi}\boldsymbol{e}_\rho-\dfrac{\partial A_{内}}{\partial\rho}\boldsymbol{e}_\Phi\right)_{\rho=a}\end{cases} \tag{4.3.29}$$

其中第二式即

$$\frac{1}{\mu_2}\frac{\partial A_{外}}{\partial\rho}\bigg|_{\rho=a}=\frac{1}{\mu_1}\frac{\partial A_{内}}{\partial\rho}\bigg|_{\rho=a} \tag{4.3.30}$$

对式（4.3.28）中的 $A_{内}$，$A_{外}$ 施加边界条件式（4.3.29）中的第一式和式(4.3.30)，得

$$\begin{cases}C_0+\displaystyle\sum_{n=1}^{\infty}(A_n\cos n\Phi+B_n\sin n\Phi)a^n=\mu_2 H_0 a\sin\Phi+\\ \qquad\qquad\displaystyle\sum_{n=1}^{\infty}(C_n\cos n\Phi+D_n\sin n\Phi)a^{-n}\\ \displaystyle\sum_{n=1}^{\infty}n(A_n\cos n\Phi+B_n\sin n\Phi)a^{n-1}=\mu_1 H_0\sin\Phi-\\ \qquad\qquad\dfrac{\mu_1}{\mu_2}\displaystyle\sum_{n=0}^{\infty}n(C_n\cos n\Phi+D_n\sin n\Phi)a^{-n-1}\end{cases} \tag{4.3.31}$$

分别比较式(4.3.31)中两式两端 $\cos n\Phi$ 和 $\sin n\Phi$ 的系数，对 $n=1$ 得方程组

$$\begin{cases} aA_1 = C_1/a \\ A_1 = -\dfrac{\mu_1}{\mu_2}C_1/a^2 \end{cases} \text{和} \begin{cases} aB_1 = \mu_2 H_0 a + D_1/a \\ B_1 = \mu_1 H_0 - \dfrac{\mu_1}{\mu_2}D_1/a^2 \end{cases}$$

由此解得

$$A_1 = C_1 = 0 \tag{4.3.32}$$

$$\begin{cases} B_1 = \dfrac{2\mu_1\mu_2 H_0}{\mu_1+\mu_2} \\ D_1 = \dfrac{\mu_2(\mu_1-\mu_2)H_0 a^2}{\mu_1+\mu_2} \end{cases} \tag{4.3.33}$$

当 $n\neq 1$ 时，得

$$C_0 = 0,\ \begin{cases} A_n a^n = C_n a^{-n} \\ nA_n a^{n-1} = -\dfrac{\mu_1}{\mu_2}nC_n a^{-n-1} \end{cases},\ \begin{cases} B_n a^n = D_n a^{-n} \\ nB_n a^{n-1} = -\dfrac{\mu_1}{\mu_2}nD_n a^{-n-1} \end{cases}$$

此两方程组都只有零解，$A_n = C_n = B_n = D_n = 0\,(n\neq 1)$。将式(4.3.32)和式(4.3.33)及上述结果代入式(4.3.28)，得

$$\boldsymbol{A}_{内} = \frac{2\mu_1\mu_2 H_0}{\mu_1+\mu_2}\rho\boldsymbol{e}_z\sin\Phi$$

$$\boldsymbol{A}_{外} = \left[\mu_2 H_0\rho\sin\Phi + \frac{\mu_2(\mu_1-\mu_2)H_0a^2}{\mu_1+\mu_2}\frac{1}{\rho}\sin\Phi\right]\boldsymbol{e}_z$$

对应磁感应强度，由 $\boldsymbol{B}=\nabla\times\boldsymbol{A}$ 求得

$$\boldsymbol{B}_{内} = \frac{2\mu_1\mu_2}{\mu_1+\mu_2}H_0(\boldsymbol{e}_\rho\cos\Phi - \boldsymbol{e}_\Phi\sin\Phi) = \frac{2\mu_1\mu_2}{\mu_1+\mu_2}\boldsymbol{H}_0$$

$$\begin{aligned} \boldsymbol{B}_{外} &= \left[\mu_2 H_0\cos\Phi + \frac{\mu_2(\mu_1-\mu_2)H_0a^2}{\mu_1+\mu_2}\frac{1}{\rho^2}\cos\Phi\right]\boldsymbol{e}_\rho - \\ &\quad \left[\mu_2 H_0\sin\Phi - \frac{\mu_2(\mu_1-\mu_2)H_0a^2}{\mu_1+\mu_2}\frac{1}{\rho^2}\sin\Phi\right]\boldsymbol{e}_\Phi \\ &= \frac{\mu_2(\mu_1-\mu_2)}{\mu_1+\mu_2}\left(\frac{a}{\rho}\right)^2\left[\frac{2(\boldsymbol{H}_0\cdot\boldsymbol{\rho})\boldsymbol{\rho}}{\rho^2} - \boldsymbol{H}_0\right] + \mu_2\boldsymbol{H}_0 \end{aligned}$$

可将此例结果与例 3.3.2 结果做比较。

4.4　磁标势法

从上一节已经看到，一般情况下求解矢势 **A** 微分方程的边值问题是困难的。本节我们研究引进磁标势描述稳恒磁场的可能性。

4.4.1　磁场可以用标势描述的条件

一个空间区域 V 中的磁场可以用标势描述的条件是**该空间区域为没有传导电流的单连通区域。**

在区域 V 中任取一条闭合曲线 L，设 S 是以 L 为边界的任一个曲面，规定 L 的绕行方向与 S 法向成右手螺旋关系。由于区域 V 为单连通区域(其定义见 1.7 节)，且 V 中没有传导电流，则**在其中作出的任何一条闭合曲线都不连着电流，**流过曲面 S 的电流强度等于零。由安培环路定理得

$$\oint_L \boldsymbol{H} \cdot \mathrm{d}\boldsymbol{l} = \int_S \boldsymbol{j} \cdot \mathrm{d}\boldsymbol{\sigma} = 0$$

即

$$\int_S \mathrm{d}\boldsymbol{\sigma} \cdot \nabla \times \boldsymbol{H} = 0$$

由于 S 面是任意的，在区域内必有

$$\nabla \times \boldsymbol{H} = 0 \tag{4.4.1}$$

所以 $\boldsymbol{H}$ 是个无旋场，可以引进一个标量函数描述。

必须注意，如果空间区域为多连通区域，仅式(4.4.1)成立(即所考虑的区域内没有传导电流)并不能保证这个区域中的磁场可以用磁标势描述。例如，一根无限长载流直导线，去掉导线之外的空间为多连通区域。在导线外的空间中不存在电流，但仍存在连环着电流的闭合曲线(如图 4.4.1 中的 L)。为了使导线外空间中的磁场满足可以用磁标势描述的条件，我们需要去掉含导线在内的整个半无限大平面(如图 4.4.1(a)中阴影区域所示)，这时剩余的导线外空间为单连通区域，其中的曲线 L 不再闭合，且其中任何一条闭合曲线都不会再连环着电流。同样，对于电流圈所产生的磁场，只要去掉包含电流圈在内的一个薄壳层(如图 4.4.2(b)中阴影区域所示)，剩余空间中的磁场就可以用磁标势描述。

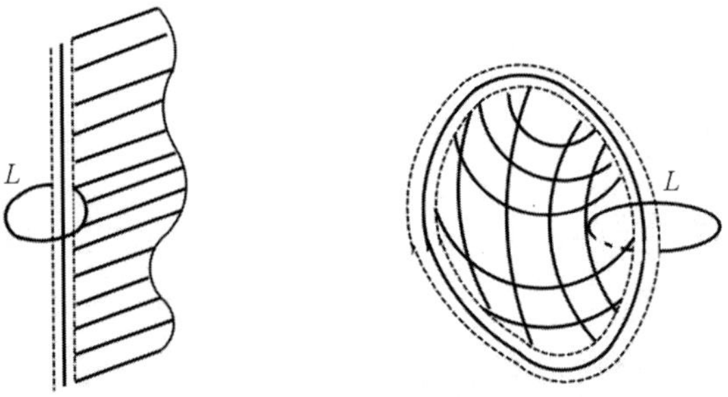

(a) 无限长载流直导线的空间　　(b) 电流圈的空间

图 4.4.1　多连通区域

从物理上看，上述做法相当于引入了假想的磁荷，把磁场由横场变为纵场。以图 4.4.1 为例，去掉的部分切断了原来闭合的磁力线，使磁场线从半无限大平面的一侧发出，终止于另一侧。就好像半无限大平面的一侧分布有正磁荷，而另一侧上有负磁荷，磁场线成为由正磁荷发出、终止于负磁荷的纵场，因此可以用标势描写。从这种假想的磁荷观点出发，可以建立一套基于磁标势的稳恒磁场分析方法，称为**磁标势法**。对不存在传导电流的单连通区域(包括真空和磁介质)，都可以用磁标势法求解。特别地，对于永久磁铁所产生的磁场，由于不满足 $\boldsymbol{B}=\mu\boldsymbol{H}$，用磁矢势法求解会相当麻烦，而用磁标势法求解则十分简便。

4.4.2　磁标势的微分方程和边值关系

在磁场可以用标势描述的空间区域中，磁场满足

$$\nabla\times\boldsymbol{H}=0 \tag{4.4.2}$$

$$\nabla\cdot\boldsymbol{B}=0 \tag{4.4.3}$$

由于磁标势法的一个重要应用是求解铁磁质的问题，介质的电磁性质方程采用最一般的形式

$$\boldsymbol{B}=\mu_0(\boldsymbol{H}+\boldsymbol{M}) \tag{4.4.4}$$

把式(4.4.4)代入式(4.4.3)得

$$\nabla\cdot\boldsymbol{H}=-\nabla\cdot\boldsymbol{M} \tag{4.4.5}$$

若引入假想的磁荷，用磁荷观点来处理磁介质在外场中的磁化过程，则可以把磁介质中的分子电流等效为由一对假想磁荷构成的磁偶极子，磁介质的磁化过程就可以完全类比于电介质的极化过程。在 4.2 节中，通过对比电流环

（磁偶极子）所激发的远区磁场与电偶极子激发的远区电场在数学形式上的相似性，由式（4.2.13）给出等效关系$\mu_0 \boldsymbol{m} \rightleftharpoons \boldsymbol{P}$。这里类比于极化电荷体密度$\rho_p = -\nabla \cdot \boldsymbol{P}$，可给出假想的磁荷体密度

$$\rho_m = -\mu_0 \nabla \cdot \boldsymbol{M} \tag{4.4.6}$$

将式（4.4.6）代入式（4.4.5）得

$$\nabla \cdot \boldsymbol{H} = \rho_m / \mu_0 \tag{4.4.7}$$

引入磁标势φ_m描述磁场得

$$\boldsymbol{H} = -\nabla \varphi_m \tag{4.4.8}$$

将式（4.4.8）代入式（4.4.7）中，得磁介质内部磁标势满足的方程

$$\nabla^2 \varphi_m = -\rho_m / \mu_0 \tag{4.4.9}$$

磁标势在两介质交界面上的边值关系可以从普遍磁场的边值关系得出。

$$\boldsymbol{n} \cdot (\boldsymbol{B}_2 - \boldsymbol{B}_1) = 0 \tag{4.4.10}$$

$$\boldsymbol{n} \times (\boldsymbol{H}_2 - \boldsymbol{H}_1) = \boldsymbol{\alpha}_f \tag{4.4.11}$$

一般情况下磁介质面上不存在自由面电流$\boldsymbol{\alpha}_f$，应用式（4.4.8），式（4.4.11）可化为

$$\boldsymbol{n} \times (\nabla \varphi_{m1} - \nabla \varphi_{m2}) = 0$$

与前面关于静电标势的讨论一样，上式可以化为更简洁的关于磁标势的边值关系，即

$$\varphi_{m_2} = \varphi_{m_1} \tag{4.4.12}$$

把式（4.4.4）和式（4.4.8）代入式（4.4.10），得出磁标势的另一个边值关系

$$\mu_0 \frac{\partial \varphi_{m_2}}{\partial n} - \mu_0 \frac{\partial \varphi_{m_1}}{\partial n} = -\sigma_m \tag{4.4.13}$$

其中

$$\sigma_m = -\mu_0 \boldsymbol{n} \cdot (\boldsymbol{M}_2 - \boldsymbol{M}_1) \tag{4.4.14}$$

是交界面上的假想磁荷面密度，n 为交界面上的法向分量，方向由介质 1 指向介质 2。

对于均匀、线性、各向同性磁介质，$\boldsymbol{B} = \mu \boldsymbol{H}$，$\boldsymbol{M} = \chi_m \boldsymbol{H}$，式（4.4.10）可以写作

$$\mu_2 \frac{\partial \varphi_{m2}}{\partial n} - \mu_1 \frac{\partial \varphi_{m1}}{\partial n} = 0 \tag{4.4.15}$$

且有

$$\rho_m = -\frac{\mu_0}{\chi_m \mu}\nabla \cdot \boldsymbol{B} \equiv 0$$

式(4.4.9)中的泊松方程可化为拉普拉斯方程。

4.4.3 磁标势和静电场标势的比较

当应用磁标势法求解稳恒磁场问题时，其公式可与静电场标势的有关公式比较，对比结果见表4.4.1。

表4.4.1 稳恒磁场方程与静电场方程对比

稳恒磁场	静电场
$\nabla \times \boldsymbol{H} = 0$	$\nabla \times \boldsymbol{E} = 0$
$\boldsymbol{H} = -\nabla\varphi_m$	$\boldsymbol{E} = -\nabla\varphi$
$\nabla \cdot \boldsymbol{B} = 0$	$\nabla \cdot \boldsymbol{D} = \rho_f$
$\boldsymbol{B} = \mu_0\boldsymbol{H} + \mu_0\boldsymbol{M}$	$\boldsymbol{D} = \varepsilon_0\boldsymbol{E} + \boldsymbol{P}$
$\nabla^2\varphi_m = -\rho_m/\mu_0$	$\nabla^2\varphi = -(\rho_f + \rho_p)/\varepsilon_0$
$\rho_m = -\mu_0\nabla \cdot \boldsymbol{M}$	$\rho_p = -\nabla \cdot \boldsymbol{P}$
$\sigma_m = -\mu_0\boldsymbol{n} \cdot (\boldsymbol{M}_2 - \boldsymbol{M}_1)$	$\sigma_p = -\boldsymbol{n} \cdot (\boldsymbol{P}_2 - \boldsymbol{P}_1)$
$\varphi_{m_2} = \varphi_{m_1}$	$\varphi_2 = \varphi_1$
$\mu_2\frac{\partial\varphi_{m_2}}{\partial n} - \mu_1\frac{\partial\varphi_{m_1}}{\partial n} = 0$	$\varepsilon_2\frac{\partial\varphi_2}{\partial n} - \varepsilon_1\frac{\partial\varphi_1}{\partial n} = -\sigma_f$

可见两组公式之间存在一一对应的关系。如果作变量代换

$$\boldsymbol{H} \rightleftharpoons \boldsymbol{E},\quad \boldsymbol{B} \rightleftharpoons \boldsymbol{D},\quad \varphi_m \rightleftharpoons \varphi,\quad \mu_0\boldsymbol{M} \rightleftharpoons \boldsymbol{P},$$

$$\mu_0 \rightleftharpoons \varepsilon_0,\quad \rho_m \rightleftharpoons \rho_p,\quad 0 \rightleftharpoons \rho_f,\quad 0 \rightleftharpoons \sigma_f$$

就可从一组公式得到另一组公式。主要差别就是在磁场情况下不存在与自由电荷对应的磁荷。这种对应关系启示我们，引进磁标势后，稳恒磁场的求解问题可以借助求解静电场问题的方法得到解决。

例4.4.1：用磁标势法重新求解例4.3.1。

解：薄导体壳将空间分成两个均匀分区，定解问题是

$$\begin{cases}\nabla^2\varphi_{内} = 0 & (r < R_0)\\ \nabla^2\varphi_{外} = 0 & (r > R_0)\end{cases} \tag{4.4.16}$$

（这里为了简单起见，略去了φ_m的脚标 m。）

选择转轴为极轴，建立球坐标系，边界条件和边值关系是

(1) $\varphi_{内}\big|_{r=0}$有限

(2) $\varphi_{外}\big|_{r\to\infty}=0$

(3) $\left(\dfrac{1}{r}\dfrac{\partial\varphi_{外}}{\partial\theta}-\dfrac{1}{r}\dfrac{\partial\varphi_{内}}{\partial\theta}\right)_{r=R_0}=-\dfrac{Q\omega}{4\pi R_0}\sin\theta$

(4) $\mu_0\dfrac{\partial\varphi_{外}}{\partial r}\bigg|_{r=R_0}-\mu_0\dfrac{\partial\varphi_{内}}{\partial r}\bigg|_{r=R_0}=0$

该问题具有轴对称性。考虑边界条件(1)和(2)后，内区和外区磁场标势可分别写作

$$\begin{cases}\varphi_{内}=\sum\limits_n A_n r^n P_n(\cos\theta)\\[2ex]\varphi_{外}=\sum\limits_n \dfrac{B_n}{r^{n+1}}P_n(\cos\theta)\end{cases}\tag{4.4.17}$$

由边值关系(3)和(4)得

$$-\frac{1}{R_0}\sum_n\frac{B_n}{R_0^{n+1}}P'_n(\cos\theta)\sin\theta+\frac{1}{R_0}\sum_n A_nR_0^nP'_n(\cos\theta)\sin\theta=-\frac{Q\omega}{4\pi R_0}\sin\theta$$

$$\sum_n\left[-(n+1)\frac{B_n}{R_0^{n+2}}P_n(\cos\theta)\right]-\sum_n nA_nR_0^{n-1}P_n(\cos\theta)=0$$

比较上式中$P_n(\cos\theta)$的系数可知，当 $n\neq1$ 时只有$A_n=B_n=0$ 的解；而当 $n=1$ 时，有

$$\begin{cases}-\dfrac{B_1}{R_0^2}+A_1R_0=-\dfrac{Q\omega}{4\pi}\\[2ex]-\dfrac{2B_1}{R_0^3}-A_1=0\end{cases}$$

解得$B_1=\dfrac{Q\omega R_0^2}{12\pi}$，$A_1=-\dfrac{Q\omega}{6\pi R_0}$，代入式(4.4.17)得

$$\varphi_{内}=-\frac{\boldsymbol{m}\cdot\boldsymbol{r}}{2\pi R_0^3}\tag{4.4.18}$$

$$\varphi_{外}=\frac{\boldsymbol{m}\cdot\boldsymbol{r}}{4\pi r^3}\tag{4.4.19}$$

其中 $\boldsymbol{m}=\dfrac{QR_0^2}{3}\boldsymbol{\omega}$ 为球面电流的磁矩。球内外磁场分别为

$$\boldsymbol{B}_{内}=-\mu_0\nabla\varphi_{内}=\frac{\mu_0Q}{6\pi R_0}\boldsymbol{\omega}\tag{4.4.20}$$

$$\boldsymbol{B}_{外} = -\mu_0 \nabla \varphi_{外} = \frac{\mu_0}{4\pi}\left[\frac{3(\boldsymbol{m}\cdot\boldsymbol{r})\boldsymbol{r}}{r^5} - \frac{\boldsymbol{m}}{r^3}\right] \tag{4.4.21}$$

这与例 4.3.1 中用矢势法求得的结果相同。式(4.4.19)是磁矩为 $\boldsymbol{m}$ 的磁偶极子在远场所产生的磁标势。

4.5　稳恒磁场能量和磁作用力

4.5.1　稳恒磁场的能量

由式(2.7.8)可以得到稳恒磁场的能量密度

$$w = \frac{1}{2}\boldsymbol{B}\cdot\boldsymbol{H} \tag{4.5.1}$$

全空间磁场总能量由磁场能量密度的体积分表示，即

$$W = \frac{1}{2}\int_{\infty}\boldsymbol{B}\cdot\boldsymbol{H}\mathrm{d}\tau \tag{4.5.2}$$

根据稳恒磁场的唯一性定理，在介质分布已知的情况下，只要给定全空间中的自由电流分布，全空间磁场分布是唯一的。所以，稳恒磁场总能量可以通过电流分布和矢势表示出来。由 $\boldsymbol{B} = \nabla\times\boldsymbol{A}$，利用矢量分析公式

$$\nabla\cdot(\boldsymbol{A}\times\boldsymbol{H}) = (\nabla\times\boldsymbol{A})\cdot\boldsymbol{H} - \boldsymbol{A}\cdot\nabla\times\boldsymbol{H}$$

以及稳恒磁场方程 $\nabla\times\boldsymbol{H} = \boldsymbol{j}$，易得

$$\boldsymbol{B}\cdot\boldsymbol{H} = \nabla\cdot(\boldsymbol{A}\times\boldsymbol{H}) + \boldsymbol{A}\cdot\boldsymbol{j} \tag{4.5.3}$$

把式(4.5.3)代入式(4.5.2)，第一项积分可化成无穷远面上的积分，结果为零。最后可得

$$W = \frac{1}{2}\int_{V}\boldsymbol{A}\cdot\boldsymbol{j}\mathrm{d}\tau \tag{4.5.4}$$

上式表示电流在全空间激发磁场的总能量，其中的 $\boldsymbol{A}$ 是空间中所有电流所激发的总磁场的矢势。$\frac{1}{2}\boldsymbol{A}\cdot\boldsymbol{j}$ 不能解释为磁场能量密度，因为磁场能量分布在整个磁场中，而不仅限于有电流的区域。

下面考察一个小区域电流分布与外磁场的**相互作用能**。与静电场的情况相似，把相互作用能定义为“小区域电流与外磁场同时存在时的能量减去二者单独存在时(电流分布保持不变)的能量”。记小区域 V 内的电流密度为 $\boldsymbol{j}$，它所

产生磁场的矢势为$\boldsymbol{A}_1$，外磁场为$\boldsymbol{B}_e$，相应的矢势为$\boldsymbol{A}_e$。设产生外磁场的电流源为$\boldsymbol{j}_e$，分布在区域V_e内。小区域 V 内的电流与外磁场的相互作用能为

$$\begin{aligned} W_i &= W - (W_1 + W_e) \\ &= \frac{1}{2}\int_\infty (\boldsymbol{A}_1 + \boldsymbol{A}_e)\cdot(\boldsymbol{j} + \boldsymbol{j}_e)\mathrm{d}\tau - \left(\frac{1}{2}\int_\infty \boldsymbol{A}_1\cdot\boldsymbol{j}\mathrm{d}\tau + \frac{1}{2}\int_\infty \boldsymbol{A}_e\cdot\boldsymbol{j}_e\mathrm{d}\tau\right) \\ &= \frac{1}{2}\int_{V_e}(\boldsymbol{A}_1\cdot\boldsymbol{j}_e)\mathrm{d}\tau + \frac{1}{2}\int_V(\boldsymbol{A}_e\cdot\boldsymbol{j})\mathrm{d}\tau \end{aligned}$$

与静电场中讨论小区域电荷在外场中的能量时一样，由$\boldsymbol{A} = \dfrac{\mu_0}{4\pi}\displaystyle\int\frac{\boldsymbol{j}(\boldsymbol{x}')\mathrm{d}\tau'}{|\boldsymbol{x} - \boldsymbol{x}'|}$，容易证明上式中右边两项是相等的，从而有

$$W_i = \int_V \boldsymbol{A}_e\cdot\boldsymbol{j}\mathrm{d}\tau \tag{4.5.5}$$

上式表明，只要知道小区域内外磁场的矢势$\boldsymbol{A}_e$，就可以求出W_i，而不必去了解$\boldsymbol{j}_e$的分布情况。

下面讨论稳恒磁场问题中一类很重要的情况：n 个载流线圈组成的电流系统。设第 i 个载流线圈的电流强度为I_i，在式(4.5.4)中用$I_i\mathrm{d}\boldsymbol{l}$ 代替$\boldsymbol{j}\mathrm{d}\tau$，对载流线圈回路$L_i$作积分，可得到该电流系统磁场的总能量

$$W = \frac{1}{2}\sum_{i=1}^{n} I_i\oint_{L_i}\boldsymbol{A}\cdot\mathrm{d}\boldsymbol{l}$$

应用式(4.2.4)，把矢势沿闭合回路的积分表示为穿过闭合回路所围曲面的磁通量，上式可写作

$$W = \frac{1}{2}\sum_{i=1}^{n} I_i\Phi_i \tag{4.5.6}$$

Φ_i是穿过第 i 个线圈回路的磁通量。

因为空间总磁场 $\boldsymbol{B}$ 是各个线圈电流激发的磁感应强度的矢量和，而每个线圈激发的磁感应强度和这个线圈中的电流强度成正比，所以穿过第 i 个电流圈的磁通量Φ_i与各个回路电流强度有线性关系

$$\Phi_i = \sum_{j=1}^{n} L_{ij} I_j \tag{4.5.7}$$

系数$L_{ij}(i\neq j)$称为第 i 个回路与第 j 个回路的**互感系数**(coefficient of mutual induction)，L_{ii}称为第 i 个回路的**自感系数**(coefficient of self-induction)。将式(4.5.7)代入式(4.5.6)，可将磁场总能量 W 写成两部分之和，即

$$W = \frac{1}{2}\sum_{i=1}^{n}\sum_{j=1}^{n} L_{ij}I_iI_j = W_s + W_i \tag{4.5.8}$$

其中

$$W_s = \frac{1}{2}\sum_{i=1}^{n} L_{ii} I_i^2 \tag{4.5.9}$$

$$W_i = \frac{1}{2}\sum_{i=1}^{n}\sum_{j\neq i}^{n} L_{ij} I_i I_j \tag{4.5.10}$$

分别为该载流线圈系统的自能和相互作用能。

4.5.2 磁偶极子在外场中的磁能

由4.2节可知，小区域内的电流分布可以展开为磁多极子。要由式(4.5.5)求出磁多极子在外场中的磁能，可以把电流分布划分为一个个闭合的电流环，每个电流环用$I_i\mathrm{d}\boldsymbol{l}$代替$\boldsymbol{j}\mathrm{d}\tau$，则式(4.5.5)可以表示为

$$W_i = \int_V \boldsymbol{A}_e\cdot\boldsymbol{j}\mathrm{d}\tau = \sum_i I_i\oint_{L_i}\boldsymbol{A}_e\cdot\mathrm{d}\boldsymbol{l} = \sum_i I_i\int\boldsymbol{B}_e\cdot\mathrm{d}\boldsymbol{\sigma}_i \tag{4.5.11}$$

若外磁场在小区域内变化缓慢，将外磁场在小区域内原点附近作泰勒展开

$$\boldsymbol{B}_e(\boldsymbol{r}) = \boldsymbol{B}_e(0) + \boldsymbol{r}\cdot[\nabla\boldsymbol{B}_e(\boldsymbol{r})]_0 + \cdots \tag{4.5.12}$$

将其代入式(4.5.11)，其中最低级近似为

$$W_m = \sum_i I_i\int\boldsymbol{B}_e(0)\cdot\mathrm{d}\boldsymbol{\sigma}_i = \boldsymbol{B}_e(0)\cdot\sum_i I_i\boldsymbol{S}_i$$

注意到

$$\boldsymbol{m} = \sum_i I_i\boldsymbol{S}_i$$

就是小区域电流的磁偶极矩，则

$$W_m = \boldsymbol{m}\cdot\boldsymbol{B}_e(0) \tag{4.5.13}$$

就是磁偶极子在外场中的磁能。有趣的是，式(4.5.13)与电偶极子在外电场中的能量$W_i = -\boldsymbol{P}\cdot\boldsymbol{E}_e(0)$恰好差一个负号。我们在后面例4.5.1中再讨论这个问题。

式(4.5.12)代入式(4.5.11)中后面的项表示各级磁多极子在外场中的磁能，但是大多数情况下只需要考虑磁偶极子的贡献。

4.5.3 磁场对电流的作用力

磁场对电流的作用力可以用安培力公式计算，但通常这不是最方便的办法。下面讨论用虚位移法计算磁场对电流的作用力。

设$q_k(k=1,2,\cdots n)$是规定电流系统各线圈位形的一组广义坐标，电流系

统激发的磁场总能量作为这组广义坐标的函数为 $W = W(q_k)$。稳恒电流必须和稳恒电源相连，设与第 i 个电流圈相连的电源电动势为ε_i，电流圈上的电流强度为I_i，电阻为R_i。假设在磁场力作用下，在 δt 时间内，确定电流系统位形的第 k 个广义坐标q_k发生了δq_k的变化，与此广义坐标对应的广义力为F_k，则磁场力做的功可表示为

$$\delta A = \sum_k F_k \delta q_k \tag{4.5.14}$$

由于线圈位形的变化，各线圈的互感和自感会发生变化，穿过各线圈回路的磁通量也会发生变化，从而在各个回路中激发感生电动势。感生电动势会对电流做功，为了维持I_i不变，电源要提供一定的能量 δW_0 以抵消感生电动势的影响。另一方面，磁场总能量也要发生变化，设电流系统磁场总能量的增加量为 δW，由能量守恒有

$$\delta W_0 = \delta A + \delta W \tag{4.5.15}$$

一般情况下，由于各导体回路都有一定的电阻，各回路中都存在焦耳热损耗。在 $\mathrm{d}t$ 时间内电源供给的能量扣除焦耳热耗后为

$$\delta W_0 = \sum_i \varepsilon_i I_i \mathrm{d}t - \sum_i I_i^2 R_i \mathrm{d}t \tag{4.5.16}$$

而在接有电动势ε_i的回路中，磁通量Φ_i发生变化时有

$$\varepsilon_i = I_i R_i + \frac{\mathrm{d}\Phi_i}{\mathrm{d}t}$$

代入式(4.5.16)得

$$\delta W_0 = \sum_{i=1}^{n} I_i^2 R_i \mathrm{d}t + \sum_{i=1}^{n} I_i \frac{\mathrm{d}\Phi_i}{\mathrm{d}t}\mathrm{d}t - \sum_{i=1}^{n} I_i^2 R_i \mathrm{d}t = \sum_{i=1}^{n} I_i \mathrm{d}\Phi_i \tag{4.5.17}$$

所以式(4.5.15)可化为

$$\sum_i I_i \delta\Phi_i = \delta A + \delta W \tag{4.5.18}$$

下面分两种情况讨论。

1. 保持各回路中I_i不变

在这种情况下磁场总能量的变化由式(4.5.6)可得，即

$$\delta W = \frac{1}{2}\sum_{i=1}^{n} I_i \delta\Phi_i$$

和式(4.5.17)比较，可知

$$\delta W_0 = 2\delta W$$

用这一结果，式(4.5.15)化为

$$\delta A = \delta W \tag{4.5.19}$$

而

$$\delta W = \sum_k \frac{\partial W}{\partial q_k}\delta q_k \tag{4.5.20}$$

将此式和式(4.5.11)代入式(4.5.19)，并注意到各 q_k 互相独立，得到这种情况下计算广义力的公式

$$F_k = \left(\frac{\partial W}{\partial q_k}\right)_{I_i=\text{常数}} \tag{4.5.21}$$

2. 保持穿过各回路的磁通量不变

此时当广义坐标发生 δq_k 的变化时，外电源提供的能量全部用于焦耳热损耗。由式(4.5.18)得

$$\delta A + \delta W = 0$$

将式(4.5.11)和式(4.5.20)代入上式，得

$$F_k = -\left(\frac{\partial W}{\partial q_k}\right)_{\Phi_i=\text{常数}} \tag{4.5.22}$$

必须指出，上述虚位移法求磁场作用力，只是假想某广义坐标发生可能的变化，实际上各电流回路位形并没发生任何变化。对于一个确定的电流系统，利用上面两个公式计算磁场作用力应得到相同的结果。在实际计算时，如果磁场能量是由电流I_i给出，使用式(4.5.21)比较方便；如果能量是由磁通量Φ_i表示，则使用式(4.5.22)比较方便。

例 4.5.1：有一个平面稳恒电流环，电流强度为I_1，线圈面积为$\boldsymbol{S}$，处于均匀外磁场$\boldsymbol{B}_e$中。假设电流环是刚性的，求电流环在外磁场中的能量、受到的力矩和作用力。

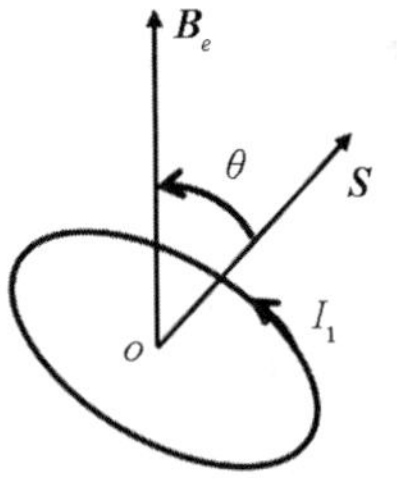

例 4.5.1 图

解：由于电流环是刚性的，在转动过程中自能不会变化，变化的仅是电流环和外场的相互作用能。不妨设均匀外磁场由电流 I_2 产生，由式(4.5.10)有

$$W_i = \frac{1}{2}\sum_{i=1}^{n}\sum_{j\neq i}^{n} L_{ij} I_i I_j = \frac{1}{2}(L_{12} I_1 I_2 + L_{21} I_2 I_1) = I_1 I_2 L_{12}$$

$$= I_1 \Phi' = I_1 \boldsymbol{B}_e \cdot \boldsymbol{S} = \boldsymbol{m} \cdot \boldsymbol{B}_e \tag{4.5.23}$$

$\boldsymbol{\Phi}'$是外源激发的、穿过电流环的磁通量，$\boldsymbol{m} = I_1\boldsymbol{S}$ 是电流环的磁矩。这里我们从式(4.5.10)出发进行推导，得到的结果与式(4.5.13)是一致的，稳恒电流环等效于一个磁偶极子。

由于能量W_i是电流的函数，应用式(4.5.21)可得

$$L = \left(\frac{\partial W_i}{\partial \theta}\right)_{I_i = C} = -I_1 B_e S\sin\theta = -mB_e\sin\theta$$

这里 $L<0$，故力矩使 θ 角减小，上式可用矢量表示为

$$\boldsymbol{L} = \boldsymbol{m} \times \boldsymbol{B}_e \tag{4.5.24}$$

应用式(4.5.21)，可得到稳恒电流环所受的作用力

$$\boldsymbol{F} = \nabla W_i = \nabla(\boldsymbol{m} \cdot \boldsymbol{B}_e) = \boldsymbol{m} \cdot \nabla \boldsymbol{B}_e \tag{4.5.25}$$

上式表明，只在非均匀外磁场中，稳恒电流环才受到不为零的磁场作用力。

在例 3.6.1 中，我们给出了电偶极子在外场中受到的作用力和力矩

$$\boldsymbol{L} = \boldsymbol{P} \times \boldsymbol{E}, \quad \boldsymbol{F} = \boldsymbol{P} \cdot \nabla \boldsymbol{E}$$

可以看到，磁偶极子和电偶极子在外场中的力矩和受力情况完全相同。但是，二者在外场中的能量恰好差一个负号。我们注意到，电偶极子在外场中的能量还具有势能的含义：外电场对电偶极子的作用力矩会驱使电偶极子往外电场方向转动，当电偶极子方向与外电场方向一致时能量最低，这可以理解为外电场做功导致电偶极子势能减少。但是，磁偶极子在外场中的能量$W_m = \boldsymbol{m} \cdot \boldsymbol{B}_e$则没有这样的含义：外磁场对磁偶极子的作用力矩也会驱使磁偶极子往外磁场方向转动，但是当磁偶极子方向与外磁场方向一致时能量最高。这是因为本课程所讨论的磁偶极子等价于稳恒电流环，必须有外接电源做功以维持电流不变，且电源做功 $\delta W_0 = \delta A + \delta W = 2\delta W$。因此，当安培力做功使得磁偶极子转向时，外接电源做功的一部分克服了安培力做功，另一部分转化为磁偶极子在外场中的能量。

当讨论一个带有固有磁矩的微观粒子在磁场中的运动时，由于微观粒子固有磁矩的来源属于量子现象，在运动时磁矩自动保持不变，并不需要想象有一个外接电源对它做功，此时安培力做功会导致粒子能量减小。因此，在应用经典理论或量子理论讨论微观粒子在外磁场中的能量变化(磁场中原子能级的分裂)时，我们用类似静电场中的电偶极子势能来定义磁偶极子在外场中的势能

$$W_d = -\boldsymbol{m} \cdot \boldsymbol{B}_e \tag{4.5.26}$$

安培力对磁偶极子做功，会导致磁势能W_d减少。作用于磁偶极子上的力表示为磁偶极子势能梯度的负值。

$$\boldsymbol{F} = -\nabla W_d = \boldsymbol{m} \cdot \nabla \boldsymbol{B}_e$$

例 4.5.2：在一根长直导线附近有一个矩形线圈，线圈长边与直导线平行，相距 d。若直导线上电流强度为I_1，线圈中电流强度为I_2，计算线圈受到的作用力。

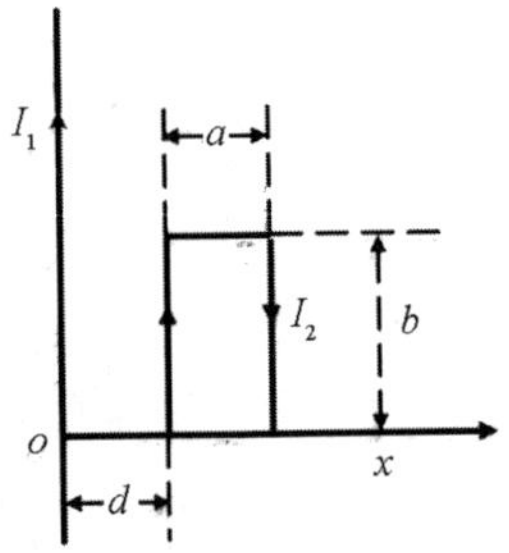

例 4.5.2 图

解：载流线圈与载流直导线磁场的相互作用能为

$$W_i = I_1 I_2 L_{21} = I_2 \Phi_2'$$

Φ_2'为I_1产生的穿过线圈的磁通量。距离导线为 x 处的磁场 $\boldsymbol{B}$ 为

$$\boldsymbol{B} = \frac{\mu_0 I_1}{2\pi x} \boldsymbol{e}_\Phi$$

$\boldsymbol{e}_\Phi$在线圈平面上各点都与线圈平面垂直，故

$$\mathrm{d}\Phi_2' = \frac{\mu_0 I_1}{2\pi x} b \mathrm{d}x$$

$$\Phi_2' = \frac{\mu_0 I_1 b}{2\pi} \int_d^{d+a} \frac{\mathrm{d}x}{x} = \frac{\mu_0 I_1 b}{2\pi} \ln\left(\frac{d+a}{d}\right)$$

所以

$$W_i = \frac{\mu_0 I_1 I_2 b}{2\pi} \ln\left(\frac{d+a}{d}\right)$$

对应坐标 d 的广义力由式(4.5.21)得到，即

$$F_x = \left(\frac{\partial W_i}{\partial d}\right)_{I=C} = -\frac{\mu_0 I_1 I_2 ab}{2\pi d(d+a)}$$

$F_x < 0$，说明线圈受到磁场作用力使线圈向载流直导线靠近。

习　题

4.1　求内导体圆柱半径为R_1、外导体内半径为R_2的同轴电缆单位长度的绝缘电阻。设两导线间介质电导率为σ_e，电缆线长度远远大于截面半径。

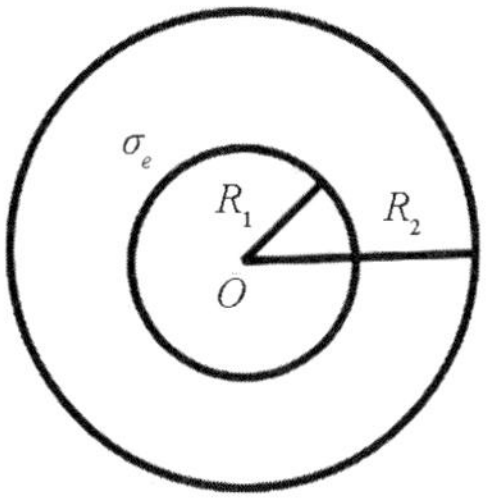

习题 4.1 图

4.2　在一个很大的电解槽中充满电导率为σ_e的液体，其中流有均匀电流$\boldsymbol{j}_0$，在液体中置入一个半径为 R_0 的绝缘介质球，求稳恒时的电流分布。

4.3　求电导率为σ_e、厚度为 h、内外半径分别为R_1和 R_2的导体环一部分的电阻，设电势$\varphi|_{\Phi=0}=0$，$\varphi|_{\Phi=\alpha}=U_0$。

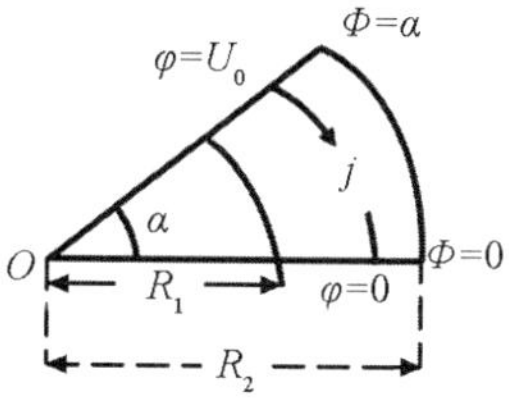

习题 4.3 图

4.4　设有均匀稳恒磁场$\boldsymbol{B}=B_0\boldsymbol{e}_z$，给出描写这一磁场的两个不同的矢势，并证明二者之差是无旋场。

4.5　一根无限长螺线管半径为 a，通有电流 I，单位长度上有 N 匝。求螺线管内外空间磁场的矢势和磁感应强度。

4.6　设有无穷长线电流沿 z 轴流动，$z<0$ 空间充满磁导率为 μ 的均匀介质，$z>0$ 区域为真空，试用唯一性定理求磁感应强度 $\boldsymbol{B}$，然后求出磁化电流分布。

4.7　有一个半径为 a 的无限长圆柱形导体，内有一个半径为 b 的圆柱形空腔。这两个圆柱的轴线平行，距离为 $l(l<a-b)$，截面如图。电流 I 沿导体流动，并在截面上均匀分布。证明空腔中各点的磁场强度是常矢量。

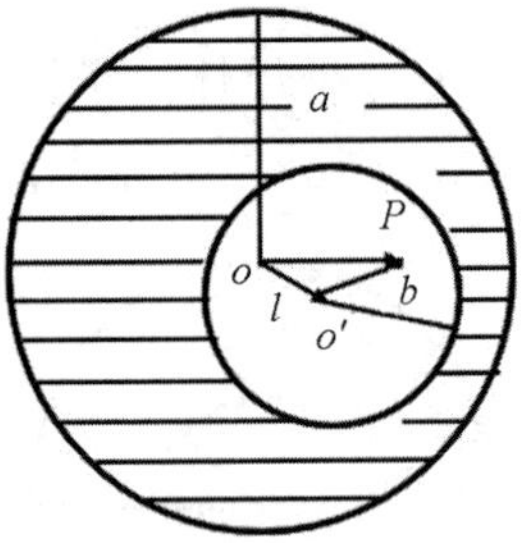

习题 4.7 图

4.8　将一个磁导率为 μ、半径为 R_0 的球体置入均匀磁场 $\boldsymbol{H}_0$ 中，求磁感应强度 $\boldsymbol{B}$ 和诱导磁矩 $\boldsymbol{m}$。

4.9　将一个磁导率为 μ、内外半径分别是 R_1 和 R_2 的空心球壳置入均匀外磁场 $\boldsymbol{H}_0$ 中，求空腔内的磁感应强度 $\boldsymbol{B}$，并讨论 $\mu \gg \mu_0$ 时的磁屏蔽作用。

4.10　真空中一根无限长载流直导线平行于磁导率为 μ 的介质表面，与表面的距离为 h，设导线上的电流强度为 I，求空间各区域的磁场分布。

4.11　两个磁偶极子在同一平面内，$\boldsymbol{m}_1$ 固定，$\boldsymbol{m}_2$ 可绕自身中心自由转动，$\boldsymbol{r}$ 是 $\boldsymbol{m}_2$ 相对于 $\boldsymbol{m}_1$ 的相对位矢，θ_1 与 θ_2 分别是 $\boldsymbol{r}$ 和 $\boldsymbol{m}_1$、$\boldsymbol{m}_2$ 之间的夹角。证明：在平衡时，$\tan\theta_1=-2\tan\theta_2$。

第5章　电磁波的传播

静止电荷和稳恒电流激发的是静电场和稳恒电磁场。当电荷、电流随时间变化时，激发的场也随时间变化。在无源空间中，变化的电场和磁场互相激发，形成运动的电磁波。本章讨论电磁波在开放边界的无源空间中运动的规律。

对于无源的麦克斯韦方程组

$$\begin{cases}\nabla\times\boldsymbol{E}=-\dfrac{\partial\boldsymbol{B}}{\partial t}\\ \nabla\times\boldsymbol{H}=\dfrac{\partial\boldsymbol{D}}{\partial t}\\ \nabla\cdot\boldsymbol{D}=0\\ \nabla\cdot\boldsymbol{B}=0\end{cases}$$

如果做代换

$$\begin{cases}\boldsymbol{E}\to\boldsymbol{H}'\\ \boldsymbol{H}\to-\boldsymbol{E}'\end{cases}\quad\begin{cases}\boldsymbol{D}\to\boldsymbol{B}'\\ \boldsymbol{B}\to-\boldsymbol{D}'\end{cases}$$

容易证明，麦克斯韦方程组变换后的形式完全不变。我们称 $\boldsymbol{E}'$ 和 $\boldsymbol{B}'$ 为 $\boldsymbol{E}$ 和 $\boldsymbol{B}$ 的对偶场，称上述代换为对偶变换。无源的麦克斯韦方程组具有对偶变换下的不变性，这为无源条件下电磁场问题的求解带来了很多方便。

平面单色电磁波(plane monochromatic electromagnetic waves)是电磁波最简单、最基本的模式。对于一般的变化电磁场，总是可以通过傅里叶分解表示为不同频率的平面单色波的叠加，研究平面单色电磁波是分析和理解更复杂波动现象的基础。本章只讨论均匀线性介质中的平面单色波。首先给出均匀线性介质中的单色波方程，然后讨论不同介质中方程的平面单色波解、平面单色波的传播特性、平面单色波在介质交界面上的反射和折射，最后讨论多层介质中的电磁波。

5.1 均匀线性介质中的单色电磁波方程

传播问题的研究对象是脱离了激发源的电磁场在空间传播的规律。传播问题的基本特点是$\rho=0$，$\boldsymbol{j}=0$。注意到这一特点，由麦克斯韦方程组可以得出描述传播现象的基本方程式

$$\begin{cases}\nabla\times\boldsymbol{E}=-\dfrac{\partial\boldsymbol{B}}{\partial t}\\\nabla\times\boldsymbol{H}=\dfrac{\partial\boldsymbol{D}}{\partial t}\\\nabla\cdot\boldsymbol{D}=0\\\nabla\cdot\boldsymbol{B}=0\end{cases}\tag{5.1.1}$$

对于一般的电磁波，场量可以是时间的任意函数，但是一般的波都可以通过傅里叶分析表示为单色波叠加，以下只研究单色电磁波。对于单色波，波场中每一点场量都是时间的谐变函数，电场和磁场的一般形式为

$$\begin{cases}\boldsymbol{E}(\boldsymbol{x},\ t)=\boldsymbol{E}(\boldsymbol{x})\mathrm{e}^{-\mathrm{i}\omega t}\\\boldsymbol{H}(\boldsymbol{x},\ t)=\boldsymbol{H}(\boldsymbol{x})\mathrm{e}^{-\mathrm{i}\omega t}\end{cases}\tag{5.1.2}$$

为了数学上的方便，这里把$\boldsymbol{E}$、$\boldsymbol{H}$都写成复数形式，但是只有实部才表示真实的场量。在单色电磁波情况下，均匀线性介质的电磁性质方程形式上仍可以写作

$$\begin{cases}\boldsymbol{D}=\varepsilon\boldsymbol{E}\\\boldsymbol{B}=\mu\boldsymbol{H}\end{cases}\tag{5.1.3}$$

这里ε和μ除了是和空间坐标无关的常量这一限制，视介质性质不同，**可以是实数、复数或张量**。将式(5.1.2)代入式(5.1.1)，并利用式(5.1.3)得到均匀线性介质中的单色电磁波方程

$$\begin{cases}\nabla\times\boldsymbol{E}=\mathrm{i}\omega\mu\boldsymbol{H}\\\nabla\times\boldsymbol{H}=-\mathrm{i}\omega\varepsilon\boldsymbol{E}\\\nabla\cdot\boldsymbol{E}=0\\\nabla\cdot\boldsymbol{H}=0\end{cases}\tag{5.1.4}$$

对于均匀介质中的单色波，式(5.1.4)中的四个方程并不完全独立，对前两个方程取散度，可以导出后两个方程。所以，研究均匀线性介质中的单色波可以只考虑式(5.1.4)中的前两个方程。

对式(5.1.4)中第一个方程取旋度，并利用第二个方程得

$$\nabla \times (\nabla \times \boldsymbol{E}) = \mathrm{i}\omega\mu \nabla \times \boldsymbol{H} = \omega^2 \mu\varepsilon \boldsymbol{E}$$

注意由第二个方程有$\nabla \cdot \boldsymbol{E} = 0$，上式可以写作

$$\begin{cases} \nabla^2 \boldsymbol{E} + k^2 \boldsymbol{E} = 0 \\ \nabla \cdot \boldsymbol{E} = 0 \end{cases} \tag{5.1.5}$$

其中

$$k = \omega\sqrt{\mu\varepsilon} \tag{5.1.6}$$

是空间中沿波传播方向单位长度上完整波数的 2π 倍，称为电磁波的**波数**(wave number)，它由介质的电磁性质和波的激发频率决定。式(5.1.5)中的第一式称为**亥姆霍兹方程**；第二式决定了电磁波的横波性，称为**横波条件**(transversal wave condition)。解式(5.1.5)求得电场后，磁场可由式(5.1.4)中的第一式给出。

$$\boldsymbol{H} = \frac{1}{\mathrm{i}\omega\mu} \nabla \times \boldsymbol{E} \tag{5.1.7}$$

完全类似，也可以对式(5.1.4)中第二式取旋度，并利用第一式得

$$\begin{cases} \nabla^2 \boldsymbol{H} + k^2 \boldsymbol{H} = 0 \\ \nabla \cdot \boldsymbol{H} = 0 \end{cases} \tag{5.1.8}$$

其中 k 仍由式(5.1.6)给出。解方程式(5.1.8)求出 $\boldsymbol{H}$ 后，电场由式(5.1.4)中的第二式给出。

$$\boldsymbol{E} = -\frac{1}{\mathrm{i}\omega\varepsilon} \nabla \times \boldsymbol{H} \tag{5.1.9}$$

方程式(5.1.5)～(5.1.7)和式(5.1.8)～(5.1.9)具有完全相同的数学结构。均匀线性介质中的单色电磁波问题可以归结为求解方程式(5.1.5)～(5.1.7)。

5.2　各向同性无耗介质中的平面单色电磁波

本节研究单色波方程在各向同性**无耗介质**(lossless materials)中的平面波解。无耗介质只是理想情况，真实介质的电导率并不严格是零，阻尼损耗在高频情况下尤其不容忽略。但损耗很小的绝缘介质可以近似看作无耗介质。对均匀、线性、各向同性无耗介质，介电常数和磁导率都是一个实常数，波数 k 也是一个实数。

5.2.1 平面单色电磁波的特点

均匀、线性、各向同性无耗介质中的单色波由下列方程决定。

$$\nabla^2 \boldsymbol{E} + k^2 \boldsymbol{E} = 0 \tag{5.2.1}$$

$$\nabla \cdot \boldsymbol{E} = 0 \tag{5.2.2}$$

$$\boldsymbol{H} = \frac{1}{\mathrm{i}\omega\mu} \nabla \times \boldsymbol{E} \tag{5.2.3}$$

其中

$$k^2 = \omega^2 \mu \varepsilon \tag{5.2.4}$$

是一个实常数。按激发或传播条件的不同，这组方程式可以有球面波解、狭窄波束解、平面波解等多种形式。现在只研究最基本的平面波解。

平面波最基本的特点是等相位面与传播方向垂直。按照等相位面上各点场矢量振幅是否相同，又可分为均匀平面波和非均匀平面波。如果场矢量在等相位面上有相同的振幅，这种平面波称为**均匀平面波**(uniform plane wave)。如果等相位面上场振幅随位置变化，称为**非均匀平面波**(non-uniform plane wave)。在5.5节研究全反射现象时将遇到非均匀平面波的例子。在充满均匀、线性、各向同性无耗介质的无界空间中只存在均匀平面波。

设在无界介质空间中平面单色波沿 $\boldsymbol{n}$ 方向传播。取 ξ 轴沿 $\boldsymbol{n}$ 方向，均匀平面波在垂直于 ξ 轴的平面上各点有相同的位相和振幅。空间各点场量振幅和位相仅和 ξ 有关。方程(5.2.1)化为一维形式

$$\frac{\mathrm{d}^2 \boldsymbol{E}(\xi)}{\mathrm{d}\xi^2} + k^2 \boldsymbol{E}(\xi) = 0 \tag{5.2.5}$$

这个方程的解是

$$\boldsymbol{E}(\xi) = \boldsymbol{E}_0 \mathrm{e}^{\pm \mathrm{i}k\xi} \tag{5.2.6}$$

$\boldsymbol{E}_0$是个常矢量，稍后将看到它必须与传播方向垂直，它的取向和大小都要由激发条件决定。由式(5.1.2)得

$$\begin{cases} \boldsymbol{E}(\xi, t) = \boldsymbol{E}_0 \mathrm{e}^{\mathrm{i}(k\xi - \omega t)} \\ \boldsymbol{E}(\xi, t) = \boldsymbol{E}_0 \mathrm{e}^{\mathrm{i}(k\xi + \omega t)} \end{cases} \tag{5.2.7}$$

式(5.2.7)中第一式波位相为

$$\varphi = k\xi - \omega t \tag{5.2.8}$$

随时间增大，波等相面向 $+\xi$ 方向移动，它代表沿 $+\xi$ 方向传播的波。式(5.2.7)中第二式代表向 $-\xi$ 方向传播的波。以下只考虑沿 $+\xi$ 方向传播的波。

把式(5.2.7)中的 ξ 用坐标 $\boldsymbol{x}$ 表示(如图 5.2.1 所示)，注意到

$$\xi = \boldsymbol{x} \cdot \boldsymbol{n} = \boldsymbol{x} \cdot \boldsymbol{k}/k$$

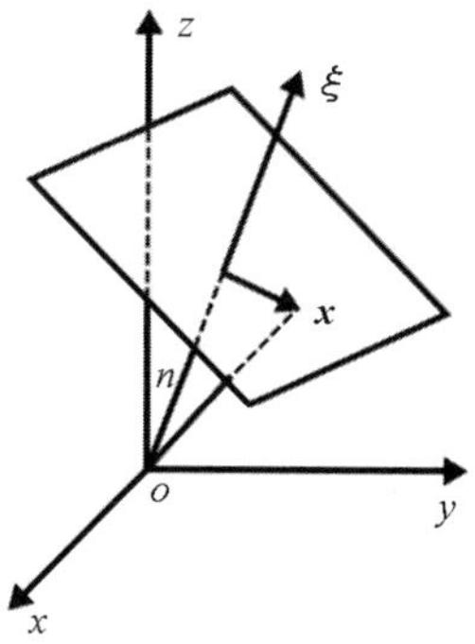

图 5.2.1　平面波示意图

其中 $\boldsymbol{k}$ 定义为沿传播方向 $\boldsymbol{n}$、大小等于波数 $k=\omega\sqrt{\mu\varepsilon}$ 的矢量，$\boldsymbol{k}$ 称为**波矢量**(wave vector)。代入式(5.2.7)的第一式中得

$$\boldsymbol{E}(\boldsymbol{x}, t) = \boldsymbol{E}_0 \mathrm{e}^{\mathrm{i}(\boldsymbol{k}\cdot\boldsymbol{x}-\omega t)} \tag{5.2.9}$$

这就是平面单色电磁波的电场表达式。由此出发讨论平面单色电磁波的若干特点。

1. 横波性

式(5.2.9)是亥姆霍兹方程式(5.2.1)的一个解，它还必须满足麦克斯韦方程组，只有这样它才能代表真实存在的电磁波模式。由式(5.2.2)和式(5.2.3)可得

$$\nabla \cdot \boldsymbol{E} = \nabla \cdot \boldsymbol{E}_0 \mathrm{e}^{\mathrm{i}(\boldsymbol{k}\cdot\boldsymbol{x}-\omega t)} = \mathrm{i}\boldsymbol{k} \cdot \boldsymbol{E} = 0 \tag{5.2.10}$$

$$\boldsymbol{H} = \frac{1}{\mathrm{i}\omega\mu}\nabla \times \boldsymbol{E} = \frac{1}{\omega\mu}\boldsymbol{k} \times \boldsymbol{E} \tag{5.2.11}$$

以上结果表明，平面电磁波的 $\boldsymbol{E}$, $\boldsymbol{H}$, $\boldsymbol{k}$ 三者互相垂直，构成右手螺旋关系。平面电磁波的电场和磁场都与传播方向垂直，我们称这样的波为**横波**(transverse wave)。

2. 相速度

平面波等相面移动的速度称为平面波的**相速度**(phase velocity)。在 ξ 坐标下，波等相面满足方程式(5.2.8)，所以相速度为

$$v_p = \frac{\mathrm{d}\xi}{\mathrm{d}t} = \omega/k = 1/\sqrt{\mu\varepsilon} \tag{5.2.12}$$

特别在真空中，$v_p=1/\sqrt{\mu_0\varepsilon_0}=c$，$c$ 是真空中的光速。

3. 介质的本征阻抗，$\boldsymbol{E}$ 和 $\boldsymbol{H}$ 的振幅关系

由于平面波波矢 $\boldsymbol{k}$ 与 $\boldsymbol{E}$ 垂直，由式(5.2.11)可得到 $\boldsymbol{E}$ 和 $\boldsymbol{H}$ 的振幅比

$$Z=E/H=\sqrt{\mu/\varepsilon} \tag{5.2.13}$$

Z 是具有阻抗的量纲，称为介质的**本征波阻抗**(intrinsic wave impedance)。对于各向同性的无耗介质，Z 是个实数。特别地，真空的本征波阻抗为

$$Z_0=\sqrt{\mu_0/\varepsilon_0}\cong 377\ \Omega \tag{5.2.14}$$

5.2.2 平面单色电磁波的能量和能流

电磁场能量密度

$$w=\frac{1}{2}(\boldsymbol{E}\cdot\boldsymbol{D}+\boldsymbol{B}\cdot\boldsymbol{H})=\frac{1}{2}(\varepsilon E^2+\mu H^2)$$

是场量的二次式。对于电磁场量的复数形式，代表真正物理场的仅是它的实部。取出 $\boldsymbol{E}$ 和 $\boldsymbol{H}$ 的实部代入上式得

$$w=\frac{1}{2}[\varepsilon E_0^2\cos^2(\boldsymbol{k}\cdot\boldsymbol{x}-\omega t)+\mu H_0^2\cos^2(\boldsymbol{k}\cdot\boldsymbol{x}-\omega t)] \tag{5.2.15}$$

对于平面电磁波，$H_0=E_0\sqrt{\varepsilon/\mu}$，电场能量密度和磁场能量密度相等。电磁场能量密度可表示为

$$w=\varepsilon E_0^2\cos^2(\boldsymbol{k}\cdot\boldsymbol{x}-\omega t)=\mu H_0^2\cos^2(\boldsymbol{k}\cdot\boldsymbol{x}-\omega t) \tag{5.2.16}$$

平面电磁波能流

$$\boldsymbol{S}=\boldsymbol{E}\times\boldsymbol{H}=\sqrt{\frac{\varepsilon}{\mu}}E_0^2\cos^2(\boldsymbol{k}\cdot\boldsymbol{x}-\omega t)\boldsymbol{n}=\sqrt{\frac{\mu}{\varepsilon}}H_0^2\cos^2(\boldsymbol{k}\cdot\boldsymbol{x}-\omega t)\boldsymbol{n} \tag{5.2.17}$$

$\boldsymbol{n}$ 是沿波矢 $\boldsymbol{k}$ 方向的单位矢量。利用式(5.2.16)和式(5.2.12)，式(5.2.17)可写作

$$\boldsymbol{S}=v_p w\boldsymbol{n} \tag{5.2.18}$$

这表明，在均匀、线性、各向同性无耗介质中，平面单色波能量传播的速度就等于波的相速度。

5.2.3 关于复型量二次式时间平均值的公式

式(5.2.16)和式(5.2.17)中，能量密度和能流密度都是随时间迅速变化的量，这些量的测量结果通常是它的时间平均值。下面导出计算复型场量二次

式时间平均值的一般公式。

设有复数量$f(t)=f_0\mathrm{e}^{-\mathrm{i}\omega t}$，$g(t)=g_0\mathrm{e}^{-\mathrm{i}(\omega t-\Phi)}$，二次式$f(t)g(t)$在一个周期内的时间平均值是

$$\overline{f(t)g(t)}=\frac{1}{T}\int_0^T f_0\,g_0\cos\omega t(\cos\omega t\cos\Phi+\sin\omega t\sin\Phi)\,\mathrm{d}t$$
$$=\frac{1}{2}f_0g_0\cos\Phi$$

上式可以表达为

$$\overline{f(t)g(t)}=\frac{1}{2}\mathrm{Re}(f^*g)\tag{5.2.19}$$

其中“ * ”表示取复共轭，Re 表示取实部。这就是计算复型量二次式的一般公式。由推导过程可以看出，式(5.2.19)中的f，g可以是矢量，其间运算可以是点乘或叉乘。

利用式(5.2.19)，可以求出平面电磁波的能量密度、能流密度的时间平均值，即

$$\bar{w}=\frac{1}{2}\varepsilon\mathrm{Re}(\boldsymbol{E}^*\cdot\boldsymbol{E})=\frac{1}{2}\varepsilon\,\boldsymbol{E}_0^2=\frac{1}{2}\mu H_0^2\tag{5.2.20}$$

$$\bar{\boldsymbol{S}}=\frac{1}{2}\mathrm{Re}(\boldsymbol{E}^*\times\boldsymbol{H})=\frac{1}{2}\sqrt{\frac{\varepsilon}{\mu}}E_0^2\boldsymbol{n}\tag{5.2.21}$$

5.2.4　平面波的极化

电磁波的**极化**(polarization)(或称为偏振)状态，通常用电场 $\boldsymbol{E}$ 的空间取向随时间变化的方式定义。平面波是横波，电场 $\boldsymbol{E}$ 在与波矢 $\boldsymbol{k}$ 垂直的平面内可以有两个独立的取向，如图 5.2.2 所示。可以在垂直于 $\boldsymbol{k}$ 的平面内取两个互相垂直的方向描述波的极化状态。

对于一个均匀平面波，设电场 $\boldsymbol{E}$ 沿 x，y 两个方向的分量分别是E_x，E_y，振幅分别是E_{x_0}，E_{y_0}，相位差为 Φ。

$$E_x(\boldsymbol{x},t)=E_{x_0}\mathrm{e}^{\mathrm{i}(\boldsymbol{k}\cdot\boldsymbol{x}-\omega t)}$$
$$E_y(\boldsymbol{x},t)=E_{y_0}\mathrm{e}^{\mathrm{i}(\boldsymbol{k}\cdot\boldsymbol{x}-\omega t+\Phi)}$$

电矢量 $\boldsymbol{E}$ 可表示为

$$\boldsymbol{E}(\boldsymbol{x},t)=(E_{x_0}\boldsymbol{e}_x+E_{y_0}\boldsymbol{e}_y\mathrm{e}^{\mathrm{i}\Phi})\mathrm{e}^{\mathrm{i}(\boldsymbol{k}\cdot\boldsymbol{x}-\omega t)}\tag{5.2.22}$$

下面分三种情况讨论波的极化状态。

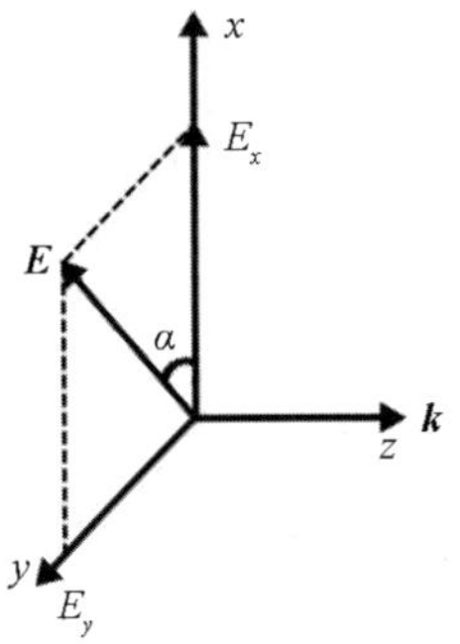

图 5.2.2　平面波电场的两个独立取向

1. 线极化波

Φ 为 0 或 π 时，即沿 x 方向和沿 y 方向的两个振动同相或反相，式(5.2.22)的两个分量是

$$E_x(\boldsymbol{x},t)=E_{x_0}\cos(\boldsymbol{k}\cdot\boldsymbol{x}-\omega t)$$
$$E_y(\boldsymbol{x},t)=\pm E_{y_0}\cos(\boldsymbol{k}\cdot\boldsymbol{x}-\omega t)$$

合成波电场的幅值在给定点 $\boldsymbol{x}$ 随时间变化

$$|\boldsymbol{E}(\boldsymbol{x},t)|=\sqrt{E_{x_0}^2+E_{y_0}^2}\,|\cos(\boldsymbol{k}\cdot\boldsymbol{x}-\omega t)| \tag{5.2.23}$$

合成波电场矢量与 x 轴夹角

$$\alpha=\arctan(\pm E_{y_0}/E_{x_0}) \tag{5.2.24}$$

与时间无关。这表明 Φ 为 0 或 π 的情况下，电场矢量的端迹在一条直线上振动，这种波称为**线极化波**(linearly-polarized waves)。

2. 圆极化波

如果沿 x 和 y 方向的两个分量的振幅相等：$E_{x_0}=E_{y_0}\equiv E_0$，但位相差 $\Phi=\pm\pi/2$，则合成波的电场矢量

$$\boldsymbol{E}(\boldsymbol{x},t)=E_0(\boldsymbol{e}_x\pm \mathrm{i}\boldsymbol{e}_y)\mathrm{e}^{\mathrm{i}(\boldsymbol{k}\cdot\boldsymbol{x}-\omega t)} \tag{5.2.25}$$

它的两个分量是

$$E_x(\boldsymbol{x},t)=E_0\cos(\boldsymbol{k}\cdot\boldsymbol{x}-\omega t)$$
$$E_y(\boldsymbol{x},t)=\mp E_0\sin(\boldsymbol{k}\cdot\boldsymbol{x}-\omega t)$$

合成波振幅是常量E_0，合成波振幅矢量与 x 轴的夹角

$$\alpha=\arctan\left[\mp\frac{\sin(\boldsymbol{k}\cdot\boldsymbol{x}-\omega t)}{\cos(\boldsymbol{k}\cdot\boldsymbol{x}-\omega t)}\right]=\mp(\boldsymbol{k}\cdot\boldsymbol{x}-\omega t) \tag{5.2.26}$$

在任意给定场点 $\boldsymbol{x}$ 上，电场矢量的端迹以 ω 角速度绕传播方向旋转，这种波称

为**圆极化波**(circularly-polarized waves)。当式(5.2.25)中 $\mathrm{i}\boldsymbol{e}_y$ 前取正号时，y 方向的振动落后 x 方向 $\pi/2$，当观察者迎着传来的波时，看到 $\boldsymbol{E}$ 矢量逆时针转动，这种波在光学上称为**左旋圆极化波**。当 $\mathrm{i}\boldsymbol{e}_y$ 前取负号时，则表示**右旋圆极化波**。

3. 椭圆极化波

一般情况下，沿 x 方向和沿 y 方向两个振动的振幅 $E_{x0}\neq E_{y0}$，并且两振动可以有任意的位相差。可以证明这时的合成电矢量端迹沿一个椭圆周转动，称为**椭圆极化波**(elliptically-polarized waves)。

以上讨论的线极化、圆极化和椭圆极化是均匀平面波的三种极化状态。如图 5.2.3 所示，从微观上看，右旋圆极化波与左旋圆极化波分别对应于自旋角动量为 $+\hbar$ 和 $-\hbar$ 的光子，大量 $+\hbar$ 和 $-\hbar$ 叠加态的光子表现成椭圆极化波或线极化波。对于非均匀平面波，存在着与光强空间分布有关的轨道角动量，极化态更加复杂。例如径向极化光、涡旋光等光场，在波阵面上的极化状态呈现非均匀分布，这使得它们具有许多与线极化等普通光场显著不同的特性，在光通信、光存储等很多应用上具有独特的优势。

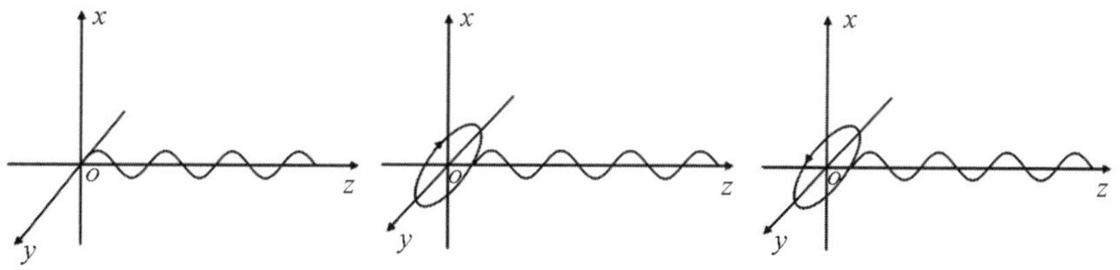

(a) 线极化波　(b) 右旋椭圆极化波　(c) 左旋椭圆极化波

图 5.2.3　均匀平面波的三种极化状态

5.3　导电介质中的平面单色电磁波

导电介质不同于绝缘介质，其内有可以自由移动的电荷。这些电荷在入射场作用下形成传导电流，传导电流随外场变化，激发新的次生场，叠加在入射场上。研究导电介质中的电磁波，必须考虑在入射场作用下介质中的电荷、电流变化的规律。

5.3.1 导电介质的有效介电常数

首先证明，在变化电磁场情况下，导体内部的自由电荷分布仍然为零。假设在导体内有密度为ρ_f的自由电荷，这个电荷将在导体内激发电场$\boldsymbol{E}$，满足

$$\varepsilon \nabla \cdot \boldsymbol{E} = \rho_f \tag{5.3.1}$$

在电场作用下，导体内将出现传导电流

$$\boldsymbol{j} = \sigma_e \boldsymbol{E} \tag{5.3.2}$$

其中σ_e为导体的电导率。由式(5.3.2)和式(5.3.1)得

$$\nabla \cdot \boldsymbol{j} = \frac{\sigma_e}{\varepsilon}\rho_f \tag{5.3.3}$$

在上式中应用电荷守恒定律，可得

$$\frac{\partial \rho_f}{\partial t} = -\frac{\sigma_e}{\varepsilon}\rho_f$$

对上式积分得到导体内电荷随时间的变化规律为

$$\rho_f(t) = \rho_0 \mathrm{e}^{-\frac{\sigma_e}{\varepsilon}t} \tag{5.3.4}$$

其中ρ_0是与初始条件有关的积分常数。对一般金属导体来说，σ_e/ε 的量级为 $10^{17} \sim 10^{19}$。即使由于某种原因 $t=0$ 时导体内的电荷密度$\rho_0 \neq 0$，对于频率小于 10^{17} Hz(相当于紫外光波段)的波，导体内电荷密度仍然会很快趋于0。因此，可以认为导电介质中仍然满足

$$\nabla \cdot \boldsymbol{E} = 0$$

但是，在入射电场作用下导体内可以有不为零的传导电流$\boldsymbol{j} = \sigma_e \boldsymbol{E}$，电流激发磁场，在磁场的旋度方程中要考虑传导电流的贡献

$$\nabla \times \boldsymbol{H} = -\mathrm{i}\omega\varepsilon \boldsymbol{E} + \sigma_e \boldsymbol{E} \tag{5.3.5}$$

引入**有效介电常数**(effective permittivity)

$$\varepsilon' = \varepsilon + \mathrm{i}\sigma_e/\omega \tag{5.3.6}$$

就可把磁场的旋度改写成

$$\nabla \times \boldsymbol{H} = -\mathrm{i}\omega\varepsilon' \boldsymbol{E}$$

综上可得，对于导电介质，只需将 ε 换成 ε'，单色波方程式(5.1.4)～(5.1.9)在形式上仍然成立。

5.3.2 电磁波在导电介质中的衰减

对于导电介质，引入有效介电常数后，式(5.3.6)中的波数 k 也要变成复

波数 k'。

$$\begin{cases} k'^2 = \omega^2 \mu \varepsilon' \\ \varepsilon' = \varepsilon + \mathrm{i}\sigma_e/\omega \end{cases} \tag{5.3.7}$$

仍可写出形式上的平面波解：

$$\boldsymbol{E} = \boldsymbol{E}_0 \mathrm{e}^{\mathrm{i}(\boldsymbol{k}' \cdot \boldsymbol{x} - \omega t)} \tag{5.3.8}$$

注意此时波矢量 $\boldsymbol{k}'$ 为复矢量，设其具有如下形式

$$\boldsymbol{k}' = \boldsymbol{\beta} + \mathrm{i}\boldsymbol{\alpha} \tag{5.3.9}$$

代入式(5.3.8)得

$$\boldsymbol{E} = \boldsymbol{E}_0 \mathrm{e}^{-\boldsymbol{\alpha} \cdot \boldsymbol{x}} \mathrm{e}^{\mathrm{i}(\boldsymbol{\beta} \cdot \boldsymbol{x} - \omega t)} \tag{5.3.10}$$

由此可见导电介质中的波是衰减的。$\boldsymbol{\alpha}$ 称为**衰减常数**(attenuation constant)，$\boldsymbol{\alpha}$ 的方向表示波衰减的方向，$|\boldsymbol{\alpha}|$ 描述波沿衰减方向单位长度的衰减量。$\boldsymbol{\beta}$ 称为**相位常数**(phase constant)，$\boldsymbol{\beta}$ 的方向表示波的等相面推进的方向，$|\boldsymbol{\beta}|$ 描述垂直于等相面方向前进单位距离时相位的改变量。一般情况下，$\boldsymbol{\alpha}$ 和 $\boldsymbol{\beta}$ 的方向可能不一致，此时等相面与等振幅面不重合，这就是非均匀平面波的情况。

将式(5.3.9)代入式(5.3.7)，比较等式两端的实部和虚部，可以得到

$$\begin{cases} \beta^2 - \alpha^2 = \omega^2 \mu \varepsilon \\ \boldsymbol{\alpha} \cdot \boldsymbol{\beta} = \dfrac{1}{2} \omega \mu \sigma_e \end{cases} \tag{5.3.11}$$

$\boldsymbol{\alpha}$ 和 $\boldsymbol{\beta}$ 共有六个分量，这两个方程尚不足以确定出 $\boldsymbol{\alpha}$ 和 $\boldsymbol{\beta}$，通常需要由导体内波的具体激发条件补充新的方程。

假设导体内的波是从导体面上垂直入射进来的，取波的入射方向为 z 方向，此时 $\boldsymbol{\alpha}$ 和 $\boldsymbol{\beta}$ 均沿 z 方向，导电介质内的电场可表示为

$$\boldsymbol{E} = \boldsymbol{E}_0 \mathrm{e}^{-\alpha z} \mathrm{e}^{\mathrm{i}(\beta z - \omega t)} \tag{5.3.12}$$

求解式(5.3.11)得到

$$\begin{cases} \beta = \omega \sqrt{\mu \varepsilon} \left\{ \dfrac{1}{2} \left[\sqrt{1 + \sigma_e^2/(\omega^2 \varepsilon^2)} + 1 \right] \right\}^{\frac{1}{2}} \\ \alpha = \omega \sqrt{\mu \varepsilon} \left\{ \dfrac{1}{2} \left[\sqrt{1 + \sigma_e^2/(\omega^2 \varepsilon^2)} - 1 \right] \right\}^{\frac{1}{2}} \end{cases} \tag{5.3.13}$$

磁场可由式(5.1.7)求出，即

$$\boldsymbol{H} = \frac{1}{\omega \mu} (\beta + \mathrm{i}\alpha) \boldsymbol{e}_z \times \boldsymbol{E} \tag{5.3.14}$$

5.3.3 良导体内电磁波的一般特点

在变化电磁场作用下，导电介质中同时存在传导电流和位移电流。如果传导电流比位移电流大得多，则称其为良导体。良导体条件可表示为

$$\boldsymbol{j}=\sigma_e\boldsymbol{E}\gg\boldsymbol{j}_D=\frac{\partial\boldsymbol{D}}{\partial t}=-\mathrm{i}\omega\varepsilon\boldsymbol{E}$$

即

$$\sigma_e/(\omega\varepsilon)\gg1 \tag{5.3.15}$$

要注意的是，良导体条件是和入射波的频率有关的，在低频下的良导体在高频下可能不再是良导体。

利用良导体条件式(5.3.15)，式(5.3.13)中的 α 和 β 可近似为

$$\alpha\approx\beta\approx\sqrt{\omega\mu\sigma_e/2} \tag{5.3.16}$$

下面讨论良导体内电磁波的一些特点。

1. 集肤效应

由于导体内的电磁波是衰减波，透射入导体内的场只存在于导体表面薄层内。定义波振幅衰减到 $1/e$ 的距离为**穿透深度**(penetration depth)。由式(5.3.13)和式(5.3.14)可知，当电磁波从导体面上垂直入射时，穿透深度为

$$\delta=\frac{1}{\alpha}=\frac{1}{\omega\sqrt{\mu\varepsilon}}\left\{\frac{1}{2}\left[\sqrt{1+\sigma_e^2/(\omega^2\varepsilon^2)}-1\right]\right\}^{-1/2} \tag{5.3.17}$$

特别地，对于良导体，穿透深度为

$$\delta\approx\sqrt{2/(\omega\mu\sigma_e)} \tag{5.3.18}$$

导体内电磁波衰减的原因是，导体内自由电子在入射电场驱动下形成传导电流，这些电流的焦耳热消耗了电磁场能量。

当电磁波被导体导引时，导体内的电磁场是通过导体侧面折射进去的。由于电磁波只能透入导体表面薄层中，导体内电流也集中在靠近表面的薄层中。在高频情况下，穿透深度 δ 很小，电流趋于集中在表面薄层的现象更明显，这就是**集肤效应**(skin effect)。

2. 导体内电磁波的相速度和色散

导体内电磁波的位相因子是 $e^{\mathrm{i}(\boldsymbol{\beta}\cdot\boldsymbol{x}-\omega t)}$，电磁波的相速度是

$$v_P=\omega/\beta \tag{5.3.19}$$

当电磁波从导体面上垂直入射时，将式(5.3.13)中的 β 值代入上式得

$$v_P = \frac{1}{\sqrt{\mu\varepsilon}}\left\{\frac{1}{2}\left[\sqrt{1+\sigma_e^2/(\omega^2\varepsilon^2)}+1\right]\right\}^{-1/2} \tag{5.3.20}$$

特别对于良导体，有

$$v_P = \sqrt{2\omega/(\mu\sigma_e)} \tag{5.3.21}$$

可见，即使 ε，μ，σ_e都和频率无关，导电介质中的相速度仍依赖于频率。相速度依赖于频率的现象称为**色散**(dispersion)。非导电介质的色散常由 ε，μ 和频率有关引起，而导电介质的色散可以与 ε，μ 对频率的依赖无关。

良导体内电磁波的相速度比绝缘介质中的相速度要小得多，二者之比为

$$\sqrt{\frac{2\omega}{\mu\sigma_e}}\Bigg/\frac{1}{\sqrt{\mu\varepsilon}} = \sqrt{\frac{2\omega\varepsilon}{\sigma_e}} \ll 1$$

3. 导电介质中的波阻抗，$\boldsymbol{E}$、$\boldsymbol{H}$ 的位相关系

由式(5.3.14)，导电介质的波阻抗为

$$Z = \frac{E}{H} = \frac{\omega\mu}{\beta+\mathrm{i}\alpha} = \sqrt{\frac{\mu}{\varepsilon+\mathrm{i}\sigma_e/\omega}} \tag{5.3.22}$$

Z 是一个复数，说明导电介质中的电场和磁场存在位相差。$\boldsymbol{H}$ 的位相比电场位相滞后。

$$\Phi = \arctan(\alpha/\beta) \tag{5.3.23}$$

特别地，对于良导体，$\alpha \approx \beta$，有 $\Phi = \pi/4$。良导体内磁场可表示为

$$\boldsymbol{H} = \sqrt{\frac{\sigma_e}{\omega\mu}}\mathrm{e}^{\mathrm{i}\frac{\pi}{4}}\boldsymbol{e}_z \times \boldsymbol{E} \tag{5.3.24}$$

4. 瞬时能流和能量

良导体内电磁波的瞬时能流为

$$\boldsymbol{S} = \boldsymbol{E}\times\boldsymbol{H} = \sqrt{\frac{\sigma_e}{\omega\mu}}E_0^2\mathrm{e}^{-2\alpha z}\cos(\beta z-\omega t)\cos\left(\beta z-\omega t+\frac{\pi}{4}\right)\boldsymbol{e}_z \tag{5.3.25}$$

在一个周期内两余弦因子乘积并不总是大于零，能流不总是沿$\boldsymbol{e}_z$方向，即存在返流现象。但可以证明周期平均能流总是沿$\boldsymbol{e}_z$方向的。

由式(5.3.24)还可看出，良导体内电磁波磁场能与电场能之比

$$\frac{\mu H^2}{\varepsilon E^2} = \frac{\mu}{\varepsilon}\frac{\sigma_e}{\omega\mu} = \frac{\sigma_e}{\omega\varepsilon} \gg 1$$

表明良导体内电磁场能量主要是磁场能量。

例 5.3.1：频率为 ω、振幅为E_0的平面电磁波垂直入射到电导率为σ_e的金属导体表面。(1)求透入波的能流密度。(2)证明透入金属内部的电磁场能量

全部转化为焦耳热。

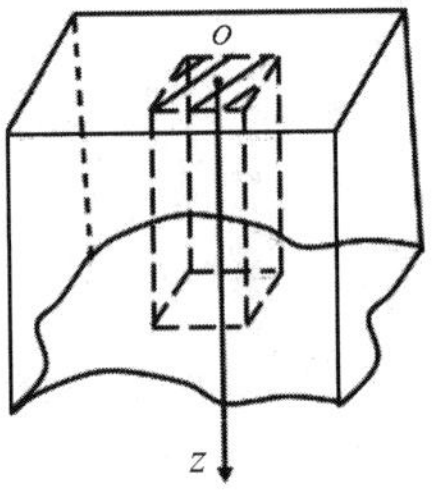

例 5.3.1 图

解：取 z 轴垂直于导体面，指向导体内部为正方向，导体面为 $z=0$。电磁波沿 z 正向垂直入射，透入波电场

$$\boldsymbol{E}=\boldsymbol{E}_0\mathrm{e}^{-\alpha z}\mathrm{e}^{\mathrm{i}(\beta z-\omega t)}$$

透入波磁场

$$\boldsymbol{H}=\sqrt{\frac{\sigma_e}{\omega\mu}}\mathrm{e}^{\mathrm{i}\pi/4}\boldsymbol{e}_z\times\boldsymbol{E}$$

由导体面透入导体内的平均能流

$$\bar{\boldsymbol{S}}=\frac{1}{2}\mathrm{Re}(\boldsymbol{E}^*\times\boldsymbol{H})_{z=0}=\frac{\sqrt{2}}{4}\sqrt{\frac{\sigma_e}{\omega\mu}}E_0^2\boldsymbol{e}_z \tag{5.3.26}$$

平均能流大小即单位时间内由导体面单位面积上透入的电磁场能量。

导体内部焦耳热损耗的时间平均功率密度为

$$\bar{P}_{功}=\frac{1}{2}\mathrm{Re}(\boldsymbol{j}^*\cdot\boldsymbol{E})=\frac{\sigma_e}{2}E_0^2\mathrm{e}^{-2\alpha z}$$

底面为单位面积的导体柱内焦耳热耗总功率

$$P_{总}=\int_0^\infty P_{功}\,\mathrm{d}z=\frac{\sigma_e}{2}E_0^2\int_0^\infty \mathrm{e}^{-2\alpha z}\mathrm{d}z=\frac{\sqrt{2}}{4}\sqrt{\frac{\sigma_e}{\omega\mu}}E_0^2 \tag{5.3.27}$$

与单位面积上透入的电磁场能量式(5.3.26)相等。这表明透入金属内部的电磁场能量全部转化为焦耳热。

例 5.3.2：计算高频下良导体的**表面电阻**(surface resistance)。

解：由于集肤效应，高频电流主要分布在导体表面薄层中。取 z 轴垂直于导体面，其正向指向导体内部。导体内电流密度

$$\boldsymbol{j}=\sigma_e\boldsymbol{E}=\sigma_e\boldsymbol{E}_0\mathrm{e}^{-\alpha z}\mathrm{e}^{\mathrm{i}(\beta z-\omega t)}$$

对 z 积分，并把积分结果看成分布在表面薄层中的电流，记为 $\boldsymbol{\alpha}$，则

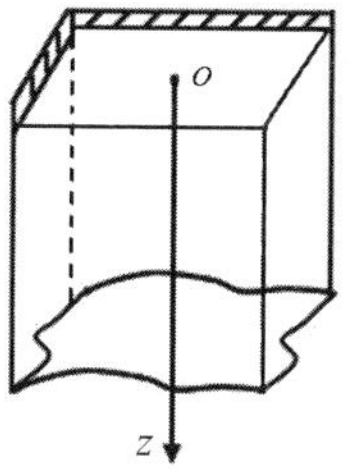

例 5.3.2 图

$$\boldsymbol{\alpha} = \int_0^{\infty} \boldsymbol{j} \mathrm{d}z = \sigma_e \boldsymbol{E}_0 \int_0^{\infty} \mathrm{e}^{\mathrm{i}(\beta+\mathrm{i}\alpha)z} \mathrm{d}z \mathrm{e}^{-\mathrm{i}\omega t}$$

$$= -\frac{\sigma_e \boldsymbol{E}_0 \mathrm{e}^{-\mathrm{i}\omega t}}{\mathrm{i}(\beta + \mathrm{i}\alpha)} = \frac{\sigma_e \boldsymbol{E}_0}{\sqrt{\alpha^2 + \beta^2}} \mathrm{e}^{-\mathrm{i}(\omega t - \Phi)}$$

其中 $\Phi = \arctan(\beta/\alpha)$，$\sigma_e \boldsymbol{E}_0 / \sqrt{\alpha^2 + \beta^2}$是面电流峰值。面电流有效值

$$\alpha_e = \frac{\sigma_e E_0}{\sqrt{2(\alpha^2 + \beta^2)}} = \frac{\sigma_e E_0}{\sqrt{2\omega\mu\sigma_e}}$$

$$\alpha_e^2 = \frac{\sigma_e E_0^2}{2\omega\mu}$$

由式(5.3.27)及焦耳－楞次定律求得：

$$R_S = \frac{P_{\text{总}}}{\alpha_e^2} = \frac{1}{\sigma_e}\sqrt{\frac{\omega\mu\sigma_e}{2}} = \frac{1}{\sigma_e \delta} \tag{5.3.28}$$

由此可见，良导体高频下的电阻相当于厚度为 δ 的导体薄层中的直流电阻。

5.4 *① 各向异性介质中的平面单色电磁波

在恒定磁场作用下的磁化等离子体和磁化铁氧体是两种典型的、具有实用意义的**各向异性介质**(anisotropic materials)。本节以这两种介质为例，讨论各向异性介质中平面单色波的某些特点。我们只讨论均匀介质的情况，首先研究其中的带电粒子与入射场的相互作用，确定介质的有效介电常数和有效磁导率，然后再讨论电磁波在其中的传播。

① 带“ * ”号章节为选修内容。

5.4.1 磁化等离子体的有效电磁性质

等离子体(plasma)是由大量电子、离子和中性粒子组成，整体呈电中性的粒子集合。假设等离子体被沿 z 方向的恒定磁场$\boldsymbol{B}_0 = B_0\boldsymbol{e}_z$磁化(例如地球大气层等离子体会在地磁场中被磁化)。平面单色电磁波沿 z 方向入射到等离子体中，等离子体中的带电粒子受入射场驱动形成宏观电流分布。由于离子质量一般比电子质量大得多，我们可以忽略离子运动，只考虑其中的电子运动形成的电流。

作用在电子上的洛伦兹力为

$$\boldsymbol{f} = -e\boldsymbol{E} - e\boldsymbol{v}\times(\boldsymbol{B}+\boldsymbol{B}_0)$$

这里 $\boldsymbol{E}$, $\boldsymbol{B}$ 是电磁波的电场和磁场，$\boldsymbol{B}_0$是外加磁场。由于电磁波的磁场振幅比电场振幅小得多，可以略去电子受到 $\boldsymbol{B}$ 的作用力。电子的运动方程可写为

$$m_e\frac{\mathrm{d}\boldsymbol{v}}{\mathrm{d}t} = -e(\boldsymbol{E}+\boldsymbol{v}\times\boldsymbol{B}_0) \tag{5.4.1}$$

m_e是电子质量。入射波为单色波，场量对时间的依赖关系是 $\mathrm{e}^{-\mathrm{i}\omega t}$，上式可写成分量形式：

$$\begin{cases} \mathrm{i}\omega v_x = \dfrac{e}{m_e}(E_x + v_yB_0) \\ \mathrm{i}\omega v_y = \dfrac{e}{m_e}(E_y - v_xB_0) \\ \mathrm{i}\omega v_z = \dfrac{e}{m_e}E_z \end{cases} \tag{5.4.2}$$

由式(5.4.2)可解得

$$\begin{cases} v_x = \dfrac{e}{m_e}\dfrac{\mathrm{i}\omega E_x + \omega_c E_y}{\omega_c^2-\omega^2} \\ v_y = \dfrac{e}{m_e}\dfrac{\mathrm{i}\omega E_y - \omega_c E_x}{\omega_c^2-\omega^2} \\ v_z = \dfrac{e}{m_e}\dfrac{E_z}{\mathrm{i}\omega} \end{cases} \tag{5.4.3}$$

其中

$$\omega_c = \frac{e}{m_e}B_0 \tag{5.4.4}$$

称为**电子回旋角频率**(cyclotron angular frequency of electrons)。由式(5.4.3)可

知，当入射波频率 ω 接近电子回旋角频率ω_c时，v_x，$v_y \to \infty$，电子与中性粒子及离子的碰撞加剧，电子不断从电磁场中吸收能量，并把这个能量转化为焦耳热，等离子体被加热，这种现象称为**电子回旋共振**(cyclotron resonance of electrons)。

记等离子体中单位体积电子数目为 N，等离子体中的电流密度

$$\boldsymbol{j} = \sigma_e \boldsymbol{E} = -eN\boldsymbol{v} \tag{5.4.5}$$

将式(5.4.3)中 $\boldsymbol{v}$ 的各分量代入式(5.4.5)，可求得等离子体有效电导率

$$\boldsymbol{\sigma}_e = \frac{e^2 N}{m_e}\begin{bmatrix} -\dfrac{\mathrm{i}\omega}{\omega_c^2-\omega^2} & -\dfrac{\omega_c}{\omega_c^2-\omega^2} & 0 \\ \dfrac{\omega_c}{\omega_c^2-\omega^2} & -\dfrac{\mathrm{i}\omega}{\omega_c^2-\omega^2} & 0 \\ 0 & 0 & -\dfrac{1}{\mathrm{i}\omega} \end{bmatrix} \tag{5.4.6}$$

这是一个张量。利用

$$\boldsymbol{\varepsilon}' = \varepsilon_0 + \frac{\mathrm{i}\boldsymbol{\sigma}_e}{\omega}$$

可以求得等离子体有效介电常数张量

$$\boldsymbol{\varepsilon}' = \begin{bmatrix} \varepsilon_1 & -\mathrm{i}\varepsilon_2 & 0 \\ -\mathrm{i}\varepsilon_2 & \varepsilon_1 & 0 \\ 0 & 0 & \varepsilon_3 \end{bmatrix} \tag{5.4.7}$$

其中

$$\begin{cases} \varepsilon_1 = \varepsilon_0\left(1 + \dfrac{\omega_p^2}{\omega_c^2-\omega^2}\right) \\ \varepsilon_2 = \dfrac{\omega_P^2\omega_c\varepsilon_0}{\omega(\omega_c^2-\omega^2)} \\ \varepsilon_3 = \varepsilon_0\left(1 - \dfrac{\omega_p^2}{\omega^2}\right) \end{cases} \tag{5.4.8}$$

这里

$$\omega_P^2 = Ne^2/(m_e\varepsilon_0) \tag{5.4.9}$$

称为**等离子体频率**(plasma frequency)。

由于磁化等离子体的有效介电常数是一个张量，磁化等离子体作为介质是各向异性的。若磁化场不存在，即$\boldsymbol{B}_0 = 0$，则$\omega_c = 0$，$\varepsilon_2 = 0$，$\varepsilon_1 = \varepsilon_3 = \varepsilon_0(1-\omega_P^2/\omega^2)$，

$\boldsymbol{\varepsilon}'$变成一个标量。所以，磁化等离子体的各向异性性质完全是由外加磁化场$\boldsymbol{B}_0$引起的。

5.4.2 磁化铁氧体的有效电磁性质

铁氧体(ferrite)是铁和其他金属元素如锰、镁等的复合氧化物，具有高电阻、高磁导率以及其他特性，在微波技术中得到广泛的应用。在恒定磁场作用下，铁氧体呈现出各向异性，磁导率是一个张量。

铁氧体和其他铁磁材料一样，其磁性主要由内部电子自旋引起。设电子质量为m_e，电荷为$-e$，电子自旋磁矩$\boldsymbol{m}$与自旋角动量$\boldsymbol{J}$有如下关系

$$\boldsymbol{m} = \gamma \boldsymbol{J} \tag{5.4.10}$$

$\gamma = -e/m_e$称为**电子磁回旋比**(magnetic cyclotron-ratio of electrons)。把自旋电子放在与$\boldsymbol{m}$方向不同的外磁场$\boldsymbol{B}_0$中，外磁场的作用力矩$\boldsymbol{m}\times\boldsymbol{B}_0$将使电子围绕$\boldsymbol{B}_0$方向运动。根据动量矩定理，在略去阻尼力情况下有

$$\frac{\mathrm{d}\boldsymbol{J}}{\mathrm{d}t} = \boldsymbol{m}\times\boldsymbol{B}_0 \tag{5.4.11}$$

利用式(5.4.10)得

$$\mathrm{d}\boldsymbol{m}/\mathrm{d}t = \gamma(\boldsymbol{m}\times\boldsymbol{B}_0) = \gamma\mu_0(\boldsymbol{m}\times\boldsymbol{H}_0) \tag{5.4.12}$$

把$\boldsymbol{m}$看成每个电子的平均自旋磁矩，以单位体积中的电子数N乘以式(5.4.12)得

$$\mathrm{d}\boldsymbol{M}_0/\mathrm{d}t = \gamma\mu_0(\boldsymbol{M}\times\boldsymbol{H}_0) \tag{5.4.13}$$

其中$\boldsymbol{M}_0 = N\boldsymbol{m}$是铁氧体内的磁化强度矢量。

现在考虑在入射波作用下的情况。取外加恒定磁化场$\boldsymbol{H}_0$沿x方向，由$\boldsymbol{H}_0$引起的磁化强度矢量$\boldsymbol{M}_0$沿z方向。当高频电磁波入射到这样的磁化铁氧体中时，铁氧体中还有等于入射波频率ω的弱交变磁场$\boldsymbol{H}'$，铁氧体中总磁场

$$\boldsymbol{H} = \boldsymbol{H}_0 + \boldsymbol{H}' \tag{5.4.14}$$

对应的磁化强度矢量

$$\boldsymbol{M} = \boldsymbol{M}_0 + \boldsymbol{M}' \tag{5.4.15}$$

$\boldsymbol{M}'$是由交变磁场$\boldsymbol{H}'$引起的磁化强度。用式(5.4.14)和式(5.4.15)的$\boldsymbol{H}$，$\boldsymbol{M}$取代式(5.4.13)的$\boldsymbol{H}_0$，$\boldsymbol{M}_0$，在$|\boldsymbol{H}'| < |\boldsymbol{H}_0|$，$|\boldsymbol{M}'| \ll |\boldsymbol{M}_0|$，即弱入射场情况下，略去二级小量，并注意到$\boldsymbol{M}_0$和$\boldsymbol{H}_0$满足式(5.4.13)，可导得

$$\mathrm{d}\boldsymbol{M}'/\mathrm{d}t = \gamma\mu_0(\boldsymbol{M}_0\times\boldsymbol{H}' + \boldsymbol{M}'\times\boldsymbol{H}_0) \tag{5.4.16}$$

注意到$\boldsymbol{M}'$对时间的依赖关系是$\mathrm{e}^{-\mathrm{i}\omega t}$，$\boldsymbol{M}_0$，$\boldsymbol{H}_0$都只有$z$分量，上式写成分量形式为

$$\begin{cases} -\mathrm{i}\omega M'_x = \gamma\mu_0(-M_0 H'_y + M'_y H_0) \\ -\mathrm{i}\omega M'_y = \gamma\mu_0(M_0 H'_x - M'_x H_0) \\ -\mathrm{i}\omega M'_z = 0 \end{cases} \tag{5.4.17}$$

由此可得

$$\begin{cases} M'_x = \dfrac{\gamma^2\mu_0^2 H_0 M_0 H'_x + \mathrm{i}\omega\gamma\mu_0 M_0 H'_y}{\gamma^2\mu_0^2 H_0^2 - \omega^2} \\ M'_y = \dfrac{\gamma^2\mu_0^2 H_0 M_0 H'_y - \mathrm{i}\omega\gamma\mu_0 M_0 H'_x}{\gamma^2\mu_0^2 H_0^2 - \omega^2} \\ M'_z = 0 \end{cases} \tag{5.4.18}$$

铁氧体内入射波对应的磁感应强度

$$\boldsymbol{B}' = \mu_0(\boldsymbol{H}' + \boldsymbol{M}') = \boldsymbol{\mu}\cdot\boldsymbol{H}' \tag{5.4.19}$$

由式(5.4.18)可知，这里$\boldsymbol{\mu}$是个张量，$\boldsymbol{\mu}$可以写成

$$\boldsymbol{\mu} = \begin{bmatrix} \mu_1 & \mathrm{i}\mu_2 & 0 \\ -\mathrm{i}\mu_2 & \mu_1 & 0 \\ 0 & 0 & \mu_3 \end{bmatrix} \tag{5.4.20}$$

其中

$$\begin{cases} \mu_1 = \mu_0\left(1 + \dfrac{\omega_c\omega_m}{\omega_c^2 - \omega^2}\right) \\ \mu_2 = \mu_0\dfrac{\omega\,\omega_m}{\omega_c^2 - \omega^2} \\ \mu_3 = \mu_0 \end{cases} \tag{5.4.21}$$

这里

$$\begin{cases} \omega_m = \gamma\mu_0 M_0 \\ \omega_c = \gamma B_0 = \gamma\mu_0 H_0 \end{cases} \tag{5.4.22}$$

ω_c 是电子绕 $\boldsymbol{B}_0$ 进动的角频率。由式(5.4.21)可知，当 $\omega \cong \omega_c$时，μ_1和μ_2很大，这种现象称为**铁磁共振**(ferromagnetic resonance)。当 $\omega = \omega_c$时，μ_1，$\mu_2 \to \infty$，造成这种情况的原因是在式(5.4.11)中略去了阻尼作用项，而对于实际铁氧体，阻尼作用总是存在的。

由式(5.4.22)和式(5.4.21)还可看出，在无外加恒定磁化场时，$\omega_m = 0$，从而$\mu_2 = 0$，$\mu_1 = \mu_3 = \mu_0$，张量磁导率变成标量μ_0。这表明外加恒定磁化场是铁氧体呈现各向异性的原因。

5.4.3 各向异性介质中的平面单色波

磁化等离子体和磁化铁氧体表现出各向异性性质，分别具有张量介电常数和张量磁导率，但仍是线性介质。均匀磁化等离子体和均匀磁化铁氧体中的单色波仍满足方程式(5.1.5)~(5.1.9)。

对于磁化等离子体中的平面单色波，由式(5.1.5)可知

$$\nabla^2 \boldsymbol{E} + k^2 \boldsymbol{E} = 0 \tag{5.4.23}$$

其中$k^2 = \omega^2 \mu_0 \varepsilon'$，这里 ε'是个张量。将式(5.4.7)中张量介电常数 ε'代入，式(5.4.23)可以写作

$$\frac{\partial^2}{\partial z^2}\begin{bmatrix} E_x \\ E_y \\ 0 \end{bmatrix} + \omega^2 \mu_0 \begin{bmatrix} \varepsilon_1 & -\mathrm{i}\varepsilon_2 & 0 \\ \mathrm{i}\varepsilon_2 & \varepsilon_1 & 0 \\ 0 & 0 & \varepsilon_3 \end{bmatrix} \begin{bmatrix} E_x \\ E_y \\ 0 \end{bmatrix} = 0$$

这里只考虑沿 z 方向传播的平面波。由上式有

$$\begin{cases} \dfrac{\partial^2 E_x}{\partial z^2} + \omega^2 \mu_0 (\varepsilon_1 E_x - \mathrm{i}\varepsilon_2 E_y) = 0 \\ \dfrac{\partial^2 E_y}{\partial z^2} + \omega^2 \mu_0 (\mathrm{i}\varepsilon_2 E_x + \varepsilon_1 E_y) = 0 \end{cases} \tag{5.4.24}$$

考虑到E_x，E_y对 z 的依赖关系是 $\mathrm{e}^{\mathrm{i}k_z z}$，则式(5.4.24)化为

$$\begin{cases} (-k_z^2 + \omega^2 \mu_0 \varepsilon_1) E_x - \mathrm{i}\omega^2 \mu_0 \varepsilon_2 E_y = 0 \\ \mathrm{i}\omega^2 \mu_0 \varepsilon_2 E_x + (-k_z^2 + \omega^2 \mu_0 \varepsilon_1) E_y = 0 \end{cases} \tag{5.4.25}$$

这是一个关于E_x，E_y的代数方程组，有非零解的条件是其系数行列式等于零。

$$\begin{vmatrix} -k_z^2 + \omega^2 \mu_0 \varepsilon_1 & -\mathrm{i}\omega^2 \mu_0 \varepsilon_2 \\ \mathrm{i}\omega^2 \mu_0 \varepsilon_2 & -k_z^2 + \omega^2 \mu_0 \varepsilon_1 \end{vmatrix} = 0$$

即

$$k_z^2 - \omega^2 \mu_0 \varepsilon_1 = \pm \omega^2 \mu_0 \varepsilon_2 \tag{5.4.26}$$

若取$k_z^2 = \omega^2 \mu_0 \varepsilon_1 + \omega^2 \mu_0 \varepsilon_2$，代回式(5.4.25)中可以求得

$$E_x + \mathrm{i}E_y = 0$$

这表示右旋圆极化波，传播常数为

$$k_R = \omega \sqrt{\mu_0 (\varepsilon_1 + \varepsilon_2)} \tag{5.4.27}$$

同样，若取$k_z^2 = \omega^2 \mu_0 \varepsilon_1 - \omega^2 \mu_0 \varepsilon_2$，代回式(5.4.25)可求得

$$E_x - \mathrm{i}E_y = 0$$

这表示左旋圆极化波，传播常数为

$$k_L=\omega\sqrt{\mu_0(\varepsilon_1-\varepsilon_2)} \tag{5.4.28}$$

可见，等离子体中沿磁化方向传播的平面波，可以有传播常数不同的两种圆极化波。

一个线极化波可分解为两个等幅反向旋转的圆极化波。当两个圆极化波传播常数相同时，合成的线极化波极化方向在传播过程中不变。磁化等离子体中沿磁化方向传播的两个等幅圆极化波，由于传播常数不同，合成波极化方向在传播过程中不能保持不变，而是绕 z 轴旋转，这种现象称为法拉第旋转效应(Faraday rotation effect)。

对于磁化铁氧体中沿磁化场$\boldsymbol{H}_0$方向传播的平面单色波，将式(5.4.20)的张量磁导率代入$k^2=\omega^2\mu\varepsilon$ 中，类似于对磁化等离子体进行的推导，可以证明磁化铁氧体中也可以传播右旋和左旋两种圆极化波(这里极化是指磁场 $\boldsymbol{H}$ 的极化状态，与前面所指电场 $\boldsymbol{E}$ 的极化状态不同)。这两种极化波的传播常数分别为

$$\begin{cases}k_R=\omega\sqrt{\varepsilon_0(\mu_1+\mu_2)}\\ k_L=\omega\sqrt{\varepsilon_0(\mu_1-\mu_2)}\end{cases} \tag{5.4.29}$$

由于这两种圆极化波有不同的传播常数，在传播过程中也会发生磁场极化方向绕 z 轴旋转的情况。

5.5　平面波的反射和折射

电磁波在传播过程中遇到两种介质的交界面就会发生反射和折射现象。反射和折射现象受电磁场边值关系制约。在单色波情况下，可以证明普遍电磁场的边值关系式(2.6.10)只有以下两个式子是独立的。

$$\begin{cases}\boldsymbol{n}\times(\boldsymbol{E}_2-\boldsymbol{E}_1)=0\\ \boldsymbol{n}\times(\boldsymbol{H}_2-\boldsymbol{H}_1)=\boldsymbol{\alpha}_f\end{cases} \tag{5.5.1}$$

这和式(5.1.4)中对单色波只有两个旋度方程是独立的情况对应。本节就从式(5.5.1)出发，讨论平面单色波在界面上反射和折射的规律。

5.5.1　反射和折射定律

设有平面单色波从介质 1 入射到介质 1 和介质 2 交界面($z=0$ 平面)上(如图 5.5.1 所示)。一般情况下，介质 1 中有反射波，介质 2 中有折射波。反射波

和折射波本质上是在入射场激励下，介质中的带电粒子做受迫振动发射的次波与入射波叠加的结果，反射波、折射波与入射波有相同的频率。由于无限大分界面上每一点的反射、折射行为相同，对于平面波入射，反射波和折射波也是平面波。在各自区域中入射波、反射波和折射波可分别写作

$$\begin{cases}\boldsymbol{E}=\boldsymbol{E}_0\mathrm{e}^{\mathrm{i}(\boldsymbol{k}\cdot\boldsymbol{x}-\omega t)}\\ \boldsymbol{E}'=\boldsymbol{E}'_0\mathrm{e}^{\mathrm{i}(\boldsymbol{k}'\cdot\boldsymbol{x}-\omega t)}\\ \boldsymbol{E}''=\boldsymbol{E}''_0\mathrm{e}^{\mathrm{i}(\boldsymbol{k}''\cdot\boldsymbol{x}-\omega t)}\end{cases} \tag{5.5.2}$$

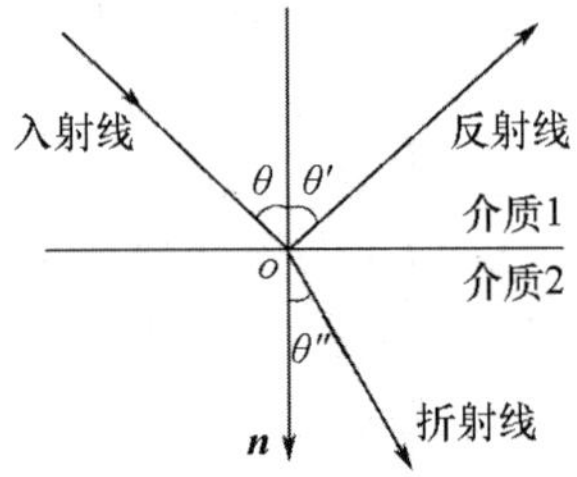

图 5.5.1　平面单色波在介质交界面上反射和折射示意图

在交界面上，由边值关系式(5.5.1)中的第一式得到

$$\boldsymbol{n}\times[(\boldsymbol{E}_0\mathrm{e}^{\mathrm{i}\boldsymbol{k}\cdot\boldsymbol{x}}+\boldsymbol{E}'_0\mathrm{e}^{\mathrm{i}\boldsymbol{k}'\cdot\boldsymbol{x}})-\boldsymbol{E}''_0\mathrm{e}^{\mathrm{i}\boldsymbol{k}''\cdot\boldsymbol{x}}]=0 \tag{5.5.3}$$

要使式(5.5.3)在 $z=0$ 面上对任意 x，y 值成立，必须有

$$\begin{cases}k_x=k'_x=k''_x\\ k_y=k'_y=k''_y\end{cases} \tag{5.5.4}$$

否则，由于 $\mathrm{e}^{\mathrm{i}\boldsymbol{k}\cdot\boldsymbol{x}}$，$\mathrm{e}^{\mathrm{i}\boldsymbol{k}'\cdot\boldsymbol{x}}$，$\mathrm{e}^{\mathrm{i}\boldsymbol{k}''\cdot\boldsymbol{x}}$线性独立，若式(5.5.3)成立则必有$\boldsymbol{E}_0$，$\boldsymbol{E}'_0$，$\boldsymbol{E}''_0$的切向分量恒等于零，这是不可能的。式(5.5.4)确定了入射波矢、反射波矢和折射波矢之间的关系。

取入射波矢在 xz 平面内，即$k_y=0$，有式 $k'_y=k''_y=0$，即反射波矢和折射波矢也在 xz 平面内。这就是熟知的几何光学定律：**反射线、折射线和入射线位于同一平面内**。设入射角、反射角和折射角分别为 θ，θ'和 θ''(如图 5.5.1 所示)，由式(5.5.4)可得

$$k\sin\theta=k'\sin\theta'=k''\sin\theta''$$

对于入射波、反射波，$k=k'=\omega\sqrt{\mu_1\varepsilon_1}$；对于折射波，$k''=\omega\sqrt{\mu_2\varepsilon_2}$。所以

$$\begin{cases}\theta=\theta'\\ \dfrac{\sin\theta}{\sin\theta''}=\sqrt{\dfrac{\mu_2\varepsilon_2}{\mu_1\varepsilon_1}}=n_{21}\end{cases} \tag{5.5.5}$$

n_{21}是介质 2 相对介质 1 的折射率。特别对于非铁磁介质，$\mu_2 \approx \mu_1 \approx \mu_0$。

$$n_{21} = \sqrt{\varepsilon_2 / \varepsilon_1} \tag{5.5.6}$$

式(5.5.5)中的第一式表示反射角等于入射角，第二式就是大家熟知的折射定律。

5.5.2　菲涅耳公式

现在利用式(5.5.1)确定反射波、折射波与入射波的振幅关系。

取入射波、反射波和折射波电场 $\boldsymbol{E}$ 的两个独立的极化方向分别是平行于入射面(称为 P 极化)和垂直于入射面(称为 S 极化)。这两种极化态下电场、磁场和波矢方向关系分别如图 5.5.2(a)和(b)所示。

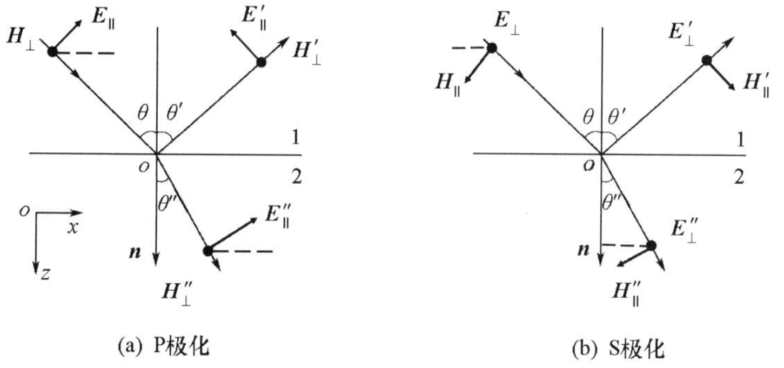

图 5.5.2　入射波、反射波和折射波电磁场方向示意图

对 $\boldsymbol{E}$ 垂直于入射面(S 极化)的情况，由式(5.5.1)可得

$$\begin{cases} E_0 + E'_0 = E''_0 \\ H_0 \cos\theta - H'_0 \cos\theta' = H''_0 \cos\theta'' \end{cases} \tag{5.5.7}$$

注意到 $\theta' = \theta$，$H = \sqrt{\varepsilon/\mu}\,E$，对一般非铁磁介质 $\mu \approx \mu_0$(在光频段对铁磁介质也有 $\mu \approx \mu_0$ 成立)，式(5.5.7)中的第二式可写作

$$E_0 \cos\theta - E'_0 \cos\theta' = E''_0 \sqrt{\varepsilon_2/\varepsilon_1} \cos\theta''$$

将此式和式(5.5.7)中的第一式联立，并引用折射定律式(5.5.5)解得

$$\begin{cases} \left(\dfrac{E'_0}{E_0}\right)_\perp = -\dfrac{\sin(\theta - \theta'')}{\sin(\theta + \theta'')} \\ \left(\dfrac{E''_0}{E_0}\right)_\perp = \dfrac{2\cos\theta \sin\theta''}{\sin(\theta + \theta'')} \end{cases} \tag{5.5.8}$$

对 $\boldsymbol{E}$ 平行于入射面(P 极化)的情况，有

$$\begin{cases} -E_0\cos\theta + E_0'\cos\theta = -E_0''\cos\theta'' \\ H_0 + H_0' = H_0'' \end{cases} \tag{5.5.9}$$

注意到 $H=\sqrt{\varepsilon/\mu}E$ 以及 $\mu\approx\mu_0$，式(5.5.9)中的第二式可改写为

$$E_0 + E_0' = \sqrt{\varepsilon_2/\varepsilon_1}E_0''$$

将此式和式(5.5.9)中的第一式联立，并引用式(5.5.5)解得

$$\begin{cases} \left(\dfrac{E_0'}{E_0}\right)_{\parallel} = \dfrac{\tan(\theta-\theta'')}{\tan(\theta+\theta'')} \\ \left(\dfrac{E_0''}{E_0}\right)_{\parallel} = \dfrac{2\cos\theta\sin\theta''}{\sin(\theta+\theta'')\cos(\theta-\theta'')} \end{cases} \tag{5.5.10}$$

式(5.5.8)和式(5.5.10)就是平面单色波在介质交界面上反射波和折射波的振幅关系，称为菲涅耳公式。

5.5.3 菲涅耳公式的几个应用

1. 布儒斯特定律

菲涅耳公式(5.5.8)和式(5.5.10)表明，S 极化波和 P 极化波的反射和折射行为不同。如果入射波为自然光(可以看作这两种极化波等量混合)，经反射和折射后，一般情况下这两种极化波振幅不再相等。特别当 $\theta+\theta''=\pi/2$ 时，$\tan(\theta+\theta'')\to\infty$，由式(5.5.10)可知，此时 $\boldsymbol{E}$ 的反射波中没有 P 极化分量，只有 S 极化分量，这就是光学中的**布儒斯特定律**。这时入射角可利用式(5.5.5)求出：$\theta_B=\arctan n_{21}$，θ_B 称为**布儒斯特角**。关于布儒斯特定律，可以利用第 7 章将要讨论的电偶极辐射的角分布给出物理解释。

2. 半波损失

当 S 极化光由光疏介质进入光密介质传播时，由于 $\varepsilon_2>\varepsilon_1$，$\theta>\theta''$，由式(5.5.8)可得 $(E_0'/E_0)_{\perp}<0$，反射波电场与入射波电场反向，表示反射波比入射波落后相位 π，我们称之为“半波损失”。

对于 P 极化光入射的情况，入射波的电场方向与反射波的电场方向一般来说不平行，二者不好定义位相关系。但是在掠入射时($\theta=\pi/2$)，入射波电场方向和反射波电场方向平行，此时由式(5.5.10)可得 $(E_0'/E_0)_{\parallel}=-1$，也存在半波损失。从 P 极化的菲涅耳公式可以看到，由光疏介质进入光密介质传播时，且 $\theta+\theta''>\pi/2$，也即对应于 $\theta>\theta_B$ 时，$\tan(\theta+\theta'')<0$，也有 $(E_0'/E_0)_{\parallel}<0$。为

了使得半波损失概念具有普遍意义，并且与掠入射情况一致，我们约定，对于 P 极化波，当 $\theta+\theta''<\pi/2$ 时，反射波和入射波相位相同；当 $\theta+\theta''>\pi/2$ 时，反射波和入射波相位相反，此时有 $(E_0'/E_0)_{\parallel}<0$，也发生了半波损失。

3. 反射系数和透射系数

反射系数(coefficient of reflection)定义为反射波平均能流法向分量与入射波平均能流法向分量之比。利用菲涅耳公式，当 $\boldsymbol{E}$ 垂直于入射面极化时，反射系数

$$R_{\perp}=\left|\frac{\overline{S}'_{\perp}\cdot\boldsymbol{n}}{\overline{S}_{\perp}\cdot\boldsymbol{n}}\right|=\left(\frac{E_0'}{E_0}\right)_{\perp}^2=\frac{\sin^2(\theta-\theta'')}{\sin^2(\theta+\theta'')}\tag{5.5.11}$$

当 $\boldsymbol{E}$ 平行于入射面极化时，反射系数

$$R_{\parallel}=\left(\frac{E_0'}{E_0}\right)_{\parallel}^2=\frac{\tan^2(\theta-\theta'')}{\tan^2(\theta+\theta'')}\tag{5.5.12}$$

透射系数(coefficient of transmission)定义为透射波平均能流法向分量与入射波平均能流法向分量之比。注意到透射波与入射波在不同介质中传播，透射系数为

$$\begin{cases}T_{\perp}=\left|\dfrac{\overline{\boldsymbol{S}}''_{\perp}\cdot\boldsymbol{n}}{\overline{\boldsymbol{S}}_{\perp}\cdot\boldsymbol{n}}\right|=\dfrac{\sqrt{\varepsilon_2}}{\sqrt{\varepsilon_1}}\left(\dfrac{E_0''}{E_0}\right)_{\perp}^2\dfrac{\cos\theta''}{\cos\theta}=\dfrac{\sin2\theta\cdot\sin2\theta''}{\sin^2(\theta+\theta'')}\\[2ex] T_{\parallel}=\left|\dfrac{\overline{\boldsymbol{S}}''_{\parallel}\cdot\boldsymbol{n}}{\overline{\boldsymbol{S}}_{\parallel}\cdot\boldsymbol{n}}\right|=\dfrac{\sqrt{\varepsilon_2}}{\sqrt{\varepsilon_1}}\left(\dfrac{E_0''}{E_0}\right)_{\parallel}^2\dfrac{\cos\theta''}{\cos\theta}=\dfrac{\sin2\theta\cdot\sin2\theta''}{\sin^2(\theta+\theta'')\cos^2(\theta-\theta'')}\end{cases}\tag{5.5.13}$$

可以证明反射和透射满足能量守恒

$$T=1-R$$

5.5.4 全反射

当电磁波由光密介质入射到光疏介质时，由于介质 2 相对介质 1 的折射率 $n_{21}=\sqrt{\varepsilon_2/\varepsilon_1}<1$，增大入射角到一定程度时可以使

$$\sin\theta>n_{21}$$

此时折射波矢

$$k''=k\sin\theta/\sin\theta''=kn_{21}$$

而

$$k''_x=k_x=k\sin\theta$$

于是，在 $\sin\theta>n_{21}$ 情况下

$$k_z'' = \sqrt{k''^2 - k_x''^2} = \mathrm{i}k\sqrt{\sin^2\theta - n_{21}^2} = \mathrm{i}\kappa \tag{5.5.14}$$

其中 $\kappa = k\sqrt{\sin^2\theta - n_{21}^2}$，是个实数。将式(5.5.14)代入式(5.5.2)$\boldsymbol{E}''$的表达式中得

$$\boldsymbol{E}'' = \boldsymbol{E}_0''\mathrm{e}^{-\kappa z}\mathrm{e}^{\mathrm{i}(k_x''x - \omega t)} \quad (z > 0) \tag{5.5.15}$$

式(5.5.15)仍然是物理上一个可能的解。下面讨论这个解代表的物理意义。

式(5.5.15)表示折射波振幅沿 z 方向衰减，衰减的特征长度是

$$z_0 = \kappa^{-1} = \frac{1}{k\sqrt{\sin^2\theta - n_{21}^2}} \tag{5.5.16}$$

波只存在于介质 2 靠近表面的薄层中。波的等相面垂直于 x 轴且向 x 增大方向传播，波的等振幅面是垂直于 z 轴的平面。等相面和等振幅面互相垂直，这正是前面提到的非均匀平面波情况。

折射波磁场可利用式(5.2.11)求出，即

$$\boldsymbol{H}'' = \frac{1}{\omega\mu_2}\boldsymbol{k}'' \times \boldsymbol{E}'' = \sqrt{\frac{\varepsilon_2}{\mu_2}}\frac{\boldsymbol{k}''}{k''} \times \boldsymbol{E}''$$

当入射波垂直于入射面偏振时，由 $\boldsymbol{E}'' = E''\boldsymbol{e}_y$ 可以求得

$$\boldsymbol{H}'' = -\mathrm{i}\sqrt{\frac{\varepsilon_2}{\mu_2}}\frac{\sqrt{\sin^2\theta - n_{21}^2}}{n_{21}}E''\boldsymbol{e}_x + \sqrt{\frac{\varepsilon_2}{\mu_2}}\frac{\sin\theta}{n_{21}}E''\boldsymbol{e}_z \tag{5.5.17}$$

折射波平均能流

$$\bar{\boldsymbol{S}}'' = \frac{1}{2}\mathrm{Re}(\boldsymbol{E}''^* \times \boldsymbol{H}'') = \frac{1}{2}\sqrt{\frac{\varepsilon_2}{\mu_2}}\frac{\sin\theta}{n_{21}}\boldsymbol{E}_0''^2\mathrm{e}^{-2\kappa z}\boldsymbol{e}_x \tag{5.5.18}$$

平均能流只有 x 分量，没有沿 z 方向的分量，说明能量最终不能进入介质 2 中传播。

现在计算反射系数，由于 $\sin\theta'' = \sin\theta / n_{21}$，$\sin\theta > n_{21}$，所以

$$\cos\theta = \mathrm{i}\sqrt{\sin^2\theta - n_{21}^2}/n_{21}$$

利用菲涅耳公式(5.5.8)和式(5.5.10)得

$$\left(\frac{E_0'}{E_0}\right)_\perp = -\frac{\sin(\theta - \theta'')}{\sin(\theta + \theta'')} = \frac{\cos\theta - \mathrm{i}\sqrt{\sin^2\theta - n_{21}^2}}{\cos\theta + \mathrm{i}\sqrt{\sin^2\theta - n_{21}^2}} = \mathrm{e}^{-\mathrm{i}2\Phi} \tag{5.5.19}$$

其中

$$\Phi = \arctan(\sqrt{\sin^2\theta - n_{21}^2}/\cos\theta)$$

$$\left(\frac{E_0'}{E_0}\right)_\parallel = \frac{\tan(\theta - \theta'')}{\tan(\theta + \theta'')} = \frac{n_{21}^2\cos\theta - \mathrm{i}\sqrt{\sin^2\theta - n_{21}^2}}{n_{21}^2\cos\theta + \mathrm{i}\sqrt{\sin^2\theta - n_{21}^2}} = \mathrm{e}^{-\mathrm{i}2\Phi'} \tag{5.5.20}$$

其中

$$\Phi' = \arctan[\sqrt{\sin^2\theta - n_{21}^2}/(n_{21}^2\cos\theta)]$$

式(5.5.19)和式(5.5.20)表明，无论入射波垂直于入射面偏振还是平行于入射面偏振，反射波振幅都等于入射波振幅。入射波与反射波仅有常数位相差，所以功率反射系数

$$R = \left(\frac{E_0'}{E_0}\right)^2 = 1$$

故称之为**全反射**(total reflection)。

在全反射现象中，由于反射波与入射波存在常数位相差，反射波能流与入射波能流并不瞬时相等。在一个周期内的部分时间里，仍有电磁能量透入第二种介质，暂时存贮起来，在另一部分时间内再释放出来。进入第二种介质能量的周期平均值是零。

式(5.5.19)中的 Φ 和式(5.5.20)中的 Φ'不同，垂直于入射面极化波和平行于入射面极化波相对入射波有不同位相差。如果入射波是与入射面有某一夹角的线极化波，它的垂直于入射面和平行于入射面的两个分量反射后有位相差 $2(\Phi - \Phi')$，反射波的极化状态可能不同于入射波。选择n_{21}和入射角 θ，可以得到需要极化状态的反射波，这是光学中产生极化波的一种方法。

发生全反射时，不能简单地认为光疏介质内完全不存在波场，实际上在界面附近波长量级的厚度内仍然有场。故可以认为，入射波不是在几何界面上全部反射，而是穿透到光疏介质内一定深度后逐渐反射。全反射现象在光纤通信技术和介质波导中有重要应用。

5.5.5　电磁波在良导体表面的反射和折射

引入复介电常数以后，对导电介质和绝缘介质，单色波满足形式相同的方程式和边值关系。在导体表面上反射和折射的振幅关系仍由菲涅耳公式给出，不过此时相对折射率是个复数。

设平面单色波由真空入射到导体表面，由折射定律式(5.5.5)得

$$\frac{\sin\theta}{\sin\theta''} = \sqrt{\frac{\varepsilon'}{\varepsilon_0}} \tag{5.5.21}$$

此处取导体磁导率 $\mu \approx \mu_0$，其中$\varepsilon' = \varepsilon + i\sigma_e/\omega$ 是个复数，折射角 θ''不再具有通常的几何意义。

令 Z_r 为导体相对真空的波阻抗，则

$$Z_r = \sqrt{\frac{\mu_0}{\varepsilon'}} \Bigg/ \sqrt{\frac{\mu_0}{\varepsilon_0}} = \sqrt{\frac{\varepsilon_0}{\varepsilon'}} \tag{5.5.22}$$

Z_r是个复数。令

$$Z_r = Z_r' + \mathrm{i}Z_r'' \tag{5.5.23}$$

Z_r', Z_r''是两个实数。由

$$Z_r' + Z_r'' = [\varepsilon_0/(\varepsilon + \mathrm{i}\sigma_e/\omega)]^{1/2}$$

得到

$$Z_r'^2 - Z_r''^2 = \varepsilon_0/\{\varepsilon[1 + \sigma_e^2/(\omega^2\varepsilon^2)]\} \tag{5.5.24}$$

$$Z_r'Z_r'' = -\varepsilon_0\sigma_e/\{2\varepsilon^2\omega[1 + \sigma_e^2/(\varepsilon^2\omega^2)]\} \tag{5.5.25}$$

金属导体可视为良导体，利用良导体条件式(5.3.16)，式(5.5.24)和式(5.5.25)可化为

$$Z_r'^2 - Z_r''^2 \approx 0$$

$$Z_r'Z_r'' \approx -\varepsilon_0\omega/(2\sigma_e)$$

由上两式可解得

$$Z_r' = -Z_r'' = [\varepsilon_0\omega/(2\sigma_e)]^{1/2} \tag{5.5.26}$$

式(5.5.23)可写作

$$Z_r = \sqrt{\frac{\varepsilon_0\omega}{2\sigma_e}}(1 - \mathrm{i}) \tag{5.5.27}$$

Z_r是个实部和虚部都远小于1的复数。由式(5.5.21)和式(5.5.22)得

$$\sin\theta'' = Z_r\sin\theta$$

从而

$$\cos\theta'' = \sqrt{1 - Z_r^2\sin^2\theta} \approx 1 \tag{5.5.28}$$

利用菲涅耳公式(5.5.8)和式(5.5.10)得

$$\begin{cases} \left(\dfrac{E_0'}{E_0}\right)_\perp = -\dfrac{\sin(\theta - \theta'')}{\sin(\theta + \theta'')} = \dfrac{Z_r\cos\theta - 1}{Z_r\cos\theta + 1} \approx -1 + 2Z_r\cos\theta \\ \left(\dfrac{E_0''}{E_0}\right)_\perp = \dfrac{2\cos\theta\sin\theta''}{\sin(\theta + \theta'')} = \dfrac{2Z_r\cos\theta}{Z_r\cos\theta + 1} \approx 2Z_r\cos\theta \end{cases} \tag{5.5.29}$$

和

$$\begin{cases} \left(\dfrac{E_0'}{E_0}\right)_\parallel = \dfrac{\tan(\theta - \theta'')}{\tan(\theta + \theta'')} = \dfrac{\cos\theta - Z_r}{\cos\theta + Z_r} \\ \left(\dfrac{E_0''}{E_0}\right)_\parallel = \dfrac{2\cos\theta\sin\theta''}{\sin(\theta + \theta'')\cos(\theta - \theta'')} = \dfrac{Z_r\cos\theta}{Z_r + \cos\theta} \end{cases} \tag{5.5.30}$$

这就是平面单色波在良导体表面上反射和折射的菲涅耳公式。

对于波垂直于入射面极化情况，反射系数由式(5.5.29)给出。

$$R_{\perp}=\left|\frac{E_0'}{E_0}\right|^2=(-1+2Z_r\cos\theta)(-1+2Z_r^*\cos\theta)=1-4Z_r'\cos\theta$$

再利用式(5.5.26)得

$$R_{\perp}=1-4\sqrt{\frac{\varepsilon_0\omega}{2\sigma_e}}\cos\theta\approx 1 \tag{5.5.31}$$

对于平行于入射面极化波可得到相同的结果。这表明良导体表面是很好的反射面，入射其上的电磁波能量基本上被反射。

例 5.5.1：证明对良导体表面，斜入射和垂直入射情况下的折射波矢基本相同。

证明：设平面单色波由真空斜入射到良导体表面，入射角为 θ，入射面是 xz 平面。

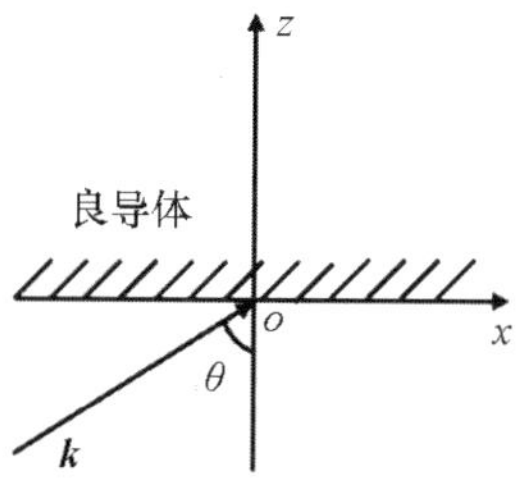

例 5.5.1 图

$$k_x''=\beta_x+\mathrm{i}\alpha_x=k_x=k^{(0)}\sin\theta$$
$$k_y''=\beta_y+\mathrm{i}\alpha_y=k_y=0$$

$k^{(0)}$ 是真空波数，所以透入波波矢为

$$\boldsymbol{\alpha}=(0,\ 0,\ \alpha_z),\ \boldsymbol{\beta}=(k^{(0)}\sin\theta,\ 0,\ \beta_z)$$

代入方程组(5.3.11)中得

$$\begin{cases}k^{(0)2}\sin^2\theta+\beta_z^2-\alpha_z^2=\omega^2\mu\varepsilon\\ \alpha_z\beta_z=\dfrac{1}{2}\omega\mu\sigma_e\end{cases} \tag{5.5.32}$$

由此解得

$$\beta_z^2=\frac{1}{2}(\omega^2\mu\varepsilon-k^{(0)2}\sin^2\theta)+\frac{1}{2}[(\omega^2\mu\varepsilon-k^{(0)2}\sin^2\theta)^2+\omega^2\mu^2\sigma_e^2]^{1/2}$$

$$\alpha_z^2=-\frac{1}{2}(\omega^2\mu\varepsilon-k^{(0)2}\sin^2\theta)+\frac{1}{2}[(\omega^2\mu\varepsilon-k^{(0)2}\sin^2\theta)^2+\omega^2\mu^2\sigma_e^2]^{1/2}$$

(5.5.33)

在良导体情况下，$\sigma_e/\omega\varepsilon \gg 1$，式(5.5.33)化为

$$\alpha_z = \beta_z \approx \sqrt{\omega\mu\sigma_e/2}$$

而且有

$$\beta_x^2 = k_x^{(0)2} = \omega^2\mu_0\varepsilon_0\sin^2\theta$$

$$\beta_x^2 \leqslant \omega^2\mu_0\varepsilon_0 \approx \left(\frac{\omega\mu\sigma_e}{2}\right)\cdot\frac{2\omega\varepsilon}{\sigma_e} = \beta_z^2\cdot\frac{2\omega\varepsilon}{\sigma_e} \ll \beta_z^2$$

所以在良导体情况下，折射波仍有

$$\alpha \approx \alpha_z,\ \beta \approx \beta_z$$

即斜入射的折射波矢和垂直入射的折射波矢近似相同，斜入射情况下折射波的传播方向和衰减方向仍基本上沿 z 方向。因此，在5.3节中虽然是在垂直入射情况下讨论得到良导体内电磁波的一般特点，但这些讨论也适用于一般斜入射的情况。

5.6* 电磁波在多层介质中的传播

研究电磁波在多层介质中的传播，是一个很有实际意义的问题。例如在隐身材料研究中，为了提高材料的力学强度，实现材料和自由空间良好的阻抗匹配，常采用多层结构。下面介绍的传输矩阵法就提供了分析这种材料反射和吸收性能的一个强有力的工具。

设有多层介质沿传播方向 z 排列，第 i 层介质的介电常数和磁导率分别是 ε_i 和 μ_i，厚度为 d_i。假设平面单色电磁波入射到 $z=0$ 平面上，入射面为 xz 平面，入射角为 θ(如图5.6.1所示)。求每层介质中的电磁场以及多层介质的反射和透射系数。

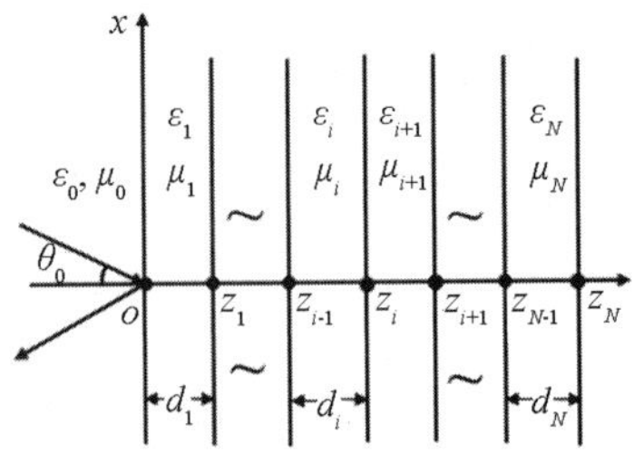

图5.6.1 平面单色波入射到多层介质表面

5.6.1　分层介质中的电磁场

假设每层介质都是均匀线性的，第 i 层介质中的场应满足定态电磁波方程式(5.1.5)~(5.1.7)。考虑到沿 y 方向介质是无限均匀的，场分布与 y 坐标无关，式(5.1.5)中的第一个方程化为

$$\left(\frac{\partial^2}{\partial x^2}+\frac{\partial^2}{\partial z^2}+k_i^2\right)\boldsymbol{E}_i=0 \tag{5.6.1}$$

首先研究 $\boldsymbol{E}$ 垂直于入射面，即 $\boldsymbol{E}=E_{iy}\boldsymbol{e}_y$ 的情况。考虑到第 i 层介质中的波应是 $z=z_{i-1}$ 界面的透射波与 $z=z_i$ 界面上反射波的叠加，将方程(5.6.1)的形式改为

$$E_{iy}=(A_i\mathrm{e}^{\mathrm{i}k_{iz}z}+B_i\mathrm{e}^{-\mathrm{i}k_{iz}z})\mathrm{e}^{\mathrm{i}k_x x} \tag{5.6.2}$$

的解。其中

$$k_{iz}^2+k_x^2=k_i^2 \tag{5.6.3}$$

这里对 k_x 未加下标 i，是根据式(5.5.4)，所有区域中 k_x 都有相同的值。容易看出，这个解还满足横波条件式(5.1.5)中的第二式。

第 i 层介质中的磁场可由式(5.1.7)给出，即

$$\begin{cases}H_{ix}=-\dfrac{k_{iz}}{\omega\mu_i}(A_i\mathrm{e}^{\mathrm{i}k_{iz}z}-B_i\mathrm{e}^{-\mathrm{i}k_{iz}z})\mathrm{e}^{\mathrm{i}k_x x}\\ H_{iy}=0\\ H_{iz}=\dfrac{k_x}{\omega\mu_i}(A_i\mathrm{e}^{\mathrm{i}k_{iz}z}+B_i\mathrm{e}^{-\mathrm{i}k_{iz}z})\mathrm{e}^{\mathrm{i}k_x x}\end{cases} \tag{5.6.4}$$

电场式(5.6.2)和磁场式(5.6.4)中的常数 A_i，B_i 需要由入射波振幅决定。下面建立相邻层波振幅的递推关系。

5.6.2　相邻层波振幅的递推关系

应用 E_{iy}，H_{ix} 在 $z=z_i$ 交界面上的连续性条件，由式(5.6.3)和式(5.6.4)得

$$\begin{cases}A_i\mathrm{e}^{\mathrm{i}k_{iz}z_i}+B_i\mathrm{e}^{-\mathrm{i}k_{iz}z_i}=A_{i+1}\mathrm{e}^{\mathrm{i}k_{(i+1)z}z_i}+B_{i+1}\mathrm{e}^{-\mathrm{i}k_{(i+1)z}z_i}\\ \dfrac{k_{iz}}{\omega\mu_i}(A_i\mathrm{e}^{\mathrm{i}k_{iz}z_i}-B_i\mathrm{e}^{-\mathrm{i}k_{iz}z_i})=\dfrac{k_{(i+1)z}}{\omega\mu_{i+1}}[A_{i+1}\mathrm{e}^{\mathrm{i}k_{(i+1)z}z_i}-B_{i+1}\mathrm{e}^{-\mathrm{i}k_{(i+1)z}z_i}]\end{cases}$$

由此两式解得

$$\begin{cases}A_i\mathrm{e}^{\mathrm{i}k_{iz}z_i}=\dfrac{1}{2}\left(1+\dfrac{k_{(i+1)z}\mu_i}{k_{iz}\mu_{i+1}}\right)[A_{(i+1)}\mathrm{e}^{-\mathrm{i}k_{(i+1)z_i}}+R_{i,i+1}B_{i+1}\mathrm{e}^{-\mathrm{i}k_{(i+1)z}z_i}]\\ B_i\mathrm{e}^{-\mathrm{i}k_{iz}z_i}=\dfrac{1}{2}\left(1+\dfrac{k_{(i+1)z}\mu_i}{k_{iz}\mu_{i+1}}\right)[R_{i,i+1}A_{i+1}\mathrm{e}^{\mathrm{i}k_{(i+1)z}z_i}+B_{i+1}\mathrm{e}^{-\mathrm{i}k_{(i+1)z}z_i}]\end{cases} \tag{5.6.5}$$

其中

$$R_{i,i+1}=\left(1-\frac{k_{(i+1)z}\mu_i}{k_{iz}\mu_{i+1}}\right)\bigg/\left(1+\frac{k_{(i+1)z}\mu_i}{k_{iz}\mu_{i+1}}\right) \tag{5.6.6}$$

是交界面 $z=z_i$ 上的反射系数。把式(5.6.5)写成矩阵形式得

$$\begin{bmatrix} A_i\mathrm{e}^{\mathrm{i}k_{iz}z_i} \\ B_i\mathrm{e}^{-\mathrm{i}k_{iz}z_i} \end{bmatrix}=\boldsymbol{T}_{i,i+1}\begin{bmatrix} A_{i+1}\mathrm{e}^{\mathrm{i}k_{(i+1)z}z_{i+1}} \\ B_{i+1}\mathrm{e}^{-\mathrm{i}k_{(i+1)z}z_{i+1}} \end{bmatrix} \tag{5.6.7}$$

其中

$$\boldsymbol{T}_{i,i+1}=\frac{1}{2}\left(1+\frac{k_{(i+1)z}\mu_i}{k_{iz}\mu_{(i+1)}}\right)\begin{bmatrix} \mathrm{e}^{-\mathrm{i}k_{(i+1)z}d_{i+1}} & R_{i,i+1}\mathrm{e}^{\mathrm{i}k_{(i+1)z}d_{i+1}} \\ R_{i,i+1}\mathrm{e}^{-\mathrm{i}k_{(i+1)z}d_{i+1}} & \mathrm{e}^{\mathrm{i}k_{(i+1)z}d_{i+1}} \end{bmatrix} \tag{5.6.8}$$

称为**传输矩阵**(transmission matrix), $d_{i+1}=z_{i+1}-z_i$是第 $i+1$ 层的厚度。必须注意，式(5.6.7)和式(5.6.8)对 $i=N$ 的情况不适用，因为在 $i=N+1$(即图5.6.1 中 $z>z_N$区域)介质中只存在透射波，不存在反射波。应用$z=z_N$界面上电磁场切向分量连续条件，重复上面的推导可得

$$\begin{bmatrix} A_N\mathrm{e}^{\mathrm{i}k_{Nz}z_N} \\ B_N\mathrm{e}^{-\mathrm{i}k_{Nz}z_N} \end{bmatrix}=\boldsymbol{T}_{N,\,N+1}\begin{bmatrix} t \\ 0 \end{bmatrix} \tag{5.6.9}$$

其中

$$\boldsymbol{T}_{N,\,N+1}=\frac{1}{2}\left(1+\frac{k_{(N+1)z}\mu_N}{k_{Nz}\mu_{N+1}}\right)\begin{bmatrix} 1 & R_{N,\,N+1} \\ R_{N,\,N+1} & 1 \end{bmatrix} \tag{5.6.10}$$

t 是透射波振幅，即透射到 $z>z_N$区域中的波在z_N处的振幅。

上面各式中的k_{iz}是第 i 层介质中波矢的 z 分量，即

$$k_{iz}=k_i\cos\theta_i \tag{5.6.11}$$

θ_i是波对第 i 层介质的入射角。θ_i可由已知的对 $z=0$ 面的入射角 θ 从下面的递推关系求出

$$\begin{cases} \sin\theta_{i+1}=k_i\sin\theta_i/k_{i+1} \\ \cos\theta_{i+1}=\sqrt{1-\sin^2\theta_{i+1}} \end{cases} \tag{5.6.12}$$

5.6.3 多层介质的反射系数和透射系数

设入射到 $z=0$ 面上的平面波振幅为 1，在 $z=0$ 面上的反射波振幅为 r，由式(5.6.7)和式(5.6.9)得

$$\begin{bmatrix} 1 \\ r \end{bmatrix}=\boldsymbol{T}_{01}\begin{bmatrix} A_1\mathrm{e}^{\mathrm{i}k_{1z}z_1} \\ B_1\mathrm{e}^{-\mathrm{i}k_{1z}z_1} \end{bmatrix}=\boldsymbol{T}_{01}\boldsymbol{T}_{12}\begin{bmatrix} A_2\mathrm{e}^{\mathrm{i}k_{2z}z_2} \\ B_2\mathrm{e}^{-\mathrm{i}k_{2z}z_2} \end{bmatrix}=\boldsymbol{T}_{01}\boldsymbol{T}_{12}\cdots\boldsymbol{T}_{N,N+1}\begin{bmatrix} t \\ 0 \end{bmatrix} \tag{5.6.13}$$

其中 $\boldsymbol{T}_{01}$，$\boldsymbol{T}_{12}$，…，$\boldsymbol{T}_{N-1,\,N}$由式(5.6.8)计算，$\boldsymbol{T}_{N,\,N+1}$由式(5.6.10)给出。N 是介质总层数。

令

$$\boldsymbol{T}=\boldsymbol{T}_{01}\boldsymbol{T}_{12}\cdots\boldsymbol{T}_{N,\,N+1}=\begin{bmatrix}T_{11} & T_{12}\\ T_{21} & T_{22}\end{bmatrix} \tag{5.6.14}$$

式(5.6.13)可以写作

$$\begin{bmatrix}1\\ r\end{bmatrix}=\begin{bmatrix}T_{11} & T_{12}\\ T_{21} & T_{22}\end{bmatrix}\begin{bmatrix}t\\ 0\end{bmatrix} \tag{5.6.15}$$

由此得多层介质的透射波振幅和反射波振幅

$$\begin{cases}t=1/T_{11}\\ r=T_{21}t=T_{21}/T_{11}\end{cases} \tag{5.6.16}$$

求出透射波振幅 t 后，各层介质中的电磁场就可由式(5.6.9)和式(5.6.7)递推算出。例如第 $i(0<i\leqslant N)$ 层介质中的电磁场振幅A_i，B_i就可由式(5.6.17)解出。

$$\begin{bmatrix}A_i\mathrm{e}^{\mathrm{i}k_{iz}z_i}\\ B_i\mathrm{e}^{-\mathrm{i}k_{iz}z_i}\end{bmatrix}=\boldsymbol{T}_{i,\,N+1}\begin{bmatrix}t\\ 0\end{bmatrix} \tag{5.6.17}$$

其中

$$\boldsymbol{T}_{i,\,N+1}=\boldsymbol{T}_{i,\,i+1}\boldsymbol{T}_{i+1,\,i+2}\cdots\boldsymbol{T}_{N,\,N+1} \tag{5.6.18}$$

一旦求得了A_i和B_i，第 i 层介质中的电磁场就由式(5.6.2)和式(5.6.4)给出。

以上的讨论针对入射波垂直于入射面偏振的情况。对于平行于入射面偏振的波，磁场垂直于入射面，对上述结果作代换 $\boldsymbol{E}\to\boldsymbol{H}$，$\boldsymbol{H}\to-\boldsymbol{E}$，$\mu\to\varepsilon$，$\varepsilon\to\mu$，就可得到相应的结果。

例 5.6.1： $z>0$ 空间充满介电常数和磁导率分别是ε_1和μ_1的均匀介质，求振幅为 1 的平面电磁波入射到 $z=0$ 面上的反射波振幅和透射波振幅。假设平面波垂直于入射面极化。

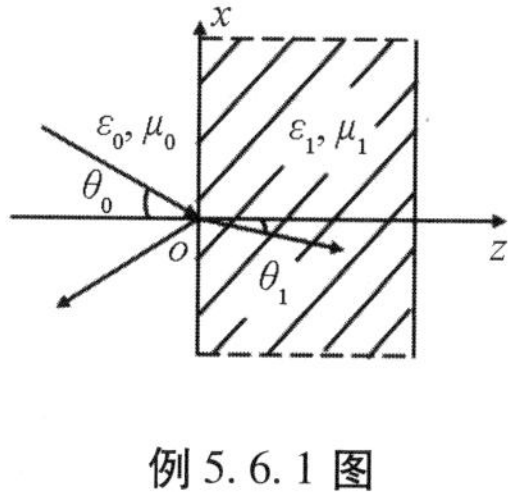

例 5.6.1 图

解：此处 $N=0$，由式(5.6.10)得

$$\boldsymbol{T}_{01}=\frac{1}{2}\left(1+\frac{k_{1z}\mu_0}{k_{0z}\mu_1}\right)\begin{bmatrix}1 & R_{0,1}\\ R_{0,1} & 1\end{bmatrix} \tag{5.6.19}$$

式(5.6.14)中的 $\boldsymbol{T}$ 在这种情况下就等于 $\boldsymbol{T}_{01}$。由式(5.6.6)求出 $R_{0,1}$，代入式(5.6.19)中得

$$\boldsymbol{T}=\frac{1}{2}\begin{bmatrix}1+\dfrac{k_{1z}\mu_0}{k_{0z}\mu_1} & 1-\dfrac{k_{1z}\mu_0}{k_{0z}\mu_1}\\ 1-\dfrac{k_{1z}\mu_0}{k_{0z}\mu_1} & 1+\dfrac{k_{1z}\mu_0}{k_{0z}\mu_1}\end{bmatrix} \tag{5.6.20}$$

在入射波振幅为 1 的条件下，由式(5.6.16)可得透射波振幅

$$t=2\bigg/\left(1+\frac{k_{1z}\mu_0}{k_{0z}\mu_1}\right)$$

取 $\mu_1\approx\mu_0$，注意 $k_{iz}=k_i\cos\theta$，并引用折射定律式(5.5.5)，可以将 t 表示为

$$t=\frac{2\cos\theta\sin\theta''}{\sin(\theta+\theta'')}$$

反射波振幅

$$r=\frac{1}{2}\left(1-\frac{k_{1z}\mu_0}{k_{0z}\mu_1}\right)\bigg/\left[\frac{1}{2}\left(1+\frac{k_{1z}\mu_0}{k_{0z}\mu_1}\right)\right]=-\frac{\sin(\theta-\theta'')}{\sin(\theta+\theta'')}$$

这与菲涅耳公式一致。

习 题

5.1　证明：在自由空间无源区域中，$\boldsymbol{E}=E_0\boldsymbol{e}_x\mathrm{e}^{\mathrm{i}(kz-\omega t)}$ 满足亥姆霍兹方程 $(\nabla^2+k^2)\boldsymbol{E}=0$。

5.2　圆频率为 ω、电场振幅为 E_0 的沿 x 方向的线极化波，在介电常数为 ε、磁导率为 μ 的各向同性无耗介质中沿 z 方向传播。

(1)求 $\boldsymbol{E}$, $\boldsymbol{H}$ 的瞬时表达式。

(2)求电磁场能量密度、能流密度的瞬时值和时间平均值。

5.3　证明任意一个椭圆极化波都可以分解为一个右旋圆极化波和一个左旋圆极化波。

5.4　一个沿 z 方向传播的右旋圆极化波是两个线极化波的合成。设其中一个波沿 x 方向极化，在 $z=0$ 处的电场振幅为 E_0，角频率为 ω。

(1)写出此圆极化波的电场 $\boldsymbol{E}$ 和磁场 $\boldsymbol{H}$ 的表示式。

(2)证明此圆极化波的时间平均能流密度可以表示为这两个线偏振波的时间平均能流密度之和。

5.5　平面单色电磁波由空气垂直入射到海水中传播。海水的 $\sigma_e = 4\ (\Omega \cdot \mathrm{m})^{-1}$，$\mu_r = 1$，$\varepsilon_r = 80$。求透入海水后的波长、相速度和透入深度。设电磁波的频率是 10^6 Hz。

5.6　湿土壤的 $\sigma_e = 10^{-3}(\Omega \cdot \mathrm{m})^{-1}$，$\varepsilon_r = 10$，$\mu_r = 1$，分别求频率为 10^6 Hz 和 10^9 Hz 的电磁波在土壤中的波长、相速度和透入深度。

5.7　已知铜的电导率 $\sigma_e = 5 \times 10^7(\Omega \cdot \mathrm{m})^{-1}$，其相对介电常数和相对磁导率均为 1，求频率为 2×10^4 Hz 的电磁波在铜中的磁场强度与电场强度之比 H/E 及位相差。

5.8　证明在单色波条件下，普遍电磁场边值关系式(2.6.10)中，只有两式是独立的。

5.9　平面电磁波在绝缘介质交界面上反射、折射时，试推导磁矢量 $\boldsymbol{H}$ 的菲涅耳公式。

5.10　平面电磁波在两种介质交界面上反射和折射，试就 $\boldsymbol{E}$ 垂直于入射面和平行于入射面两种情况，分别求出功率反射系数 R 和透射系数 T，并证明 $R + T = 1$。

5.11　圆极化波斜入射到介质面上，讨论反射波和折射波可能的极化形式。

5.12　证明在全反射情况下，平行极化波和垂直极化波的反射系数均为 1。

5.13　圆频率为 ω 的平面单色电磁波，从真空垂直入射到介电常数为 ε、磁导率 $\mu \approx \mu_0$ 的介质板上，设介质板厚为 d。

(1)求功率反射系数。

(2)当 d 满足什么条件时，功率反射系数等于零？

第 6 章　导行电磁波

被一定结构导引，沿一定线路传输的电磁波称为**导行电磁波**(guided electromagnetic waves)，导行电磁波的结构可以是金属导线，此时电磁波分布在导线外的无限大空间里，称为开波导。导行电磁波的结构也可以是空心的金属管，此时电磁波被限制在管内，称为闭波导。沿轴线方向，截面和介质都均匀不变的无限长波导称为**规则波导**(regular waveguide)。本章只讨论规则波导。

6.1　导行电磁波的分析方法和基本波型

电磁波要满足波动方程。导行波就是波动方程在一定边界条件下的解，其传播方向是预先设计好的波导结构所导引的方向。不同于平面电磁波，导行波电场和磁场可以有沿传播方向的分量。电场和磁场沿传播方向的分量称为**纵向分量**(longitudinal component)，而与传播方向垂直的分量称为**横向分量**(transverse component)。

6.1.1　导行电磁波的纵向分量和横向分量

假设导行电磁波是沿 z 方向传播的单色波。电场 $\boldsymbol{E}$ 和磁场 $\boldsymbol{H}$ 分解成纵向分量和横向分量

$$\begin{cases}\boldsymbol{E}=\boldsymbol{E}_S+E_z\boldsymbol{e}_z\\ \boldsymbol{H}=\boldsymbol{H}_S+H_z\boldsymbol{e}_z\end{cases}\tag{6.1.1}$$

对于规则波导，电磁场矢量对坐标 z 和时间 t 的依赖关系是 $\mathrm{e}^{\mathrm{i}(k_z z-\omega t)}$。记 $\boldsymbol{x}_S$ 为与 z 轴垂直平面上的横向坐标矢量，电场和磁场的纵向分量可写为如下的形式

$$\begin{cases}E_z(\boldsymbol{x},\ t)=E_z^0(\boldsymbol{x}_S)\mathrm{e}^{\mathrm{i}(k_z z-\omega t)}\\ H_z(\boldsymbol{x},\ t)=H_z^0(\boldsymbol{x}_S)\mathrm{e}^{\mathrm{i}(k_z z-\omega t)}\end{cases}\tag{6.1.2}$$

算子∇，∇^2也可分解成纵向分量和横向分量

$$\nabla = \nabla_S + \boldsymbol{e}_z \frac{\partial}{\partial z} \tag{6.1.3}$$

$$\nabla^2 = \nabla_S^2 + \frac{\partial^2}{\partial^2 z} \tag{6.1.4}$$

由于导行波场量对 z 和 t 的依赖关系是 $\mathrm{e}^{\mathrm{i}(k_z z - \omega t)}$，$\boldsymbol{e}_z \frac{\partial}{\partial z}$对场量的作用可以用 $\mathrm{i}k_z \boldsymbol{e}_z$ 代替。单色平面波平面方程组(5.1.4)中的两个旋度方程可以写作

$$(\nabla_S + \mathrm{i}k_z \boldsymbol{e}_z) \times (\boldsymbol{E}_S + \boldsymbol{e}_z E_z) = \mathrm{i}\omega\mu(\boldsymbol{H}_S + \boldsymbol{e}_z H_z)$$

$$(\nabla_S + \mathrm{i}k_z \boldsymbol{e}_z) \times (\boldsymbol{H}_S + \boldsymbol{e}_z H_z) = -\mathrm{i}\omega\varepsilon(\boldsymbol{E}_S + \boldsymbol{e}_z E_z)$$

注意$\nabla_S \times \boldsymbol{E}_S(\boldsymbol{H}_S)$只给出纵向分量，并利用公式$\nabla_S \times (E_z \boldsymbol{e}_z) = \nabla_S E_z \times \boldsymbol{e}_z$，可以把上面的方程分解成纵向分量和横向分量满足的方程。

$$\nabla_S E_z \times \boldsymbol{e}_z + \mathrm{i}k_z \boldsymbol{e}_z \times \boldsymbol{E}_S = \mathrm{i}\omega\mu \boldsymbol{H}_S \tag{6.1.5}$$

$$\nabla_S H_z \times \boldsymbol{e}_z + \mathrm{i}k_z \boldsymbol{e}_z \times \boldsymbol{H}_S = -\mathrm{i}\omega\varepsilon \boldsymbol{E}_S \tag{6.1.6}$$

$$\nabla_S \times \boldsymbol{E}_S = \mathrm{i}\omega\mu H_z \boldsymbol{e}_z \tag{6.1.7}$$

$$\nabla_S \times \boldsymbol{H}_S = -\mathrm{i}\omega\varepsilon E_z \boldsymbol{e}_z \tag{6.1.8}$$

以 $\boldsymbol{e}_z$ 叉乘式(6.1.5)，可得

$$\nabla_S E_z - \mathrm{i}k_z \boldsymbol{E}_s = \mathrm{i}\omega\mu \boldsymbol{e}_z \times \boldsymbol{H}_S$$

由此解出$\boldsymbol{e}_z \times \boldsymbol{H}_S$并代入式(6.1.6)，得

$$\boldsymbol{E}_S = \frac{\mathrm{i}}{k_S^2}[k_z \nabla_S E_z + \omega\mu(\nabla_S H_z) \times \boldsymbol{e}_z] \tag{6.1.9}$$

其中

$$k_S^2 = \omega^2 \mu\varepsilon - k_z^2 = k^2 - k_z^2 \tag{6.1.10}$$

显然，$\boldsymbol{k}_S$是波矢 $\boldsymbol{k}$ 的横向分量。类似地，可解得

$$\boldsymbol{H}_S = \frac{\mathrm{i}}{k_S^2}[k_z \nabla_S H_z - \omega\varepsilon(\nabla_S E_z) \times \boldsymbol{e}_z] \tag{6.1.11}$$

式(6.1.9)和式(6.1.11)表明，对于规则波导，其导行波电磁场的横向分量可以用纵向分量表示出来。因此，对规则波导中电磁波的求解可归结为对纵向分量的求解。

6.1.2　导行波的三种基本波型

根据导行波场量的关系，按照E_z，H_z取值的不同情况，可以把导行电磁波分为三种基本波型。

1. 横电波型(TE 波)

如果$E_z=0$，电场只有横向分量，这种波型称为**横电波型**(transverse electric waves)。横电波型的电场和磁场横向分量为

$$\begin{cases} \boldsymbol{E}_S=\dfrac{\mathrm{i}}{k_S^2}\omega\mu(\nabla_S H_z)\times\boldsymbol{e}_z \\ \boldsymbol{H}_S=\dfrac{\mathrm{i}}{k_S^2}k_z\nabla_S H_z \end{cases} \tag{6.1.12}$$

由此还可得出横电波型横向电场和横向磁场的关系

$$\boldsymbol{E}_S=-\frac{\omega\mu}{k_z}\boldsymbol{e}_z\times\boldsymbol{H}_S \tag{6.1.13}$$

这表明横电波的电场和磁场也互相垂直。

2. 横磁波型(TM 波)

如果$H_z=0$，磁场只有横向分量，这种波型称为**横磁波型**(transverse magnetic waves)。横磁波型电场和磁场的横向分量为

$$\begin{cases} \boldsymbol{E}_S=\dfrac{\mathrm{i}}{k_S^2}k_z\nabla_S E_z \\ \boldsymbol{H}_S=-\dfrac{\mathrm{i}\omega\varepsilon}{k_S^2}(\nabla_S E_z)\times\boldsymbol{e}_z \end{cases} \tag{6.1.14}$$

由此还可求出电场和磁场横向分量的关系

$$\boldsymbol{H}_S=-\frac{\omega\varepsilon}{k_S}\boldsymbol{e}_z\times\boldsymbol{E}_S \tag{6.1.15}$$

这表明横磁波的电场和磁场也是互相垂直的。

3. 横电磁波型(TEM 波)

如果$E_z=0$，$H_z=0$，电场和磁场都只有横向分量，这种波型称为**横电磁波型**(transverse electromagnetic waves)。此时由式(6.1.9)和式(6.1.11)可以看出，若$k_S\neq0$，必有$\boldsymbol{E}_S=\boldsymbol{H}_S=0$。所以，对于 TEM 波，必有$k_S=0$，这也意味着$k=k_z$，即波矢只有沿传播方向$z$的分量。

在式(6.1.5)~(6.1.8)中，注意到$E_z=0$，$H_z=0$，$k_z=k$，得

$$\mathrm{i}k_z\boldsymbol{e}_z\times\boldsymbol{E}_S=\mathrm{i}\omega\mu\boldsymbol{H}_S \tag{6.1.16}$$

$$\mathrm{i}k_z\boldsymbol{e}_z\times\boldsymbol{H}_S=-\mathrm{i}\omega\varepsilon\boldsymbol{E}_S \tag{6.1.17}$$

$$\nabla_S\times\boldsymbol{E}_S=0 \tag{6.1.18}$$

$$\nabla_S\times\boldsymbol{H}_S=0 \tag{6.1.19}$$

用∇_S点乘式(6.1.17)两端，并利用式(6.1.19)，可得

$$\nabla_S \cdot \boldsymbol{E}_S = 0 \tag{6.1.20}$$

同理可得

$$\nabla_S \cdot \boldsymbol{H}_S = 0 \tag{6.1.21}$$

式(6.1.18)~(6.1.21)表明，规则波导内 TEM 波电磁场所满足的方程和无源情况下的二维静电场、二维稳恒磁场所满足的方程形式完全一致。对于单个导体构成的波导结构，例如空心的金属管，由于其内部区域中没有电荷电流源，静电场方程只有零解，所以它不可能传播 TEM 波。由于静电场的电力线必然起始于一个导体而终止于另一个导体，只有多导体构成的波导结构才能传播 TEM 波。例如，平行双导体传输线、同轴传输线等都能够传输 TEM 波。由此还可以得到一个重要结论：凡是能建立静态场的均匀传输系统，一定能够传输 TEM 波。按照这个结论，就可以在分析 TEM 波的传输时，将电压、电流和电场、磁场关联起来进行分析，也就是将电磁场理论中的“场”和电路分析中的“路”关联起来，借助分布参数电路理论来分析 TEM 波的传输。

本章只讨论单个导体构成的规则波导中电磁波的传输，因此下面的讨论中只涉及 TE 波和 TM 波。

6.1.3　纵向场分量满足的方程式和边界条件

设波导内为均匀、线性、各向同性、无耗介质，导行波为单色电磁波，它的传播仍然满足第 5 章中给出的单色波波动方程式(5.1.5)和式(5.1.8)。其纵向场分量满足的方程为

$$(\nabla^2 + k^2)E_z = 0$$

$$(\nabla^2 + k^2)H_z = 0$$

注意到，E_z，H_z对 z 和 t 的依赖关系是 $e^{i(k_z z - \omega t)}$ 和 $k_S^2 = k^2 - k_z^2$，因此上面两个方程可以化为

$$(\nabla_S^2 + k_S^2)E_z = 0 \tag{6.1.22}$$

$$(\nabla_S^2 + k_S^2)H_z = 0 \tag{6.1.23}$$

这就是纵向场分量所满足的控制方程。

E_z，H_z满足的边界条件应由普遍的电磁场边值关系给出。在分析导体波导管时，常首先把实际导体看作理想导体，利用理想导体的边界条件确定波导内的电磁场，然后再考虑由实际导体有限电导率引起的修正。在理想导体情况下，导体内的电磁场是零，理想导体上的边界条件可以写作

$$\boldsymbol{n}\times\boldsymbol{E}=0 \tag{6.1.24}$$

$$\boldsymbol{n}\times\boldsymbol{H}=\boldsymbol{\alpha}_f \tag{6.1.25}$$

$$\boldsymbol{n}\cdot\boldsymbol{D}=\sigma_f \tag{6.1.26}$$

$$\boldsymbol{n}\cdot\boldsymbol{H}=0 \tag{6.1.27}$$

其中 $\boldsymbol{\alpha}_f$，σ_f分别是理想导体面上的面电流密度和面电荷密度；$\boldsymbol{E}$，$\boldsymbol{H}$ 是导体外侧的电磁场量。

波导管内导体面上的面电流和面电荷是由波导内电磁场决定的。在未求出场之前，$\boldsymbol{\alpha}_f$，σ_f是未知的。但求出场后，常可由式(6.1.25)和式(6.1.26)确定管壁上的电流分布和电荷分布，再进一步讨论由实际导体的焦耳热耗引起的修正。

建立如图 6.1.1 所示坐标系，x 轴为理想导体面的法向分量，y，z 轴在导体面内。下面导出波导管内电场和磁场的纵向分量在管壁($x=0$)的边界条件。

电场的纵向分量沿管壁切向，由式(6.1.24)可得

$$E_z\big|_{x=0}=0 \tag{6.1.28}$$

磁场纵向分量H_z的边值关系可以如下导出。由$\nabla\times\boldsymbol{H}=-\mathrm{i}\omega\varepsilon\boldsymbol{E}$ 可以得到

$$E_y=-\frac{1}{\mathrm{i}\omega\varepsilon}\left(\mathrm{i}k_zH_x-\frac{\partial H_z}{\partial x}\right)$$

在边界面($x=0$)上应用上式，且由式(6.1.27)可得$H_x\big|_{x=0}=0$，由式(6.1.24)可得$E_y\big|_{x=0}=0$，代入上式可得

$$\left.\frac{\partial H_z}{\partial x}\right|_{x=0}=0 \tag{6.1.29}$$

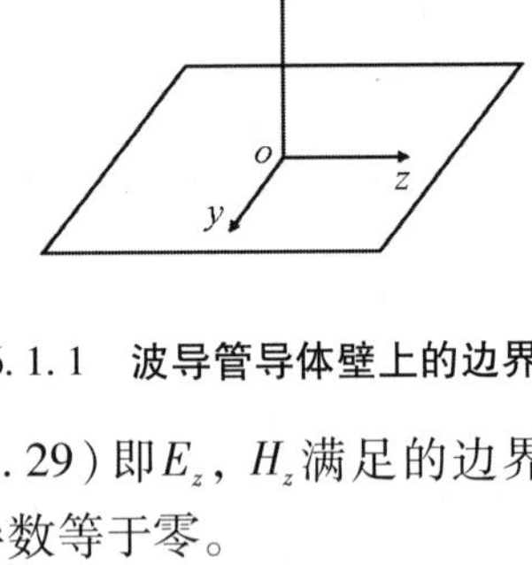

图 6.1.1　波导管导体壁上的边界条件

式(6.1.28)和式(6.1.29)即E_z，H_z满足的边界条件：在理想导体边界面上，E_z等于 0，H_z的法向导数等于零。

6.2　金属矩形波导管

波导管按截面的几何形式可分为**矩形波导管**(rectangular waveguide)和**圆形波导管**(cylindrical waveguide)等。下面首先分析矩形波导内导行波的一些特点。

6.2.1　金属矩形波导管内的电磁场

设矩形波导管沿 z 轴放置，长边为 a，短边为 b。在图 6.2.1 所示的坐标系中，波导管内壁边界为 $x=0$，a；$y=0$，b。

以 u 表示波导管内沿 z 方向导行波的 E_z 或 H_z 分量。在直角坐标系下，由式(6.1.22)和式(6.1.23)，u 满足方程

$$\left(\frac{\partial^2}{\partial x^2}+\frac{\partial^2}{\partial y^2}\right)u(x,y)+k_S^2u(x,y)=0 \tag{6.2.1}$$

利用分离变量法，设 $u(x,y)=X(x)Y(y)$，代入式(6.2.1)得

$$\frac{\mathrm{d}^2X(x)}{\mathrm{d}x^2}+k_x^2X(x)=0$$

$$\frac{\mathrm{d}^2Y(y)}{\mathrm{d}y^2}+k_y^2Y(y)=0$$

其中

$$k_x^2+k_y^2=k_S^2=k^2-k_z^2 \tag{6.2.2}$$

解上面两方程得

$$u(x,y)=(C_1\cos k_xx+D_1\sin k_xx)(C_2\cos k_yy+D_2\sin k_yy) \tag{6.2.3}$$

其中 C_1，D_1，C_2，D_2 是待定常数。

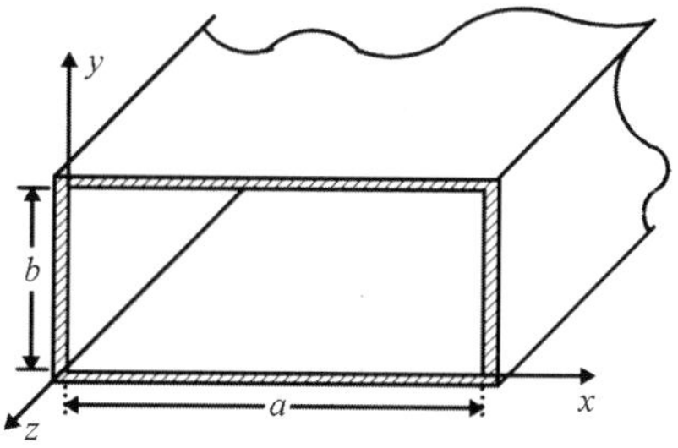

图 6.2.1　金属矩形波导管

对于 $u=E_z$，由边值关系式(6.1.28)，利用 $x=0$，$y=0$ 面上的边界条件得 $C_1=C_2=0$，由 $x=a$，$y=b$ 面上的边界条件可进一步确定

$$\begin{cases} k_x = m\pi/a \\ k_y = n\pi/b \end{cases} \quad (m,\ n=0,\ 1,\ 2,\ \cdots) \tag{6.2.4}$$

上述结果代入式(6.2.3)中，并记 $D_1D_2=E_z^0$，可得

$$E_z = E_z^0 \sin\frac{m\pi}{a}x \cdot \sin\frac{n\pi}{b}y\mathrm{e}^{\mathrm{i}k_z z} \tag{6.2.5}$$

上式中已包含规则波导的传播因子 $\mathrm{e}^{\mathrm{i}(k_z z-\omega t)}$，但略去了时间谐变部分。

同样，对于 $u=H_z$，利用边值关系式(6.1.29)得到

$$H_z = H_z^0 \cos\frac{m\pi}{a}x \cdot \cos\frac{n\pi}{b}y\mathrm{e}^{\mathrm{i}k_z z} \tag{6.2.6}$$

求出 E_z，H_z 后，$\boldsymbol{E}$，$\boldsymbol{H}$ 的横向分量由式(6.1.9)和式(6.1.11)给出。

对于横电波型，$E_z=0$。利用式(6.1.12)，求得横电波型的电磁场为

$$\begin{cases} E_x = -\dfrac{\mathrm{i}\omega\mu}{k_S^2}\dfrac{n\pi}{b}H_z^0\cos\dfrac{m\pi}{a}x \cdot \sin\dfrac{n\pi}{b}y\mathrm{e}^{\mathrm{i}k_z z} \\ E_y = \dfrac{\mathrm{i}\omega\mu}{k_S^2}\dfrac{m\pi}{a}H_z^0\sin\dfrac{m\pi}{a}x \cdot \cos\dfrac{n\pi}{b}y\mathrm{e}^{\mathrm{i}k_z z} \\ E_z = 0 \\ H_x = -\dfrac{\mathrm{i}k_z}{k_S^2}\dfrac{m\pi}{a}H_z^0\sin\dfrac{m\pi}{a}x \cdot \cos\dfrac{n\pi}{b}y\mathrm{e}^{\mathrm{i}k_z z} \\ H_y = -\dfrac{\mathrm{i}k_z}{k_S^2}\dfrac{n\pi}{b}H_z^0\cos\dfrac{m\pi}{a}x \cdot \sin\dfrac{n\pi}{b}y\mathrm{e}^{\mathrm{i}k_z z} \\ H_z = H_z^0\cos\dfrac{m\pi}{a}x \cdot \cos\dfrac{n\pi}{b}y\mathrm{e}^{\mathrm{i}k_z z} \end{cases} \tag{6.2.7}$$

对于横磁波型，$H_z=0$。利用式(6.1.14)，求得横磁波的电磁场为

$$
\begin{cases}
E_x = \dfrac{\mathrm{i}k_z}{k_S^2}\dfrac{m\pi}{a}E_z^0\cos\dfrac{m\pi}{a}x\cdot\sin\dfrac{n\pi}{b}y\mathrm{e}^{\mathrm{i}k_z z} \\
E_y = \dfrac{\mathrm{i}k_z}{k_S^2}\dfrac{n\pi}{b}E_z^0\sin\dfrac{m\pi}{a}x\cdot\cos\dfrac{n\pi}{b}y\mathrm{e}^{\mathrm{i}k_z z} \\
E_z = E_z^0\sin\dfrac{m\pi}{a}x\cdot\sin\dfrac{n\pi}{b}y\mathrm{e}^{\mathrm{i}k_z z} \\
H_x = -\dfrac{\mathrm{i}\omega\varepsilon}{k_S^2}\dfrac{n\pi}{b}E_z^0\sin\dfrac{m\pi}{a}x\cdot\cos\dfrac{n\pi}{b}y\mathrm{e}^{\mathrm{i}k_z z} \\
H_y = \dfrac{\mathrm{i}\omega\varepsilon}{k_S^2}\dfrac{m\pi}{a}E_z^0\cos\dfrac{m\pi}{a}x\cdot\sin\dfrac{n\pi}{b}y\mathrm{e}^{\mathrm{i}k_z z} \\
H_z = 0
\end{cases}
\tag{6.2.8}
$$

上述结果表明，横电波型和横磁波型可按(m，n)的不同取值分为TE_{mn}和TM_{mn}波模。称(m，n)为模式指数。在垂直于波导轴线的截面上的电磁场分布呈现驻波图像：对于TE_{mn}波模，波导管壁上H_z分量为驻波的波腹；对于TM_{mn}波模，波导管壁上E_z分量为驻波的波节。

还可以看出，金属矩形波导管内存在TE_{m0}和TE_{0n}波模，但不存在TM_{m0}或TM_{0n}波模。这是因为$m=0$或$n=0$将导致TM波的$E_z=0$，从而所有的场分量都是零。

6.2.2 金属矩形波导管的传输特性

1. 截止频率和截止波长

由式(6.2.4)可得

$$
k_{S,\,mn}^2 = (m\pi/a)^2 + (n\pi/b)^2 \tag{6.2.9}
$$

横向波矢决定于波导的几何尺寸和模式指数。电磁波的波数$k=\omega\sqrt{\mu\varepsilon}$决定于激发频率和波导内介质，由$k_z^2=k^2-k_S^2$可知，对于一定尺寸的波导管和激发频率，若某些模式使$k_z=\sqrt{k^2-k_S^2}$变成虚数，则波振幅沿z方向衰减，这些模式就不能在波导内传输。对于某一模式，定义$k_z=0$的频率为**截止频率**(cut-off frequency)，与截止频率对应的波长为**截止波长**(cut-off wavelength)。矩形波导的(m，n)波模的截止频率和截止波长分别为

$$
\omega_{c,\,mn} = \frac{\pi}{\sqrt{\mu\varepsilon}}\sqrt{\left(\frac{m}{a}\right)^2+\left(\frac{n}{b}\right)^2} \tag{6.2.10}
$$

$$\lambda_{c,mn}=\frac{2}{\sqrt{\left(\frac{m}{a}\right)^2+\left(\frac{n}{b}\right)^2}} \tag{6.2.11}$$

例如，对于 $a=7$ cm，$b=3$ cm 的矩形波导，几个低阶模式的截止波长列在表6.2.1中。

表6.2.1　几个低阶模式的截止波长

(m,n)	(1, 0)	(2, 0)	(3, 0)	(0, 1)	(0, 2)	(1, 1)	(2, 1)
$\lambda_{c,mn}$/cm	14	7	4.7	6.0	3.0	6.5	4.6

由上表可以看出，波长为5 cm的电磁波在这个波导中只能以 TE_{10}，TE_{20}，TE_{01}，TE_{11} 和 TM_{11} 模传播。其余的波模都是截止的。

2. 相速度和波导波长

在波导中，电磁波的传播方向是波导的轴向，故相速度是指等相位面沿波导轴向传播的速度。导行波沿轴向的相位常数为k_z，所以相速度为

$$v_P=\frac{\omega}{k_z}=\omega/\sqrt{k^2-k_S^2} \tag{6.2.12}$$

特别如果波导内为真空，则有

$$v_P=c/\sqrt{1-c^2k_S^2/\omega^2}>c \tag{6.2.13}$$

由此可见，波导内电磁波的相速度大于真空中的光速，而且其相速度依赖于频率，即存在着色散现象。

波导波长(waveguide wavelength)是指某一频率的导行波等相面在一个周期内沿轴向移动的距离，记波导波长为λ_g，则

$$\lambda_g=v_PT=2\pi/\sqrt{k^2-k_S^2} \tag{6.2.14}$$

λ_g大于真空中同一频率的波对应的波长。

3. 群速度

到目前为止，我们所讨论的都是单色波，即具有确定的频率 ω 和确定的波数 $k=\omega\sqrt{\mu\varepsilon}$的波。实际情况中不可能有这样理想化的单色波，任何实际的辐射源所产生的波总具有一定频率展宽，这可以看作频率分布在一个小范围内的波群的叠加，叠加结果称为波包或波群。波包等振幅面的传播，就代表整个波包的传播速度，称之为**群速度**(group velocity)。由于电磁波的振幅代表能量，故群速度可以描述电磁场能量的传播。

设波包中心频率为ω_0，对于波包中的某一频率 ω 有

$$\omega = \omega_0 + \Delta\omega$$

从而

$$k_z(\omega) \approx k_z(\omega_0) + \left.\frac{\mathrm{d}k_z}{\mathrm{d}\omega}\right|_{\omega_0} \Delta\omega = k_z(\omega_0) + \Delta k_z$$

合成波是各不同频率波的叠加

$$\boldsymbol{E}(z,\ t) = \int \boldsymbol{E}_0(\omega) \mathrm{e}^{\mathrm{i}[k_z(\omega)z - \omega t]} \mathrm{d}\omega = \boldsymbol{A}(z,\ t) \mathrm{e}^{\mathrm{i}[k_z(\omega_0)z - \omega_0 t]}$$

其中

$$\boldsymbol{A}(z,\ t) = \int \boldsymbol{E}_0(\omega) \mathrm{e}^{\mathrm{i}(\Delta k_z z - \Delta\omega t)} \mathrm{d}\omega \tag{6. 2. 15}$$

是合成波振幅。等振幅面在空间移动的速度即波包运动的速度为

$$v_g = \left.\frac{\mathrm{d}z}{\mathrm{d}t}\right|_{A=常量}$$

由式(6. 2. 15)得

$$\frac{\mathrm{d}\boldsymbol{A}}{\mathrm{d}t} = \frac{\partial \boldsymbol{A}}{\partial t} + \frac{\partial \boldsymbol{A}}{\partial z}\frac{\mathrm{d}z}{\mathrm{d}t} = 0$$

所以

$$\left.\frac{\mathrm{d}z}{\mathrm{d}t}\right|_{A=常量} = -\frac{\partial \boldsymbol{A}}{\partial t}\bigg/\frac{\partial \boldsymbol{A}}{\partial z} = \frac{\Delta\omega}{\Delta k_z}$$

在极限情况下可以得到

$$v_g = \frac{\mathrm{d}\omega}{\mathrm{d}k_z} \tag{6. 2. 16}$$

将$k_z v_P = \omega$ 两边对 ω 求导，可以得到群速度和相速度的关系

$$v_g = v_P \bigg/ \left(1 - \frac{\omega}{v_P}\frac{\mathrm{d}v_P}{\mathrm{d}\omega}\right) \tag{6. 2. 17}$$

可见，当 $\mathrm{d}v_P/\mathrm{d}\omega = 0$，即相速度和频率无关时，群速度才和相速度相等，这仅在非色散情况下才是可能的。波导中导行波的相速度和频率有关，群速度不等于相速度。由 $\omega = c\sqrt{k_S^2 + k_z^2}$，利用式(6. 2. 16)求出

$$v_g = \frac{ck_z}{\sqrt{k_S^2 + k_z^2}} = \frac{c^2}{\omega}\sqrt{k^2 - k_S^2} \tag{6. 2. 18}$$

结合式(6. 2. 12)得

$$v_g v_P = c^2 \tag{6. 2. 19}$$

波导内导行波的相速度大于真空中的光速，这个结论和狭义相对论并不矛

盾，因为相速度不代表实物粒子运动速度或电磁能量传播的速度。波导内电磁场能量传播的速度是用群速度描述的。式(6.2.19)恰好反映了这一点，由于波导内$v_p > c$，所以$v_g < c$。

4. 模式简并

对于金属矩形波导管里面的导行波，在给定几何尺寸的前提下，横向波矢$k_{S,\,mn}=\sqrt{(m\pi/a)^2+(n\pi/b)^2}$仅由模式指数$(m,\ n)$决定。因此，$\mathrm{TM}_{mn}$模与$\mathrm{TE}_{mn}$模具有相同的横向波矢，从而也有相同的截止频率$\omega_{c,\,mn}=k_{S,\,mn}/\sqrt{\mu\varepsilon}$，以及相同的截止波长$\lambda_{c,\,mn}=2\pi/k_{S,\,mn}$。这种现象称为模式简并，具有相同截止波长的波模称为简并模。简并模具有不同的电磁场结构，但是具有相同的传输特性。

6.2.3 功率和功率损耗

波导的传输功率等于波导内场平均能流在波导截面上的积分

$$P_{功} = \frac{1}{2}\int_S \mathrm{Re}(\boldsymbol{E}^* \times \boldsymbol{H}) \cdot \mathrm{d}\boldsymbol{\sigma} \tag{6.2.20}$$

对于非理想导体波导，电磁波可以透入导体内薄层中引起焦耳热损耗。把面电流$\alpha=\boldsymbol{n}\times\boldsymbol{H}$看成集中在厚度等于穿透深度$\delta$的薄层中的电流，单位面积上的热耗功率为

$$P'_{耗} = \frac{R_S}{2}\mathrm{Re}(\boldsymbol{\alpha}^* \cdot \boldsymbol{\alpha}) = \frac{R_S}{2}\mathrm{Re}(\boldsymbol{H}^* \times \boldsymbol{H}) \tag{6.2.21}$$

这里R_S是导体表面电阻。在波导壁单位长度上积分上式，得到沿传播方向上单位长度的管壁损耗功率为

$$P_{耗} = \int_{S侧} P'_{耗}\mathrm{d}\boldsymbol{\sigma} \tag{6.2.22}$$

如果波导中还存在介质损耗，在$P_{耗}$中还应考虑单位长度上的介质损耗功率。为了统一考虑热损耗和介质损耗，可以在波矢k_z中引入一个小的虚部

$$k'_z = k_z + \mathrm{i}\alpha \tag{6.6.23}$$

α称为**衰减常数**(attenuation constant)。此时传播因子变为$\mathrm{e}^{\mathrm{i}(k'_z z-\omega t)}=\mathrm{e}^{\mathrm{i}(kz-\omega t)}\cdot \mathrm{e}^{-\alpha z}$，出现了一个衰减因子，这样就可以描述电磁波在传播过程中能量不断衰减的图像。

由式(6.2.20)容易看出传输功率可表示为

$$P_{功} = P_0\mathrm{e}^{-2\alpha z} \tag{6.2.24}$$

P_0是$z=0$处的传输功率。

沿传输方向单位长度上的功率损耗为

$$P_{耗} = -\mathrm{d}P/\mathrm{d}z$$

代入式(6.2.24)可求得

$$\alpha = P_{耗}/(2P_{功}) \tag{6.2.25}$$

6.3 金属矩形波导中的 TE_{10} 波

在实际情况中，往往希望波导中只存在单一模式的波。对于金属矩形波导，由式(6.2.11)可知，TE_{10} 波的截止波长 $\lambda_{c,10}=2a$，是各种波模中最大的。这意味着对某一确定的工作频率(激发频率)，为满足 $\lambda<\lambda_c=2a$ 的要求，TE_{10} 波使用波导的尺寸可以最小。此外，TE_{10} 波模与邻近高阶模(如 TE_{20}，TE_{11} 等)相隔频率范围最宽，即单模工作频率较宽。因此，TE_{10} 波是矩形波导最常用的一种工作模式。

6.3.1 TE_{10} 波的电磁场和传输功率

对 TE_{10} 波，由式(6.2.7)可求得电磁场

$$\begin{cases} E_x = 0 \\ E_y = \dfrac{\mathrm{i}\omega\mu a}{\pi} H_z^0 \left(\sin\dfrac{\pi}{a}x\right)\mathrm{e}^{\mathrm{i}k_z z} \\ E_z = 0 \end{cases} \tag{6.3.1}$$

$$\begin{cases} H_x = -\dfrac{\mathrm{i}k_z a}{\pi} H_z^0 \left(\sin\dfrac{\pi}{a}x\right)\mathrm{e}^{\mathrm{i}k_z z} \\ H_y = 0 \\ H_z = H_z^0\left(\cos\dfrac{\pi}{a}x\right)\mathrm{e}^{\mathrm{i}k_z z} \end{cases} \tag{6.3.2}$$

H_z^0 是磁场 z 分量的振幅，大小由传输功率决定。TE_{10} 波的平均能流

$$\bar{\boldsymbol{S}} = \frac{1}{2}\mathrm{Re}(\boldsymbol{E}^* \times \boldsymbol{H}) = \frac{1}{2}\frac{\omega\mu a^2 k_{z10}}{\pi^2}(H_z^0)^2 \sin^2\frac{\pi}{a}x\boldsymbol{e}_z \tag{6.3.3}$$

传输功率由式(6.2.20)得到，即

$$P_{功} = \int_0^b \mathrm{d}y \int_0^{-a} \bar{\boldsymbol{S}}\mathrm{d}x = \frac{a^3 b}{4\pi^2}\omega\mu k_{z10}(H_z^0)^2 \tag{6.3.4}$$

6.3.2 TE_{10}波的管壁电流和功率损耗

由边值关系式(6.1.25)可以求出 TE_{10} 波的管壁电流。注意到式(6.3.2)中，$\boldsymbol{H}$ 只有 x 分量和 z 分量。

$$\boldsymbol{\alpha}=n_yH_z\boldsymbol{e}_x+(n_zH_x-n_xH_z)\boldsymbol{e}_y-n_yH_x\boldsymbol{e}_z$$

在 $x=0$，a 面上，$n_y=n_z=0$，$n_x=\pm1$，所以

$$\boldsymbol{\alpha}=-n_xH_z\boldsymbol{e}_y=\pm H_z^0\left(\cos\frac{\pi x}{a}\right)e^{ik_zz}\boldsymbol{e}_y=H_z^0e^{ik_zz}\boldsymbol{e}_y \tag{6.3.5}$$

在 $y=0$，b 面上，$n_x=n_z=0$，$n_y=\pm1$，所以

$$\boldsymbol{\alpha}=\left[\pm H_z^0\left(\cos\frac{\pi x}{a}\right)\boldsymbol{e}_x\pm\frac{iak_zH_z^0}{\pi}\left(\sin\frac{\pi x}{a}\right)\boldsymbol{e}_z\right]e^{ik_zz} \tag{6.3.6}$$

式(6.3.5)和式(6.3.6)给出的管壁电流分布如图6.3.1所示。在波导管两侧窄边上，电流是完全横向的，每个面上的电流大小相等，方向相同。上下两宽面上的电流是由 x 方向和 z 方向两个电流合成的。在宽边中线上横向电流为零。这些结果表明，若在宽边中线上开纵向的窄缝，或在窄边上开横向窄缝，将不会对波导中的场产生大的扰动。了解波导传播模式的管壁电流分布，对处理很多实际问题很有帮助。例如，有一种波导缝隙天线，就是在波导壁上开缝，切断壁电流通路，让高频能量从波导中大量辐射出去。而仅为了了解波导内的工作情况，不希望影响其场分布的情况下，就会在不切断壁电流的位置上开缝，例如驻波测量线等。

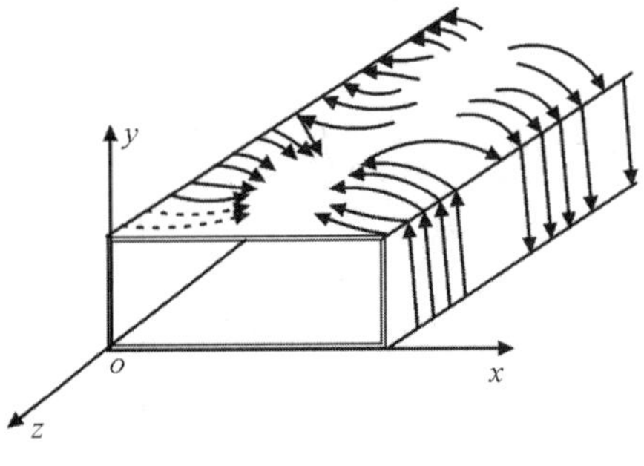

图6.3.1 金属矩形波导的管壁电流分布

将式(6.3.5)和式(6.3.6)中的 $\boldsymbol{\alpha}$ 代入式(6.2.21)中，利用式(6.2.22)可以求出波导两窄边单位长度损耗功率

$$P_{耗(窄)} = \frac{R_S}{2}\int_0^b (H_z^0)^2 \mathrm{d}y \times 2 = R_S(H_z^0)^2 b \tag{6.3.7}$$

R_S是导体表面电阻，由式(5.3.28)给出。同样，由式(6.3.6)中的 $\boldsymbol{\alpha}$ 可以求出两宽边上单位长度的损耗功率

$$P_{耗(宽)} = \frac{R_S}{2}\int_0^a \left[(H_z^0)^2\cos^2\frac{\pi}{\alpha}x + \left(\frac{ak_{z10}H_z^0}{\pi}\right)^2\sin^2\frac{\pi}{\alpha}x\right]\mathrm{d}x \times 2 \tag{6.3.8}$$

TE_{10}波沿波导单位长度的损耗功率是

$$P_{耗} = R_S(H_z^0)^2\left[b + \frac{a}{2}\left(1 + \frac{a^2k_{z10}^2}{\pi^2}\right)\right] \tag{6.3.9}$$

6.3.3　TE_{10}波的相速度和群速度

TE_{10}波的相速度由式(6.2.12)给出，即

$$v_p = \omega\Big/\sqrt{k^2 - \left(\frac{\pi}{a}\right)^2}$$

群速度由式(6.2.18)得到，即

$$v_g = \frac{c^2}{\omega}\sqrt{k^2 - \left(\frac{\pi}{a}\right)^2}$$

显然有$v_g v_p = c^2$。

下面以一种富有启发性的图像来描述波导中的电磁波传播，从而加深对相速度和群速度所满足关系的理解。TE_{10}波在波导中的传播如图 6.3.2 所示。由于 TE_{10}波的工作波长 $\lambda < 2a$，可令 $\lambda/2a = \cos\theta$，于是

$$k_x = \pi/a = (2\pi/\lambda)(\lambda/2a) = k\cos\theta$$

$$k_z = \sqrt{k^2 - k_x^2} = k\sin\theta$$

从而 TE_{10}波的电场

$$E_y = \frac{\mathrm{i}\omega\mu a}{\pi}H_z^0\left(\sin\frac{\pi}{a}x\right)\mathrm{e}^{\mathrm{i}k_z z} = \frac{\omega\mu a}{\pi}\frac{H_z^0}{2}\left[\mathrm{e}^{\mathrm{i}(k_x x + k_z z)} - \mathrm{e}^{\mathrm{i}(-k_x x + k_z z)}\right] \tag{6.3.10}$$

其中，$\mathrm{e}^{\mathrm{i}(k_x x + k_z z)}$表示图 6.3.2 中沿 AC 方向传播的平面波；而 $-\mathrm{e}^{\mathrm{i}(-k_x x + k_z z)}$表示反射后位相改变 π，沿 CB 方向传播的波。所以，TE_{10}波在波导内传播可以看作在两窄边间来回反射、曲折前进的平面波的叠加。当波以光速(假设波导内为真空)在 Δt 时间内由 A 传播到 C，电磁波能量沿 z 方向只从 A 传播到 D，但等相面却由 A 传播到了 E 点，由图中几何关系可知$\triangle AEC$ 相似于$\triangle ACD$，所以

$$AC/AD = AE/AC$$

即

$$c\Delta t/v_g\Delta t = v_P\Delta t/c\Delta t$$

故有

$$v_g v_P = c^2$$

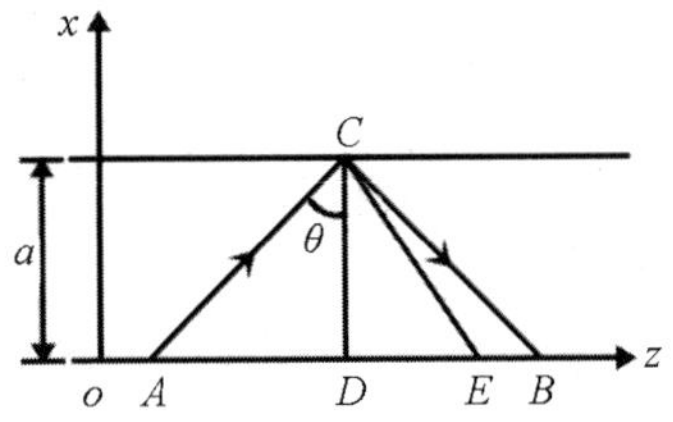

图 6.3.2　TE_{10} 波在金属矩形波导内的传播

6.4　金属圆柱形波导管

6.4.1　金属圆柱形波导管内的电磁场

对于圆柱形波导管，选取 z 轴沿圆柱轴的柱坐标系(如图 6.4.1 所示)，现在求圆柱管内沿 z 方向的行波解。以 u 表示管内电磁场的纵向分量E_z或H_z，u 对 z 和 t 的依赖关系由$e^{i(k_z z-\omega t)}$给出。由式(6.1.22)和式(6.1.23)可知，在柱坐标系下，u 满足的方程可以写作

$$\left[\frac{1}{\rho}\frac{\partial}{\partial\rho}\left(\rho\frac{\partial}{\partial\rho}\right)+\frac{1}{\rho^2}\frac{\partial^2}{\partial\phi^2}+k_S^2\right]u(\rho,\ \phi)=0 \tag{6.4.1}$$

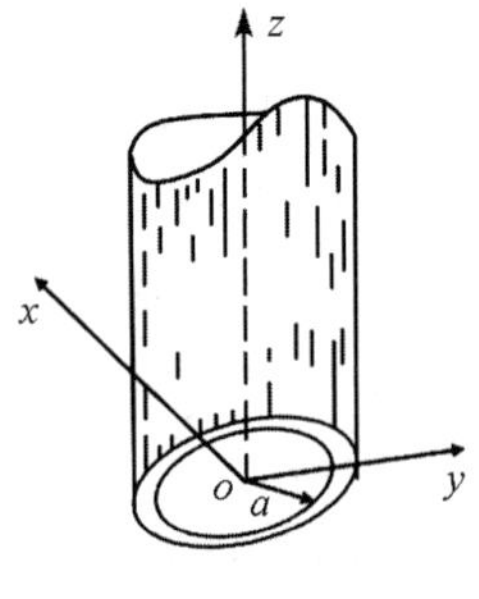

图 6.4.1　金属圆柱形波导管

利用分离变量法求解，设 $u(\rho, \varphi) = R(\rho)\Phi(\phi)$，代入式(6.4.1)中得

$$\frac{1}{\rho}\frac{\partial}{\partial\rho}\left[\rho\frac{\mathrm{d}R(\rho)}{\mathrm{d}\rho}\right] + \left(k_S^2 - \frac{m^2}{\rho^2}\right)R(\rho) = 0 \tag{6.4.2}$$

$$\frac{\mathrm{d}^2\Phi(\phi)}{\mathrm{d}\phi^2} + m^2\Phi(\phi) = 0 \tag{6.4.3}$$

方程式(6.4.3)满足单值性的解是 $\sin m\phi$ 和 $\cos m\phi$，其中 $m = 0, 1, 2, \cdots$。令 $\xi = k_S\rho$，代入式(6.4.2)中，可将方程式(6.4.2)化为 m 阶贝塞尔方程

$$\frac{\mathrm{d}^2R(\xi)}{\mathrm{d}\xi^2} + \frac{1}{\xi}\frac{\mathrm{d}R(\xi)}{\mathrm{d}\xi} + \left(1 - \frac{m^2}{\xi^2}\right)R(\xi) = 0 \tag{6.4.4}$$

在 $\rho\to 0$ 时，解应该是有限的，满足此条件的解是 m 阶贝塞尔函数

$$R(\xi) = J_m(\xi)$$

方程式(6.4.1)的解可以写作

$$u(\rho, \phi) = R(\xi)\Phi(\phi) = A_m J_m(k_S\rho)\begin{Bmatrix}\sin m\phi\\ \cos m\phi\end{Bmatrix} \tag{6.4.5}$$

其中$\begin{Bmatrix}\sin m\phi\\ \cos m\phi\end{Bmatrix}$表示两个独立的波模。

波导内电磁场纵向分量 u 有一般形式

$$u(\rho, \phi, z) = A_m J_m(k_S\rho)\begin{Bmatrix}\sin m\phi\\ \cos m\phi\end{Bmatrix}\mathrm{e}^{\mathrm{i}k_z z} \tag{6.4.6}$$

这里略去了时间因子 $\mathrm{e}^{-\mathrm{i}\omega t}$。

对于 $u = E_z$，由边值关系式(6.1.28)得

$$J_m(k_S a) = 0 \tag{6.4.7}$$

此即确定模式本征值k_S的方程。m 阶贝塞尔函数有无穷多个零点，记为ρ_{mn}，其中 $n = 1, 2, \cdots$表示零点出现的顺序。对于每个零点ρ_{mn}，可以确定k_S的一个值

$$k_{S,mn} = \rho_{mn}/a \tag{6.4.8}$$

代入式(6.4.6)中，求得

$$E_z(\rho, \phi, z) = E_z^0 J_m(k_{S,mn}\rho)\begin{Bmatrix}\sin m\phi\\ \cos m\phi\end{Bmatrix}\mathrm{e}^{\mathrm{i}k_z z} \tag{6.4.9}$$

这里取振幅系数为E_z^0，它由激发功率决定。

同样，当 $u = H_z$时，应用边值关系式(6.1.29)以及$\partial H_z/\partial\rho\,|_{\rho=a} = 0$，得到确定模式本征值$k_S'$的方程，可求得

$$k'_{S,mn} = \rho'_{mn}/a \tag{6.4.10}$$

记$J_m'(k_S'a) \equiv \mathrm{d}J_m(k_S'\rho)/\mathrm{d}\rho\,|_{\rho=a}$，$\rho'_{mn}$是$J_m'(k_S'a) = 0$ 以 n 编序的零点。H_z可写作

$$H_z(\rho, \phi, z) = H_z^0 J_m(k'_{S,mn}\rho)\begin{Bmatrix}\sin m\phi \\ \cos m\phi\end{Bmatrix}e^{ik'_z z} \tag{6.4.11}$$

下面由场纵向分量求波导内的电磁场。

对于横磁波$H_z=0$，利用式(6.1.14)和式(6.4.9)得横磁波的电磁场为

$$\begin{cases} E_\rho = \dfrac{ik_z}{k_{S,mn}^2}E_z^0 J'_m(k_{S,mn}\rho)\begin{Bmatrix}\sin m\phi \\ \cos m\phi\end{Bmatrix}e^{ik_z z} \\ E_\phi = \dfrac{ik_z m}{k_{S,mn}^2\rho}E_z^0 J_m(k_{S,mn}\rho)\begin{Bmatrix}\cos m\phi \\ -\sin m\phi\end{Bmatrix}e^{ik_z z} \\ E_z = E_z^0 J_m(k_{S,mn}\rho)\begin{Bmatrix}\sin m\phi \\ \cos m\phi\end{Bmatrix}e^{ik_z z} \\ H_\rho = \dfrac{i\omega\varepsilon m}{k_{S,mn}^2\rho}E_z^0 J_m(k_{S,mn}\rho)\begin{Bmatrix}-\cos m\phi \\ \sin m\phi\end{Bmatrix}e^{ik_z z} \\ H_\phi = \dfrac{i\omega\varepsilon}{k_{S,mn}^2}E_z^0 J'_m(k_{S,mn}\rho)\begin{Bmatrix}\sin m\phi \\ \cos m\phi\end{Bmatrix}e^{ik_z z} \\ H_z = 0 \end{cases} \tag{6.4.12}$$

对于横电波$E_z=0$，由式(6.1.12)和式(6.4.11)得横电波的电磁场为

$$\begin{cases} E_\rho = \dfrac{i\omega\mu m}{k'^2_{S,mn}\rho}H_z^0 J_m(k'_{S,mn}\rho)\begin{Bmatrix}\cos m\phi \\ -\sin m\phi\end{Bmatrix}e^{ik'_z z} \\ E_\phi = -\dfrac{i\omega\mu}{k'^2_{S,mn}}H_z^0 J'_m(k'_{S,mn}\rho)\begin{Bmatrix}\sin m\phi \\ \cos m\phi\end{Bmatrix}e^{ik'_z z} \\ E_z = 0 \\ H_\rho = \dfrac{ik'_z}{k'^2_{S,mn}}H_z^0 J'_m(k'_{S,mn}\rho)\begin{Bmatrix}\sin m\phi \\ \cos m\phi\end{Bmatrix}e^{ik'_z z} \\ H_\phi = \dfrac{ik'_z m}{k'^2_{S,mn}\rho}H_z^0 J_m(k'_{S,mn}\rho)\begin{Bmatrix}\cos m\phi \\ -\sin m\phi\end{Bmatrix}e^{ik'_z z} \\ H_z = H_z^0 J_m(k'_{S,mn}\rho)\begin{Bmatrix}\sin m\phi \\ \cos m\phi\end{Bmatrix}e^{ik'_z z} \end{cases} \tag{6.4.13}$$

圆柱形波导管中的横电、横磁波型又可按 m、n 的不同取值区分为 TE_{mn}、TM_{mn}波模。波模第一个下标 m 是贝塞尔函数的阶，表示场量沿波导圆周分布的整驻波数；第二个下标 n 是贝塞尔函数或其导数的非零正根的编序，代表场量沿径向变化最大值的个数。

6.4.2　截止频率和截止波长

$k_z=\sqrt{k^2-k_S^2}$，k_z为实数的波模才能在波导内传播。对于横磁波型的 mn 模

$$k_{S,mn}^{(\mathrm{TM})}=\frac{\rho_{mn}}{a}$$

所以 TM_{mn}模的截止频率和截止波长分别为

$$\omega_{c,mn}^{(\mathrm{TM})}=\frac{1}{\sqrt{\mu\varepsilon}}\left(\frac{\rho_{mn}}{a}\right) \tag{6.4.14}$$

$$\lambda_{c,mn}^{(\mathrm{TM})}=2\pi a/\rho_{mn} \tag{6.4.15}$$

这里ρ_{mn}的前 n 个值见表 6.4.1。

表 6.4.1　m 阶贝塞尔函数的前 n 个正根

ρ_{01}	ρ_{11}	ρ_{21}	ρ_{02}	ρ_{12}	ρ_{03}
2.405	3.832	5.136	5.520	7.016	8.564

由上表可见，半径 a 一定的波导管，横磁波模中 TM_{01} 波模有最低截止频率，相应截止波长

$$\lambda_{c01}^{(\mathrm{TM})}=\frac{2\pi a}{2.405}=2.61a \tag{6.4.16}$$

完全类似，对于横电波 mn 模，可以求得

$$\begin{cases} k_{S,mn}^{(\mathrm{TE})}=\dfrac{\rho'_{mn}}{a} \\ \omega_{c,mn}^{(\mathrm{TE})}=\dfrac{1}{\sqrt{\mu\varepsilon}}\left(\dfrac{\rho'_{mn}}{a}\right) \\ \lambda_{c,mn}^{(\mathrm{TE})}=\dfrac{2\pi a}{\rho'_{mn}} \end{cases} \tag{6.4.17}$$

ρ'_{mn}的前 n 个值见表 6.4.2。

表 6.4.2　m 阶贝塞尔函数系数的前 n 个正根

ρ'_{11}	ρ'_{21}	ρ'_{01}	ρ'_{31}	ρ'_{12}	ρ'_{22}
1.841	2.054	3.832	4.201	5.332	6.705

半径 a 一定的波导管，横电波模中 TE_{11} 波模有最低截止频率，相应的截止

波长

$$\lambda_{c11}^{(\mathrm{TE})}=\frac{2\pi a}{1.841}=3.41a \tag{6.4.18}$$

比较式(6.4.16)和式(6.4.18)可见，半径 a 一定的圆柱波导管，TE_{11} 波模有最大截止波长。换句话说，对一定工作频率，TE_{11} 波模需要的圆柱形波导管半径最小。

圆柱形波导管内波的相速度、波导波长仍可如矩形波导一样，分别由式(6.2.12)和式(6.2.14)求出。传输功率和功率损耗也可参照矩形波导情况计算。

6.4.3 模式简并(E-H 简并)和极化简并

在金属圆柱形波导中，对相同的模式指数(m, n)，TE_{mn} 模和 TM_{mn} 模的截止频率是不一样的，TE_{mn} 模与贝塞尔函数的导数的零点有关，而 TM_{mn} 模与贝塞尔函数的零点有关。但是，根据贝塞尔函数的性质 $J_0'(x)=-J_1(x)$ 可知，$J_0'(x)$ 的零点与 $J_1(x)$ 的零点相等，从而可以得到 $k_{S0n}^{(\mathrm{TE})}=k_{S1n}^{(\mathrm{TM})}$。$TE_{0n}$ 模与 TM_{1n} 模具有相同的横向波矢，从而也具有相同的截止波长和传输特性。也就是说，金属圆柱形波导管中，TE_{0n} 模与 TM_{1n} 模是简并的，称之为模式简并或 E-H 简并。

我们还注意到，每一个 $m\neq0$ 的模式在 ϕ 方向上都对应着两种相互独立的分布规律 $\begin{Bmatrix}\sin m\phi\\ \cos m\phi\end{Bmatrix}$，这两种分布代表着两种极化方向，这种情况称为极化简并。因为存在极化简并，仅靠波导尺寸的选择是无法保证圆柱形波导的单模工作的。即使在激励时设法只激起其中一种极化模式，在传播过程中若遇到介质不均匀等扰动，仍可能会转化为另一种极化模式。两种不同极化模式的并存表现为导行波极化面的旋转。这是传输模所不希望的情况。所以，虽然圆柱形波导中的 TE_{11} 模具有最低的截止频率，但并不用它来传输微波。当 $m=0$ 时，如 TM_{0n} 模和 TE_{0n} 模，场分布与 ϕ 无关，具有旋转对称性，不存在极化简并。TM_{01} 模是圆柱形波导中最常用的工作模式。

6.5* 圆柱形介质波导

介质波导(dielectric waveguide)也是一种常用的导波结构，尤其在光学中有广泛的应用，例如光纤通信技术中的光纤就是一种光频段的介质波导。与金属波导管不同，介质波导是开波导。导行波可分布在介质柱外，场振幅离开介质柱面按指数规律衰减，导波能量沿介质柱面向前传播。本节我们以介质圆柱波导为例，说明这类波导的分析方法以及表面导行波的若干特征。

6.5.1　圆柱介质波导电磁场纵向分量

设介质的磁导率和介电常数分别是μ_1，ε_1，介质柱外是真空的。选取 z 轴沿介质圆柱轴的柱坐标系(如图 6.5.1 所示)。导行波沿 z 方向传播，柱内、柱外电磁场对坐标 z 和时间 t 的依赖关系应是 $e^{i(k_z z-\omega t)}$。柱内、柱外场在介质柱横截面上的分布是贝塞尔方程的解，柱内空间电磁场的纵向分量可以用贝塞尔方程满足 $\rho=0$ 有限解表示为

$$E_z = A_m J_m(k_{1s}\rho)(\cos m\phi)e^{ik_z z} \tag{6.5.1}$$

$$H_z = B_m J_m(k_{1s}\rho)(\sin m\phi)e^{ik_z z} \tag{6.5.2}$$

这里略去了时间因子 $e^{-i\omega t}$。其中

$$k_{1s}^2 = k_1^2 - k_z^2 = \omega^2\mu_1\varepsilon_1 - k_z^2 \tag{6.5.3}$$

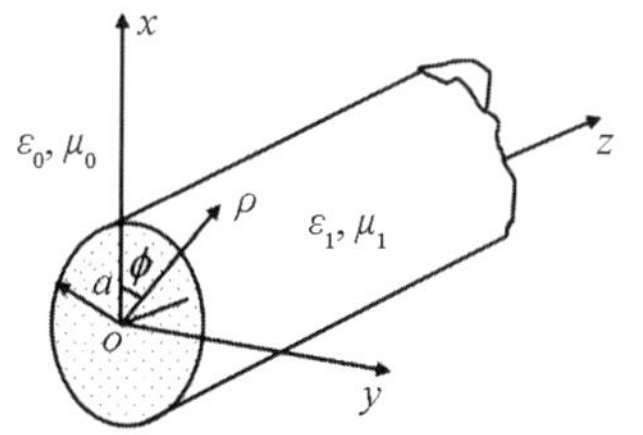

图 6.5.1　圆柱形介质波导

在介质柱外，要求的是场能量沿 z 方向传播的导行波解，场量应随坐标 ρ 增大而迅速减小。柱外场可选择第二类变型(虚宗量)贝塞尔函数描述。场纵向分量可以写作

$$E_z = C_m K_m(k_{0s}\rho)(\cos m\phi)e^{ik_z z} \tag{6.5.4}$$

$$H_z = D_m K_m(k_{0s}\rho)(\sin m\phi)e^{ik_z z} \tag{6.5.5}$$

其中

$$k_{0s}^2 = k_z^2 - k_0^2 = k_z^2 - \omega^2\mu_0\varepsilon_0 \tag{6.5.6}$$

式(6.5.1)、式(6.5.2)、式(6.5.4)、式(6.5.5)中正弦、余弦函数的选择，以及柱内外空间中传播常数都取k_z，是考虑到满足 $\rho=a$ 边界上场及波矢切向分量连续条件的需要。

对于金属波导管，单独纵向场分量E_z或H_z满足的边界条件就可确定波模式

本征值k_s，波导内的电磁场可以分为横电、横磁两种波型。在介质柱波导情况下，利用柱内外纵向场分量E_z在$\rho = a$面上的连续性条件，只能得出

$$A_m J_m(k_{1s}a) = C_m K_m(k_{0s}a) \tag{6.5.7}$$

不足以确定波模本征值k_{1s}和k_{0s}。同样，利用H_z在$\rho = a$面上的边界条件得出

$$B_m J_m(k_{1s}a) = D_m K_m(k_{0s}a) \tag{6.5.8}$$

也不足以确定k_{1s}和k_{0s}。这说明一般单独的横电波模和横磁波模都不能满足边界条件，介质波导模一般情况下应是 TE 模、TM 模的混合模。

6.5.2 介质圆柱波导的电磁场和模式本征值方程

根据纵向场分量和横向场分量之间的关系式(6.1.9)、式(6.1.11)，可以求出介质柱内、柱外空间导行波电磁场表达式。

在介质柱内：

$$\begin{cases} E_\rho = \left[\dfrac{\mathrm{i}k_z}{k_{1s}}A_m J_m'(k_{1s}\rho) + \dfrac{\mathrm{i}\omega\mu_1 m}{k_{1s}^2}B_m J_m(k_{1s}\rho)\right](\cos m\phi)\mathrm{e}^{\mathrm{i}k_z z} \\ E_\phi = -\left[\dfrac{\mathrm{i}k_z m}{k_{1s}^2\rho}A_m J_m(k_{1s}\rho) + \dfrac{\mathrm{i}\omega\mu_1}{k_{1s}}B_m J_m'(k_{1s}\rho)\right](\sin m\phi)\mathrm{e}^{\mathrm{i}k_z z} \\ E_z = A_m J_m(k_{1s}\rho)(\cos m\phi)\mathrm{e}^{\mathrm{i}k_z z} \\ H_\rho = \left[\dfrac{\mathrm{i}k_z}{k_{1s}}B_m J_m'(k_{1s}\rho) + \dfrac{\mathrm{i}\omega\varepsilon_1 m}{k_{1s}^2\rho}A_m J_m(k_{1s}\rho)\right](\sin m\phi)\mathrm{e}^{\mathrm{i}k_z z} \\ H_\phi = -\left[\dfrac{\mathrm{i}k_z m}{k_{1s}^2\rho}B_m J_m(k_{1s}\rho) + \dfrac{\mathrm{i}\omega\varepsilon_1}{k_{1s}}A_m J_m'(k_{1s}\rho)\right](\cos m\phi)\mathrm{e}^{\mathrm{i}k_z z} \\ H_z = B_m J_m(k_{1s}\rho)(\sin m\phi)\mathrm{e}^{\mathrm{i}k_z z} \end{cases} \tag{6.5.9}$$

对于柱外空间：

$$
\begin{cases}
E_\rho = \left[\dfrac{\mathrm{i}k_z}{k_{0s}}C_mK_m'(k_{0s}\rho) + \dfrac{\mathrm{i}\omega\,\mu_0 m}{k_{0s}^2\rho}D_mK_m(k_{0s}\rho)\right](\cos m\phi)\,\mathrm{e}^{\mathrm{i}k_z z} \\
E_\phi = -\left[\dfrac{\mathrm{i}k_z m}{k_{0s}^2\rho}C_mK_m(k_{0s}\rho) + \dfrac{\mathrm{i}\omega\mu_0}{K_{0s}}D_mK_m'(k_{0s}\rho)\right](\sin m\phi)\,\mathrm{e}^{\mathrm{i}k_z z} \\
E_z = C_mK_m(k_{0s}\rho)(\cos m\phi)\,\mathrm{e}^{\mathrm{i}k_z z} \\
H_\rho = \left[\dfrac{\mathrm{i}k_z}{k_{0s}}D_mK_m'(k_{0s}\rho) + \dfrac{\mathrm{i}\omega\varepsilon_0 m}{k_{0s}^2\rho}C_mK_m(k_{0s}\rho)\right](\sin m\phi)\,\mathrm{e}^{\mathrm{i}k_z z} \\
H_\phi = -\left[\dfrac{\mathrm{i}k_z m}{k_{0s}^2\rho}D_mK_m(k_{0s}\rho) + \dfrac{\mathrm{i}\omega\varepsilon_0}{k_{0s}}C_mK_m'(k_{0s}\rho)\right](\cos m\phi)\,\mathrm{e}^{\mathrm{i}k_z z} \\
H_z = D_mK_m(k_{0s}\rho)(\sin m\phi)\,\mathrm{e}^{\mathrm{i}k_z z}
\end{cases}
\tag{6.5.10}
$$

上面各式中J_m'，K_m'右上角的撇表示对变量ρ求导。式(6.5.9)和式(6.5.10)中除去振幅系数A_m，B_m，C_m，D_m未知，模式本征值k_{1s}，k_{0s}以及k_z还有待确定。利用$\rho = a$界面上电磁场ϕ分量(沿界面切向)连续性条件可得

$$
A_m\frac{k_z m}{k_{1s}^2 a}J_m(k_{1s}a) + B_m\frac{\omega\mu_1}{k_{1s}}J_m'(k_{1s}a) - C_m\frac{k_z m}{k_{0s}^2 a}K_m(k_{0s}a) - D_m\frac{\omega\mu_0}{k_{0s}}K_m'(k_{0s}a) = 0
\tag{6.5.11}
$$

$$
A_m\frac{\omega\,\varepsilon_1}{k_{1s}}J_m'(k_{1s}a) + B_m\frac{k_z m}{k_{1s}^2 a}J_m(k_{1s}a) - C_m\frac{\omega\varepsilon_0}{k_{0s}^2}K_m'(k_{0s}a) - D_m\frac{k_z m}{k_{0s}^2 a}K_m(k_{0s}a) = 0
\tag{6.5.12}
$$

联立式(6.5.7)、式(6.5.8)、式(6.5.11)和式(6.5.12)，得到含有四个未知振幅常数的齐次线性方程组，这个方程组有非零解的条件是系数行列式等于零。

$$
\begin{vmatrix}
J_m(k_{1s}a) & 0 & -K_m(k_{0s}a) & 0 \\
0 & J_m(k_{1s}a) & 0 & 0 \\
\dfrac{k_z m}{k_{1s}^2 a}J_m(k_{1s}a) & \dfrac{\omega\,\mu_1}{k_{1s}}J_m'(k_{1s}a) & -\dfrac{k_z m}{k_{0s}^2 a}K_m(k_{0s}a) & -\dfrac{\omega\,\mu_0}{k_{0s}}K_m'(k_{0s}a) \\
\dfrac{\omega\varepsilon_1}{k_{1s}}J_m'(k_{1s}a) & \dfrac{k_z m}{k_{1s}^2 a}J_m(k_{1s}a) & -\dfrac{\omega\,\varepsilon_0}{k_{0s}}K_m'(k_{0s}a) & -\dfrac{k_z m}{k_{0s}^2 a}K_m(k_{0s}a)
\end{vmatrix} = 0
$$

整理得

$$
J_m^2(k_{1s}a)K_m^2(k_{0s}a)\left[\left(\frac{k_z m}{k_{1s}^2 a} - \frac{k_z m}{k_{0s}^2 a}\right)^2 - \left(\frac{\omega\mu_1}{k_{1s}}\frac{J_m'(k_{1s}a)}{J_m(k_{1s}a)} - \frac{\omega\mu_0}{k_{0s}}\frac{K_m'(k_{0s}a)}{K_m(k_{0s}a)}\right)\right.
$$

$$
\left.\left(\frac{\omega\varepsilon_1}{k_{1s}}\frac{J_m'(k_{1s}a)}{J_m(k_{1s}a)} - \frac{\omega\varepsilon_0}{k_{0s}^2}\frac{K_m'(k_{0s}a)}{K_m(k_{0s}a)}\right)\right] = 0
\tag{6.5.13}
$$

这就是决定传播常数k_z的模式本征方程，其中k_{1s}，k_{0s}分别通过式(6.5.3)、式(6.5.6)和k_z联系。求出k_z，k_{1s}和k_{0s}后，由式(6.5.7)、式(6.5.8)、式(6.5.11)、式(6.5.12)可定出A_m，B_m，C_m，D_m大小之比，其绝对大小由模式激发功率决定。将A_m，B_m，C_m，D_m再代入式(6.5.9)~(6.5.10)中，就可求出介质圆柱内外的场分布。

6.5.3 轴对称模式及其截止条件

一般情况下，求解模式本征值方程式(6.5.13)是困难的，需要借助数值方法进行。下面仅对轴对称场的特殊情况讨论这个方程的解。

在轴对称情况下，场分布与ϕ无关，$m=0$。此时式(6.5.13)化为

$$\frac{\mu_1}{k_{1s}}\frac{J_0'(k_{1s}a)}{J_0(k_{1s}a)}=\frac{\mu_0}{k_{0s}}\frac{K_0'(k_{0s}a)}{K_0(k_{0s}a)} \tag{6.5.14}$$

$$\frac{\varepsilon_1}{k_{1s}}\frac{J_0'(k_{1s}a)}{J_0(k_{1s}a)}=\frac{\varepsilon_0}{k_{0s}}\frac{K_0'(k_{0s}a)}{K_0(k_{0s}a)} \tag{6.5.15}$$

两个分立的方程，表明$m=0$的模式可分为两组。容易证明式(6.5.14)可以由式(6.5.7)、式(6.5.8)、式(6.5.11)、式(6.5.12)在$m=0$，同时$A_m=C_m=0$情况下得到，说明它是$E_z=0$，即横电波模的本征方程。类似的分析表明，式(6.5.15)是横磁波模的本征方程。所以在$m=0$特殊情况下，圆柱形介质波导的导行波仍可存在单独的TE波模或TM波模。

发生截止的条件是k_{0s}由正实数变成零。由于$K'_0/K_0(0)\to-\infty$，使式(6.5.14)或式(6.5.15)成立的条件是

$$J_0(k_{1s}a)=0$$

即

$$(k_{1s})_{0n}=\rho_{0n}/a \tag{6.5.16}$$

ρ_{0n}是零阶贝塞尔函数的第n个根。这对TE_{0n}和TM_{0n}都成立，所以TE_{0n}，TM_{0n}波的截止频率

$$\omega_{c,0n}=\frac{\rho_{0n}}{a\sqrt{\mu_1\varepsilon_1-\mu_0\varepsilon_0}} \tag{6.5.17}$$

这里用到了由式(6.5.3)和式(6.5.6)得出的关系：

$$\omega=\sqrt{\frac{k_{1s}^2+k_{0s}^2}{\mu_1\varepsilon_1-\mu_0\varepsilon_0}}$$

6.6　谐振腔

微波技术中常用金属**谐振腔**(cavity resnators)产生电磁振荡。谐振腔是个导体空腔，按其几何形状可分为矩形、圆柱形、同轴圆柱形等。谐振腔内电磁振荡的激励以及将其振荡能量耦合到外部电路，可以通过插入腔内的小同轴探针、小环或在腔壁上开小孔实现。为了简便，我们以矩形谐振腔为例，说明谐振腔产生振荡的原理、振荡模式以及它的主要参量。

6.6.1　金属矩形谐振腔中的电磁场

金属矩形谐振腔可以看作一段两端用金属板封闭起来构成的矩形波导管(如图 6.6.1 所示)。假定腔壁可以看作理想导体，腔内电磁场的每一个直角分量 $u(x, y, z)$ 都是亥姆霍兹方程

$$(\nabla^2 + k^2)u = 0 \tag{6.6.1}$$

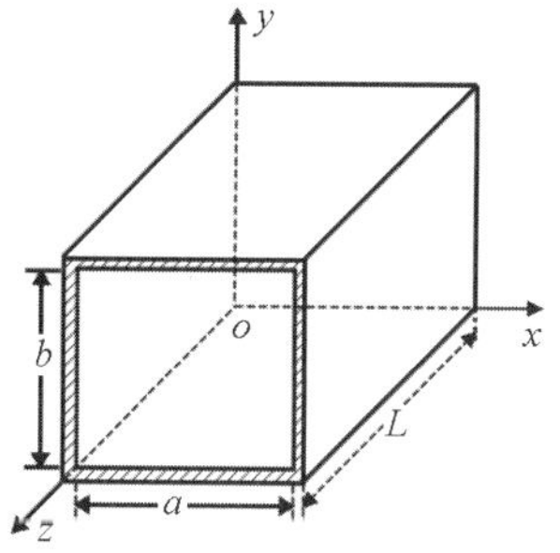

图 6.6.1　金属矩形谐振腔

满足理想导体边界条件的解。我们已经求解了矩形波导问题，矩形谐振腔中的电磁场可利用波导的结果比较简单地得出。

由于波导两端被封闭，波导内的场现在是沿 $+z$ 方向的前进波和沿 $-z$ 方向的反射波的叠加，总场应满足两端面上理想导体的边界条件。与波导管对应，腔内电磁场也可分为横电(TE)型模和横磁(TM)型模。每个模式的场都可按上述方法由相应波导中的场叠加得出。

对于 TE 型模，前进波由式(6.2.7)给出，反射波(沿 $-z$ 方向传播的波)可将其中的k_z改为 $-k_z$，振幅 E_{zmn}^0 变为 $E_{zmn}^{0\prime}$ 得出。所以

$$\begin{cases} E_x = -\dfrac{\mathrm{i}\omega\mu}{k_S^2}\dfrac{n\pi}{b}\cos\dfrac{m\pi}{a}x\cdot\sin\dfrac{n\pi}{b}y\cdot(H_z^0\mathrm{e}^{\mathrm{i}k_z z}+H_z^{0\prime}\mathrm{e}^{-\mathrm{i}k_z z}) \\ E_y = \dfrac{\mathrm{i}\omega\mu}{k_S^2}\dfrac{m\pi}{a}\sin\dfrac{m\pi}{a}x\cdot\cos\dfrac{n\pi}{b}y\cdot(H_z^0\mathrm{e}^{\mathrm{i}k_z z}+H_z^{0\prime}\mathrm{e}^{-\mathrm{i}k_z z}) \\ E_z = 0 \end{cases} \tag{6.6.2}$$

$$\begin{cases} H_x = \dfrac{\mathrm{i}k_z}{k_S^2}\dfrac{m\pi}{a}\sin\dfrac{m\pi}{a}x\cdot\cos\dfrac{n\pi}{b}y\cdot(-H_z^0\mathrm{e}^{\mathrm{i}k_z z}+H_z^{0\prime}\mathrm{e}^{-\mathrm{i}k_z z}) \\ H_y = \dfrac{\mathrm{i}k_z}{k_S^2}\dfrac{n\pi}{b}\cos\dfrac{m\pi}{a}x\cdot\sin\dfrac{n\pi}{b}y\cdot(-H_z^0\mathrm{e}^{\mathrm{i}k_z z}+H_z^{0\prime}\mathrm{e}^{-\mathrm{i}k_z z}) \\ H_z = \cos\dfrac{m\pi}{a}x\cdot\cos\dfrac{n\pi}{b}y\cdot(H_z^0\mathrm{e}^{\mathrm{i}k_z z}+H_z^{0\prime}\mathrm{e}^{-\mathrm{i}k_z z}) \end{cases} \tag{6.6.3}$$

利用 $z=0$ 和 $z=l$ 处的边界条件确定 $H_z^{0\prime}$ 以及 k_z，由 $z=0$ 面上 $H_z=0$ 得

$$H_z^{0\prime} = -H_z^0 \tag{6.6.4}$$

所以$H_z=2\mathrm{i}H_z^0\cos\dfrac{m\pi}{a}x\cdot\cos\dfrac{n\pi}{b}y\cdot\sin k_z z$，再应用 $z=l$ 面上$H_z=0$ 条件得

$$k_z=\frac{p\pi}{l}\quad(p=1,2,\cdots) \tag{6.6.5}$$

利用式(6.6.4)和式(6.6.5)，式(6.6.2)和式(6.6.3)可写作

$$\begin{cases} E_x = \dfrac{2\omega\mu}{k_S^2}\dfrac{n\pi}{b}H_z^0\cos\dfrac{m\pi}{a}x\cdot\sin\dfrac{n\pi}{b}y\cdot\sin\dfrac{p\pi}{l}z \\ E_y = -\dfrac{2\omega\mu}{k_S^2}\dfrac{m\pi}{a}H_z^0\sin\dfrac{m\pi}{a}x\cdot\cos\dfrac{n\pi}{b}y\cdot\sin\dfrac{p\pi}{l}z \\ E_z = 0 \\ H_x = -\dfrac{2\mathrm{i}k_z}{k_S^2}\dfrac{m\pi}{a}H_z^0\sin\dfrac{m\pi}{a}x\cdot\cos\dfrac{n\pi}{b}y\cdot\cos\dfrac{p\pi}{l}z \\ H_y = -\dfrac{2\mathrm{i}k_z}{k_S^2}\dfrac{n\pi}{b}H_z^0\cos\dfrac{m\pi}{a}x\cdot\sin\dfrac{n\pi}{b}y\cdot\cos\dfrac{p\pi}{l}z \\ H_z = 2\mathrm{i}H_z^0\cos\dfrac{m\pi}{a}x\cdot\cos\dfrac{n\pi}{b}y\cdot\sin\dfrac{p\pi}{l}z \end{cases} \tag{6.6.6}$$

对于 TM 型模，利用相同的方法，应用在两端面上电场切向分量为零，可得出腔内的电磁场为

$$
\begin{cases}
E_x = -\dfrac{2k_z}{k_S^2}\dfrac{m\pi}{a}E_z^0\cos\dfrac{m\pi}{a}x\cdot\sin\dfrac{n\pi}{b}y\cdot\sin\dfrac{p\pi}{l}z \\
E_y = -\dfrac{2k_z}{k_S^2}\dfrac{n\pi}{b}E_z^0\sin\dfrac{m\pi}{a}x\cdot\cos\dfrac{n\pi}{b}y\cdot\sin\dfrac{p\pi}{l}z \\
E_z = 2E_z^0\sin\dfrac{m\pi}{a}x\cdot\sin\dfrac{n\pi}{b}y\cdot\cos\dfrac{p\pi}{l}z \\
H_x = -\mathrm{i}\dfrac{2\omega\varepsilon}{k_S^2}\dfrac{n\pi}{b}E_z^0\sin\dfrac{m\pi}{a}x\cdot\cos\dfrac{n\pi}{b}y\cdot\cos\dfrac{p\pi}{l}z \\
H_y = \mathrm{i}\dfrac{2\omega\varepsilon}{k_S^2}\dfrac{m\pi}{a}E_z^0\cos\dfrac{m\pi}{a}x\cdot\sin\dfrac{n\pi}{b}y\cdot\cos\dfrac{p\pi}{l}z \\
H_z = 0
\end{cases}
\tag{6.6.7}
$$

可见，矩形谐振腔中可以存在无穷多个 TE 型模和 TM 型模，这些模可以分别用 TE_{mnp}和 TM_{mnp}标志，不过对于 TE 型模 p 不能等于零。

6.6.2　谐振腔的本征频率和品质因数

由 $k^2 = k_x^2 + k_y^2 + k_z^2$可得：

$$
\omega_{mnp} = \frac{\pi}{\sqrt{\mu\varepsilon}}\sqrt{\left(\frac{m}{a}\right)^2 + \left(\frac{n}{b}\right)^2 + \left(\frac{p}{l}\right)^2}\quad (m, n, p = 0, 1, 2, \cdots)
\tag{6.6.8}
$$

这表明矩形谐振腔中电磁场的频率只能取一些离散的特定值。这些特定值称为谐振腔的**本征频率**(characteristic frequency)。本征频率是谐振腔的一个重要参量，只有当激励源频率等于谐振腔的本征频率时，谐振腔的振荡才达到最强。

谐振腔的**品质因数**(quality factor)描述谐振腔能量损耗程度及选择性优劣。品质因数Q_0定义为谐振腔中的储能时间平均值与一个周期内谐振腔损耗之比的 2π 倍。

$$
Q_0 = \omega\overline{W}/W_{耗}
\tag{6.6.9}
$$

它是谐振腔的另一个重要参量。$\overline{W}$ 可以通过腔内电磁场能量密度的体积分得出。$W_{耗}$主要包括腔壁实际导体有限电导率引起的焦耳热耗以及腔体内的介质损耗。当腔体内为真空时，主要为腔壁导体热耗。

6.6.3 矩形谐振腔的 TE_{101} 模

假设谐振腔尺寸满足 $a>b$，$l>b$，TE_{101} 模对应的本征频率是最低的。实际谐振腔常用这一模式产生特定频率的电磁振荡。对 TE_{101} 模，$m=1$，$n=0$，$p=1$，$k_S^2=\left(\frac{\pi}{a}\right)^2$，其电磁场为

$$\begin{cases} E_x=0 \\ E_y=-\dfrac{2\omega\mu a}{\pi}H_z^0\sin\dfrac{\pi}{a}x\cdot\sin\dfrac{\pi}{l}z \\ E_z=0 \end{cases}$$

$$\begin{cases} H_x=-\dfrac{2\mathrm{i}a}{l}H_z^0\sin\dfrac{\pi}{a}x\cdot\cos\dfrac{\pi}{l}z \\ H_y=0 \\ H_z=2\mathrm{i}H_z^0\cos\dfrac{\pi}{a}x\cdot\sin\dfrac{\pi}{l}z \end{cases} \tag{6.6.10}$$

电磁场分布都与 y 坐标无关，沿 x 方向和 z 方向都有半个驻波分布。TE_{101} 模的本征频率由式(6.6.8)求出，即

$$\omega_{101}=\frac{\pi}{\sqrt{\mu\varepsilon}}\sqrt{\left(\frac{1}{a}\right)^2+\left(\frac{1}{l}\right)^2} \tag{6.6.11}$$

谐振腔内储存的电场能量

$$W_e=\frac{\varepsilon}{4}\int_0^a\int_0^b\int_0^l E_y^*E_y\mathrm{d}x\mathrm{d}y\mathrm{d}z=\frac{\varepsilon}{4}abl(H_z^0)^2\frac{\omega^2\mu^2a^2}{\pi^2} \tag{6.6.12}$$

磁场能量

$$\begin{aligned} W_m &= \frac{\mu}{4}\int_0^a\int_0^b\int_0^l(H_x^*H_x+H_z^*H_z)\mathrm{d}x\mathrm{d}y\mathrm{d}z \\ &= \frac{\mu}{4}abl(H_z^0)^2\left(\frac{a^2}{l^2}+1\right) \end{aligned} \tag{6.6.13}$$

容易证明 $W_e=W_m$。腔壁上的热损耗功率可由式(6.6.10)代入下式得出。

$$P_{耗}=\frac{R_S}{2}\int_S(\boldsymbol{H}^*\cdot\boldsymbol{H})\mathrm{d}\sigma$$

其中 R_S 是构成谐振腔壁导体材料的表面电阻，S 是整个腔体内表面。可以解得

$$P_{耗}=(H_z^0)^2R_Sa^2\frac{1}{(al)^2}(2a^3b+2bl^3+al^3+a^3l) \tag{6.6.14}$$

TE_{101}模的Q_0值为

$$Q_0=\omega\frac{W}{P_{耗}}=\frac{\omega\mu abl(a^2+l^2)}{2R_S(2a^3b+2bl^3+al^3+a^3l)}$$

习　题

6.1　电磁波在波导中沿$\nabla\times\boldsymbol{E}=\mathrm{i}\omega\mu_0\boldsymbol{H}$方向传播，试用$\nabla\times\boldsymbol{H}=-\mathrm{i}\omega\varepsilon_0$证明波导中电磁场的$E_x$，$E_y$，$H_x$，$H_y$分量都可通过$E_z$，$H_z$表示出来。

6.2　求电磁波在两个无限大平行理想导体板之间传播的波型和每种波型的截止频率。设两板间距为 b。

6.3　矩形波导横截面尺寸为 $a=2.3$ cm、$b=1$ cm，传播频率为 10 GHz 的 TE_{10}波。求截止波长λ_c、波导长λ_g、相速度v_p、群速度v_g。

6.4　频率为 3×10^{10} Hz 的微波，在横截面 $a\times b=0.7$ cm $\times0.4$ cm 的矩形波导管中能以什么波型传播？在横截面 $a\times b=0.7$ cm $\times0.6$ cm 的矩形波导管中能以什么波模传播？

6.5　为了使真空方形波导管中只能以 TE_{10}、TE_{01}、TE_{11}、TM_{11} 波型传播 1.5×10^{10} Hz 的微波，波导边长应设计在什么范围？

6.6　设矩形波导管内部尺寸分别为 a 和 $b(a>b)$，其间为真空，金属电导率为σ_e，求 TE_{10}波的衰减常数。

6.7　求内半径 $a=1$ cm 圆柱形波导管中 TE_{11} 模、TM_{01} 模的截止频率。假设管内为真空。

6.8　设计一个矩形谐振腔，使在 $\lambda=10$ cm 时振荡于 TE_{101} 模式，在 $\lambda=7$ cm时振荡于 TE_{102} 模式。

6.9　a，b，l 分别为 2.5 cm、1.25 cm 和 6 cm 的真空谐振腔，谐振于 TE_{102} 模式。在腔内填充介质后，若工作的频率相同，则谐振于 TE_{103} 模式。求填充介质的介电常数。

第 7 章　电磁波的辐射和散射

在第 5、第 6 章中我们研究了脱离激发源的电磁场在空间的传播问题，需要求解无源麦克斯韦方程组。这一章中，我们要研究变化电荷电流系统辐射电磁波的规律，需要求解有源麦克斯韦方程组。

对于一个实际的辐射系统，我们关心的是它的辐射功率以及反映辐射方向特性的角分布，这些都可以通过辐射场计算，所以我们着重讨论不同辐射系统辐射场的计算方法。本章只研究**定域的变化电荷电流在真空中的辐射场**。

7.1　辐射电磁场势

真空情况下的麦克斯韦方程组为

$$\nabla \times \boldsymbol{E} = -\frac{\partial \boldsymbol{B}}{\partial t} \tag{7.1.1}$$

$$\nabla \times \boldsymbol{B} = \mu_0 \boldsymbol{j} + \mu_0 \varepsilon_0 \frac{\partial \boldsymbol{E}}{\partial t} \tag{7.1.2}$$

$$\nabla \cdot \boldsymbol{E} = \rho / \varepsilon_0 \tag{7.1.3}$$

$$\nabla \cdot \boldsymbol{B} = 0 \tag{7.1.4}$$

计算变化电荷电流系统的辐射场就归结为求这组方程式的解。

7.1.1　变化电磁场的矢势和标势

前面曾引进标势描述静电场、稳恒电场，引进矢势描述稳恒磁场。现在把势的概念推广到变化电磁场的一般情况。

稳恒磁场可以用矢势 $\boldsymbol{A}$ 描述：

$$\boldsymbol{B} = \nabla \times \boldsymbol{A} \tag{7.1.5}$$

由式(7.1.4)可知，变化电磁场的磁场仍然是无散场，用 $\boldsymbol{A}$ 描述变化磁场仍然是可能的，不过现在 $\boldsymbol{A}$ 应当是一个与时间有关的量。

由式(7.1.1)可知，变化的磁场可以激发有旋电场，所以变化电磁场的电场含有非零的横场部分，不能再用静电场意义上的标势 φ 描写。把式(7.1.5)代入式(7.1.1)得

$$\nabla \times \left(\boldsymbol{E} + \frac{\partial \boldsymbol{A}}{\partial t}\right) = 0$$

这表明 $\boldsymbol{E} + \partial \boldsymbol{A}/\partial t$ 是一个无旋场，因此可以引进一个新的标量函数 φ，使

$$\boldsymbol{E} + \partial \boldsymbol{A}/\partial t = -\nabla\varphi \tag{7.1.6}$$

上式右端取负号，目的是在过渡到静电情况时 φ 具有静电场标势的含义。由式(7.1.6)可知，在变化电磁场的情况下，电场可表示为

$$\boldsymbol{E} = -\nabla\varphi - \partial \boldsymbol{A}/\partial t \tag{7.1.7}$$

这里 φ 称为**电磁场标势**(scalar potential of electromagnetic field)。

要注意的是，上面引进的矢势 $\boldsymbol{A}$ 和标势 φ 只定义了 $\boldsymbol{A}$ 的旋度和 φ 的梯度，而没有定义 $\boldsymbol{A}$ 和 φ 本身，因此 $\boldsymbol{A}$ 和 φ 存在一定的任意性。我们可以对 $\boldsymbol{A}$ 和 φ 做以下变换

$$\begin{aligned} \boldsymbol{A} \to \boldsymbol{A}' &= \boldsymbol{A} + \nabla\psi \\ \varphi \to \varphi' &= \varphi - \partial\psi/\partial t \end{aligned} \tag{7.1.8}$$

其中 ψ 是任意空间坐标和时间的标量函数。新的矢势 $\boldsymbol{A}'$ 和标势 φ' 与原来的 $\boldsymbol{A}$ 和 φ 描述同一电磁场。

$$\boldsymbol{B}' = \nabla \times \boldsymbol{A}' = \nabla \times (\boldsymbol{A} + \nabla\psi) = \nabla \times \boldsymbol{A} = \boldsymbol{B}$$

$$\boldsymbol{E}' = -\nabla\varphi' - \frac{\partial \boldsymbol{A}'}{\partial t} = -\nabla\varphi - \frac{\partial \boldsymbol{A}}{\partial t} = \boldsymbol{E}$$

所以，描述电磁场的矢势和标势不是唯一的。对应同一电磁场 $\boldsymbol{E}$，$\boldsymbol{B}$，可以有多个 $\boldsymbol{A}$ 和 φ。式(7.1.8)的变换称为**规范变换**(gauge transformation)，电磁场在标势和矢势做规范变换下的不变性称为**规范不变性**(gauge invariance)。

用 $\boldsymbol{A}$ 和 φ 描述电磁场，对电磁理论的发展具有深远的影响。在经典电磁理论中，$\boldsymbol{A}$ 和 φ 只是被引入的辅助物理量。然而，在量子力学中考虑电磁场时，以及量子电动力学中对电磁场进行量子化时，$\boldsymbol{A}$ 和 φ 成为基本物理量，$\boldsymbol{E}$ 和 $\boldsymbol{B}$ 是 $\boldsymbol{A}$ 和 φ 的导出量。1959 年，物理学家阿哈罗诺夫和玻姆预言，微观带电粒子在 $\boldsymbol{E}$ 和 $\boldsymbol{B}$ 为零、$\boldsymbol{A}$ 和 φ 并不为零的区域中运动时，电磁势会与带电粒子波函数的复相位发生耦合，产生可观测的物理效应，这就是著名的阿哈罗诺夫－玻姆效应(AB 效应)。1984 年，阿哈罗诺夫又和 Aharon Casher 提出，当一个具有自旋磁矩的中性粒子在 $\boldsymbol{E}$ 为零、φ 不为零的区域中运动时，同样会引起粒子波函数复相位的变化，称为 Aharonov-Casher 效应(AC 效应)，它表明了电荷与磁矩

的对偶性。AB 效应和 AC 效应都早已通过电子衍射、电子全息成像、中子干涉等实验得到了证实，在介观系统的电学和磁学性质研究中具有重要的应用。

7.1.2 电磁势的规范条件

电磁势存在规范变换自由度，这种不确定性看上去是个缺点，实际上可以带来方便。我们可以对 $\boldsymbol{A}$ 和 φ 加上一些限制条件，使 $\boldsymbol{A}$ 和 φ 满足的方程式得到简化。下面介绍两种最常用的规范条件。

1. 洛伦兹规范

将式(7.1.5)和式(7.1.7)中的 $\boldsymbol{B}$ 和 $\boldsymbol{E}$ 代入式(7.1.2)和式(7.1.3)得

$$\begin{cases}\nabla^2\boldsymbol{A}-\mu_0\varepsilon_0\dfrac{\partial^2\boldsymbol{A}}{\partial t^2}-\nabla\left(\nabla\cdot\boldsymbol{A}+\mu_0\varepsilon_0\dfrac{\partial\varphi}{\partial t}\right)=-\mu_0\boldsymbol{j}\\ \nabla^2\varphi+\dfrac{\partial}{\partial t}\nabla\cdot\boldsymbol{A}=-\dfrac{\rho}{\varepsilon_0}\end{cases}\tag{7.1.9}$$

为了化简上式，利用 $\boldsymbol{A}$ 和 φ 存在规范变换自由度的条件，对 $\boldsymbol{A}$ 和 φ 加上附加限制条件

$$\nabla\cdot\boldsymbol{A}+\mu_0\varepsilon_0\partial\varphi/\partial t=0\tag{7.1.10}$$

则式(7.1.9)可化为

$$\begin{cases}\nabla^2\boldsymbol{A}-\dfrac{1}{c^2}\dfrac{\partial^2\boldsymbol{A}}{\partial t^2}=-\mu_0\boldsymbol{j}\\ \nabla^2\varphi-\dfrac{1}{c^2}\dfrac{\partial^2\varphi}{\partial t^2}=-\dfrac{\rho}{\varepsilon_0}\end{cases}\tag{7.1.11}$$

其中 $c=1/\sqrt{\mu_0\varepsilon_0}$。式(7.1.11)被称为**达朗贝尔方程**，附加条件式(7.1.10)被称为**洛伦兹规范**(Lorentz gauge)。在洛伦兹规范条件下，矢势 $\boldsymbol{A}$ 仅和电流有关，标势 φ 仅和电荷有关，两个方程具有完全对称的形式。

值得注意的是，在洛伦兹规范条件下，$\boldsymbol{A}$ 和 φ 仍存在规范变换自由度。取

$$\boldsymbol{A}'=\boldsymbol{A}+\nabla\psi$$

$$\varphi'=\varphi-\frac{\partial\psi}{\partial t}$$

只要其中的 ψ 满足方程

$$\nabla^2\psi-\frac{1}{c^2}\frac{\partial^2\psi}{\partial t^2}=0\tag{7.1.12}$$

$\boldsymbol{A}'$和φ'仍然满足洛伦兹规范。

2. 库仑规范

若令

$$\nabla \cdot \boldsymbol{A} = 0 \tag{7.1.13}$$

则式(7.1.9)可化为

$$\begin{cases} \nabla^2 \boldsymbol{A} - \dfrac{1}{c^2}\dfrac{\partial^2 \boldsymbol{A}}{\partial t^2} - \dfrac{1}{c^2}\nabla\left(\dfrac{\partial \varphi}{\partial t}\right) = -\mu_0 \boldsymbol{j} \\ \nabla^2 \varphi = -\dfrac{\rho}{\varepsilon_0} \end{cases} \tag{7.1.14}$$

上式的特点是：标势 φ 所满足的方程在形式上与静电场情况下的方程相同。特别地，在无界空间中，可以直接写出标势 φ 的解。

$$\varphi(\boldsymbol{x}, t) = \int_V \frac{\rho(\boldsymbol{x}', t)\,\mathrm{d}\tau'}{4\pi\varepsilon_0 |\boldsymbol{x} - \boldsymbol{x}'|} \tag{7.1.15}$$

上式表示电荷系统所产生的瞬时库仑势。这也是式(7.1.13)被称为**库仑规范**(Coulomb gauge)的由来。

在式(7.1.14)中，把电流分为纵向分量 $\boldsymbol{j}_l$ 和横向分量 $\boldsymbol{j}_t$

$$\begin{cases} \nabla \times \boldsymbol{j}_l = 0 \\ \nabla \cdot \boldsymbol{j}_t = 0 \end{cases} \tag{7.1.16}$$

由亥姆霍兹分解式(1.7.8)和式(1.7.9)可知，在无界空间(边界面上的电流分布为零)中，可以得到纵向电流 $\boldsymbol{j}_l$ 和横向电流 $\boldsymbol{j}_t$ 的表达式，即

$$\boldsymbol{j}_l(\boldsymbol{x}, t) = -\nabla \int_V \frac{\nabla' \cdot \boldsymbol{j}(\boldsymbol{x}', t)}{4\pi |\boldsymbol{x} - \boldsymbol{x}'|}\mathrm{d}\tau' \tag{7.1.17}$$

$$\boldsymbol{j}_t(\boldsymbol{x}, t) = \nabla \times \int_V \frac{\nabla' \times \boldsymbol{j}(\boldsymbol{x}', t)}{4\pi |\boldsymbol{x} - \boldsymbol{x}'|}\mathrm{d}\tau' \tag{7.1.18}$$

将式(7.1.15)代入式(7.1.14)第一式左边第三项，并联立电流连续性方程 $\nabla \cdot \boldsymbol{j} + \dfrac{\partial \rho(x, t)}{\partial t} = 0$，可以得到

$$\frac{1}{c^2}\nabla\left(\frac{\partial \varphi}{\partial t}\right) = \frac{\mu_0}{4\pi}\nabla\left[\int_V \frac{\nabla' \cdot \boldsymbol{j}(\boldsymbol{x}', t)}{|\boldsymbol{x} - \boldsymbol{x}'|}\mathrm{d}\tau'\right] = \mu_0 \boldsymbol{j}_l(\boldsymbol{x}, t)$$

从而式(7.1.14)第一式可化为

$$\nabla^2 \boldsymbol{A} - \frac{1}{c^2}\frac{\partial^2 \boldsymbol{A}}{\partial t^2} = -\mu_0 \boldsymbol{j}_t \tag{7.1.19}$$

这是一个波动方程，横向电流 $\boldsymbol{j}_t$ 作为矢势的源。因此，库仑规范也被称为**横场规范**(transverse gauge)。

库仑规范常用于无源的情况，例如电磁波在自由空间中的传播。此时由式(7.1.15)立即得到 $\varphi=0$，从而有 $\boldsymbol{E}=-\partial\boldsymbol{A}/\partial t$，$\boldsymbol{B}=\nabla\times\boldsymbol{A}$，这表明自由空间中的电磁场可以只用矢势 $\boldsymbol{A}$ 描述。由库仑规范条件式(7.1.13)可知，$\boldsymbol{A}$ 的三个分量中只有两个是独立的，所以无源区域中的电磁场可以只用两个标量函数描述。

7.1.3 达朗贝尔方程的特解——推迟势

在洛伦兹规范条件下，电磁场的势方程是达朗贝尔方程，下面来求它的特解。首先考虑其中的标势方程

$$\nabla^2\varphi-\frac{1}{c^2}\frac{\partial^2\varphi}{\partial t^2}=-\frac{\rho}{\varepsilon_0} \tag{7.1.20}$$

这个方程反映了电荷分布和变化与它激发的电磁场标势的关系。设电荷分布在区域 V 中，由于电磁场满足叠加原理，电磁场标势可以看作各个小体积元中电荷激发标势的叠加。

设位于 $\boldsymbol{x}'$ 点的小体积元 $\mathrm{d}\tau'$ 内的电荷量为 $\mathrm{d}Q'$，$\mathrm{d}Q'$ 是坐标 $\boldsymbol{x}'$ 和时间 t 的函数。如果 $\mathrm{d}\tau'$ 很小，就可把 $\mathrm{d}Q'$ 看成集中在 $\boldsymbol{x}'$ 点上的点电荷。电荷密度为

$$\rho'(\boldsymbol{x},t)=\mathrm{d}Q'(\boldsymbol{x},t)\delta(\boldsymbol{x}-\boldsymbol{x}')$$

由式(7.1.20)可知，这个电荷元激发的标势满足方程

$$\nabla^2\varphi'-\frac{1}{c^2}\frac{\partial^2\varphi'}{\partial t^2}=-\frac{\mathrm{d}Q'(\boldsymbol{x},t)\delta(\boldsymbol{x}-\boldsymbol{x}')}{\varepsilon_0} \tag{7.1.21}$$

首先考虑不含 $\boldsymbol{x}'$ 点的空间区域中上面方程的解，再由此推测包含 $\boldsymbol{x}'$ 点的空间中这个解可能有的形式。

在 $\boldsymbol{x}\neq\boldsymbol{x}'$ 的区域中，式(7.1.21)化为

$$\nabla^2\varphi'-\frac{1}{c^2}\frac{\partial^2\varphi'}{\partial t^2}=0 \tag{7.1.22}$$

由于 φ' 是由位于 $\boldsymbol{x}'$ 点的点电荷激发的，φ' 对 $\boldsymbol{x}'$ 点为球对称分布，在以 $\boldsymbol{x}'$ 点为坐标原点的球坐标系中，φ' 仅是 r 的函数。在这个坐标系下，式(7.1.22)可以写作

$$\frac{1}{r^2}\frac{\partial}{\partial r}\left(r^2\frac{\partial\varphi'}{\partial r}\right)-\frac{1}{c^2}\frac{\partial^2\varphi'}{\partial t^2}=0 \tag{7.1.23}$$

为了求解这个方程，令 $\varphi'=u/r$，则 u 满足

$$\frac{\partial^2 u}{\partial r^2}-\frac{1}{c^2}\frac{\partial^2 u}{\partial t^2}=0$$

这是一维波动方程，其通解为

$$u = f_1\left(t - \frac{r}{c}\right) + f_2\left(t + \frac{r}{c}\right)$$

f_1和f_2是两个任意函数。既然我们要求的是特解，可选f_1，f_2中任意一个。若选择$u = f_1$，则有

$$\varphi' = f_1\left(t - \frac{r}{c}\right)\Big/ r \tag{7.1.24}$$

下面来确定f_1的具体形式。

将式(7.1.24)中的φ'作为试探解代入式(7.1.21)中。令$t' = t - r/c$，可得到$\nabla t' = -\boldsymbol{r}/cr$，$\partial t'/\partial t = 1$以及

$$\nabla\varphi' = \left(\nabla\frac{1}{r}\right)f_1(t') - \frac{\boldsymbol{r}}{cr^2}\frac{\mathrm{d}f_1}{\mathrm{d}t'}$$

$$\nabla^2\varphi' = -4\pi\delta(\boldsymbol{x} - \boldsymbol{x}')f_1\left(t - \frac{r}{c}\right) + \frac{1}{c^2 r}\frac{\mathrm{d}^2 f_1}{\mathrm{d}t'^2}$$

式(7.1.21)的左端化为

$$\nabla^2\varphi' - \frac{1}{c^2}\frac{\partial^2\varphi'}{\partial t^2} = -4\pi\delta(\boldsymbol{x} - \boldsymbol{x}')f_1\left(t - \frac{r}{c}\right)$$

所以

$$-4\pi\delta(\boldsymbol{x} - \boldsymbol{x}')f_1\left(t - \frac{r}{c}\right) = -\frac{1}{\varepsilon_0}\mathrm{d}Q'(\boldsymbol{x},\ t)\delta(\boldsymbol{x} - \boldsymbol{x}')$$

在含有$\boldsymbol{x}'$点的任意区域中积分上式两边得

$$4\pi f_1(t) = \mathrm{d}Q'(\boldsymbol{x}',\ t)/\varepsilon_0$$

将此结果代入式(7.1.24)中，得式(7.1.21)的一个特解

$$\varphi' = \frac{\mathrm{d}Q'\left(\boldsymbol{x}',\ t - \frac{r}{c}\right)}{4\pi\varepsilon_0 r}$$

φ'是位于$\boldsymbol{x}'$点的电荷元激发的标势。全部电荷激发的标势应为各个电荷元激发标势的叠加，即

$$\varphi(\boldsymbol{x},\ t) = \frac{1}{4\pi\varepsilon_0}\int_V \frac{\mathrm{d}Q'\left(\boldsymbol{x}',\ t - \frac{r}{c}\right)}{r} = \frac{1}{4\pi\varepsilon_0}\int_V \frac{\rho\left(\boldsymbol{x}',\ t - \frac{r}{c}\right)\mathrm{d}\tau'}{r} \tag{7.1.25}$$

式(7.1.11)中，矢势所满足的矢量方程与标势所满足的标量方程具有完全相同的数学结构，类似地可以求得矢势的特解，即

$$\boldsymbol{A}(\boldsymbol{x},\ t)=\frac{\mu_0}{4\pi}\int_V\frac{\boldsymbol{j}\left(\boldsymbol{x}',\ t-\frac{r}{c}\right)}{r}\mathrm{d}\tau' \tag{7.1.26}$$

现在我们来阐明上面得到的特解的物理意义。式(7.1.25)和式(7.1.26)表明，$\boldsymbol{x}$ 点 t 时刻的场是 V 中各个电荷电流元激发场的叠加，但每个电荷电流元对 $\boldsymbol{x}$ 点 t 时刻场的贡献并不取决于同一时刻的电荷电流状态，而是取决于一个较早时刻($t'=t-r/c$)的电荷电流状态。由于 $r=|\boldsymbol{x}-\boldsymbol{x}'|$ 依赖于电荷电流元的坐标 $\boldsymbol{x}'$，所以不同电荷电流元提早的时刻也是不同的。也就是说，$\boldsymbol{x}'$ 点的电荷电流元在($t-r/c$)时刻激发的场，要经过一段时间 r/c 才影响到 $\boldsymbol{x}$ 点的场。由此可见，电磁场是以有限速度 c 在空间传播的。故式(7.1.25)和式(7.1.26)中的势称为**推迟势**(retarded potential)。

如果在式(7.1.24)中用 f_2 取代 f_1，则可得达朗贝尔方程的另外一组特解

$$\begin{cases}\varphi(\boldsymbol{x},\ t)=\dfrac{1}{4\pi\varepsilon_0}\displaystyle\int_V\frac{\rho\left(x',\ t+\frac{r}{c}\right)}{r}\mathrm{d}\tau' \\ \boldsymbol{A}(\boldsymbol{x},\ t)=\dfrac{\mu_0}{4\pi}\displaystyle\int_V\frac{\boldsymbol{j}\left(\boldsymbol{x}',\ t+\frac{r}{c}\right)}{r}\mathrm{d}\tau'\end{cases} \tag{7.1.27}$$

该式表示 $\boldsymbol{x}$ 点 t 时刻的场是各个电荷电流元在一个较迟时刻($t'=t+r/c$)激发的，这意味着电荷电流还没发生变化，空间已感受到这一变化的影响。因此，称式(7.1.27)中的势为“超前势”。超前势是违背因果律的，所以以后只讨论推迟势。

7.1.4 达朗贝尔方程的一般解

达朗贝尔方程的一般解可表示为非齐次方程的特解和齐次方程通解的叠加。

$$\begin{cases}\nabla^2\boldsymbol{A}-\dfrac{1}{c^2}\dfrac{\partial^2\boldsymbol{A}}{\partial t^2}=0 \\ \nabla^2\varphi-\dfrac{1}{c^2}\dfrac{\partial^2\varphi}{\partial t^2}=0\end{cases} \tag{7.1.28}$$

式(7.1.28)是无源波动方程，其解对所研究的区域是外来场，电磁场的叠加性允许把这部分场分离出去。本章只讨论定域电荷电流源的辐射场，对外来场不做研究。

例 7.1.1：设在 $t=0$ 时刻，φ，$\boldsymbol{A}$，$\partial\varphi/\partial t$，$\partial\boldsymbol{A}/\partial t$ 满足洛伦兹规范条件。证

明由达朗贝尔方程给出的以后任意时刻的 $\boldsymbol{A}$ 和 φ 也满足洛伦兹规范条件。

证明：由题设可知

$$\left.\left(\nabla\cdot\boldsymbol{A}+\frac{1}{c^2}\frac{\partial\varphi}{\partial t}\right)\right|_{t=0}=0 \tag{7.1.29}$$

将 $\boldsymbol{E}=-\nabla\varphi-\partial\boldsymbol{A}/\partial t$ 代入 $\nabla\cdot\boldsymbol{E}=\rho/\varepsilon_0$，得

$$\nabla^2\varphi+\frac{\partial(\nabla\cdot\boldsymbol{A})}{\partial t}+\frac{\rho}{\varepsilon_0}=0 \tag{7.1.30}$$

此式在任何时刻都成立。

再将达朗贝尔方程(7.1.11)中的标势方程代入式(7.1.24)，得

$$\frac{\partial}{\partial t}\left(\nabla\cdot\boldsymbol{A}+\frac{1}{c^2}\frac{\partial\varphi}{\partial t}\right)=0$$

结合初始条件式(7.1.23)可知，任何时刻的 $\boldsymbol{A}$ 和 φ 都满足洛伦兹规范条件。

7.2　辐射场的多极展开

利用推迟势公式，只要给定了辐射系统的电荷电流分布，就可以计算出 $\boldsymbol{A}$ 和 φ，进而得到辐射电磁场。实际的辐射源，例如偶极子天线等，多随时间简谐变化。对于一般的辐射系统，总可以通过傅里叶分析，将其表示成各种谐变分量的叠加。所以，研究谐变电荷电流系统的辐射问题，不仅具有实际意义，而且也是研究一般辐射系统辐射问题的基础。后面只讨论随时间作简谐变化的电荷电流系统的辐射场。

7.2.1　谐变电荷电流系统辐射场的势

谐变电荷电流系统的电荷和电流可表示为

$$\begin{cases}\boldsymbol{j}=\boldsymbol{j}(\boldsymbol{x},t)=\boldsymbol{j}(\boldsymbol{x})\mathrm{e}^{-\mathrm{i}\omega t}\\ \rho=\rho(\boldsymbol{x},t)=\rho(\boldsymbol{x})\mathrm{e}^{-\mathrm{i}\omega t}\end{cases} \tag{7.2.1}$$

电流密度 $\boldsymbol{j}$ 和电荷密度 ρ 满足电荷守恒定律 $\nabla\cdot\boldsymbol{j}+\partial\rho/\partial t=0$，所以

$$\nabla\cdot\boldsymbol{j}=\mathrm{i}\omega\rho \tag{7.2.2}$$

这表明，对谐变电荷电流系统，只要给定电流密度 $\boldsymbol{j}$，就给出了电荷密度 ρ。

谐变电荷电流系统的辐射场也是时间的谐变函数，由洛伦兹规范条件可得到

$$\varphi = \frac{c^2}{\mathrm{i}\omega}\nabla \cdot \boldsymbol{A} \tag{7.2.3}$$

这表明只要求出 $\boldsymbol{A}$，标势 φ 即可由上式得出。

计算谐变系统的辐射场实际上不需要计算 φ，因为利用矢势 $\boldsymbol{A}$ 和 $\boldsymbol{B} = \nabla \times \boldsymbol{A}$ 求出磁场后，由

$$\nabla \times \boldsymbol{B} = \frac{1}{c^2}\frac{\partial \boldsymbol{E}}{\partial t} = -\frac{\mathrm{i}\omega}{c^2}\boldsymbol{E}$$

可求出辐射电场

$$\boldsymbol{E} = \frac{\mathrm{i}c}{k}\nabla \times \boldsymbol{B} \tag{7.2.4}$$

其中 $k = \omega/c$ 是波数。

上面讨论表明，谐变电荷电流系统的辐射场问题可以归结为计算辐射场的矢势 $\boldsymbol{A}$。

引进 $t' = t - r/c$，利用推迟势公式(7.1.26)，谐变电荷电流系统的矢势 $\boldsymbol{A}$ 可表示为

$$\boldsymbol{A}(\boldsymbol{x}, t) = \frac{\mu_0}{4\pi}\int \frac{\boldsymbol{j}(\boldsymbol{x}')\mathrm{e}^{-\mathrm{i}\omega t'}}{r}\mathrm{d}\tau' = \frac{\mu_0}{4\pi}\mathrm{e}^{-\mathrm{i}\omega t}\int \frac{\boldsymbol{j}(\boldsymbol{x}')\mathrm{e}^{\mathrm{i}kr}}{r}\mathrm{d}\tau' \tag{7.2.5}$$

t' 是辐射时刻，t 是观察时刻，观察时刻 t 落后于辐射时刻 t' 一段时间 r/c。随时间谐变电流激发的场也是谐变的

$$\boldsymbol{A}(\boldsymbol{x}, t) = \boldsymbol{A}(\boldsymbol{x})\mathrm{e}^{-\mathrm{i}\omega t}$$

本章后面的推导中，均略去公共的时间因子 $\mathrm{e}^{-\mathrm{i}\omega t}$，只讨论 $\boldsymbol{A}(x)$ 的计算。

$$\boldsymbol{A}(\boldsymbol{x}) = \frac{\mu_0}{4\pi}\int \frac{\boldsymbol{j}(\boldsymbol{x}')\mathrm{e}^{\mathrm{i}kr}}{r}\mathrm{d}\tau' \tag{7.2.6}$$

其中 $\mathrm{e}^{\mathrm{i}kr}$ 是推迟相位因子，表示电磁波传至观察场点时相位滞后 kr。

如果我们研究的场区内各点到辐射源的距离 $r = |\boldsymbol{x} - \boldsymbol{x}'|$ 远小于辐射波长 λ，这个区域中的场称为**近区场**。对于近区场，由于 $r \ll \lambda$，可以得到 $\mathrm{e}^{\mathrm{i}kr} = \mathrm{e}^{\mathrm{i}2\pi r/\lambda} \approx 1$，即对近区场内各点，推迟相位因子可以略去，电磁场随谐变电荷电流源一起以 $\mathrm{e}^{-\mathrm{i}\omega t}$ 形式振荡，可以瞬时地反映电荷电流的变化，具有稳恒场的特性。对近区场以后不做更多的研究。以下着重讨论**远区场**。

7.2.2 计算远区场矢势的泰勒展开方法

对于实际的辐射问题，辐射场在无限空间中传播，而辐射源则集中在一个相对小的区域中。取坐标系原点在小区域内，远区场点 $\boldsymbol{x}$ 到小区域内源点 $\boldsymbol{x}'$ 的

距离 $r=|\boldsymbol{x}-\boldsymbol{x}'|$ 中，$\boldsymbol{x}'$ 是个小量。相对坐标系原点可以把 $\mathrm{e}^{\mathrm{i}kr}/r$ 展开成泰勒级数

$$\frac{\mathrm{e}^{\mathrm{i}kr}}{r}=\frac{\mathrm{e}^{\mathrm{i}kR}}{R}-\boldsymbol{x}'\cdot\nabla\frac{\mathrm{e}^{\mathrm{i}kR}}{R}+\frac{1}{2!}(\boldsymbol{x}'\cdot\nabla)^2\frac{\mathrm{e}^{\mathrm{i}kR}}{R}+\cdots \tag{7.2.7}$$

其中 $R=|\boldsymbol{x}|$ 是观察场点到坐标系原点的距离。将式(7.2.7)代入式(7.2.6)，可将 $\boldsymbol{A}$ 表示为级数展开

$$\boldsymbol{A}(\boldsymbol{x})=\boldsymbol{A}^{(0)}(\boldsymbol{x})+\boldsymbol{A}^{(1)}(\boldsymbol{x})+\boldsymbol{A}^{(2)}(\boldsymbol{x})+\cdots \tag{7.2.8}$$

其中

$$\boldsymbol{A}^{(0)}(\boldsymbol{x})=\frac{\mu_0}{4\pi}\int\boldsymbol{j}(\boldsymbol{x}')\mathrm{d}\tau'\frac{\mathrm{e}^{\mathrm{i}kR}}{R} \tag{7.2.9}$$

$$\boldsymbol{A}^{(1)}(\boldsymbol{x})=-\frac{\mu_0}{4\pi}\int\boldsymbol{j}(\boldsymbol{x}')\boldsymbol{x}'\mathrm{d}\tau'\nabla\frac{\mathrm{e}^{\mathrm{i}kR}}{R} \tag{7.2.10}$$

$$\boldsymbol{A}^{(2)}(\boldsymbol{x})=\frac{\mu_0}{4\pi}\int\boldsymbol{j}(\boldsymbol{x}')\frac{1}{2}\boldsymbol{x}'\boldsymbol{x}'\mathrm{d}\tau':\nabla\nabla\frac{\mathrm{e}^{\mathrm{i}kR}}{R} \tag{7.2.11}$$

展开式中各项的物理意义将在下两节讨论。

下面考察这种展开算法适用的条件，即在什么条件下式(7.2.8)的级数能迅速收敛。

首先研究展开式第二项相对第一项的数量级大小。由式(7.2.10)可得

$$\begin{aligned}|\boldsymbol{A}^{(1)}(\boldsymbol{x})|&=\frac{\mu_0}{4\pi}\left|\int\boldsymbol{j}(\boldsymbol{x}')\boldsymbol{x}'\mathrm{d}\tau'\cdot\left(-\frac{\boldsymbol{R}}{R^2}+\mathrm{i}k\frac{\boldsymbol{R}}{R}\right)\frac{\mathrm{e}^{\mathrm{i}kR}}{R}\right|\\&\leqslant\frac{\mu_0}{4\pi}\left|l'\int\boldsymbol{j}(\boldsymbol{x}')\mathrm{d}\tau'\left(-\frac{1}{R}+\mathrm{i}k\right)\frac{\mathrm{e}^{\mathrm{i}kR}}{R}\right|\end{aligned}$$

而

$$|\boldsymbol{A}^{(0)}(\boldsymbol{x})|=\frac{\mu_0}{4\pi}\left|\int\boldsymbol{j}(\boldsymbol{x}')\mathrm{d}\tau'\frac{\mathrm{e}^{\mathrm{i}kR}}{R}\right|$$

将上两式相除，并约去公共因子得

$$\left|\frac{\boldsymbol{A}^{(1)}(\boldsymbol{x})}{\boldsymbol{A}^{(0)}(\boldsymbol{x})}\right|\leqslant l'\left|-\frac{1}{R}+\mathrm{i}k\right|\leqslant\frac{l'}{R}+l'k \tag{7.2.12}$$

l' 是源区的最大限度，$k=2\pi/\lambda$ 是波数。由式(7.2.12)可以看出，只要满足条件

$$l'/R\ll1 \tag{7.2.13}$$

$$kl'=2\pi l'/\lambda\ll1 \tag{7.2.14}$$

展开式(7.2.8)中的第二项就比第一项小得多。第一个条件意味着辐射源区的限度比观察点到场源的距离小得多。对于远区场，这一条件常可以满足。第二

个条件是源区的限度要比辐射出的电磁波波长小得多。这个条件并不总是满足的，必须针对具体问题做具体考察。如果这个条件不满足，还必须回到式(7.2.6)，直接积分计算辐射场的矢势。

式(7.2.13)和式(7.2.14)统称为**远场展开条件**。同理可以证明，当满足远场展开条件时，$|\boldsymbol{A}^{(2)}/\boldsymbol{A}^{(1)}|\ll 1$，即式(7.2.8)中第三项比第二项小得多。对于后续的各项也可证明相同的结论。式(7.2.8)被称为电磁辐射的多极展开。在远场展开条件下，多极展开是个迅速收敛的级数，通常只需计算前面一、二项就可以得到比较精确的结果。

多极展开方法的重要性在于许多实际的辐射系统都满足远场展开条件，可以通过计算多极辐射代替计算推迟势。原子辐射就是一个典型的例子。原子发光波长为10^{-5}厘米量级，而原子的限度为10^{-8}厘米量级，故可以认为原子是个小区域辐射系统，原子辐射问题可用上述多极展开方法处理。通常对原子辐射计算到$\boldsymbol{A}^{(0)}$项就很精确了。

7.3 电偶极辐射

上一节把计算谐变电荷电流系统的辐射场归结为计算矢势$\boldsymbol{A}$，并且证明当辐射波长比系统限度大得多时，远区辐射场的矢势可以展开成一个迅速收敛的级数。本节讨论这个级数的第一项。

7.3.1 电偶极辐射的电磁场

把电偶极矩定义式(3.1.17)推广到变化电荷电流系统的情况，即

$$\boldsymbol{P}=\int_V \rho(\boldsymbol{x}',t)\boldsymbol{x}'\mathrm{d}\tau'$$

可以证明(见习题1.14)

$$\int_V \boldsymbol{j}(\boldsymbol{x}',t)\mathrm{d}\tau'=\frac{\mathrm{d}\boldsymbol{P}}{\mathrm{d}t}\equiv\dot{\boldsymbol{P}} \tag{7.3.1}$$

$\dot{\boldsymbol{P}}$上的“·”表示对时间求导。利用式(7.3.1)，矢势展开式(7.2.8)中第一项可以写作

$$\boldsymbol{A}^{(0)}=\frac{\mu_0}{4\pi}\frac{\mathrm{e}^{\mathrm{i}kR}}{R}\dot{\boldsymbol{P}} \tag{7.3.2}$$

这一项代表着系统的振荡电偶极矩产生的辐射。

由$\boldsymbol{A}^{(0)}$可以求出远区辐射的磁场

$$\boldsymbol{B}=\nabla\times\boldsymbol{A}^{(0)}=\frac{\mu_0}{4\pi}\frac{\mathrm{e}^{\mathrm{i}kR}}{R}\left(\mathrm{i}k-\frac{1}{R}\right)\boldsymbol{n}\times\dot{\boldsymbol{P}}\tag{7.3.3}$$

式中 $\boldsymbol{n}=\boldsymbol{R}/R$ 是沿径向的单位矢量。

对于远区场，$R\gg\lambda$，可以略去式(7.3.3)括号中第二项，于是有

$$\boldsymbol{B}=\frac{\mu_0}{4\pi}\frac{\mathrm{e}^{\mathrm{i}kR}}{R}\mathrm{i}k\boldsymbol{n}\times\dot{\boldsymbol{P}}$$

这表明，在计算远区场时，∇算子对 $\mathrm{e}^{\mathrm{i}kR}/R$ 的作用可以用 $\mathrm{i}k\boldsymbol{n}$ 代替。

又注意到 $\ddot{\boldsymbol{P}}=-\mathrm{i}\omega\dot{\boldsymbol{P}}$，则有

$$\boldsymbol{B}=\frac{\mu_0}{4\pi c}\frac{\mathrm{e}^{\mathrm{i}kR}}{R}\ddot{\boldsymbol{P}}\times\boldsymbol{n}\tag{7.3.4}$$

远区电场

$$\boldsymbol{E}=\frac{\mathrm{i}c}{k}\nabla\times\boldsymbol{B}=\frac{\mu_0}{4\pi}\frac{\mathrm{e}^{\mathrm{i}kR}}{R}(\ddot{\boldsymbol{P}}\times\boldsymbol{n})\times\boldsymbol{n}\tag{7.3.5}$$

由式(7.3.4)和式(7.3.5)可以看出，远区辐射场具有以下特征：

(1)电场和磁场对源的变化都有推迟相位因子 $\mathrm{e}^{\mathrm{i}kR}$，这反映了辐射场是以有限速度在空间传播的事实。

(2)电场和磁场振幅都随 R 增大而减小，都包含传播因子 $\mathrm{e}^{\mathrm{i}(kR-\omega t)}$，表明这部分场是以波动形式沿径向向外传播的球面波。

(3)电场 $\boldsymbol{E}$、磁场 $\boldsymbol{B}$ 和传播方向 $\boldsymbol{n}$ 三者互相垂直，构成右手螺旋关系。

7.3.2　电偶极辐射的角分布和辐射功率

远区辐射电场也可通过磁场表示为

$$\boldsymbol{E}=\frac{\mathrm{i}c}{k}\mathrm{i}k\boldsymbol{n}\times\boldsymbol{B}=-c(\boldsymbol{n}\times\boldsymbol{B})\tag{7.3.6}$$

电偶极辐射的平均能流

$$\bar{\boldsymbol{S}}=\frac{1}{2}\mathrm{Re}(\boldsymbol{E}^*\times\boldsymbol{H})=\frac{c}{2\mu_0}\mathrm{Re}[(\boldsymbol{B}^*\times\boldsymbol{n})\times\boldsymbol{B}]=\frac{c}{2\mu_0}|\boldsymbol{B}|^2\boldsymbol{n}\tag{7.3.7}$$

将式(7.3.4)代入上式得

$$\bar{\boldsymbol{S}}=\frac{|\ddot{\boldsymbol{P}}|^2}{32\pi^2\varepsilon_0c^3R^2}\sin^2\theta\,\boldsymbol{n}\tag{7.3.8}$$

θ 是辐射方向 $\boldsymbol{n}$ 与电偶极矩 $\boldsymbol{P}$ 方向的夹角。式(7.3.8)说明电偶极辐射场的平均能流与方向有关，$\sin^2\theta$ 被称为**辐射角分布**(radiation angular distribution)因

子，反映电偶极辐射的方向特性。在与 $\boldsymbol{P}$ 垂直，即 $\theta=90°$ 的方向上辐射最强，而沿 $\boldsymbol{P}$ 方向，即 $\theta=0$ 或 π，辐射为零。如图 7.3.1 所示。

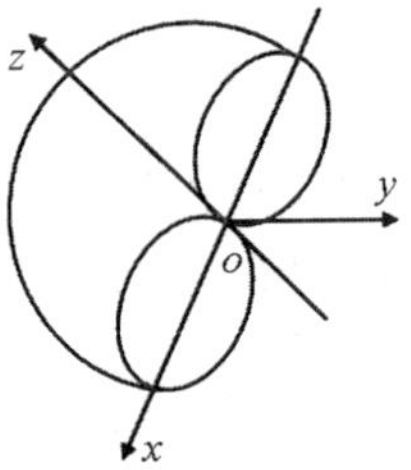

图 7.3.1　电偶极辐射

辐射源单位时间内辐射出去的电磁场总能量称为**辐射功率**（radiation power）。辐射功率可以通过在以源为中心、半径为 R 的球面上积分平均辐射场能流得出。

$$P_{功}=\oint_R \bar{\boldsymbol{S}}R^2\mathrm{d}\Omega=\frac{|\ddot{\boldsymbol{P}}|^2}{32\pi^2\varepsilon_0 c^3}\oint\sin^2\theta\mathrm{d}\Omega=\frac{P_0^2\omega^4}{12\pi\varepsilon_0 c^3} \tag{7.3.9}$$

P_0是辐射电偶极矩的振幅。由此可以看出，电偶极辐射功率与辐射频率的四次方成比例，所以短波长的辐射可以得到较大的辐射功率。

英国物理学家瑞利用电偶极辐射理论成功解释了天空呈现的颜色。太阳辐射主要集中在 400 ~ 760 nm 的可见光部分，当可见光照射大气云层时，将云层中的微观粒子极化，形成电偶极子，且与入射波同频率做简谐运动，加速运动的电偶极子辐射的电磁波就是人们观测到的可见光。从电偶极辐射功率式（7.3.9）可以得到，波长400 nm 的入射蓝光诱导的电偶极辐射功率是700 nm 红光辐射功率的 9.4 倍。因此，当太阳光在入射大气层时，波长短的蓝光更容易被散射，所以天空呈现偏蓝的颜色。傍晚时分，太阳在我们视线的正前方，此时波长短的蓝光在大气层中传播时几乎全部被散射，而波长长的红黄光通过大气层到达我们的视线，将天空染成红色，所以傍晚时天空常呈现红色。

例 7.3.1： 偶极矩为P_0的电偶极子与 z 轴夹角为θ_0，以角速度 ω 绕 z 轴旋转。试计算辐射场和辐射场的平均能流。设 $2\pi c/\omega \gg l$，l 是辐射系统限度。

解：辐射波长 $\lambda \gg l$，远区辐射场可以用矢势泰勒展开计算。

系统的电偶极矩

$$\begin{aligned}\boldsymbol{P}&=P_0\cos\theta_0\boldsymbol{e}_z+P_0\sin\theta_0\cos\omega t\boldsymbol{e}_x+P_0\sin\theta_0\sin\omega t\boldsymbol{e}_y\\&=P_0\cos\theta_0\boldsymbol{e}_z+P_0\sin\theta_0\mathrm{e}^{-\mathrm{i}\omega t}(\boldsymbol{e}_x+\mathrm{i}\boldsymbol{e}_y)\end{aligned}$$

所以

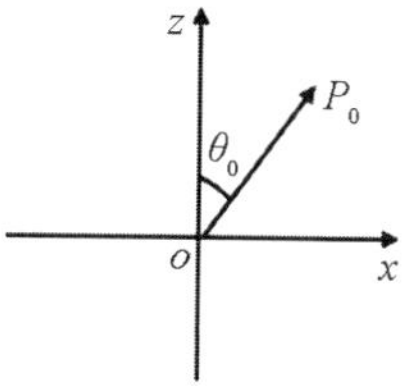

例 7.3.1 图

$$\ddot{\boldsymbol{P}}=-\omega^2P_0\sin\theta_0\mathrm{e}^{-\mathrm{i}\omega t}(\boldsymbol{e}_x+\mathrm{i}\boldsymbol{e}_y)$$

由式(7.3.4)和式(7.3.5)得

$$\begin{aligned}\boldsymbol{B}&=-\frac{\mu_0}{4\pi}\frac{\omega^2P_0\sin\theta_0}{cR}\mathrm{e}^{\mathrm{i}(kR-\omega t)}[(\boldsymbol{e}_x+\mathrm{i}\boldsymbol{e}_y)\times\boldsymbol{e}_R]\\&=\frac{\mu_0\omega^2P_0\sin\theta_0\mathrm{e}^{\mathrm{i}(kR-\omega t+\phi)}}{4\pi cR}(\cos\theta\boldsymbol{e}_\phi-\mathrm{i}\boldsymbol{e}_\theta)\end{aligned}$$

$$\begin{aligned}\boldsymbol{E}&=\frac{\mu_0\omega^2P_0\sin\theta_0\mathrm{e}^{\mathrm{i}(kR-\omega t+\phi)}}{4\pi R}[(\cos\theta\boldsymbol{e}_\phi-\mathrm{i}\boldsymbol{e}_\theta)\times\boldsymbol{e}_R]\\&=\frac{\mu_0\omega^2P_0\sin\theta_0\mathrm{e}^{\mathrm{i}(kR-\omega t+\phi)}}{4\pi R}(\cos\theta\boldsymbol{e}_\theta+\mathrm{i}\boldsymbol{e}_\phi)\end{aligned}$$

辐射场平均能流由式(7.3.7)计算得到，即

$$\bar{\boldsymbol{S}}=\frac{c}{2\mu_0}|\boldsymbol{B}|^2\boldsymbol{e}_R=\frac{\mu_0\omega^4P_0^2\sin^2\theta_0}{32\pi^2cR^2}(1+\cos^2\theta)\boldsymbol{e}_R$$

7.4　磁偶极辐射和电四极辐射

上一节已证明多极展开的第一项代表系统的电偶极辐射。如果辐射系统的电偶极矩为零，或者需要更高的计算精度，就需要计算多极展开的第二项，即

$$\boldsymbol{A}^{(1)}(\boldsymbol{x})=-\frac{\mu_0}{4\pi}\int\boldsymbol{j}(\boldsymbol{x}')\boldsymbol{x}'\mathrm{d}\tau'\cdot\nabla\frac{\mathrm{e}^{\mathrm{i}kR}}{R}$$

对于远区辐射场，上式可以写作

$$\boldsymbol{A}^{(1)}(\boldsymbol{x})=-\frac{\mathrm{i}k\mu_0}{4\pi}\int\boldsymbol{j}(\boldsymbol{x}')\boldsymbol{x}'\mathrm{d}\tau'\cdot\boldsymbol{n}\frac{\mathrm{e}^{\mathrm{i}kR}}{R}\qquad(7.4.1)$$

为了看出 $\boldsymbol{A}^{(1)}$ 的物理意义，将式(7.4.1)中被积函数与 $\boldsymbol{n}$ 的内积写作

$$\boldsymbol{j}(\boldsymbol{x}')\boldsymbol{x}'\cdot\boldsymbol{n}=\boldsymbol{n}\cdot\boldsymbol{x}'\boldsymbol{j}(\boldsymbol{x}')$$

其中 $\boldsymbol{x}'\boldsymbol{j}(\boldsymbol{x}')$ 是一个张量。任何一个张量都可分解为对称张量和反对称张量两部分之和，即

$$\boldsymbol{x}'\boldsymbol{j}(\boldsymbol{x}')=\frac{1}{2}[\boldsymbol{x}'\boldsymbol{j}(\boldsymbol{x}')+\boldsymbol{j}(\boldsymbol{x}')\boldsymbol{x}']+\frac{1}{2}[\boldsymbol{x}'\boldsymbol{j}(\boldsymbol{x}')-\boldsymbol{j}(\boldsymbol{x}')\boldsymbol{x}'] \tag{7.4.2}$$

因此式(7.4.1)中的积分可以写成两部分

$$\frac{1}{2}\int[\boldsymbol{n}\cdot\boldsymbol{x}'\boldsymbol{j}(\boldsymbol{x}')+\boldsymbol{n}\cdot\boldsymbol{j}(\boldsymbol{x}')\boldsymbol{x}']\mathrm{d}\tau'+\frac{1}{2}\int[\boldsymbol{n}\cdot\boldsymbol{x}'\boldsymbol{j}(\boldsymbol{x}')-\boldsymbol{n}\cdot\boldsymbol{j}(\boldsymbol{x}')\boldsymbol{x}']\mathrm{d}\tau' \tag{7.4.3}$$

首先看式(7.4.3)中的第二个积分，由于

$$\boldsymbol{n}\cdot\boldsymbol{x}'\boldsymbol{j}(\boldsymbol{x}')-\boldsymbol{n}\cdot\boldsymbol{j}(\boldsymbol{x}')\boldsymbol{x}'=-\boldsymbol{n}\times[\boldsymbol{x}'\times\boldsymbol{j}(\boldsymbol{x}')]$$

式(7.4.3)中第二个积分化成

$$-\boldsymbol{n}\times\int\frac{1}{2}[\boldsymbol{x}'\times\boldsymbol{j}(\boldsymbol{x}')]\mathrm{d}\tau'=-\boldsymbol{n}\times\boldsymbol{m} \tag{7.4.4}$$

其中

$$\boldsymbol{m}=\frac{1}{2}\int_V\boldsymbol{x}'\times\boldsymbol{j}(\boldsymbol{x}')\mathrm{d}\tau' \tag{7.4.5}$$

是系统的磁矩，注意这里已略去公共的时间因子 $\mathrm{e}^{-\mathrm{i}\omega t}$。

式(7.4.3)中第一个积分可以写作

$$\frac{1}{2}\boldsymbol{n}\cdot\int[\boldsymbol{x}'\boldsymbol{j}(\boldsymbol{x}')+\boldsymbol{j}(\boldsymbol{x}')\boldsymbol{x}']\mathrm{d}\tau' \tag{7.4.6}$$

注意到

$$\boldsymbol{j}(\boldsymbol{x}')\cdot\nabla'(\boldsymbol{x}'\boldsymbol{x}')=[\boldsymbol{j}(\boldsymbol{x}')\cdot\nabla'\boldsymbol{x}']\boldsymbol{x}'+\boldsymbol{x}'[\boldsymbol{j}(\boldsymbol{x}')\cdot\nabla'\boldsymbol{x}']$$

由于 $\nabla'\boldsymbol{x}'=\boldsymbol{I}$ 是单位张量，式(7.4.6)可写作

$$\begin{aligned}&\frac{1}{2}\boldsymbol{n}\cdot\int\boldsymbol{j}(\boldsymbol{x}')\cdot\nabla'(\boldsymbol{x}'\boldsymbol{x}')\mathrm{d}\tau'\\&=\frac{1}{2}\boldsymbol{n}\cdot\left\{\int\nabla'\cdot[\boldsymbol{j}(\boldsymbol{x}')\boldsymbol{x}'\boldsymbol{x}']\mathrm{d}\tau'-\int[\nabla'\cdot\boldsymbol{j}(\boldsymbol{x}')]\boldsymbol{x}'\boldsymbol{x}'\mathrm{d}\tau'\right\}\end{aligned}$$

其中第一个积分可以化为源区边界面上的面积分，由于在源区边界面上 $j_n=0$，这一项积分值等于零。第二个积分应用电荷守恒定律可化为

$$-\mathrm{i}\omega\frac{\boldsymbol{n}}{2}\cdot\int\rho(\boldsymbol{x}')\boldsymbol{x}'\boldsymbol{x}'\mathrm{d}\tau'=-\frac{\mathrm{i}\omega}{6}\boldsymbol{n}\cdot\boldsymbol{D}^*=\frac{1}{6}\boldsymbol{n}\cdot\frac{\mathrm{d}}{\mathrm{d}t}\boldsymbol{D}^* \tag{7.4.7}$$

这里 $\boldsymbol{D}^*=\int3\rho(\boldsymbol{x}')\boldsymbol{x}'\boldsymbol{x}'\mathrm{d}\tau'$ 是系统的电四极矩张量，见式(3.1.22)。

把式(7.4.4)和式(7.4.7)代入式(7.4.1)，得

$$\boldsymbol{A}^{(1)}(\boldsymbol{x}) = -\frac{\mathrm{i}k\mu_0}{4\pi}\frac{\mathrm{e}^{\mathrm{i}kR}}{R}\left(-\boldsymbol{n}\times\boldsymbol{m}+\frac{1}{6}\boldsymbol{n}\cdot\frac{\mathrm{d}}{\mathrm{d}t}\boldsymbol{D}^{*}\right) \tag{7.4.8}$$

由此看出，矢势展开中的这一项包括两部分，分别代表系统的**磁偶极辐射**(magnetic dipole radiation)和**电四极辐射**(electric quadrupole radiation)。

在稳恒情况下，小区域内电荷激发电多极场，电流激发磁多极场。在交变情况下，电流的变化将激发磁多极辐射。由于交变电流一般并不闭合，伴随着电流的变化，各处的电荷分布也随时间变化，变化的电荷分布激发电多极辐射。磁偶极辐射和电四极辐射在矢势展开式同一项中出现，一般情况下二者都不为零。但在某些特殊情况下，这两部分中可以只有一部分存在。例如一个圆电流环，当各处的电流都以相同的振幅和位相变化时，圆环上的电荷分布与时间无关，这就是单纯的磁偶极辐射。一个点电荷在圆周上做匀角速度运动，则是单纯电偶极辐射的例子，因为在这种情况下系统的电流磁矩与时间无关。

7.4.1　磁偶极辐射

式(7.4.8)中磁偶极辐射场的矢势

$$\boldsymbol{A} = \frac{\mathrm{i}k\mu_0}{4\pi}\frac{\mathrm{e}^{\mathrm{i}kR}}{R}\boldsymbol{n}\times\boldsymbol{m} \tag{7.4.9}$$

磁偶极辐射的电磁场

$$\boldsymbol{B} = \nabla\times\boldsymbol{A} = \mathrm{i}k\boldsymbol{n}\times\boldsymbol{A} = \frac{\mu_0}{4\pi c^2}\frac{\mathrm{e}^{\mathrm{i}kR}}{R}(\ddot{\boldsymbol{m}}\times\boldsymbol{n})\times\boldsymbol{n} \tag{7.4.10}$$

$$\boldsymbol{E} = c(\boldsymbol{B}\times\boldsymbol{n}) = -\frac{\mu_0}{4\pi c}\frac{\mathrm{e}^{\mathrm{i}kR}}{R}\ddot{\boldsymbol{m}}\times\boldsymbol{n} \tag{7.4.11}$$

比较磁偶极辐射场和电偶极辐射场可以看出，若作变换 $\boldsymbol{P}\to\boldsymbol{m}/c$，$\boldsymbol{E}\to c\boldsymbol{B}$，$c\boldsymbol{B}\to-\boldsymbol{E}$，就可从电偶极辐射场得到磁偶极辐射场。若作逆变换，就可从磁偶极辐射场得到电偶极辐射场。两者的这种对偶关系是无源的麦克斯韦方程组具有电磁对称性的一种反映。

磁偶极辐射场的平均能流

$$\bar{\boldsymbol{S}} = \frac{c}{2\mu_0}|\boldsymbol{B}|^2\boldsymbol{n} = \frac{\mu_0}{32\pi^2c^3R^2}|\ddot{\boldsymbol{m}}|^2\sin^2\theta\,\boldsymbol{n} \tag{7.4.12}$$

θ 是辐射方向 $\boldsymbol{n}$ 与磁偶极矩 $\boldsymbol{m}$ 方向的夹角。磁偶极辐射与电偶极辐射有相同的角分布。辐射功率和电偶极辐射一样，磁偶极辐射的辐射功率与辐射频率的四次方成正比。

$$P_{功} = \oint \bar{S}R^2 \mathrm{d}\Omega = \frac{\mu_0}{32\pi^2 c^3} |\ddot{\boldsymbol{m}}|^2 \oint \sin^2\theta \mathrm{d}\Omega = \frac{\mu_0 \omega^4}{12\pi c^3} |\boldsymbol{m}|^2 \quad (7.4.13)$$

例 7.4.1：半径为 a 的圆环天线，其电流 $I = I_0 \mathrm{e}^{-\mathrm{i}\omega t}$。$I_0$ 为常数，并有 $2\pi c/\omega \gg a$。试求远区辐射场、辐射角分布和辐射功率。

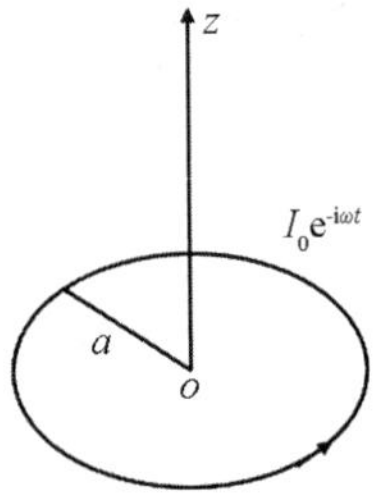

例 7.4.1 图

解：由于环上各点电流振幅是常数且振动相位相同，环上电荷分布与时间无关。这是一个单纯磁偶极辐射问题。取 z 轴过环中心且垂直于环平面，圆电流磁矩

$$\boldsymbol{m} = I\pi a^2 \boldsymbol{e}_z = I_0 \pi a^2 \mathrm{e}^{-\mathrm{i}\omega t} \boldsymbol{e}_z$$

磁偶极辐射场由式(7.4.10)和式(7.4.11)求出，即

$$\boldsymbol{B} = -\frac{\mu_0}{4\pi} \frac{\omega^2}{c^2} \frac{\mathrm{e}^{\mathrm{i}kR}}{R} |\boldsymbol{m}| \sin\theta \boldsymbol{e}_\theta$$

$$\boldsymbol{E} = \frac{\mu_0}{4\pi} \frac{\omega^2}{c} \frac{\mathrm{e}^{\mathrm{i}kR}}{R} |\boldsymbol{m}| \sin\theta \boldsymbol{e}_\Phi$$

辐射场平均能流

$$\bar{\boldsymbol{S}} = \frac{c}{2\mu_0} |\boldsymbol{B}|^2 \boldsymbol{n} = \frac{\mu_0 \omega^4}{32\pi^2 c^3 R^2} |\boldsymbol{m}|^2 \sin^2\theta\, \boldsymbol{n}$$

辐射功率

$$P_{功} = \oint \bar{\boldsymbol{S}} R^2 \mathrm{d}\Omega = \frac{\mu_0 \omega^4}{12\pi c^3} |m|^2$$

辐射功率可改写为

$$P_{磁} = \frac{4\pi^5}{3} \sqrt{\frac{\mu_0}{\varepsilon_0}} \left(\frac{a}{\lambda}\right)^4 I_0^2$$

限度为 l 的振荡电偶极子的辐射功率为

$$P_{电} = \frac{P_0^2 \omega^4}{12\pi \varepsilon_0 c^3} = \frac{\pi}{3} \sqrt{\frac{\mu_0}{\varepsilon_0}} \left(\frac{l}{\lambda}\right)^2 I_0^2$$

两者相比较，在 I_0 相同、l 与 a 尺寸相当的情况下，由于 $l \ll \lambda$，磁偶极辐射功率比电偶极辐射功率要小得多。

7.4.2　电四极辐射

现在计算式(7.4.8)中电四极辐射项

$$\boldsymbol{A} = -\frac{\mathrm{i}k\mu_0}{4\pi}\frac{\mathrm{e}^{\mathrm{i}kR}}{R}\frac{1}{6}\boldsymbol{n}\cdot\frac{\mathrm{d}}{\mathrm{d}t}\boldsymbol{D}^* \tag{7.4.14}$$

定义矢量

$$\boldsymbol{D} = \boldsymbol{n}\cdot\boldsymbol{D}^* \tag{7.4.15}$$

式(7.4.14)可改写为

$$\boldsymbol{A} = -\frac{\mathrm{i}k\mu_0}{24\pi}\frac{\mathrm{e}^{\mathrm{i}kR}}{R}\dot{\boldsymbol{D}} \tag{7.4.16}$$

远区辐射场

$$\boldsymbol{B} = \nabla\times\boldsymbol{A} = \mathrm{i}k\boldsymbol{n}\times\boldsymbol{A} = \frac{\mu_0}{24\pi c^2}\frac{\mathrm{e}^{\mathrm{i}kR}}{R}(\dddot{\boldsymbol{D}}\times\boldsymbol{n}) \tag{7.4.17}$$

$$\boldsymbol{E} = c(\boldsymbol{B}\times\boldsymbol{n}) = \frac{\mu_0}{24\pi c}\frac{\mathrm{e}^{\mathrm{i}kR}}{R}(\dddot{\boldsymbol{D}}\times\boldsymbol{n})\times\boldsymbol{n} \tag{7.4.18}$$

如果采取约化电四极矩的定义

$$\boldsymbol{D}^* = \int\rho(\boldsymbol{x}')(3\boldsymbol{x}'\boldsymbol{x}' - r'^2\boldsymbol{I})\mathrm{d}\tau'$$

由于 $\boldsymbol{n}\cdot\boldsymbol{D}^* = \int\rho(\boldsymbol{x}')\boldsymbol{n}\cdot(3\boldsymbol{x}'\boldsymbol{x}' - r'^2\boldsymbol{I})\mathrm{d}\tau'$，$\boldsymbol{D}$ 中新增加的项 $-\boldsymbol{n}\int\rho(\boldsymbol{x}')r'^2\mathrm{d}\tau'$ 与 $\boldsymbol{n}$ 方向反平行，这一项对式(7.4.17)和式(7.4.18)的辐射场没有贡献。因此，采用电四极矩的两种不同定义对远区辐射场没有影响。

电四极辐射场的平均能流

$$\bar{\boldsymbol{S}} = \frac{c}{2\mu_0}|\boldsymbol{B}|^2\boldsymbol{n} = \frac{\mu_0}{4\pi}\frac{1}{288\pi c^3R^2}|\dddot{\boldsymbol{D}}\times\boldsymbol{n}|^2\boldsymbol{n} \tag{7.4.19}$$

辐射角分布由因子$(\dddot{\boldsymbol{D}}\times\boldsymbol{n})^2$决定，一般情况下角分布比较复杂，此处不再讨论。辐射功率由平均能流的面积分给出，即

$$P_{\text{功}} = \oint\bar{S}R^2\mathrm{d}\Omega = \frac{\mu_0}{4\pi}\frac{1}{288\pi c^3}\oint|\dddot{\boldsymbol{D}}\times\boldsymbol{n}|^2\mathrm{d}\Omega \tag{7.4.20}$$

例 7.4.2：求振荡电四极子的辐射电磁场、辐射角分布和辐射功率。设振荡频率满足 $2\pi c/\omega \gg l$ 条件。

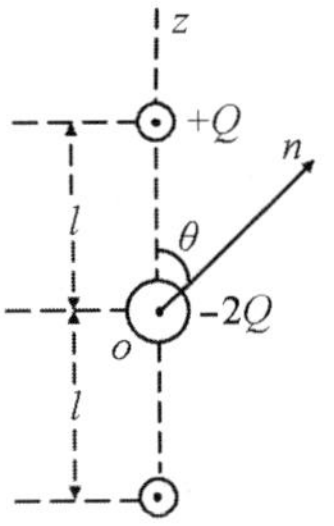

(a)

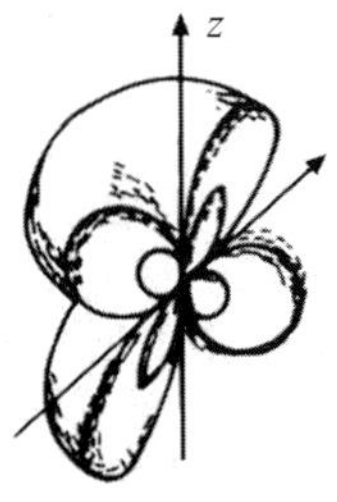

(b)

例 7.4.2 图

解：系统的电四极矩张量

$$\boldsymbol{D}^* = 6Ql^2\boldsymbol{e}_z\boldsymbol{e}_z\mathrm{e}^{-\mathrm{i}\omega t}$$

$$\boldsymbol{D} = \boldsymbol{n}\cdot\boldsymbol{D}^* = 6Ql^2\cos\theta\mathrm{e}^{-\mathrm{i}\omega t}\boldsymbol{e}_z$$

由式(7.4.17)和式(7.4.18)求得辐射电磁场

$$\boldsymbol{B} = \frac{\mathrm{i}\mu_0\omega^3Ql^2}{8\pi c^2}\frac{\mathrm{e}^{\mathrm{i}kR}}{R}\sin2\theta\boldsymbol{e}_\Phi$$

$$\boldsymbol{E} = \frac{\mathrm{i}\mu_0\omega^3Ql^2}{8\pi c}\frac{\mathrm{e}^{\mathrm{i}kR}}{R}\sin2\theta\boldsymbol{e}_\theta$$

辐射场平均能流

$$\bar{\boldsymbol{S}} = \frac{c}{2\mu_0}|\boldsymbol{B}|^2\boldsymbol{n} = \frac{\mu_0Q^2l^4\omega^6}{128\pi^2c^3R^2}\sin^22\theta\boldsymbol{n}$$

分布由因子$\sin^22\theta$决定。

辐射功率为

$$P_{功} = \oint\bar{\boldsymbol{S}}R^2\mathrm{d}\Omega = \frac{\mu_0Q^2l^4\omega^6}{128\pi^2c^3}\oint\sin^22\theta\mathrm{d}\Omega = \frac{\mu_0\omega^6Q^2l^4}{60\pi c^3}$$

不同于电偶极辐射和磁偶极辐射，电四极辐射的功率与频率的六次方成正比。

7.5* 天线辐射

工程技术上利用各种类型的天线作为电磁波的辐射源。如果知道了天线上的电流分布，原则上就可求得它的辐射场。但是，由于天线上的电流和天线外的场存在相互作用，在没有求出天线外侧场之前，天线上的电流不能确定。而要求天线外侧的场，又必须知道天线上的电流分布。因此，天线辐射问题本质上是电磁场边值问题，必须应用天线表面上电磁场的边值关系，建立天线上电流和天线外侧场相互作用满足的方程。后面将看到，这类方程通常是一类积分方程。通过求解这类积分方程，决定天线上的电流分布，从而求出它的辐射场。

为了建立天线上电流分布满足的积分方程，需要用天线上的电流直接表示出它激发的场。仍假设天线上电荷电流随时间谐变，它激发场的矢势 $\boldsymbol{A}$ 和标势 φ 满足式(7.2.3)

$$\varphi = \frac{c^2}{\mathrm{i}\omega}\nabla\cdot\boldsymbol{A}$$

代入时谐电场表达式

$$\boldsymbol{E} = -\nabla\varphi + \mathrm{i}\omega\boldsymbol{A}$$

可将电场 $\boldsymbol{E}$ 直接用矢势 $\boldsymbol{A}$ 表示出来，则

$$\boldsymbol{E} = -\frac{c^2}{\mathrm{i}\omega}(\nabla\nabla\cdot\boldsymbol{A} + k^2\boldsymbol{A}) \tag{7.5.1}$$

其中矢势 $\boldsymbol{A}$ 由式(7.2.6)给出，式(7.5.1)可以写作

$$\boldsymbol{E} = \frac{\mathrm{i}}{4\pi\varepsilon_0\omega}(\nabla\nabla\cdot + k^2)\int\frac{\boldsymbol{j}(\boldsymbol{x}')\mathrm{e}^{\mathrm{i}kr}}{r}\mathrm{d}\tau' \tag{7.5.2}$$

式(7.5.2)用辐射源的电流直接表示了它激发的电场，这里仍然省去了时间因子 $\mathrm{e}^{-\mathrm{i}\omega t}$。

本节介绍几种基本类型天线的辐射场求解方法。针对不同条件的问题，需要采用不同的方法来计算辐射场。

7.5.1　细直天线上的电流分布

工程技术上使用的各种形式天线中，线天线是其中最简单的一种。如果线天线是半径 a 远小于其长度的直圆柱，则称这种线天线为**细直天线**(fine-straight antenna)。对于细直天线，其上的电流分布可以通过下面的简单分析近似求出。

设细直天线长为 l，沿 z 轴放置，中间由谐变源激励(如图 7.5.1 所示)。由于细直天线上电流只有 z 分量，它激发的矢势 $\boldsymbol{A}$ 也只有 z 分量。

$$A_z(\boldsymbol{x}) = \frac{\mu_0}{4\pi}\int\frac{I_z(z')\mathrm{e}^{\mathrm{i}kr}}{r}\mathrm{d}z' \tag{7.5.3}$$

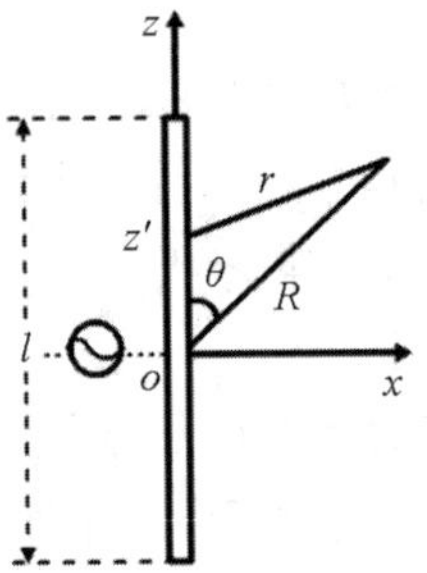

图 7.5.1　细直天线

特别在细直天线表面外侧各点上，A_z仅是坐标 z 的函数。如果把细直天线看成理想导体，电场在细直天线表面上各点 z 分量为零。

$$\frac{\partial^2 A_z}{\partial z^2}+k^2A_z=0 \tag{7.5.4}$$

天线表面上每一点矢势 **A** 都是由天线上各个电流元激发的。在细直天线情况下，对天线表面各点 z，式(7.5.3)中的 $r\approx|z-z'|$，由于式(7.5.3)中的分母含有 r，所以对 z 点场的主要贡献来自 $z'=z$ 处的电流元。近似有

$$A_z(z)\approx\alpha\, I_z(z) \tag{7.5.5}$$

α 是某个常数。由式(7.5.5)可知，I_z和A_z满足相同的方程，即

$$\frac{\mathrm{d}^2 I_z}{\mathrm{d}z^2}+k^2I_z=0 \tag{7.5.6}$$

对于中间馈电的细直天线，取中间点为坐标系原点，电流对坐标原点对称分布，且在两端点 $z=\pm l/2$ 处，电流应等于零。满足这些条件的方程式(7.5.6)的解是

$$I_z(z)=I_0\sin\left[k\left(\frac{l}{2}-|z|\right)\right]\quad\left(|z|\leqslant\frac{l}{2}\right) \tag{7.5.7}$$

这就是中间馈电细直天线上电流分布的一般形式。由于天线端点的反射，天线上形成驻波形式的电流分布，两个端点是驻波波节。

7.5.2　短天线辐射

如果细直天线长 $l\ll\lambda$，则称之为**短天线**(short antenna)。短天线的辐射场可以用泰勒展开方法计算。其中展开式的第一项

$$\boldsymbol{A}^{(0)}=\frac{\mu_0}{4\pi}\frac{\mathrm{e}^{\mathrm{i}kR}}{R}\dot{\boldsymbol{P}}$$

$\dot{\boldsymbol{P}}$ 是短天线电偶极矩对时间的变化率。

对于短天线，

$$k\left(\frac{l}{2}-|z|\right)=\frac{2\pi}{\lambda}\cdot\frac{l}{2}-\frac{2\pi}{\lambda}|z|\ll 1$$

由式(7.5.7)可知，天线上的电流分布近似为

$$I(z')=I_0'\left(1-\frac{2|z'|}{l}\right) \tag{7.5.8}$$

其中 $I_0'=I_0kl/2$。短天线辐射系统的电偶极矩对时间变化率不等于零，所以短天线辐射可以看作电偶极辐射。

$$\dot{\boldsymbol{P}}=\int_{-l/2}^{l/2}I(z')\,\mathrm{d}z'\boldsymbol{e}_z=\frac{I'_0}{2}l\boldsymbol{e}_z \tag{7.5.9}$$

辐射场由式(7.3.4)和式(7.3.5)给出。辐射功率由式(7.3.9)得

$$P_{功}=\frac{P_0^2\omega^4}{12\pi\varepsilon_0c^3}=\frac{\pi}{12}\sqrt{\frac{\mu_0}{\varepsilon_0}}I'^2_0\left(\frac{l}{\lambda}\right)^2 \tag{7.5.10}$$

可见，在I_0'一定的条件下，短天线辐射功率正比于$(l/\lambda)^2$。由于 $l\ll\lambda$，一般短天线辐射功率不大。在天线长度一定的情况下，提高辐射频率可以增大辐射功率。

在工程技术上常用辐射电阻表示辐射功率的大小。如果把辐射功率等效为一个电阻上的热耗功率，这个电阻的大小就称为**辐射电阻**(radiation resistance)。由式(7.5.10)及

$$P_{功}=\frac{1}{2}I'^2_0R_r$$

可以得出短天线的辐射电阻

$$R_r=\frac{\pi}{6}\sqrt{\frac{\mu_0}{\varepsilon_0}}\left(\frac{l}{\lambda}\right)^2\approx 197\,(l/\lambda)^2(\Omega) \tag{7.5.11}$$

7.5.3　半波天线辐射

当天线长度增加到与辐射波长同数量级时，矢势展开迅速收敛条件 $l\ll\lambda$ 不成立。这时必须从推迟势公式出发计算矢势。

对于**半波天线**(half-wavelength antenna)，$l=\lambda/2$。由式(7.5.7)得半波天线上的电流

$$I(z')=I_0\cos kz'\quad(|z'|\leqslant\lambda/4) \tag{7.5.12}$$

将上式代入推迟势公式(7.2.6)中，则

$$A_z(\boldsymbol{x}) = \frac{\mu_0}{4\pi}\int \frac{I(z')\mathrm{e}^{\mathrm{i}kr}}{r}\mathrm{d}z' \tag{7.5.13}$$

注意到对远区辐射场 $r \approx R - z'\cos\theta$（如图 7.5.1 所示）。上式分母中的 r 可以用 R 代替，但推迟作用因子

$$\mathrm{e}^{\mathrm{i}kr} = \mathrm{e}^{\mathrm{i}kR}\mathrm{e}^{-\mathrm{i}(2\pi/\lambda)z'\cos\theta}$$

由于 l 与 λ 同数量级不能忽略。式(7.5.13)可以写作

$$A_z(\boldsymbol{x}) = \frac{\mu_0}{4\pi}I_0\frac{\mathrm{e}^{\mathrm{i}kR}}{R}\int_{-\lambda/4}^{\lambda/4}(\cos kz')\mathrm{e}^{-\mathrm{i}kz'\cos\theta}\mathrm{d}z' \tag{7.5.14}$$

把上式中 e 指数函数展开，注意到虚部为 z' 的奇函数，在对称区域上的积分为零值，则式(7.5.14)可表示为

$$\begin{aligned} A_z(\boldsymbol{x}) &= \frac{\mu_0}{4\pi}I_0\frac{\mathrm{e}^{\mathrm{i}kR}}{R}\int_{-\lambda/4}^{\lambda/4}\cos kz'[\cos(kz'\cos\theta)]\mathrm{d}z' \\ &= \frac{\mu_0}{2\pi}I_0\frac{\mathrm{e}^{\mathrm{i}kR}}{R}\frac{\cos\left(\frac{\pi}{2}\cos\theta\right)}{k\sin^2\theta} \end{aligned} \tag{7.5.15}$$

由 A_z 可求出半波天线的辐射电磁场

$$\boldsymbol{B}(\boldsymbol{x}) = -\frac{\mathrm{i}\mu_0}{2\pi}I_0\frac{\mathrm{e}^{\mathrm{i}kR}}{R}\frac{\cos\left(\frac{\pi}{2}\cos\theta\right)}{\sin\theta}\boldsymbol{e}_\Phi \tag{7.5.16}$$

$$\boldsymbol{E}(\boldsymbol{x}) = c(\boldsymbol{B}\times\boldsymbol{n}) = -\mathrm{i}\frac{\mu_0 c I_0}{2\pi}\frac{\mathrm{e}^{\mathrm{i}kR}}{R}\frac{\cos\left(\frac{\pi}{2}\cos\theta\right)}{\sin\theta}\boldsymbol{e}_\theta \tag{7.5.17}$$

辐射场平均能流

$$\bar{\boldsymbol{S}} = \frac{c}{2\mu_0}|\boldsymbol{B}|^2\boldsymbol{n} = \frac{\mu_0 c I_0^2}{8\pi^2 R^2}\frac{\cos^2\left(\frac{\pi}{2}\cos\theta\right)}{\sin^2\theta}\boldsymbol{n} \tag{7.5.18}$$

辐射角分布由因子 $\cos^2\left(\frac{\pi}{2}\cos\theta\right)\Big/\sin^2\theta$ 决定。它与偶极辐射角分布相似，但更倾向于集中在 $\theta = 90^\circ$ 的平面上。

半波天线的辐射功率是

$$P_{\text{功}} = \frac{\mu_0 c I_0^2}{8\pi^2}\oint\frac{\cos^2\left(\frac{\pi}{2}\cos\theta\right)}{\sin^2\theta}\mathrm{d}\Omega = \frac{\mu_0 c I_0^2}{4\pi}\int_0^\pi\frac{\cos^2\left(\frac{\pi}{2}\cos\theta\right)}{\sin^2\theta}\mathrm{d}\theta \tag{7.5.19}$$

作变量代换，令 $u = \cos\theta$，则

$$\cos^2\left(\frac{\pi}{2}\cos\theta\right) = \frac{1}{2}(1 + \cos\pi u)$$

上面的积分可化为

$$P_{功} = \frac{\mu_0 c I_0^2}{8\pi}\int_{-1}^{1}\frac{1+\cos\pi u}{1+u}\mathrm{d}u$$

再令 $v=\pi(1+u)$，作积分变量代换得

$$P_{功} = \frac{\mu_0 c I_0^2}{8\pi^2}\int_{0}^{2\pi}\frac{1-\cos v}{v}\mathrm{d}v = \frac{\mu_0 c I_0^2}{8\pi}[\ln(2\pi\gamma) - C_i(2\pi)] \tag{7.5.20}$$

其中 $\gamma=1.781$，$\ln\gamma=0.5772$ 为欧拉常数。$C_i(x)$ 是积分余弦函数，$C_i(2\pi)$ 的值可查表得出。

$$C_i(x) = -\int_{x}^{\infty}\frac{\cos v}{v}\mathrm{d}v$$

式(7.5.20)结果为

$$P_{功} = 2.44\frac{\mu_0 c I_0^2}{8\pi} \tag{7.5.21}$$

半波天线的辐射电阻

$$R_r = 2.44\frac{\mu_0 c}{4\pi} = 73.2\ \Omega$$

与式(7.5.11)短天线辐射电阻比较，半波天线的辐射强度要大得多。

7.5.4　柱状天线电流分布的积分方程

对一个截面形状任意的细直柱天线(不一定是圆柱)，式(7.5.7)给出的电流分布不再适用，需要利用柱表面电磁场的边界条件，建立电流分布的积分方程。通过解积分方程得到天线上的电流分布，然后再利用求出的电流分布计算辐射场。

设天线柱长为 L，柱截面周长为 l_0，l_0 满足

$$\begin{cases} k_0 l_0 \ll 1 \\ l_0 \ll L \end{cases} \tag{7.5.22}$$

称满足式(7.5.22)条件的天线为**细柱体天线**(fine-column antenna)。在细柱体假设下，可以略去端点上的电流，认为电流只分布在天线柱外侧面，并且只有沿轴向的分量 j_z。在上述近似下，天线上电流激发电磁场的矢势 $\boldsymbol{A}$ 可以写为

$$\boldsymbol{A}(\boldsymbol{x}) = \frac{\mu_0}{4\pi}\int_S \frac{j_z(l',z')\mathrm{e}^{\mathrm{i}kr}}{r}\mathrm{d}l'\mathrm{d}z'\,\boldsymbol{e}_z \tag{7.5.23}$$

其中 l' 是沿截面周线的弧长变量，积分面 S 是天线柱外侧面。将式(7.5.23)代入式(7.5.1)，得到天线上电流激发的电场

$$\boldsymbol{E}(\boldsymbol{x}) = -\frac{1}{\mathrm{i}\omega\varepsilon_0}(\nabla\nabla\cdot + k^2)\int_S \frac{j_z(l', z')\mathrm{e}^{\mathrm{i}kr}}{4\pi r}\mathrm{d}l'\mathrm{d}z'\,\boldsymbol{e}_z \tag{7.5.24}$$

为了得到天线上电流分布满足的方程，把式(7.5.24)应用到天线表面，注意到做出积分后结果仅是坐标 z 的函数，得

$$-\frac{1}{\mathrm{i}\omega\varepsilon_0}\left(\frac{\partial^2}{\partial z^2} + k^2\right)\int_S \frac{j_z(l', z')\mathrm{e}^{\mathrm{i}kr}}{4\pi r}\mathrm{d}l'\mathrm{d}z' = E_z(l, z) \tag{7.5.25}$$

上式中$E_z(l, z)$是天线上电流在天线表面(l, z)点产生的电场的 z 分量。一般情况下，天线表面还可能有其他源产生的场，记外源产生的场为 $E_z^i(l, z)$，应用天线表面理想导体边界条件

$$E_z(l, z) + E_z^i(l, z) = 0$$

有

$$E_z(l, z) = -E_z^i(l, z) \tag{7.5.26}$$

将式(7.5.26)代入式(7.5.25)，可把式(7.5.25)改写为

$$\int_{-L/2}^{L/2}\oint_C \left(\frac{\partial^2}{\partial z^2} + k^2\right)\frac{\mathrm{e}^{\mathrm{i}kr}}{4\pi r} j_z(l', z')\mathrm{d}l'\mathrm{d}z' = \mathrm{i}\omega\varepsilon_0 E_z^i(l, z) \tag{7.5.27}$$

由于 z 不是积分变量，这里已交换了积分和微分次序。式(7.5.27)就是要求的天线上电流分布满足的积分方程，称为**波克灵顿方程**。如果能正确给出外场在天线表面上的分布$E_z^i(l, z)$，求解这个方程就可得到天线上的电流分布。

对于圆截面的细柱天线，式(7.5.27)还可进一步化简。如果进一步假设馈源场分布具有轴对称性，就可认为电流在圆柱截面周边上均匀分布，它在柱外空间激发的场可等效为沿柱轴的线电流，电流强度为

$$I(z') = 2\pi a j_z(z') \tag{7.5.28}$$

在细圆柱假设下 $r = [(z - z')^2 + a^2]^{1/2}$，于是式(7.5.27)化为

$$\int_{-L/2}^{L/2} I(z')\left(\frac{\partial^2}{\partial z^2} + k^2\right)\frac{\mathrm{e}^{\mathrm{i}kr}}{4\pi r}\mathrm{d}z' = \mathrm{i}\omega\varepsilon_0 E_z^i(z) \tag{7.5.29}$$

这是对细圆柱天线经常使用的一个方程。积分方程式(7.5.27)和式(7.5.29)的严格求解需要借助于数值方法和计算机。

7.6 电磁波的散射

电磁波在传播过程中遇到的障碍物称为**散射体**(scatterer)。散射体可以是金属导体，也可以是某种介质体。在入射波作用下，金属散射体上将引起表面

分布的电荷、电流。对于介质散射体，入射场会引起介质极化、磁化，在介质面以及介质内出现极化电荷和极化、磁化电流分布。这些电荷电流随入射场变化，向外辐射电磁波。这种在入射场激励下，散射体向外辐射电磁波的现象称为**电磁波的散射**(scattering of electromagnetic waves)。散射体的辐射场称为**散射场**(scattered field)。

7.6.1　散射问题描述

通常情况下，散射体远离入射波源，因此可以认为源的分布与变化和散射体存在与否无关。由于散射体对源点所张立体角很小，可以认为入射波是平面波。入射波的电磁场可以表示为

$$\boldsymbol{E}^i = \boldsymbol{E}_0^i \mathrm{e}^{\mathrm{i}\boldsymbol{k}_0 \cdot \boldsymbol{x}}$$

$$\boldsymbol{H}^i = \boldsymbol{H}_0^i \mathrm{e}^{\mathrm{i}\boldsymbol{k}_0 \cdot \boldsymbol{x}} = \frac{1}{\omega\mu}\boldsymbol{k}_0 \times \boldsymbol{E}_0^i \mathrm{e}^{\mathrm{i}\boldsymbol{k}_0 \cdot \boldsymbol{x}} \tag{7.6.1}$$

$\boldsymbol{k}_0$是入射波矢量。

设散射场为$\boldsymbol{E}^s$，$\boldsymbol{H}^s$，散射波平均能流密度

$$\bar{\boldsymbol{S}}^s = \frac{1}{2}\mathrm{Re}(\boldsymbol{E}^{s*} \times \boldsymbol{H}^s) \tag{7.6.2}$$

包围散射体，作一个半径为 R 的球面 Σ，单位时间内通过 Σ 上的面积元 $\mathrm{d}\boldsymbol{\sigma}$ 散射出去的电磁波能量是$\bar{\boldsymbol{S}}^s \cdot \mathrm{d}\boldsymbol{\sigma}$，则单位时间散射到 $\mathrm{d}\boldsymbol{\sigma}$ 方向上单位立体角中的电磁波能量为

$$\bar{\boldsymbol{S}}^s \cdot \mathrm{d}\boldsymbol{\sigma}/\mathrm{d}\Omega = \bar{S}^s R^2$$

其中 $\mathrm{d}\Omega = \mathrm{d}\sigma/R^2$ 是面积元 $\mathrm{d}\boldsymbol{\sigma}$ 对散射体张起的立体角元。入射波平均能流是

$$\bar{\boldsymbol{S}}^i = \frac{1}{2}\mathrm{Re}(\boldsymbol{E}^{i*} \times \boldsymbol{H}^i) \tag{7.6.3}$$

定义电磁散射的**微分散射截面**(differential scattering cross-section)为单位时间散射到单位立体角中的电磁场能量与入射场平均能流之比，即

$$\sigma^d = \lim_{R\to\infty}\frac{\bar{S}^s R^2}{\bar{S}^i} \tag{7.6.4}$$

由于$\boldsymbol{E}^s$，$\boldsymbol{H}^s$一般情况下都依赖于散射方向，所以在入射能流一定的情况下，σ^d是散射方向的函数。微分散射截面σ^d是描述散射特性的一个基本量，反映了散射波的角分布。

散射体散射电磁波的总功率可以通过在 Σ 面上对散射波平均能流积分得到。

$$P_{功}^{s} = \oint_{\Sigma} \overline{\boldsymbol{S}}^{s} \cdot \mathrm{d}\boldsymbol{\sigma} = \oint_{\Sigma} \overline{S}^{s} R^{2} \mathrm{d}\Omega \tag{7.6.5}$$

定义**总散射截面**(total scattering cross-section)为散射电磁波总功率与入射波平均能流之比，即

$$\sigma^{s} = P_{功}^{s} / \overline{S}^{i} = \oint_{\Sigma} \frac{\overline{S}^{s} R^{2}}{\overline{S}^{i}} \mathrm{d}\Omega \tag{7.6.6}$$

由式(7.6.4)，显然有

$$\sigma^{s} = \oint_{\Sigma} \sigma^{d} \mathrm{d}\Omega \tag{7.6.7}$$

总散射截面具有面积的量纲，表示散射体散射出去的电磁波总能量相当于与入射方向垂直的该面积上的入射波能量。

若散射体除产生散射外，尚有一部分能量被散射体吸收，吸收功率可表示为

$$P_{功}^{a} = -\frac{1}{2} \oint_{\Sigma} \mathrm{Re}(\boldsymbol{E}^{*} \times \boldsymbol{H}) \cdot \mathrm{d}\boldsymbol{\sigma} \tag{7.6.8}$$

这里 Σ 是包围散射体的闭合曲面，$\boldsymbol{E}$ 和 $\boldsymbol{H}$ 是包括入射场和散射场的总场。

$$\begin{cases} \boldsymbol{E} = \boldsymbol{E}^{i} + \boldsymbol{E}^{s} \\ \boldsymbol{H} = \boldsymbol{H}^{i} + \boldsymbol{H}^{s} \end{cases} \tag{7.6.9}$$

从能量守恒观点看，入射波供给的总功率应等于散射功率和吸收功率总和。定义散射体吸收功率与入射波平均能流之比为**吸收截面**(absorption cross-section)，即

$$\sigma^{a} = P_{功}^{a} / \overline{S}^{i} \tag{7.6.10}$$

吸收截面与散射截面之和称为**总截面**(total cross-section)，即

$$\sigma^{t} = \sigma^{s} + \sigma^{a} \tag{7.6.11}$$

散射截面可以通过散射场的计算得到。因此，研究散射问题归结为在已知入射场情况下，计算各种散射体的散射场。

7.6.2* 电磁可透入体散射的积分方程

散射场本质是散射体上电荷电流的辐射场。因此计算散射场，首先需要决定散射体在入射场激励下的电荷电流分布。然而，只有极少数情况(如无限长导体圆柱、导体球或介质球等)可以利用散射体表面电磁场的边值关系，比较简单地确定散射体上的电荷电流分布。在一般情况下，需要建立散射体上电荷电流满足的积分方程，然后用数值方法求解。

建立散射体电荷电流积分方程较普遍的方法需要求出定域源在有限区域中

辐射场量的积分表示(这种普遍表达式的推导较复杂，此处不再讨论)。但对于电磁可穿入散射体，可以用较直接的方法建立这类积分方程。

当散射体不存在时，单色波入射场$\boldsymbol{E}^i$，$\boldsymbol{H}^i$满足方程

$$\begin{cases}\nabla\times\boldsymbol{E}^i=\mathrm{i}\omega\mu_0\boldsymbol{H}^i\\ \nabla\times\boldsymbol{H}^i=-\mathrm{i}\omega\varepsilon_0\boldsymbol{E}^i\end{cases}\tag{7.6.12}$$

在入射场激励下，散射体内的总场 $\boldsymbol{E}$，$\boldsymbol{H}$ 满足

$$\begin{cases}\nabla\times\boldsymbol{E}=\mathrm{i}\omega\mu_0\boldsymbol{H}\\ \nabla\times\boldsymbol{H}=-\mathrm{i}\omega\varepsilon\boldsymbol{E}+\sigma_e\boldsymbol{E}\end{cases}\tag{7.6.13}$$

σ_e，ε 分别是散射体的电导率、介电常数。这里假设散射体是非磁性介质，取其磁导率为μ_0。一般情况下散射体可以是非均匀的，这时σ_e，ε 是空间坐标的函数。式(7.6.13)可写为

$$\begin{cases}\nabla\times\boldsymbol{E}=\mathrm{i}\omega\mu_0\boldsymbol{H}\\ \nabla\times\boldsymbol{H}=[\sigma_e-\mathrm{i}\omega(\varepsilon-\varepsilon_0)]\boldsymbol{E}-\mathrm{i}\omega\varepsilon_0\boldsymbol{E}=\boldsymbol{j}^e-\mathrm{i}\omega\varepsilon_0\boldsymbol{E}\end{cases}\tag{7.6.14}$$

其中

$$\boldsymbol{j}^e=[\sigma_e-\mathrm{i}\omega(\varepsilon-\varepsilon_0)]\boldsymbol{E}\tag{7.6.15}$$

称为散射体的**有效电流密度**(effective current density)。有效电流密度与电场成比例，并且只在散射体内才是非零的。利用空间总场等于入射场与散射场叠加式(7.6.9)，由式(7.6.14)的两个方程减去式(7.6.12)中的相应方程得

$$\begin{cases}\nabla\times\boldsymbol{E}^s=\mathrm{i}\omega\mu_0\boldsymbol{H}^s\\ \nabla\times\boldsymbol{H}^s=\boldsymbol{j}^e-\mathrm{i}\omega\varepsilon_0\boldsymbol{E}^s\end{cases}\tag{7.6.16}$$

式(7.6.16)表明，散射场可以看作散射体内的有效电流在真空中激发的场。

散射体上有效电流激发的矢势为

$$\boldsymbol{A}=\frac{\mu_0}{4\pi}\int_V\frac{\boldsymbol{j}^e(\boldsymbol{x}')\mathrm{e}^{\mathrm{i}k_0r}}{r}\mathrm{d}\tau'\tag{7.6.17}$$

代入式(7.5.1)求出散射波电场

$$\boldsymbol{E}^s=-\frac{1}{\mathrm{i}\omega\varepsilon_0}\nabla\nabla\cdot\int_V\frac{\boldsymbol{j}^e(\boldsymbol{x}')\mathrm{e}^{\mathrm{i}k_0r}}{4\pi r}\mathrm{d}\tau'+\mathrm{i}\omega\mu_0\int_V\frac{\boldsymbol{j}^e(\boldsymbol{x}')\mathrm{e}^{\mathrm{i}k_0r}}{4\pi r}\mathrm{d}\tau'\tag{7.6.18}$$

其中积分区域 V 是整个散射体。

应用$\boldsymbol{E}^s=\boldsymbol{E}-\boldsymbol{E}^i$，并把观察场点取在散射体内，就得到以散射体内场$\boldsymbol{E}(\boldsymbol{x})$为未知量、以$\boldsymbol{E}^i$为已知量的积分方程

$$-\frac{1}{\mathrm{i}\omega\varepsilon_0}\nabla\nabla\cdot\int_V\frac{\boldsymbol{j}^e(\boldsymbol{x}')\mathrm{e}^{\mathrm{i}k_0r}}{4\pi r}\mathrm{d}\tau'+\mathrm{i}\omega\mu_0\int_V\frac{\boldsymbol{j}^e(\boldsymbol{x}')\mathrm{e}^{\mathrm{i}k_0r}}{4\pi r}\mathrm{d}\tau'=\boldsymbol{E}(\boldsymbol{x})-\boldsymbol{E}^i(\boldsymbol{x})\quad(\boldsymbol{x}\in V)\tag{7.6.19}$$

其中，$\boldsymbol{j}^{e}(\boldsymbol{x}')$通过式(7.6.15)依赖于电场$\boldsymbol{E}$。这个积分方程可用数值方法求解。得到散射波的电场$\boldsymbol{E}^{s}$后，再由式(7.6.16)可得到散射波的磁场$\boldsymbol{H}^{s}$。

7.7* 电磁波的衍射

当电磁波在传播过程中遇到障碍物或穿过小孔或窄缝时，会偏离原来的方向传播，这种现象称为**电磁波的衍射**(diffraction of electromagnetic waves)。电磁波衍射的基本问题是确定通过障碍物、小孔或窄缝后电磁场的分布。

7.7.1 基尔霍夫标量积分公式

光学中衍射理论的基础是惠更斯－菲涅耳原理：波前上任何一个点都可看成一个频率与入射波相同的子波源，在其后任何点的波动都是这些子波叠加的结果。这个原理最早的数学表示就是基尔霍夫标量积分公式。

设平面单色波由左侧入射到带有小孔S_0的理想导电屏上，屏幕右侧有衍射波分布。设屏幕右侧无限大闭合曲面Σ包围的空间区域为V(如图7.7.1所示)。下面用Σ面上的电磁场量表示出区域V内的衍射场。

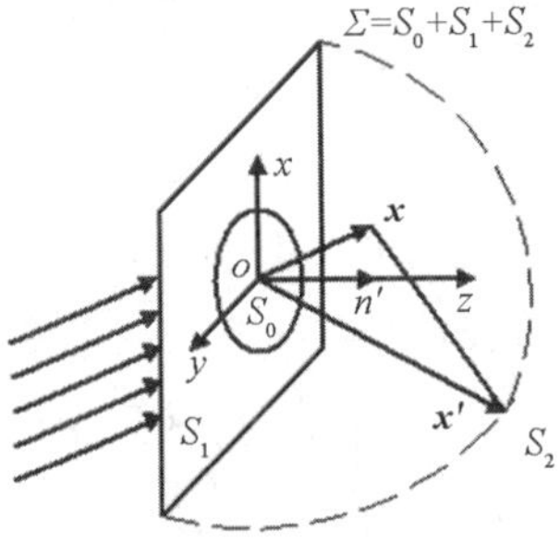

图7.7.1 平面单色波的小孔衍射

区域V内电磁场量的每个直角分量ψ满足齐次亥姆霍兹方程。

$$(\nabla^2+k_0^2)\psi=0 \tag{7.7.1}$$

单位点源的非齐次亥姆霍兹方程为

$$(\nabla^2+k_0^2)G(\boldsymbol{x},\ \boldsymbol{x}')=-\delta(\boldsymbol{x}-\boldsymbol{x}') \tag{7.7.2}$$

其解是三维空间标量波动方程的格林函数$G(\boldsymbol{x},\ \boldsymbol{x}')$。

$$\begin{cases} G(\boldsymbol{x}, \boldsymbol{x}') = \dfrac{\mathrm{e}^{\mathrm{i}k_0 r}}{4\pi r} \\ r = |\boldsymbol{r}| = |\boldsymbol{x} - \boldsymbol{x}'| \end{cases} \tag{7.7.3}$$

$G(\boldsymbol{x}, \boldsymbol{x}')$是由$\boldsymbol{x}'$点发出的球面波。把标量格林公式(1.5.9)应用到区域 V 上，并取其中 $\varphi = G(\boldsymbol{x}, \boldsymbol{x}')$，$\psi$ 为 V 内电磁场直角分量，得

$$\begin{aligned} &\int_V [\psi(x')\,\nabla'^2 G(\boldsymbol{x}', \boldsymbol{x}) - G(\boldsymbol{x}', \boldsymbol{x})\,\nabla'^2\psi(\boldsymbol{x}')]\mathrm{d}\tau' \\ &= \oint_\Sigma \mathrm{d}\boldsymbol{\sigma}' \cdot [G(\boldsymbol{x}', \boldsymbol{x})\,\nabla'\psi(\boldsymbol{x}') - \psi(\boldsymbol{x}')\,\nabla' G(\boldsymbol{x}', \boldsymbol{x})] \end{aligned} \tag{7.7.4}$$

其中利用格林函数的对称性质，改用带撇量作积分变数，并取 Σ 面法矢指向区域 V 内部。将式(7.7.3)代入上式，并利用式(7.7.1)、式(7.7.2)可得

$$\int \psi(\boldsymbol{x}')\delta(\boldsymbol{x}' - \boldsymbol{x})\mathrm{d}\tau' = \oint_\Sigma \mathrm{d}\sigma' \boldsymbol{n}' \cdot \left[\psi(\boldsymbol{x}')\,\nabla' \frac{\mathrm{e}^{\mathrm{i}k_0 r}}{4\pi r} - \frac{\mathrm{e}^{\mathrm{i}k_0 r}}{4\pi r}\nabla'\psi(\boldsymbol{x}')\right]$$

整理后得

$$\psi(\boldsymbol{x}) = -\frac{1}{4\pi}\oint_\Sigma \mathrm{d}\sigma' \frac{\mathrm{e}^{\mathrm{i}k_0 r}}{r}\boldsymbol{n}' \cdot \left[\psi(\boldsymbol{x}')\left(\mathrm{i}k_0 - \frac{1}{r}\right)\frac{\boldsymbol{r}}{r} + \nabla'\psi(\boldsymbol{x}')\right] \tag{7.7.5}$$

这就是基尔霍夫标量积分公式，它把区域 V 中任意 $\boldsymbol{x}$ 点的场用 Σ 上的 $\psi(\boldsymbol{x}')$ 和 $\partial\psi(\boldsymbol{x}')/\partial n'$表示出来。

7.7.2　基尔霍夫假设条件

利用基尔霍夫公式计算区域 V 内的场，需要在闭合曲面 Σ 上对式(7.7.5)进行积分。如图 7.7.1 所示，闭合曲面 Σ 由三部分组成：小孔表面 S_0、屏右侧面 S_1 和半无限大面 S_2。利用式(7.7.5)计算衍射场时，必须知道 Σ 面上 ψ 和 $\partial\psi/\partial n$的值。然而在场未求出之前，ψ 和$\partial\psi/\partial n$ 的值是未知的，为此基尔霍夫提出以下假设条件：

(1)S_0面上的 ψ 和$\partial\psi/\partial n$ 值等同于原来的入射场值，即和屏不存在时的值相同；

(2)屏右侧面S_1上 $\psi = 0$，$\partial\psi/\partial n = 0$。

根据基尔霍夫假设，在 S_1 面上的积分值为零。下面证明在 S_2 面上的积分值也为零。

因为屏右侧的衍射波是小孔S_0的出射波，在无穷远处应有形式

$$\psi(\boldsymbol{x}') = f(\theta', \Phi')\mathrm{e}^{\mathrm{i}k_0 R'}/R'$$

其中$f(\theta', \Phi')$是与方向有关的某一函数，$R' = |\boldsymbol{x}'|$。记在S_2面上内法向为 $\boldsymbol{n}' = -\boldsymbol{x}'/R'$(如图 7.7.1 所示)，于是

$$\boldsymbol{n}' \cdot \nabla'\psi(\boldsymbol{x}') = -\frac{\partial\psi(\boldsymbol{x}')}{\partial R'} = -\left(\mathrm{i}k_0 - \frac{1}{R'}\right)\psi(\boldsymbol{x}') \tag{7.7.6}$$

对于 S_2 面上各点 $r\to\infty$，近似有 $\boldsymbol{r}/r=\boldsymbol{n}'$。将这一结果及式(7.7.6)代入式(7.7.5)，可得

$$\boldsymbol{n}' \cdot \left[\psi(\boldsymbol{x}')\left(\mathrm{i}k_0 - \frac{1}{r}\right)\boldsymbol{r}/r + \nabla'\psi(\boldsymbol{x}')\right] \approx 0$$

所以式(7.7.5)在S_2面上的积分值为零。计算区域 V 内的衍射场，只须在S_0面上对式(7.7.5)进行积分。

设入射波是振幅为ψ_0、波矢$\boldsymbol{k}_0$沿$\boldsymbol{e}_1$方向的平面波，S_0面上的场可表示为

$$\psi(\boldsymbol{x}') = \psi_0 \mathrm{e}^{\mathrm{i}\boldsymbol{k}_0 \cdot \boldsymbol{x}'} = \psi_0 \mathrm{e}^{\mathrm{i}k_0\boldsymbol{e}_1 \cdot \boldsymbol{x}'}$$

从而

$$\boldsymbol{n}' \cdot \nabla'\psi(\boldsymbol{x}') = \psi(\boldsymbol{x}')\mathrm{i}k_0\cos\theta_1 \tag{7.7.7}$$

θ_1 是 S_0 面内法矢 $\boldsymbol{n}'$与入射波传播方向$\boldsymbol{e}_1$的夹角。假设在屏右边远处 $\boldsymbol{x}=R\boldsymbol{e}_2$ 观察衍射场(如图 7.7.2 所示)，则

$$\boldsymbol{r} = R\boldsymbol{e}_2 - \boldsymbol{x}'$$

由于$\boldsymbol{x}'$是个小量$\boldsymbol{n}' \cdot \boldsymbol{r}/r \approx \boldsymbol{n}' \cdot \boldsymbol{e}_2 = \cos\theta_2$，$\theta_2$ 是观察方向与S_0面内法矢的夹角。$\mathrm{e}^{\mathrm{i}k_0}/r$ 分母中的 r 可以用 R 代替，指数中的 r 用 $R-\boldsymbol{x}' \cdot \boldsymbol{e}_2$代替，利用式(7.7.7)及上述结果，式(7.7.5)可以写作

$$\psi(\boldsymbol{x}) = -\frac{\mathrm{i}k_0\psi_0\mathrm{e}^{\mathrm{i}k_0R}}{4\pi R}\int_{S_0}\mathrm{e}^{\mathrm{i}k_0(\boldsymbol{e}_1-\boldsymbol{e}_2)\cdot\boldsymbol{x}'}(\cos\theta_1 + \cos\theta_2)\mathrm{d}\sigma' \tag{7.7.8}$$

这就是对应平面波入射的基尔霍夫公式。

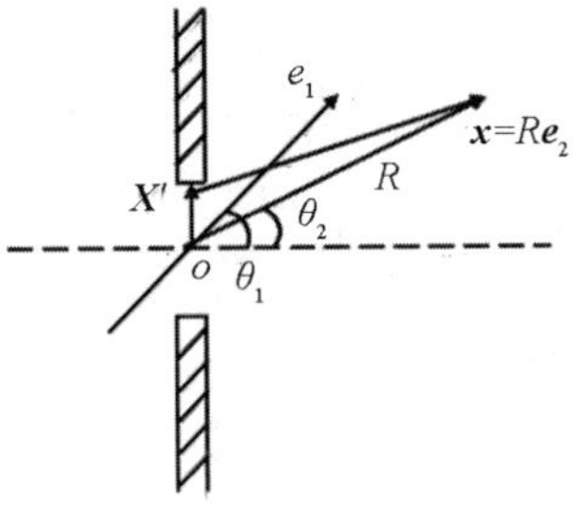

图 7.7.2 小孔衍射场的计算

如果入射波是振幅ψ_0的球面波，在 S_0 面上的波为

$$\psi(\boldsymbol{x}') = \psi_0\mathrm{e}^{\mathrm{i}k_0\boldsymbol{e}_1 \cdot \boldsymbol{x}'}/R'$$

这里$\boldsymbol{e}_1$是入射波矢方向，$R'=|\boldsymbol{x}-\boldsymbol{x}^*|$，$\boldsymbol{x}^*$是波源的坐标。

$$\boldsymbol{n}' \cdot \nabla' \psi(\boldsymbol{x}') = \psi(\boldsymbol{x}') \left(\mathrm{i}k_0 - \frac{1}{R'} \right) \cos\theta_1$$

这里θ_1是$\boldsymbol{e}_1$与S_0面法矢$\boldsymbol{n}'$的夹角。仍假设在屏右边点 $\boldsymbol{x} = R\boldsymbol{e}_2$ 观察衍射场，且 $R \gg \lambda$，$R' \gg \lambda$，略去 $1/r^2$ 和 $1/R'^2$ 项，由式(7.7.7)可得出

$$\psi(\boldsymbol{x}) = -\frac{\mathrm{i}k_0 \psi_0 \mathrm{e}^{\mathrm{i}k_0 R}}{4\pi R} \int_{S_0} \frac{\mathrm{e}^{\mathrm{i}k_0(\boldsymbol{e}_1 - \boldsymbol{e}_2) \cdot \boldsymbol{x}'}}{R'} (\cos\theta_1 + \cos\theta_2) \mathrm{d}\sigma' \qquad (7.7.9)$$

这是相应球面波入射的基尔霍夫公式。式(7.7.8)的因子 $\cos\theta_1 + \cos\theta_2$ 称为**倾斜因子**(slope factor)。当入射波传播方向$\boldsymbol{e}_1$与屏法向$\boldsymbol{n}'$平行时 $\cos\theta_1 = 1$，在观察方向$\boldsymbol{e}_2$与$\boldsymbol{n}'$反向平行时 $\cos\theta_2 = -1$，此时倾斜因子为零，这就解释了为什么实验中没有观察到衍射现象中的回波。

$|\psi(\boldsymbol{x})|^2$可以表示衍射光波强度，$|\psi(\boldsymbol{x})|^2$在观察屏上的分布给出衍射图样。在光波的小孔、窄缝衍射情况下，由式(7.7.8)可以得出和实验相符的结果。上述基尔霍夫标量衍射理论是经典光学讨论衍射现象的基础。

7.7.3　夫琅禾费衍射

按照光源和观察点到衍射屏的距离不同，可以把衍射分为**菲涅耳衍射**和**夫琅禾费衍射**两类。前者指光源及观察点到屏距离有限，后者指光源及观察点到屏距离无限远或相当于无限远。由于大多数光学仪器都是对平行光或近似平行光成像，实际观察时又用透镜聚焦衍射波，所以夫琅禾费衍射具有更重要的实际意义。

设矩形孔长为 $2a$、宽为 $2a$，平面波垂直于孔面入射，入射方向为$\boldsymbol{e}_1$。取孔中心为坐标原点，z 轴垂直于孔面，观察方向$\boldsymbol{e}_2$的极角为θ_2，方位角为 ϕ_2，如图 7.7.3 所示。

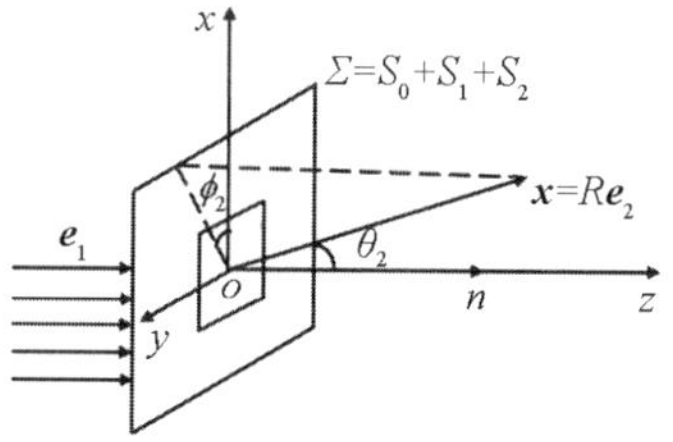

图 7.7.3　矩形孔的夫琅禾费衍射

$\boldsymbol{e}_1 \cdot \boldsymbol{x} = 0$ 时，$\cos\theta_1 = 1$，代入式(7.7.8)，并注意到 $1 + \cos\theta_2$ 与积分变量无关，可得

$$\psi(\boldsymbol{x}) = -\frac{\mathrm{i}k_0\mathrm{e}^{\mathrm{i}k_0R}\psi_0}{4\pi R}(1+\cos\theta_2)\int_{S_0}\mathrm{e}^{-\mathrm{i}k_0\boldsymbol{e}_2\cdot\boldsymbol{x}'}\mathrm{d}\sigma' \tag{7.7.10}$$

式(7.7.10)中的积分可以写作

$$\begin{aligned} J &= \int_{-a}^{a}\mathrm{e}^{-\mathrm{i}k_0\sin\theta_2\cos\phi_2x'}\mathrm{d}x'\int_{-b}^{b}\mathrm{e}^{-\mathrm{i}k_0\sin\theta_2\sin\phi_2y'}\mathrm{d}y' \\ &= \frac{4\sin(ak_0\sin\theta_2\cos\phi_2)\sin(bk_0\sin\theta_2\sin\phi_2)}{(k_0\sin\theta_2\cos\phi_2)(k_0\sin\theta_2\sin\phi_2)} \\ &= 4ab\frac{\sin(ak_0\sin\theta_2\cos\phi_2)}{ak_0\sin\theta_2\cos\phi_2}\cdot\frac{\sin(bk_0\sin\theta_2\sin\phi_2)}{bk_0\sin\theta_2\sin\phi_2} \end{aligned} \tag{7.7.11}$$

把上式代入式(7.7.10)可以得到衍射波振幅。$|\psi(\boldsymbol{x})|^2$表示光强，记衍射中心光强为I_0，则衍射光强分布为

$$I = I_0\left(\frac{1+\cos\theta_2}{2}\right)^2\left(\frac{\sin x}{x}\right)^2\left(\frac{\sin y}{y}\right)^2 \tag{7.7.12}$$

其中 $x = ak_0\sin\theta_2\cos\phi_2$，$y = bk_0\sin\theta_2\sin\phi_2$。函数$f(x) = \left(\frac{\sin x}{x}\right)^2$的图形如图 7.7.4 所示。

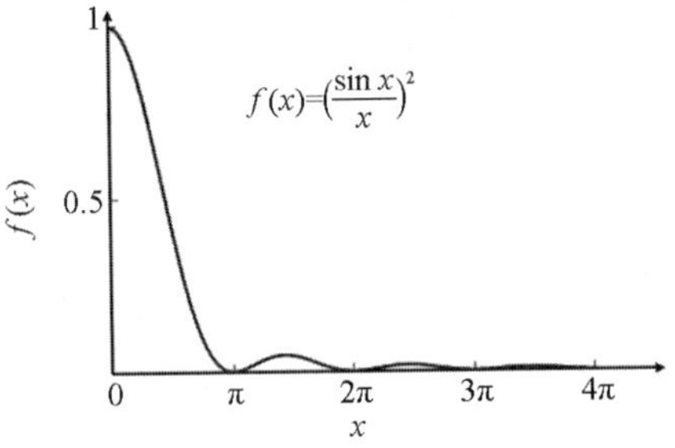

图 7.7.4　夫琅禾费衍射光强的一维分布因子

习 题

7.1　利用电荷守恒定律，验证推迟势满足洛伦兹规范条件。

7.2　验证达朗贝尔方程有平面波解：$\boldsymbol{A} = \boldsymbol{A}_0\mathrm{e}^{\mathrm{i}(\boldsymbol{k}\cdot\boldsymbol{x}-\omega t)}$，$\varphi = \varphi_0\mathrm{e}^{\mathrm{i}(\boldsymbol{k}\cdot\boldsymbol{x}-\omega t)}$，并证明矢势 $\boldsymbol{A}$ 的纵场部分无论怎样选择都不影响场强。

7.3　证明电荷球对称分布且仅作径向振动的电荷系统不会产生辐射场。

7.4　设有线极化平面波 $\boldsymbol{E}=\boldsymbol{E}_0 e^{i(\boldsymbol{k}\cdot\boldsymbol{x}-\omega t)}$，照射到一个绝缘介质球上（$\boldsymbol{E}_0$沿 z 方向），引起介质球极化，极化矢量 $\boldsymbol{P}$ 随时间变化产生辐射。求介质球产生的辐射场和能流。设入射平面波波长远大于球半径 R_0。

提示：辐射场就是总电偶极矩 $\boldsymbol{P}=\dfrac{4\pi\varepsilon_0(\varepsilon-\varepsilon_0)}{\varepsilon+2\varepsilon_0}R_0^3 E_0 e^{-i\omega t}$的辐射场。

7.5　设有两个振幅为P_0、频率为 ω 的电偶极振子位于 xoy 平面上，其中之一电偶极矩方向沿 x 轴，另一个与其成 α 角，且位相落后前者 $\pi/2$。求辐射场和辐射角分布及辐射最强的方向。设振子所在区域的限度远小于其波长。

7.6　设有电矩振幅为 $\boldsymbol{P}_0$、频率为 ω 的电偶极子位于距理想导体平面为 $a/2$ 处，$\boldsymbol{P}_0$ 平行于导体平面。求 $R\gg\lambda$ 处的辐射场和辐射时间平均能流。设$a\ll\lambda$。

提示：计算电偶极子和像电偶极子的辐射场。

7.7　半径为 R_0 的均匀永磁体，磁化强度为$\boldsymbol{M}_0$。以恒定角速度 ω 绕通过球心而垂直于$\boldsymbol{M}_0$的轴旋转，求辐射场和时间平均辐射能流，假设 $R_0\omega\ll c$。

7.8　线四极谐振子由 z 轴上四个电荷 $-Q$，Q，Q，$-Q$ 组成。两个正电荷 $2Q$ 静止在坐标系原点，两个负电荷分别处在 $z_1=-z_2=a e^{-i\omega t/2}$。求辐射场、辐射角分布和辐射功率。

7.9　上题中，$2Q$ 仍静止在坐标系原点，两个负电荷到原点距离为 a，但以同样角速度 ω 在 xoy 平面上绕 $2Q$ 转动，保持三者在一直线上。求该电荷系统的辐射场。设 $a\omega\ll c$。

7.10　天线是良导体做成的，假设为理想导体。证明对任何形状的天线，其表面上的矢势都满足齐次波动方程。

7.11　中心馈电的对称直线形振子，电流振幅为 I_0，天线长度为 $l=\lambda$。求辐射场和辐射平均能流。

第 8 章　狭义相对论和相对论电动力学

麦克斯韦方程组建立不久，人们就认识到麦克斯韦电磁理论与旧时空理论存在尖锐的矛盾。经过几十年的探索，到 20 世纪初爱因斯坦创立**狭义相对论**（theory of special relativity），才成功地解决了这个矛盾，同时也根本改变了人们关于时间、空间的观念，把物理学推进到一个新的阶段。狭义相对论不仅更深刻地揭示了电磁现象的本质和联系，而且提供了研究运动参考系中电磁现象的新工具。本章我们首先介绍狭义相对论，然后讨论相对论电动力学和相对论力学的一些问题。

8.1　麦克斯韦电磁理论与旧时空理论的矛盾

狭义相对论是直接为解决麦克斯韦电磁理论与旧时空理论的矛盾而产生的。因此，在阐述狭义相对论时，有必要回顾一下旧时空理论以及与此相适应的一些物理学普遍原理。

8.1.1　伽利略变换和绝对时空理论

在力学中，描述物体的运动需要建立一个参考系。参考系的选择原则上是任意的，但是恰当地选择参考系往往便于简化对具体物理过程的描述。在历史上人们按照如何能简单地描述力学现象选择了一类参考系，在这类参考系中，一个物体如果不受外力的作用，就可以保持静止或匀速直线运动状态，这类参考系称为惯性系。实验证明，惯性系不是唯一的，相对一个惯性系做匀速直线运动的另一个参考系也是惯性系。

为了精确描述物体运动过程，需要从物体运动中抽象出“**物理事件**”（physical events）的概念。所谓物理事件，实际上就是在无限小空间元、无限短时间间隔发生的物体运动过程。例如，粒子通过空间某一有标记的点，两个粒子在空间中发生的一次碰撞等，都可看作一个物理事件。特别地，一个物理过程的起始和终止可以看成两个物理事件，物理过程本身可以看成一系列物理事件连续发生的过程。

任何一个物理事件总是于某一时刻发生在空间某一点。指明一个物理事件就需要一组数(x, y, z, t)，其中x，y，z是在所选参考系中这个物理事件的空间坐标，t是时间坐标，(x, y, z, t)称为这个物理事件的**时空坐标**。

设有两个惯性系S和S'，它们的x坐标轴互相重合，另外两个坐标轴分别平行。S'以匀速率v相对S沿公共x轴正向运动，并取两坐标系原点重合时刻为共同时间零点。如图 8.1.1 所示。为了叙述简便，以后称这样的两个惯性系为**特殊相关惯性系**。

假设发生一个物理事件P，在S系的观测者测得P的时空坐标为(x, y, z, t)，而在S'系的观测者确定P的坐标是(x', y', z', t')。S和S'是两个特殊相关惯性系，显然(x, y, z, t)和(x', y', z', t')不可能是互相独立的。伽利略确定了它们的联系，这就是**伽利略变换**(Galilean transformation)。

$$\begin{cases} x' = x - vt \\ y' = y \\ z' = z \\ t' = t \end{cases} \tag{8.1.1}$$

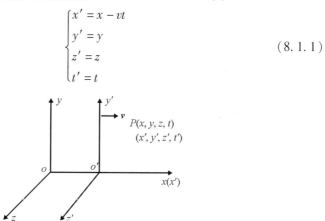

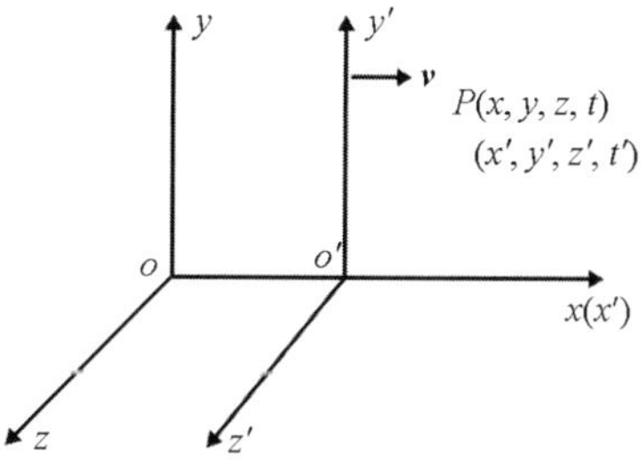

图 8.1.1　特殊相关惯性系

从一个惯性系到另一个惯性系的坐标变换关系是和一定的时空理论密切相关的。伽利略变换就蕴含着当时人们关于时间和空间的一些根本假设，集中地反映了旧的时空理论。下面分析伽利略变换反映的旧时空理论的一些主要特点。

设发生两个物理事件P_1，P_2，两个特殊相关惯性系中的观察者确定的这两个事件的坐标见表 8.1.1。

表 8.1.1 两个特殊相关惯性系中 P_1，P_2 事件的坐标

坐标系	P_1	P_2
S	x_1，t_1	x_2，t_2
S'	x_1'，t_1'	x_2'，t_2'

为了简单，假设这两个事件都发生在 x 轴上，并略去了取值相同且不随参考系变化的 y，z 坐标。由伽利略变换式(8.1.1)得

$$t_1' = t_1,\ t_2' = t_2$$

所以

$$t_2' - t_1' = t_2 - t_1 \tag{8.1.2}$$

这表明两个惯性系观测者测定这两件事发生的时间间隔相同。特别地，如果这两个事件分别是一个物理过程的起始和终止，式(8.1.2)表明物理过程进行的时间在惯性系中都相同。如果这两个事件在 S 系中同时发生，则在 S'系中也同时发生。这表明时间间隔以及物理过程进行的时间、同时性等都与参考系无关，都是绝对的。

对于两个同时发生的物理事件，这两事件之间的空间距离为

$$x_2' - x_1' = (x_2 - vt_2) - (x_1 - vt_1) = x_2 - x_1 \tag{8.1.3}$$

上式表明空间距离是绝对的。上述两个事件可以是同时确定一根尺子两端的坐标，式(8.1.3)表明尺子的长度是绝对的。空间距离、物体长度的绝对性是旧时空理论的又一特点。通常把具有上述性质的时空称为**绝对时空**(absolute time and space)。绝对时空是伽利略变换的基础。

8.1.2 力学相对性原理和牛顿方程的协变性

人们在力学现象的研究中早就发现，**在一切惯性系中力学现象的进行都是相同的，或者说一切惯性系都可用来等效地描述力学现象**。这称为**力学相对性原理**。因此，在不同惯性系中总结出的力学规律应当是相同的。或者说，在一个惯性系中总结出的力学规律，通过两惯性系间的变换，也适用于另一惯性系。所以，力学相对性原理又可表述为：**一切力学规律在所有惯性系中都采取相同的形式。**

牛顿方程集中体现了力学规律，可以证明牛顿方程在伽利略变换下形式不变。设在参考系 S 中粒子 i 和 j 的相互作用势为 $\boldsymbol{\Phi}|\boldsymbol{x}_i - \boldsymbol{x}_j|$，则质点 i 的运动方程为

$$m_i\frac{\mathrm{d}^2\boldsymbol{x}_i}{\mathrm{d}t^2}=-\nabla_i\Phi(|\boldsymbol{x}_i-\boldsymbol{x}_j|) \tag{8.1.4}$$

由伽利略变换式(8.1.1)可知，在 S' 系中

$$\boldsymbol{x}'=(x-vt)\boldsymbol{e}_x+y\boldsymbol{e}_y+z\boldsymbol{e}_z$$
$$t'=t$$

易见

$$\frac{\mathrm{d}^2\boldsymbol{x}'}{\mathrm{d}t'^2}=\frac{\mathrm{d}^2\boldsymbol{x}}{\mathrm{d}t^2},\ \boldsymbol{x}_i'-\boldsymbol{x}_j'=\boldsymbol{x}_i-\boldsymbol{x}_j,\ \nabla_i'=\nabla_i$$

所以，在 S' 参考系中式(8.1.4)写作

$$m_i\frac{\mathrm{d}\boldsymbol{x}_i'}{\mathrm{d}t^2}=-\nabla_i'\Phi|\boldsymbol{x}_i'-\boldsymbol{x}_j'| \tag{8.1.5}$$

这正是在 S' 系中粒子 i 的运动方程。

如果一个定律的形式不因坐标系变换而改变，就称这个定律为**相应变换下的协变式**。若伽利略变换是正确的，力学相对性原理要求所有力学规律应当是伽利略变换下的协变式，显然牛顿方程满足这一条件。

8.1.3　经典速度相加定理

由伽利略变换可导出两个特殊相关惯性系间的速度变换关系

$$\boldsymbol{u}'=\boldsymbol{u}-v\boldsymbol{e}_x \tag{8.1.6}$$

$\boldsymbol{u}'$ 是在 S' 系中测得的物体运动速度，$\boldsymbol{u}$ 是在 S 系中测得的速度，$\boldsymbol{v}$ 是 S' 系相对 S 系的运动速度。这里 $\boldsymbol{v}$ 取 $\boldsymbol{e}_x$ 方向是因为在式(8.1.1)中假设了 S' 相对 S 沿 x 方向运动。一般情况下可得到

$$\boldsymbol{u}'=\boldsymbol{u}-\boldsymbol{v} \tag{8.1.7}$$

上式称为**经典速度相加定理**。

综上所述，伽利略变换、绝对时空理论、力学相对性原理以及牛顿方程在伽利略变换下的协变性和经典速度相加定理，作为基本要素，共同构成了一个互相协调、没有矛盾的理论体系。由于绝对时空理论与人们日常生活经验吻合，牛顿力学也取得了巨大的成功，19 世纪 50 年代以前，几乎无人怀疑过这些原理的正确性。

8.1.4　麦克斯韦电磁理论与旧物理学原理的矛盾

麦克斯韦在电磁现象实验规律的基础上建立了麦克斯韦方程组，奠定了电

动力学的理论基础。但是，人们很快发现麦克斯韦方程组难以纳入旧物理学的理论框架。最直接的证据就是麦克斯韦方程组所隐含的真空波速 $c=1/\sqrt{\mu_0\varepsilon_0}$，这是一个常数，不满足经典速度相加定理。还可以证明，麦克斯韦方程组不具有伽利略变换下的协变性。

由于绝对时空观和伽利略变换已经深入人心，人们在面对麦克斯韦电磁理论与旧物理学原理的矛盾时，认为是麦克斯韦理论存在问题。人们认为，麦克斯韦方程组不是对所有惯性系都成立的，它只能在某一个特殊惯性系中成立。因此，光（电磁波）的传播速度只在某一特殊惯性系上看才是 c，在其他惯性系上均不是 c，这样就不会和经典速度相加定理矛盾。当时，人们也没有建立起电磁波可以独立传播的概念，而是认为光波也应该像水波、声波等机械波一样，必须在某种介质中传播。人们把这种假想的介质称为**"以太"**（Ether），认为相对"以太"静止的参考系就是麦克斯韦方程组成立的特殊惯性系。情况若果真如此，那么依靠电磁理论就能找到这个特殊的"以太静止参考系"，从而找出所谓的"绝对运动"（相对该静止参考系所做的运动）。

为了证明"以太"存在，许多科学家设计了很多构思巧妙的实验，但是这些实验都失败了。人们寻找使麦克斯韦方程组成立的特殊惯性系的努力屡屡失败，才导致了狭义相对论的产生。

8.2 狭义相对论的基本原理和洛伦兹变换

寻找使麦克斯韦方程组成立的特殊惯性系的众多实验的失败，使旧物理学理论陷入困境。1905 年，爱因斯坦发表了《论运动物体中的电动力学》，提出了后来被称为狭义相对论的理论。这个理论成功解决了麦克斯韦电磁理论与旧物理学原理的矛盾，建立了新的时空理论，把物理学推到一个新的阶段。

8.2.1 狭义相对论的基本原理

爱因斯坦把力学相对性原理推广为**物理学相对性原理**（principle of relativity）或爱因斯坦**相对性原理**。他指出：**在实验室内进行的任何物理实验（力学、热学、光学、电磁学等）都不能确定实验室是否处在静止或匀速直线运动状态。即一切物理现象在所有惯性系中的进行都是相同的。**

仅由物理学相对性原理并不能解决电动力学与旧物理学原理的矛盾。如果麦克斯韦方程组在所有惯性系中都成立，那么电磁波在任何惯性系中的速度都是 c，而这与伽利略变换是矛盾的。爱因斯坦决定放弃绝对时空理论，提出了**光速不变原理**(the constancy of the speed of light)：**真空中光在一切惯性系中的速度都是 c，与光源运动无关。**

综上所述，爱因斯坦提出了两条新的假设：物理学相对性原理和光速不变原理。这两条假设称为狭义相对论的基本原理，共同构成了狭义相对论的理论基础。下面从这两条原理出发，建立两惯性系间时空坐标变换的新关系。

8.2.2　间隔和间隔不变性

设在 t_1 时刻于空间点 (x_1, y_1, z_1) 发生物理事件 P_1，在 t_2 时刻于点 (x_2, y_2, z_2) 发生事件 P_2，定义这两个事件之间的**间隔**为

$$S^2 = -[(x_2-x_1)^2+(y_2-y_1)^2+(z_2-z_1)^2-c^2(t_2-t_1)^2] \tag{8.2.1}$$

特别地，当这两个事件同时发生时，$S^2=-(\Delta \boldsymbol{x})^2$，间隔就是这两个事件空间距离平方的负值。当这两个事件在同一地点发生时，$S^2=c^2(\Delta t)^2$，间隔就是时间间隔乘以 c^2。可见，相对论中间隔的概念是时间间隔和空间距离的统一。

设在惯性系 S 中于 t_1 时刻点 (x_1, y_1, z_1) 发出一球面光波，在 t_2 时刻波阵面到达点 (x_2, y_2, z_2)，由于光波传播速度是 c，所以波阵面上各点满足方程

$$(x_2-x_1)^2+(y_2-y_1)^2+(z_2-z_1)^2-c^2(t_2-t_1)^2=0 \tag{8.2.2}$$

光波发出和光波到达这两个事件在 S 系中的间隔为零。设在 S' 系中上述光信号发出和到达这两个事件的坐标分别为 (x_1', y_1', z_1', t_1') 和 (x_2', y_2', z_2', t_2')，由光速不变原理，在 S' 系中光速仍为 c，在 S' 系中这两个事件的间隔仍等于零。由此看出，由光信号联系的两个事件，它们的间隔为零，并且与参考系无关。

一般情况下，两个物理事件可能不是以光信号联系，或者没有联系，两个物理事件的间隔是否仍与参考系无关？可以证明，间隔不变性仍然成立。下面对此进行论证。

实验表明，在同一个惯性系中，所有的时空点都是等价的，任何一个点都不具有比其他点特殊的物理性质。两个物理事件之间的空间距离和时间间隔与它们发生在参考系中何处、何时无关，这一性质决定了两个惯性系间的时空坐标变换关系必须是线性的，我们可以用反证法证明这一点。设想一个非线性变换 $x'=ax^2$(a 是个常数，为简便可假设为 1)，当一把长为 1 的尺子沿 x 轴放置，端点与 S 系中的 $x=1$、$x=2$ 两点重合时，变换到 S' 系中的两端点将与 S' 系中的 $x'=1$、$x'=4$ 两点重合，长为 3。而若把同一把尺子放在 S 系中的 $x=2$、$x=3$

两点之间，在 S'系中其端点将与 $x'=4$、$x'=9$ 两点重合，长为5。这样，在 S'系中同一把尺子放在不同地方的长度不一样，这显然与所有空间点都是等价的事实矛盾。关于时间的变换可以作类似的讨论。所以，正确的时空坐标变换关系必须是线性的。

记两个物理事件的间隔在 S 系中为S^2，在 S'系中为S'^2，由于从 S'系到 S 系的坐标变换是线性的，S^2和S'^2 都是坐标的二次式，二者应满足一般线性关系

$$S'^2 = aS^2 + b \tag{8.2.3}$$

其中 a，b 是两个待定常数。光信号联系的两个事件的 $S'^2 = S^2 = 0$，所以 $b=0$。

$$S'^2 = aS^2 \tag{8.2.4}$$

由于空间是各向同性的，a 只能依赖于两惯性系相对运动速度的绝对值。由运动的相对性，也可把 S 系看作相对 S'的运动参考系，所以

$$S^2 = aS'^2 \tag{8.2.5}$$

由式(8.2.4)和式(8.2.5)得

$$a^2 = 1 \tag{8.2.6}$$

a 可以取 $+1$ 或 -1。但注意到当 S'系相对 S 系静止时应有 $S'^2 = S^2$，即 $a(0) = 1$。由 $a(v)$的连续性可知，当速度由0 变为 v 时，$a(v)$的值不可能从1 跳到 -1，故 $a(v)=1$。于是我们得到

$$S'^2 = S^2 \tag{8.2.7}$$

这表明，在式(8.2.1)中定义的间隔，在坐标变换中为不变量。**间隔不变**是狭义相对论的基本原理对新变换关系的一个限制条件。

8.2.3 洛伦兹变换关系

取 S 和 S'两个特殊相关惯性系。设发生一个物理事件 P，相对 S 系和 S'系静止的观察者分别给出该事件的时空坐标是(x, y, z, t)和(x', y', z', t')。前面已指出，新变换关系必须是线性的，而且要保证式(8.2.7)成立。其次，因为伽利略变换在低速情况下已被大量实验证实，所以新变换关系在 S 和 S'的相对运动速度 $v \ll c$ 情况下应过渡到伽利略变换。根据上述考虑，可设新变换关系形式为

$$\begin{cases} x' = \gamma(x - vt) \\ y' = \lambda y \\ z' = \lambda z \\ t' = \alpha x + \delta t \end{cases} \tag{8.2.8}$$

其中 α，λ，γ，δ 为待定常数，是一些可能与相对运动速度有关的量。下面确定

这些常数。

由运动相对性可知，若把 S' 看作静系，把 S 看作以速度 v 沿 $-x$ 方向运动的坐标系，由式(8.2.8)可以得到 $y=\lambda y'=\lambda^2 y$，从而有 $\lambda=1$。这里 λ 取正号是考虑到低速时应与伽利略变换一致。

由间隔不变性及 $\lambda=1$，将式(8.2.8)代入式(8.2.7)，可得

$$(\gamma^2-c^2\alpha^2)x^2+y^2+z^2-2(\gamma^2 v+c^2\alpha\delta)xt-(c^2\delta^2-\gamma^2 v^2)t^2=x^2+y^2+z^2-c^2t^2$$

比较等式两端对应项的系数，有

$$\begin{cases}\gamma^2-c^2\alpha^2=1\\ \gamma^2 v+c^2\alpha\delta=0\\ c^2\delta^2-\gamma^2 v^2=c^2\end{cases} \tag{8.2.9}$$

由式(8.2.9)中的前两式消去 γ^2 得

$$c^2\alpha(\delta+\alpha v)=-v \tag{8.2.10}$$

由式(8.2.9)中的后两式消去 γ^2 得

$$\delta^2+\alpha\delta v=1 \tag{8.2.11}$$

由式(8.2.10)和式(8.2.11)消去 α 得

$$\delta^2=1/(1-v^2/c^2)$$

考虑到 $v\ll c$ 时，新变换关系应和伽利略变换一致，取

$$\delta=\frac{1}{\sqrt{1-v^2/c^2}} \tag{8.2.12}$$

将 δ 代入式(8.2.11)得

$$\alpha=-\frac{v/c^2}{\sqrt{1-v^2/c^2}} \tag{8.2.13}$$

将式(8.2.13)代入式(8.2.9)第一式中，基于 δ 取正号相同的理由求得

$$\gamma=\frac{1}{\sqrt{1-v^2/c^2}} \tag{8.2.14}$$

将上面求得的 λ，δ，α，γ 代入式(8.2.8)中，得

$$\begin{cases}x'=\gamma(x-vt)\\ y'=y\\ z'=z\\ t'=\gamma\left(t-\dfrac{\beta}{c}x\right)\end{cases} \tag{8.2.15}$$

这里引入了简单记法 $\beta=v/c$，$\gamma=1/\sqrt{1-\beta^2}$。式(8.2.15)称为**洛伦兹变换式**(Lorentz transformation)。

直接根据运动的相对性，可求出从 S' 系到 S 系的逆洛伦兹变换关系

$$\begin{cases} x = \gamma(x' + vt') \\ y = y' \\ z = z' \\ t = \gamma(t' + \beta x'/c) \end{cases} \tag{8.2.16}$$

上边两组变换关系只适用于 S' 系相对 S 系的运动速度沿公共 x 轴的特殊情况。若相对运动速度 $\boldsymbol{v}$ 任意取向，可把 S 系和 S' 系中的空间坐标矢量 $\boldsymbol{r}$ 和 $\boldsymbol{r}'$ 都分解为平行于 $\boldsymbol{v}$ 的分量和垂直于 $\boldsymbol{v}$ 的分量。对式(8.2.15)做简单推广得

$$\boldsymbol{r}'_{\parallel} = \gamma(\boldsymbol{r}_{\parallel} - \boldsymbol{v}t)$$

$$\boldsymbol{r}'_{\perp} = \boldsymbol{r}_{\perp}$$

其中“$\parallel$”和“$\perp$”分别表示与 $\boldsymbol{v}$ 平行的分量和与 $\boldsymbol{v}$ 垂直的分量。由 $\boldsymbol{r}' = \boldsymbol{r}'_{\parallel} + \boldsymbol{r}'_{\perp}$ 得

$$\begin{cases} \boldsymbol{r}' = \boldsymbol{r} - \boldsymbol{v}t + (\gamma - 1)\dfrac{\boldsymbol{v}}{v^2}(\boldsymbol{r} \cdot \boldsymbol{v} - v^2 t) \\ t' = \gamma\left(t - \dfrac{1}{c}\boldsymbol{r} \cdot \boldsymbol{\beta}\right) \end{cases} \tag{8.2.17}$$

其中 $\boldsymbol{\beta} = \boldsymbol{v}/c$，这就是相对运动速度任意取向时的洛伦兹变换式。

8.2.4 “钟”和“尺”

在相对论中，由于不同惯性系中的时间空间性质依赖于惯性系的运动，因此，每个惯性系中都有自己的“钟”和“尺”，即自己的时间间隔和空间距离的量度基准。物理学中，空间和时间是用实际存在的物理过程来量度的。例如，用某一原子振动周期来量度时间，用某一原子发射特定谱线的波长来量度长度等。为了比较处在不同运动状态的惯性系中时空性质的差别，在各惯性系中应使用同一物理过程作为量度基准。考虑到时空性质与运动状态有关，还必须限制**每个惯性系的钟和尺相对这个惯性系处在静止状态**。

8.3 相对论的时空性质

本节从洛伦兹变换出发，揭示它所反映的新时空理论的一些特点。下面只讨论特殊相关惯性系之间的时空坐标变换，由于 y，z 坐标在两惯性系中相同，以后都略去。

8.3.1 “同时”的相对性

设 S 和 S' 为两个特殊相关惯性系，事件 1 在 S 和 S' 中的坐标分别为 (x_1, t_1) 和 (x'_1, t'_1)，事件 2 的坐标分别为 (x_2, t_2) 和 (x'_2, t'_2)。由式(8.2.15)可得

$$t'_1 = \gamma(t_1 - \beta x_1/c)$$

$$t'_2 = \gamma(t_2 - \beta x_2/c)$$

则

$$t'_2 - t'_1 = \gamma[t_2 - t_1 - \beta(x_2 - x_1)/c] \tag{8.3.1}$$

若这两个事件在 S 系中同时发生，即 $t_2 = t_1$，在 S' 系中就不是同时发生的，其时间间隔为

$$t'_2 - t'_1 = \gamma[-\beta(x_2 - x_1)/c] \tag{8.3.2}$$

特别若 $x_2 > x_1$，则 $t_2 - t'_1 < 0$，表明在 S' 系中事件 2 发生在事件 1 之前；而当 $x_2 < x_1$ 时，事件 2 发生在事件 1 之后。上述结果表明，在相对论中“**同时**”是相对的，在一个惯性系中判定为“同时”的两个事件，在另一个惯性系中则判定为“不同时”，这是与绝对时空理论的一个根本差别。

8.3.2 洛伦兹收缩

取 S 系和 S' 系为两个特殊相关惯性系，设一根棍子沿它们的公共 x 轴放置，并且相对 S' 系静止。S' 系测得的棍长称为**静止长度**或**固有长度**(proper length)，S 系测得的棍长称为**运动长度**。现在研究运动长度与静止长度的关系。

由于棍子相对 S' 系静止，在 S' 系中棍子两端点的坐标之差 $x'_2 - x'_1$ 就是棍长。在 S 系中测量棍长时，由于棍子相对 S 系在运动，必须同时确定棍子两端的坐标，这时两端点在 S 系中的坐标之差 $x_2 - x_1$ 表示 S 系中测得的棍长。如图 8.3.1 所示。

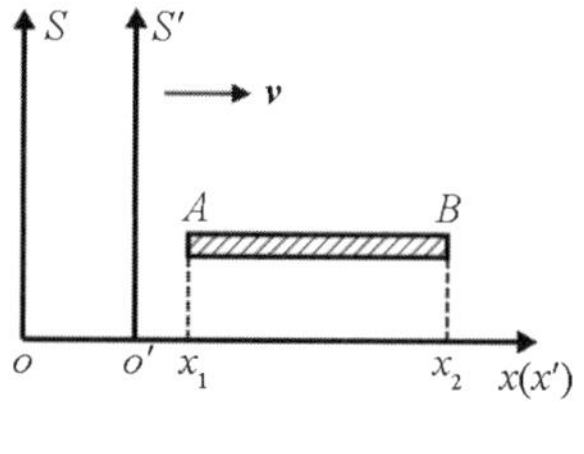

图 8.3.1　动尺收缩

设棍子两端点 A, B 分别与 S 系中x_1, x_2两点重合，这两个事件在 S 系中的坐标为(x_1, t_1)和(x_2, t_2)，在 S'系中的坐标为(x_1', t_1')和(x_2', t_2')。由洛伦兹变换式(8.2.15)有

$$x_1' = \gamma(x_1 - vt_1)$$
$$x_2' = \gamma(x_2 - vt_2)$$

由于这两个事件在 S 系中必须是同时的，即 $t_2 = t_1$，则有

$$x_2' - x_1' = \gamma(x_2 - x_1) \tag{8.3.3}$$

或

$$L_0 = \gamma L \tag{8.3.4}$$

其中$L_0 = x_2' - x_1'$是静止长度，$L = x_2 - x_1$是运动长度。由于 $\gamma > 1$，在相对于棍子运动的 S 系测得的棍长变短，缩短因子 γ 是个与相对运动速度有关的量。

必须指出，这里运动长度缩短的结论，绝不意味着棍子的内部结构由于运动发生了变化。如果把棍子两端点 A, B 换成 S'系中沿运动方向上固定的两点，运动长度缩短的结论表明，S 系中观察到的这两点之间的距离小于 S'系中观察到的两点距离。运动长度缩短是由于参考系不同而导致的测量结果的差异，是一种相对论运动学效应。由于运动的相对性，在 S'系看来，相对于 S 系静止的棍子也是变短的。

综上所述，每一观测者都会观测到相对他运动的物体沿运动方向长度变短，这是因为物体相对不同观测者处于不同运动状态。在相对论时空的观点中，物体的空间属性与运动状态有关，所以物体长度是相对量，依赖于观测参考系。

8.3.3 爱因斯坦运动时钟延缓

取 S 系和 S'系为两个特殊相关惯性系，设发生物理过程的物体(如发生衰变的原子核)相对 S'系静止。在 S'系测得这个物理过程持续的时间为**静止时间或固有时间**(proper time)。

设物体静止在 S'系中的x'_1点。记物理过程发生时刻为事件 P_1，此时 S'系中 x'_1 点处的时钟 C 指示时间为 t'_1；记物理过程终止时刻为事件 P_2，此时时钟 C 指示时间为 t'_2；$t_2' - t_1'$就是物理过程持续的固有时间。由于物体相对于 S 系运动，P_1 和 P_2 在 S 系中不再对应于同一个地点，那么如何测量这个物理过程的持续时间呢？当然不能让 S 系的钟也运动起来去记录时间，但可以在 S 系中沿 x 方向放置一系列时钟，并把这些时钟调为同步，如图 8.3.2 所示。物理过程发

生时刻 P_1 对应于 S 系中放置在 x_1 处的 A 钟，此时 A 钟指示时间为 t_1；物理过程终止时刻 P_2 对应于 S 系中放置在 x_2 处的 B 钟，此时 B 钟指示时间为 t_2。现在研究 t_2-t_1 和固有时间 $t_2'-t_1'$ 的关系。

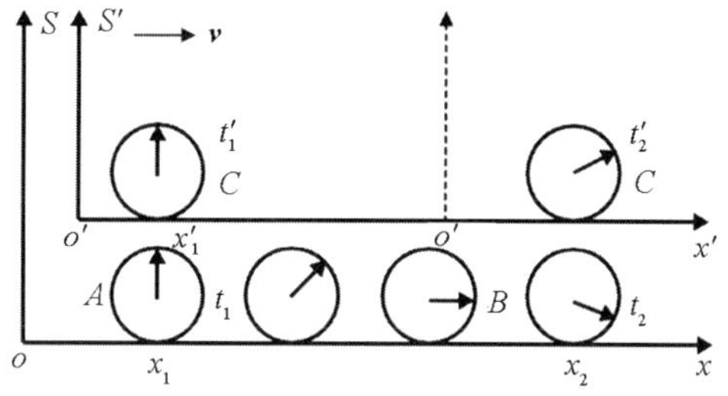

图 8.3.2　**动钟延缓**

P_1 和 P_2 在 S 系中的坐标为 (x_1, t_1) 和 (x_2, t_2)，在 S' 系中的坐标为 (x_1', t_1') 和 (x_2', t_2')。利用逆洛伦兹变换有

$$t_1=\gamma(t_1'+\beta x_1'/c)$$

$$t_2=\gamma(t_2'+\beta x_2'/c)$$

注意 P_1 和 P_2 在 S' 系中对应于同一个地点，即 $x_1'=x_2'$，从而可以得到

$$t_2-t_1=\gamma(t_2'-t_1')$$

或

$$\Delta t=\gamma\Delta\tau_0 \tag{8.3.5}$$

式(8.3.5)表明，相对 S 系运动的时钟(C 钟)测得的时间小于 S 系中时钟测得的时间。在 S 参考系的观测者看来，相对他运动的时钟是延缓的，或者说相对他运动的物体中发生的物理过程是延缓的。

根据运动的相对性，S 系的观测者观测到 S' 系中的时钟变慢，S' 系的观测者也会观测到 S 系的时钟变慢，那么到底哪个时钟变慢了？这个有趣的问题称为时钟佯谬。解决时钟佯谬的关键在于相对论时空观中“同时”的相对性。在上面的例子中，当 C 钟同 B 钟重合时，可直接比较 C 和 B，由于 B 指示的时间大于 C 指示的时间，S 系的观测者得出 C 钟变慢的结论。但在 S' 系的观测者看来，由于“同时”的相对性，最初在 S 系中声称校准了的钟根本就没有校准。当 x_1 处的 A 钟指示 t_1 时，x_2 处的 B 钟指示的时间不可能也是 t_1，而必定是 $t_1+\delta$(δ 是某个不等于零的量)。由于 x_1 处的 A 钟指示 t_1 和 x_2 处的 B 钟指示 $t_1+\delta$，在 S' 系中判定为“同时”，由洛伦兹变换得

$$t_1'=\gamma(t_1-\beta x_1/c)=\gamma(t_1+\delta-\beta x_2/c)=t_2'$$

所以

$$\delta=\beta(x_2-x_1)/c \tag{8.3.6}$$

在 S' 系看来，由于 B 钟是从 $t_1+\delta$ 时刻开始计量物理过程进行的这段时间的，所以 S' 系的观测者得出 B 钟测得的时间为

$$\begin{aligned} t_{2B}-t_{1B} &= \left(t_1+\frac{x_2-x_1}{v}\right)-(t_1+\delta)=\frac{x_2-x_1}{v}-\frac{v}{c^2}(x_2-x_1) \\ &= (t_2-t_1)\left(1-\frac{v^2}{c^2}\right) \end{aligned}$$

由式(8.3.5)得

$$t_2'-t_1'=\gamma(t_{2B}-t_{1B}) \tag{8.3.7}$$

所以 S' 系的观测者认定 B 钟也是变慢的。

综上所述，每个观测者都观测到相对他运动的时钟变慢了。这表明两个物理事件的时间间隔或一个物理过程进行的时间也是相对量，依赖于观测参考系。

8.3.4 因果律对信号速度的限制和极限速度原理

前面已经证明，由洛伦兹变换得到的“同时”是相对的。下面证明，不同地点发生的两个物理事件，其先后次序也是相对的。

S 和 S' 是两个特殊相关惯性系，设 S 系中先后发生两个物理事件 P_1 和 P_2，其在 S 系和 S' 系中的坐标分别是 (x_1, t_1)，(x_2, t_2) 和 (x_1', t_1')，(x_2', t_2')。

由洛伦兹变换可得到

$$t_2'-t_1'=\gamma[(t_2-t_1)-\beta(x_2-x_1)/c] \tag{8.3.8}$$

可以看到，虽然在 S 系中观察到 P_1 先发生，即 $t_2-t_1>0$，但是在 S' 中，$t_2'-t_1'$ 可能大于0，也可能小于0，关键在于 (t_2-t_1) 和 $\beta(x_2-x_1)/c$ 哪个更大。

如果

$$\frac{x_2-x_1}{t_2-t_1}<\frac{c}{\beta}=\frac{c^2}{v} \tag{8.3.9}$$

则有 $t_2'-t_1'>0$，在 S' 中观察到的先后顺序与 S 系中相同。

反之，如果

$$\frac{x_2-x_1}{t_2-t_1}>\frac{c^2}{v} \tag{8.3.10}$$

则有 $t_2'-t_1'<0$，在 S' 中观察到的先后顺序与 S 系中相反。

事物发展是有一定因果关系的，通过物质运动相联系，作为原因的第一事件导致作为结果的第二事件的发生。例如炮弹发射出去，经过一段时间后才能

击中靶子，击中靶子这一事件不可能发生在发射炮弹之前。这种因果关系是绝对的，一种正确的时空理论必须反映事物发展的这种绝对因果性。那么，在相对论中，事件先后次序的相对性是否会导致和因果律矛盾呢？

观察式(8.3.9)和式(8.3.10)可以发现，$(x_2-x_1)/(t_2-t_1)$反映了物理事件 P_1和 P_2时空坐标之间的联系。如果 P_1和 P_2之间有因果关系，则其间必然存在着某种信号的传递，$(x_2-x_1)/(t_2-t_1)$就反映了信号的传递速度。如果要保证因果关系，由式(8.3.9)可知，必须要满足

$$\left(\frac{x_2-x_1}{t_2-t_1}\right)v<c^2 \tag{8.3.11}$$

v 是 S'相对于 S 的运动速度，代表物体的运动速度。上式表明，如果要保证因果关系，信号的传递速度和物体的运动速度都不能超过光速。如果两个信号之间以光速联系，且 $v=c$，式(8.3.11)中可以取等号。

如果 P_1和 P_2之间没有因果关系，则$(x_2-x_1)/(t_2-t_1)$不具有信号传递速度的意义，可以大于光速。例如昨天晚上半人马座星球上的大爆炸，绝不可能成为今晨地球上某处大地震的起因，因为半人马座星球距地球有 4 光年之遥，半人马座星球昨天晚上的大爆炸不可能通过任何实际信号在这样短的时间内波及地球。此时在不同参考系中观察到的发生次序可以是相对的，这并不违反因果律。

式(8.3.11)就是爱因斯坦所提出的**极限速度原理：任何物体或信号的运动速度都不会超过真空中的光速 $\boldsymbol{c}$**。它保证了相对论时空观中因果律的成立。极限速度原理虽然是一个假设，但已被大量实验事实证明。曾经出现过的一些著名的“超光速”实验，最终都证实是实验中出现错误，或者对实验结果的解释出现错误。实际上，我们可以从哲学思辨上探讨“超光速”粒子存在的可能性。有人认为，变化应当是绝对的，任何极限都应当而且能被打破，一定有超过光速的粒子存在。可以这样反问，如果找到了超光速的粒子，那么这个粒子的速度是否一定还能被超过呢？如果说不能，这实际上又假设了一个新的极限。如果说还能被超过，这就意味着极限速度 $v\to\infty$，这又回到了伽利略、牛顿的绝对时空观。一种主张变化的观点结果导致了不变的结论。

8.3.5　相对论的速度相加定理

若物体在 S'系中的速度为 $\boldsymbol{u}'$，S'相对 S 的速度为 v，当二者方向相同，并且 u'，v 都大于 $c/2$ 时，能否得出$u'+v>c$ 呢？显然，这种直接相加是伽利略速度变换的结果，是错误的。因为 u'是用 S'中的钟和尺测得的速度，而物体相对 S

系的速度应是 S 系中的钟、尺测得的速度。由于我们已用洛伦兹变换取代了伽利略变换，相对论的速度合成公式应由洛伦兹变换导出。按洛伦兹变换式(8.2.15)有

$$dx' = \gamma(dx - v dt)$$
$$dt' = \gamma(dt - \beta dx/c)$$

所以

$$u'_x = \frac{dx'}{dt'} = \frac{u_x - v}{1 - vu_x/c^2} \tag{8.3.12}$$

其中$u_x = dx/dt$ 是 S 系中速度 u 的 x 分量。同样可以求出

$$u'_y = \frac{dy'}{dt'} = u_y/[\gamma(1 - vu_x/c^2)] \tag{8.3.13}$$

$$u'_z = \frac{dz'}{dt'} = u_z/[\gamma(1 - vu_x/c^2)] \tag{8.3.14}$$

式(8.3.12) ~ (8.3.14)就是相对论的速度相加定理。它的逆变换式可由运动的相对性导出。

容易看出，当 $\beta = v/c \ll 1$ 时，上面的公式即化为伽利略速度变换。可以证明，相对论的速度相加定理和速度极限原理是自洽的，任何情况下都不可能得到大于 c 的速度。

8.4 符合相对论要求的物理规律的数学形式

根据狭义相对论的基本原理，正确表述物理规律的数学方程式应是洛伦兹变换下的协变式。本节讨论洛伦兹变换下的协变式应具有的数学形式。

8.4.1 四维时空

物体运动总是在实际的三维空间和一维时间中进行，物理事件的描述必须指出它发生的空间位置和时刻。在相对论中，空间和时间都和物质运动密切联系，空间和时间不可分割地联系在一起。作为描述方法，可以虚拟一个数学意义上的四维空间。一个物理事件可由四维空间中的一个点 $\mathbf{A}(\boldsymbol{x}, ict)$ 描述，这个点的前三个坐标表示这个事件发生的空间位置，第四个坐标表示发生的时间。这个四维空间称为**闵可夫斯基空间**，如图 8.4.1 所示，其中为简单起见已省略(y, z)坐标轴。假设在 $t = 0$ 时，一个物理系统(例如一个粒子)处于时空坐

标原点 O 上。如果从原点处发射一个光信号，根据光速不变原理，光信号传播所满足的方程是 $x^2+y^2+z^2=c^2t^2$。该方程给出的曲面称为“光锥”，它把这个四维时空分成三个区域。由于光速是一切速度的上限，因此该物理系统在此后时刻的运动只能限制在光锥之内，即处于图中的非阴影区域。光锥内部区域(无阴影区)代表过去和未来，光锥以外的阴影区域代表“另一世界”。位于原点 O 的一个物理系统永远不能到达另一世界中的一个时空点，而处于另一世界中时空点的一个物理系统也永远不能到达原点 O。光锥内(外)的一个点与原点的间隔是类时(类空)间隔。四维空间中的点称为“**世界点**”。物体在时空中的运动就可用这个空间中的一条连续曲线表示，这样的连续曲线称为“**世界线**”。

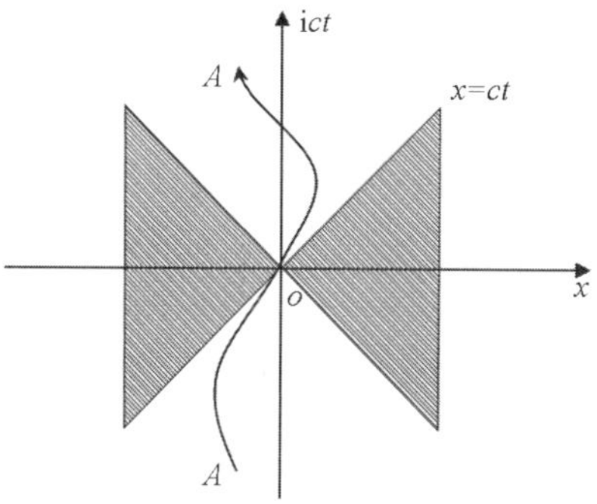

图 8.4.1　一个系统的世界线和光锥

设惯性系 S 中观察到的两个物理事件 $P_1(\boldsymbol{x}_1,\ \mathrm{i}ct_1)$，$P_2(\boldsymbol{x}_2,\ \mathrm{i}ct_2)$。为简单起见，令这两个物理事件具有相同的$(y,\ z)$坐标，由时空间隔的定义式(8.2.1)可以得到这两个事件之间的时空间隔为

$$s_{12}^2=-[(x_2-x_1)^2-c^2(t_2-t_1)^2]$$

注意到上式可以表示为

$$s_{12}^2=-[(x_2-x_1)^2+(\mathrm{i}ct_2+\mathrm{i}ct_1)^2]$$

这表明，时空间隔就是四维闵可夫斯基空间中 P_1 和 P_1 之间相对位矢模方的负值。时空间隔在洛伦兹变换下是不变量，代表四维时空的相对位矢在坐标系变换下的长度不变，这显然是合理的。由此也可以理解为何时间坐标前面要乘以虚数单位 i。

对于任何两个事件，时空间隔有三种可能性，下面分别进行讨论。

1. $s_{12}^2>0$ 类时间隔

若 $s_{12}^2>0$，即

$$(x_2-x_1)^2-c^2(t_2-t_1)^2<0$$

令 $u=\dfrac{x_2-x_1}{t_2-t_1}$，由上式可知 $u<c$，这说明我们可以找到这样一个惯性系 S'，它相对于 S 以速度 $\boldsymbol{u}=u\boldsymbol{e}_x$ 运动。根据洛伦兹变换可以得到，S'系中这两个事件的空间坐标相同，即

$$x_1'=\gamma(x_1-ut_1)=\gamma\frac{x_1t_2-x_2t_1}{t_2-t_1}=\gamma\frac{x_1t_2-x_2t_2-x_2t_1+x_2t_2}{t_2-t_1}$$
$$=\gamma(x_2-ut_2)=x_2'$$

则在 S'系中所测得的时空间隔为

$$s'^2_{12}=c^2(t_2'-t_1')^2=s_{12}^2>0$$

可见，对 $s_{12}^2>0$ 的两个事件，我们总能通过坐标变换使这两个事件在新的坐标系中发生在同一空间点，但有一定的时间间隔。称间隔 $s_{12}^2>0$ 的两个事件具有**类时间隔**。参看图 8.4.1，若一个事件位于原点，则与其具有类时间隔的事件都位于非阴影区域，即位于过去或未来。这两个事件之间可以存在因果联系。

2. $s_{12}^2<0$ 类空间隔

若 $s_{12}^2<0$，则

$$\frac{(t_2-t_1)^2}{(x_2-x_1)^2}<\frac{1}{c^2}$$

令 $u=c^2\dfrac{t_2-t_1}{x_2-x_1}$，由上式可知 $u<c$，这说明我们可以找到相对于 S 以速度 $\boldsymbol{u}=u\boldsymbol{e}_x$运动的惯性系 S'。根据洛伦兹变换可以得到，S'系中这两个事件的时间坐标相同，即

$$t_1'=\gamma\left(t_1-\frac{u}{c^2}x_1\right)=\gamma\frac{t_1x_2-x_1t_2}{x_2-x_1}=\gamma\frac{t_1x_2-x_1t_2+x_2t_2-x_2t_2}{x_2-x_1}$$
$$=\gamma\left(t_2-\frac{u}{c^2}x_2\right)=t_2'$$

则在 S'系中所测得的时空间隔为

$$s'^2_{12}=-(x_2'-x_1')^2<0$$

可见，对 $s_{12}^2<0$ 的两个事件，我们总能通过坐标变换使这两个事件在新的

坐标系中发生在同一时间点，但有一定的空间间隔。因此，我们称间隔 $s_{12}^2<0$ 的两个事件具有**类空间隔**。参看图 8.4.1，若一个事件位于原点，则与其具有类空间隔的事件都位于阴影区域，即另一世界中。这两个事件无法产生因果联系。

3. $s_{12}^2=0$ 类光间隔

$s_{12}^2=0$ 意味着两个事件之间以光信号联系，故称之为**类光间隔**。类光间隔的两个事件都位于光锥上。

8.4.2　四维空间中的标量、矢量和张量

在 1.4 节中，曾定义三维空间中满足条件 $x_i'x_j'=x_jx_i$ 的坐标变换

$$x_i'=\alpha_{ij}x_j \tag{8.4.1}$$

该坐标变换为正交变换，几何上表示坐标系的转动变换。物理量根据其在正交变换下的性质可分为标量、矢量和张量。这些讨论可直接推广到四维空间。可以定义，满足条件

$$x_\mu'x_\mu'=x_\upsilon x_\upsilon \tag{8.4.2}$$

的线性变换

$$x_\mu'=\alpha_{\mu\upsilon}x_\upsilon \tag{8.4.3}$$

为四维空间中的正交变换（以后约定用希腊字母 μ，υ，λ，δ 等表示四维空间的分量下标），在几何上代表着四维空间中的坐标系转动变换。对于四维空间中的正交变换，可以采取和三维空间中相同的步骤证明式(8.4.4)成立。

$$\alpha_{\mu\upsilon}\alpha_{\mu\lambda}=\delta_{\upsilon\lambda} \tag{8.4.4}$$

α 变换的逆变换矩阵就是 $\boldsymbol{\alpha}$ 矩阵的转置。

三维空间中标量、矢量、张量等的定义可以直接推广到四维空间。四维空间中的标量定义为四维空间中坐标系转动变换下的不变量。四维空间中的矢量定义为由 4 个分量组成，且每个分量在四维空间坐标系转动变换下满足

$$A_\mu'=\alpha_{\mu\upsilon}A_\upsilon \tag{8.4.5}$$

（以下约定：带有一个希腊字母下标的量既可以表示一个四维矢量的分量，也可以表示一个四维矢量，其意义由上下文确定。）四维空间中的张量定义为由 16 个分量组成，且每个分量在坐标系转动变换下满足

$$T_{\mu\upsilon}'=\alpha_{\mu\lambda}\alpha_{\upsilon\delta}T_{\lambda\delta} \tag{8.4.6}$$

（以下约定：带有两个希腊字母下标的量既可以表示四维空间中的张量分量，也可以表示一个四维张量，其意义由上下文确定。）

一个物理量究竟是什么性质的物理量，是由其在坐标变换下满足什么样的变换规律决定的。因此，一个三维空间中的标量、矢量或张量，在四维空间中的性质必须被重新研究。例如，时间 t 在三维空间中是个标量，但在四维空间中是坐标矢量的一个分量，不再具有标量的性质。

例 8.4.1：设A_μ是一个四维矢量，证明

$$F_{\mu v}=\frac{\partial A_v}{\partial x_\mu}-\frac{\partial A_\mu}{\partial x_v} \tag{8.4.7}$$

是四维空间中的二阶反对称张量。

证明：因为$\partial/\partial x_\mu$是一个矢量微分算子，A_μ是个矢量，有

$$\begin{aligned}F'_{\mu v}&=\frac{\partial A'_v}{\partial x'_\mu}-\frac{\partial A'_\mu}{\partial x'_v}=\alpha_{\mu\delta}\frac{\partial}{\partial x_\delta}(\alpha_{v\lambda}A_\lambda)-\alpha_{v\lambda}\frac{\partial}{\partial x_\lambda}(\alpha_{\mu\delta}A_\delta)\\&=\alpha_{\mu\delta}\alpha_{v\lambda}\left(\frac{\partial A_\lambda}{\partial x_\delta}-\frac{\partial A_\delta}{\partial x_\lambda}\right)=\alpha_{\mu\delta}\alpha_{v\lambda}F_{\delta\lambda}\end{aligned}$$

所以$F_{\mu v}$是个二阶张量。容易看出，它的分量满足$F_{\mu v}=-F_{v\mu}$，即为反对称张量。这一结果在下节中要用到。

8.4.3 洛伦兹变换的几何意义和洛伦兹协变式的数学形式

洛伦兹变换式(8.2.15)可以写成矩阵形式

$$\begin{bmatrix}x'\\y'\\z'\\ict'\end{bmatrix}=\begin{bmatrix}\gamma&0&0&i\beta\gamma\\0&1&0&0\\0&0&1&0\\-i\beta\gamma&0&0&\gamma\end{bmatrix}\begin{bmatrix}x\\y\\z\\ict\end{bmatrix}$$

其变换矩阵为

$$\boldsymbol{\alpha}=\begin{bmatrix}\gamma&0&0&i\beta\gamma\\0&1&0&0\\0&0&1&0\\-i\beta\gamma&0&0&\gamma\end{bmatrix} \tag{8.4.8}$$

容易证明，式(8.4.8)的变换矩阵 $\boldsymbol{\alpha}$ 满足正交变换条件式(8.4.4)，即

$$\tilde{\boldsymbol{\alpha}}\boldsymbol{\alpha}=\boldsymbol{I} \tag{8.4.9}$$

$\boldsymbol{I}$ 是 4×4 单位矩阵。因此，洛伦兹变换可解释为四维空间中的坐标系转动变换。特殊相关惯性系间的洛伦兹变换就是 x_1-x_4 平面上的坐标系转动变换。

由于洛伦兹变换是四维空间中的坐标系转动变换，如果物理规律的数学方程式是四维空间中的**张量**（标量、矢量、二阶张量等）**方程**（tensor equation），由

于每一项在洛伦兹变换下都按相同的规律变换，当从一个惯性系变换到另一惯性系时，方程的形式可以保持不变。例如，一个物理规律是四维空间中的零阶张量方程

$$\boldsymbol{\Phi}_1 = \boldsymbol{\Phi}_2 \tag{8.4.10}$$

由于$\boldsymbol{\Phi}_1$和$\boldsymbol{\Phi}_2$都是洛伦兹不变量，式(8.4.10)是洛伦兹协变式。又如，对于一个四维空间中的矢量(或称为一阶张量)方程

$$A'_\mu = B'_\mu \tag{8.4.11}$$

在洛伦兹变换下有

$$\alpha_{\mu v} A_v = \alpha_{\mu v} B_v$$

所以在另一惯性系中仍有

$$A_v = B_v$$

方程仍为矢量方程，方程形式不变。

综上所述，符合狭义相对论基本原理要求的物理规律在数学上应是四维空间中的张量方程(零阶、一阶、二阶张量方程等)。**考察一个物理规律是否满足狭义相对论的要求，即是否具有洛伦兹变换下的协变性，就归结为考察这个物理规律是否可表述为四维空间中的张量方程。**

8.4.4　四维速度矢量

三维空间中的速度是个矢量，它的第 i 个分量是

$$u_i = \mathrm{d}x_i / \mathrm{d}t$$

与此类似，定义四维速度矢量的第 μ 个分量为

$$U_\mu = \mathrm{d}x_\mu / \mathrm{d}\tau_0 \tag{8.4.12}$$

这里 $\mathrm{d}\tau_0$ 是固有时的微分，而不是 $\mathrm{d}t$。因为固有时才是四维标量，则按照式(8.4.12)定义的 U_μ 才可能是四维矢量。由 $\mathrm{d}t/\mathrm{d}\tau_0 = \gamma_u$ 可知，此处 $\gamma_u = 1/\sqrt{1-u^2/c^2}$。四维速度的空间分量为

$$\frac{\mathrm{d}\boldsymbol{x}}{\mathrm{d}\tau_0} = \frac{\mathrm{d}\boldsymbol{x}}{\mathrm{d}t}\frac{\mathrm{d}t}{\mathrm{d}\tau_0} = \gamma_u \boldsymbol{u}$$

第四个分量为

$$\frac{\mathrm{d}x_4}{\mathrm{d}\tau_0} = \frac{\mathrm{d}x_4}{\mathrm{d}t}\frac{\mathrm{d}t}{\mathrm{d}\tau_0} = \mathrm{i}c\gamma_u$$

所以四维速度可以写作

$$U_\mu = \gamma_u(\boldsymbol{u},\ \mathrm{i}c) \tag{8.4.13}$$

例 8.4.2：利用四维速度的洛伦兹变换，导出相对论的速度相加定理。

解：取 S 和 S' 是两个特殊相关惯性系，物体在 S' 中的速度为 $\boldsymbol{u}'$，在 S 系中的速度为 $\boldsymbol{u}$，在 S' 系和 S 系的四维速度矢量分别为

$$U'_\mu = \gamma_{u'}(\boldsymbol{u}',\ \mathrm{i}c)$$

$$U_u = \gamma_u(\boldsymbol{u},\ \mathrm{i}c)$$

其中 $\gamma_{u'} = 1/\sqrt{1-u'^2/c^2}$，$\gamma_u = 1/\sqrt{1-u^2/c^2}$。由洛伦兹逆变换

$$U_\mu = \alpha_{\mu v}^{-1} U'_v$$

即

$$\gamma_u \begin{bmatrix} u_1 \\ u_2 \\ u_3 \\ \mathrm{i}c \end{bmatrix} = \begin{bmatrix} \gamma & 0 & 0 & -\mathrm{i}\beta\gamma \\ 0 & 1 & 0 & 0 \\ 0 & 0 & 1 & 0 \\ \mathrm{i}\beta\gamma & 0 & 0 & \gamma \end{bmatrix} \begin{bmatrix} u'_1 \\ u'_2 \\ u'_3 \\ \mathrm{i}c \end{bmatrix} \gamma_{u'} \tag{8.4.14}$$

上式中第四个分量方程给出

$$\gamma_u = \gamma_{u'}\gamma(1+\beta u'_1/c) \tag{8.4.15}$$

利用式(8.4.15)得

$$\gamma_u u_1 = \gamma(u'_1 + v)\gamma_{u'}$$

由式(8.4.14)第一个分量方程得

$$u_1 = \frac{u'_1 + v}{1+\beta u'_1/c} \tag{8.4.16}$$

类似地，由式(8.4.14)的第二、第三个分量方程可求得

$$u_2 = u'_2/[\gamma(1+\beta u'_1/c)] \tag{8.4.17}$$

$$u_3 = u'_3/[\gamma(1+\beta u'_1/c)] \tag{8.4.18}$$

这与式(8.3.13)～(8.3.15)完全一致。

8.5 真空中电动力学基本方程式的协变性

根据狭义相对论的基本原理，正确的物理规律必须是洛伦兹变换下的协变式。上一节已证明，洛伦兹协变式的数学形式是四维空间中的张量方程。本节证明真空中的电磁现象的基本规律都可改写为四维空间中的张量方程，从而证明电动力学的基本规律是符合狭义相对论基本原理的。

8.5.1 四维电流密度矢量与电荷守恒定律的协变性

实验证明，带电体电荷总量和运动状态无关，因此，物体所带电荷的总量

Q 是一个洛伦兹标量。电荷总量是电荷密度的体积分

$$Q = \int_V \rho \mathrm{d}\tau \tag{8.5.1}$$

当带电体以速度 $\boldsymbol{u}$ 运动时，带电体横向限度不变，而沿运动方向限度收缩，因而体积减小，电荷密度增大。设 ρ_0 为物体静止时的电荷密度，ρ 为物体以速率 u 运动时的电荷密度，则

$$\rho = \gamma_u \rho_0 \tag{8.5.2}$$

三维空间中的电流密度定义为 $\boldsymbol{j} = \rho \boldsymbol{u}$，利用四维速度矢量 U_μ，类似地可定义**四维电流密度**(four-dimensional current density)矢量

$$j_\mu = \rho_0 U_\mu \tag{8.5.3}$$

ρ_0 是相对带电体静止系测得的电荷密度，它是洛伦兹标量。j_μ 的前三个分量是

$$\rho_0 \gamma_u \boldsymbol{u} = \rho \boldsymbol{u} = \boldsymbol{j}$$

第四个分量是

$$j_4 = \rho_0 \gamma_u \mathrm{i}c = \mathrm{i}c\rho$$

所以，四维电流密度矢量为

$$j_\mu = (\boldsymbol{j},\ \mathrm{i}c\rho) \tag{8.5.4}$$

非相对论中两个不同的物理量电流密度和电荷密度现在统一为一个四维矢量。利用四维矢量的洛伦兹变换

$$j'_\mu = \alpha_{\mu v} j_v$$

即

$$\begin{bmatrix} j'_1 \\ j'_2 \\ j'_3 \\ \mathrm{i}c\rho' \end{bmatrix} = \begin{bmatrix} \gamma & 0 & 0 & \mathrm{i}\beta\gamma \\ 0 & 1 & 0 & 0 \\ 0 & 0 & 1 & 0 \\ -\mathrm{i}\beta\gamma & 0 & 0 & \gamma \end{bmatrix} \begin{bmatrix} j_1 \\ j_2 \\ j_3 \\ \mathrm{i}c\rho \end{bmatrix}$$

得两惯性系间电荷、电流的变换关系

$$\begin{cases} j'_1 = \gamma(j_1 - v\rho) \\ j'_2 = j_2 \\ j'_3 = j_3 \\ \rho' = \gamma(\rho - \beta j_1 / c) \end{cases} \tag{8.5.5}$$

根据电荷守恒定律 $\nabla \cdot \boldsymbol{j} + \partial\rho/\partial t = 0$，利用四维电流密度矢量，可以写作

$$\partial j_\mu / \partial x_\mu = 0 \tag{8.5.6}$$

这是四维空间中的标量方程，具有洛伦兹协变性。

8.5.2 达朗贝尔方程的协变性和四维势矢量

在7.1节引进矢势 $\boldsymbol{A}$ 和标势 φ 描述变化电磁场，洛伦兹规范条件为

$$\nabla \cdot \boldsymbol{A} + \frac{1}{c^2}\frac{\partial \varphi}{\partial t} = 0 \tag{8.5.7}$$

在洛伦兹规范条件下，势满足达朗贝尔方程

$$\begin{cases} \nabla^2 \boldsymbol{A} - \dfrac{1}{c^2}\dfrac{\partial^2 \boldsymbol{A}}{\partial t^2} = -\mu_0 \boldsymbol{j} \\ \nabla^2 \varphi - \dfrac{1}{c^2}\dfrac{\partial^2 \varphi}{\partial t^2} = -\rho/\varepsilon_0 \end{cases} \tag{8.5.8}$$

注意到引入$x_4 = \mathrm{i}ct$ 后，有

$$\nabla^2 - \frac{1}{c^2}\frac{\partial^2}{\partial t^2} = \frac{\partial}{\partial x_\mu}\frac{\partial}{\partial x_\mu} \equiv \square \tag{8.5.9}$$

“□”是四维空间中的拉普拉斯算子。利用这个算子，式(8.5.8)可改写为

$$\begin{cases} \square \boldsymbol{A} = -\mu_0 \boldsymbol{j} \\ \square \varphi = -\rho/\varepsilon_0 = -\mu_0 c^2 \rho \end{cases} \tag{8.5.10}$$

由于电流激发矢势 $\boldsymbol{A}$、电荷激发标势 φ 以及 $\boldsymbol{j}$ 和 ρ 已统一为一个四维矢量，$\boldsymbol{A}$ 和 φ 也应能统一为一个四维矢量，即

$$A_\mu = \left(\boldsymbol{A},\ \frac{\mathrm{i}}{c}\varphi\right)$$

称其为**四维势矢量**。用 i/c 乘以式(8.5.10)中的第二式，并和第一式相加得

$$\square A_\mu = -\mu_0 j_\mu \tag{8.5.11}$$

这是四维空间中的一阶张量方程，在洛伦兹变换下具有协变性。

利用四维矢量的洛伦兹变换，可以求得

$$\begin{cases} A_1' = \gamma(A_1 - \beta\varphi/c) \\ A_2' = A_2 \\ A_3' = A_3 \\ \varphi' = \gamma(\varphi - vA_1) \end{cases} \tag{8.5.12}$$

这就是 $\boldsymbol{A}$ 和 φ 在两惯性系间的变换关系。

在引进四维势矢量后，注意到$\dfrac{1}{c^2}\dfrac{\partial \varphi}{\partial t} = \dfrac{\partial A_4}{\partial x_4}$，洛伦兹规范条件可以写成四维空间中的零阶张量方程

$$\frac{\partial A_\mu}{\partial x_\mu}=0 \tag{8.5.13}$$

这也是洛伦兹变换下的协变式。

洛伦兹规范具有洛伦兹变换下的协变性，而库仑规范则不具有洛伦兹变换下的协变性。因此，在涉及相对论粒子运动时，一般都采用洛伦兹规范。库仑规范主要用于非相对论粒子运动的情况，例如凝聚态物质的电磁性质、激光场中的氢原子电离等。

8.5.3　电磁场张量与麦克斯韦方程组的协变性

电磁场 $\boldsymbol{E}$, $\boldsymbol{B}$ 用矢势 $\boldsymbol{A}$ 和标势 φ 表示为

$$\boldsymbol{B}=\nabla\times\boldsymbol{A}$$

$$\boldsymbol{E}=-\nabla\varphi-\frac{\partial\boldsymbol{A}}{\partial t}$$

写成分量形式，即

$$\begin{cases}B_1=\partial A_3/\partial x_2-\partial A_2/\partial x_3\\ B_2=\partial A_1/\partial x_3-\partial A_3/\partial x_1\\ B_3=\partial A_2/\partial x_1-\partial A_1/\partial x_2\end{cases} \tag{8.5.14}$$

$$\begin{cases}E_1=-\partial\varphi/\partial x_1-\partial A_1/\partial t=\mathrm{i}c(\partial A_4/\partial x_1-\partial A_1/\partial x_4)\\ E_2=\mathrm{i}c(\partial A_4/\partial x_2-\partial A_2/\partial x_4)\\ E_3=\mathrm{i}c(\partial A_4/\partial x_3-\partial A_3/\partial x_4)\end{cases} \tag{8.5.15}$$

利用四维势矢量 $\boldsymbol{A}_\mu$，定义 $\boldsymbol{F}_{\mu\nu}=\partial\boldsymbol{A}_\nu/\partial x_\mu-\partial\boldsymbol{A}_\mu/\partial x_\nu$。上一节已证明 $\boldsymbol{F}_{\mu\nu}$是四维空间中的二阶反对称张量，它的对角元素都是零，其他元素利用式(8.5.14)和式(8.5.15)有

$$F_{12}=\partial A_2/\partial x_1-\partial A_1/\partial x_2=B_3$$

$$F_{13}=\partial A_3/\partial x_1-\partial A_1/\partial x_3=-B_2$$

$$F_{14}=\partial A_4/\partial x_1-\partial A_1/\partial x_4=-\mathrm{i}E_1/c$$

$$F_{23}=\partial A_3/\partial x_2-\partial A_2/\partial x_3=B_1$$

$$F_{24}=\partial A_4/\partial x_2-\partial A_2/\partial x_4=-\mathrm{i}E_2/c$$

$$F_{34}=\partial A_4/\partial x_3-\partial A_3/\partial x_4=-\mathrm{i}E_3/c$$

所以 $\boldsymbol{F}_{\mu\nu}$张量的矩阵表示为

$$\boldsymbol{F}=\begin{bmatrix}0 & B_3 & -B_2 & -\mathrm{i}E_1/c\\ -B_3 & 0 & B_1 & -\mathrm{i}E_2/c\\ B_2 & -B_1 & 0 & -\mathrm{i}E_3/c\\ \mathrm{i}E_1/c & \mathrm{i}E_2/c & \mathrm{i}E_3/c & 0\end{bmatrix} \tag{8.5.16}$$

这表明电磁场 $\boldsymbol{E}$ 和 $\boldsymbol{B}$ 的各分量是一个四维空间二阶反对称张量的分量，$\boldsymbol{F}_{\mu\nu}$ 称为**电磁场张量**(electromagnetic field tensor)。

利用电磁场张量可以把麦克斯韦方程组改写为四维空间中的张量方程。方程

$$\nabla\cdot\boldsymbol{E}=\rho/\varepsilon_0 \tag{8.5.17}$$

$$\nabla\times\boldsymbol{B}=\mu_0\varepsilon_0\partial\boldsymbol{E}/\partial t+\mu_0\boldsymbol{j} \tag{8.5.18}$$

可以合并写成

$$\partial F_{\mu\nu}/\partial x_\nu=\mu_0 j_\mu \tag{8.5.19}$$

例如，利用式(8.5.16)和式(8.5.19)，$\mu=1$ 的分量方程是

$$\partial B_3/\partial x_2-\partial B_2/\partial x_3=\mu_0\varepsilon_0\partial E_1/\partial t+\mu_0 j_1$$

此即式(8.5.18)的 x 分量方程。同样可证式(8.5.19)的 $\mu=2, 3$ 分量方程分别是式(8.5.18)的 y，z 分量方程，式(8.5.19)中 $\mu=4$ 的分量方程就是式(8.5.17)。而式(8.5.19)是四维空间中的一阶张量方程，是洛伦兹协变式。

麦克斯韦方程组的另一对方程

$$\nabla\cdot\boldsymbol{B}=0 \tag{8.5.20}$$

$$\nabla\times\boldsymbol{E}=-\partial\boldsymbol{B}/\partial t \tag{8.5.21}$$

可以合并写成

$$\partial F_{\mu\nu}/\partial x_\lambda+\partial F_{\nu\lambda}/\partial x_\mu+\partial F_{\lambda\nu}/\partial x_\nu=0 \tag{8.5.22}$$

其中 μ，ν，λ 取值为 1 ~4。注意到只要 μ，ν，λ 中有两个相同，就只能得到恒等式，仅当 μ，ν，λ 取互不相同的值时才能得出独立的方程，而这样的方程正好只有四个。例如，取 μ，ν，λ 分别为 1，2，3 可得

$$\partial F_{12}/\partial x_3+\partial F_{23}/\partial x_1+\partial F_{31}/\partial x_2=0$$

即

$$\partial B_3/\partial x_3+\partial B_1/\partial x_1+\partial B_2/\partial x_2=0$$

这就是式(8.5.20)。当(μ，ν，λ)取(4，2，3)，(4，3，1)，(4，1，2)时可得式(8.5.21)的三个分量方程。而式(8.5.22)是四维空间中的三阶张量方程，当然也是洛伦兹协变式。

电磁场 $\boldsymbol{E}$，$\boldsymbol{B}$ 在两惯性系间的变换关系，可由它们是四维空间中的二阶张

量分量得出

$$F'_{\mu\nu} = \alpha_{\mu\lambda}\alpha_{\nu\delta}F_{\lambda\delta}$$

写成矩阵形式

$$\boldsymbol{F}' = \boldsymbol{\alpha}\boldsymbol{F}\tilde{\boldsymbol{\alpha}} \tag{8.5.23}$$

令等号两端矩阵对应元素相等，可得

$$\begin{cases} B'_1 = B_1 \\ B'_2 = \gamma(B_2 + \beta E_3/c) \\ B'_3 = \gamma(B_3 - \beta E_2/c) \end{cases} \tag{8.5.24}$$

$$\begin{cases} E'_1 = E_1 \\ E'_2 = \gamma(E_2 - vB_3) \\ E'_3 = \gamma(E_3 + vB_2) \end{cases} \tag{8.5.25}$$

注意到特殊相关惯性系相对运动沿 x 方向，$v_2 = v_3 = 0$，上面的变换关系还可写成更简洁的形式

$$\begin{cases} \boldsymbol{E}'_{\parallel} = \boldsymbol{E}_{\parallel} \\ \boldsymbol{E}'_{\perp} = \gamma(\boldsymbol{E}_{\perp} + \boldsymbol{v} \times \boldsymbol{B}) \end{cases} \tag{8.5.26}$$

$$\begin{cases} \boldsymbol{B}'_{\parallel} = \boldsymbol{B}_{\parallel} \\ \boldsymbol{B}'_{\perp} = \gamma(\boldsymbol{B}_{\perp} - \boldsymbol{v} \times \boldsymbol{E}/c^2) \end{cases} \tag{8.5.27}$$

其中“$\parallel$”“$\perp$”分别表示与相对运动速度 $\boldsymbol{v}$ 平行的分量和与之垂直的分量。

综上所述，电荷密度、电流密度、电场强度、磁场强度是相对量，依赖于参考系的选择。若在某一惯性系中只有静止的电荷分布，则该惯性系中只能观察到电荷密度分布和静电场，但是在有相对运动的另一个惯性系中，则会观察到运动的电荷，从而有非零的电流分布及其产生的磁场。狭义相对论中的这种物理量随参考系的变换而发生变化的特点，常常会令初学者感觉迷惑。然而，一切变化背后都会有不变的一面。可以证明，虽然不同参考系中观察到的电磁场不同，但是存在着 $E^2 - c^2B^2$，$\boldsymbol{E} \cdot \boldsymbol{B}$ 等洛伦兹不变量，它们在所有参考系中都是相同的。这也就意味着，如果在一个参考系中观察到的是电磁波 $E^2 - c^2B^2 = 0$，则在任何参考系中观察到的都是电磁波，而不可能变成静电场或静磁场。这些洛伦兹不变量反映了电磁场最本质的特性，这是不会随着参考系的变化而变化的。

8.5.4 洛伦兹力密度公式的协变性

$$\boldsymbol{f}=\rho(\boldsymbol{E}+\boldsymbol{v}\times\boldsymbol{B}) \tag{8.5.28}$$

的第一分量可以写成

$$\begin{aligned} f_1 &= \rho(E_1+v_2B_3-v_3B_2)=j_2B_3-j_3B_2+\rho E_1 \\ &= F_{12}j_2+F_{13}j_3+F_{14}j_4=F_{1\mu}j_\mu \end{aligned}$$

同样，另外两个分量可以写成

$$f_2=F_{2\mu}j_\mu$$

$$f_3=F_{3\mu}j_\mu$$

根据上面三式，洛伦兹力密度可以看作四维矢量

$$\boldsymbol{f}_v=\boldsymbol{F}_{v\mu}j_\mu \tag{8.5.29}$$

的前三个分量。$\boldsymbol{f}_v$的第四个分量是

$$f_4=F_{41}j_1+F_{42}j_2+F_{43}j_3+F_{44}j_4=\mathrm{i}\,\boldsymbol{f}\cdot\boldsymbol{v}/c \tag{8.5.30}$$

等于洛伦兹力功率密度乘上 i/c。所以，洛伦兹力密度和它的功率密度构成一个四维矢量：

$$\boldsymbol{f}_v=(\boldsymbol{f},\ \mathrm{i}\boldsymbol{v}\cdot\boldsymbol{f}/c) \tag{8.5.31}$$

8.5.5 电磁场的动量——能量张量

在2.7节中得到电磁场能量守恒、动量守恒定律的表达式(2.7.11)和式(2.7.19)。

$$\nabla\cdot\boldsymbol{S}+\frac{\partial w}{\partial t}=-\boldsymbol{f}\cdot\boldsymbol{v} \tag{8.5.32}$$

$$\nabla\cdot\boldsymbol{T}+\frac{\partial\boldsymbol{g}}{\partial t}=-\boldsymbol{f} \tag{8.5.33}$$

其中

$$\boldsymbol{S}=\boldsymbol{E}\times\boldsymbol{B}/\mu_0 \tag{8.5.34}$$

$$w=\frac{1}{2}\left(\varepsilon_0E^2+\frac{1}{\mu_0}B^2\right) \tag{8.5.35}$$

$$\boldsymbol{g}=\varepsilon_0\boldsymbol{E}\times\boldsymbol{B} \tag{8.5.36}$$

$$\boldsymbol{T}=-\varepsilon_0\boldsymbol{EE}-\frac{1}{\mu_0}\boldsymbol{BB}+\frac{1}{2}\boldsymbol{I}\left(\varepsilon_0E^2+\frac{1}{\mu_0}B^2\right) \tag{8.5.37}$$

分别是电磁场能流密度、能量密度、动量密度和动量流密度张量。

式(8.5.32)和式(8.5.33)右边可以合并成四维洛伦兹力密度矢量，左边

应当也可以合并成一个四维矢量。由式(8.5.29)和式(8.5.19)得

$$f_v = F_{v\mu} j_\mu = \frac{1}{\mu_0} F_{v\mu} \frac{\partial F_{\mu\lambda}}{\partial x_\lambda} = \frac{1}{\mu_0} \left[\frac{\partial}{\partial x_\lambda} (F_{v\mu} F_{\mu\lambda}) - F_{\mu\lambda} \frac{\partial F_{v\mu}}{\partial x_\lambda} \right] \tag{8.5.38}$$

整理可得

$$f_v = \frac{\partial T_{v\lambda}}{\partial x_\lambda} \tag{8.5.39}$$

其中

$$\boldsymbol{T} = -\begin{bmatrix} T_{11} & T_{12} & T_{13} & \mathrm{i}cg_1 \\ T_{21} & T_{21} & T_{23} & \mathrm{i}cg_2 \\ T_{31} & T_{32} & T_{33} & \mathrm{i}cg_3 \\ \frac{\mathrm{i}}{c} S_1 & \frac{\mathrm{i}}{c} S_2 & \frac{\mathrm{i}}{c} S_3 & -w \end{bmatrix} \tag{8.5.40}$$

是由电磁场能流密度、能量密度、动量密度和动量流密度构成的一个二阶对称张量，称为**电磁场动量－能量张量**(electromagnetic field momentum-energy tensor)。电磁场能流密度、能量密度、动量密度和动量流密度在两惯性系间的变换关系，可以由它们作为四维张量分量的变换关系导出。

例 8.5.1：求以匀速度 $\boldsymbol{v}$ 运动的带电粒子 e 的电磁场。

解：设相对粒子静止参考系为 S'，实验室参考系为 S，S' 和 S 为两特殊相关惯性系。

在 S' 系中带电粒子静止，所以只有静电场

$$\boldsymbol{E}' = \frac{e\boldsymbol{r}'}{4\pi\varepsilon_0 r'^3},\ \boldsymbol{B}' = 0$$

根据洛伦兹变换关系式(8.5.25)，采用逆变换形式，得

$$\boldsymbol{E}_\parallel = \boldsymbol{E}'_\parallel = \frac{e\boldsymbol{r}'_\parallel}{4\pi\varepsilon_0 r'^3} = \gamma \frac{e\boldsymbol{r}_\parallel}{4\pi\varepsilon_0 r'^3}$$

$$\boldsymbol{E}_\perp = \boldsymbol{E}'_\perp \gamma = \gamma \frac{e\boldsymbol{r}'_\perp}{4\pi\varepsilon_0 r'^3} = \gamma \frac{e\boldsymbol{r}_\perp}{4\pi\varepsilon_0 r'^3}$$

所以在 S 系中

$$\boldsymbol{E} = \boldsymbol{E}_\parallel + \boldsymbol{E}_\perp = \frac{e}{4\pi\varepsilon_0 r'^3} \gamma \boldsymbol{r} \tag{8.5.41}$$

现在将 r' 用 S 系中的量表示。

由于 $\boldsymbol{r}'_\parallel = \gamma \boldsymbol{r}_\parallel$，$\boldsymbol{r}'_\perp = \boldsymbol{r}_\perp$

$$\boldsymbol{r}' = \boldsymbol{r}'_\parallel + \boldsymbol{r}'_\perp = \boldsymbol{r} + (\gamma - 1)\boldsymbol{r}_\parallel$$

$$r'^2 = r^2 + 2(\gamma - 1)r_\parallel^2 + (\gamma - 1)^2 r_\parallel^2$$
$$= r^2 + (\gamma^2 - 1)r_\parallel^2 = r^2 + \gamma^2\left(\frac{\boldsymbol{r}\cdot\boldsymbol{v}}{c}\right)^2$$

所以

$$r' = \gamma\left[r^2\left(1 - \frac{v^2}{c^2}\right) + \left(\frac{\boldsymbol{r}\cdot\boldsymbol{v}}{c}\right)^2\right]^{1/2} \tag{8.5.42}$$

把式(8.5.42)代入式(8.5.41)中求得

$$\boldsymbol{E} = \left(1 - \frac{v^2}{c^2}\right)\frac{e\boldsymbol{r}}{4\pi\varepsilon_0\left[r^2\left(1 - \frac{v^2}{c^2}\right) + \left(\frac{\boldsymbol{r}\cdot\boldsymbol{v}}{c}\right)^2\right]^{3/2}} \tag{8.5.43}$$

同理，磁场可由洛伦兹变换式(8.5.27)求出。注意到 $\boldsymbol{B}'_\perp = 0$，$\boldsymbol{B}_\parallel = \boldsymbol{B}'_\parallel = 0$，有

$$\boldsymbol{B} = \frac{\boldsymbol{v}}{c^2}\times\boldsymbol{E} \tag{8.5.44}$$

将式(8.5.43)代入式(8.5.45)，得到

$$\boldsymbol{B} = \left(1 - \frac{v^2}{c^2}\right)\frac{\mu_0}{4\pi}\frac{e\boldsymbol{v}\times\boldsymbol{r}}{\left[r^2\left(1 - \frac{v^2}{c^2}\right) + \left(\frac{\boldsymbol{r}\cdot\boldsymbol{v}}{c}\right)^2\right]^{3/2}} \tag{8.5.45}$$

下面讨论上述结果的意义。

(1)当 $v \ll c$ 时，即带电粒子低速运动的情况：

$$\boldsymbol{E} \approx \frac{e\boldsymbol{r}}{4\pi\varepsilon_0 r^3} = \boldsymbol{E}_0,\ \boldsymbol{B} = \frac{\boldsymbol{v}}{c^2}\times\boldsymbol{E} = \frac{\mu_0}{4\pi}\frac{e\boldsymbol{v}\times\boldsymbol{r}}{r^3}$$

(2)当 $v \to c$ 时，即带电粒子高速运动的情况：

在与 $\boldsymbol{v}$ 垂直的方向上，$\boldsymbol{r}\cdot\boldsymbol{v} = 0$，则

$$\boldsymbol{E}_\perp = \gamma\frac{e\boldsymbol{r}}{4\pi\varepsilon_0 r^3} \gg \boldsymbol{E}_0$$

而在与 $\boldsymbol{v}$ 平行的方向上，$\boldsymbol{r}\cdot\boldsymbol{v} = rv$，则

$$\boldsymbol{E}_\parallel = \left(1 - \frac{v^2}{c^2}\right)\frac{e\boldsymbol{r}}{4\pi\varepsilon_0 r^3} \ll \boldsymbol{E}_0$$

电场分布情况如图 8.5.1 所示。当 $v \to c$ 时，电场集中在与 $\boldsymbol{v}$ 垂直的平面上，而与 $\boldsymbol{v}$ 平行方向上的电场可以忽略不计。

此时由 $\boldsymbol{B} = \frac{\boldsymbol{v}}{c^2}\times\boldsymbol{E} \approx \frac{\boldsymbol{v}}{c^2}\times\boldsymbol{E}_\perp$ 可得

$$|\boldsymbol{B}_\perp| \approx \frac{1}{c}|\boldsymbol{E}_\perp|,\ \boldsymbol{B}_\parallel = \boldsymbol{0}$$

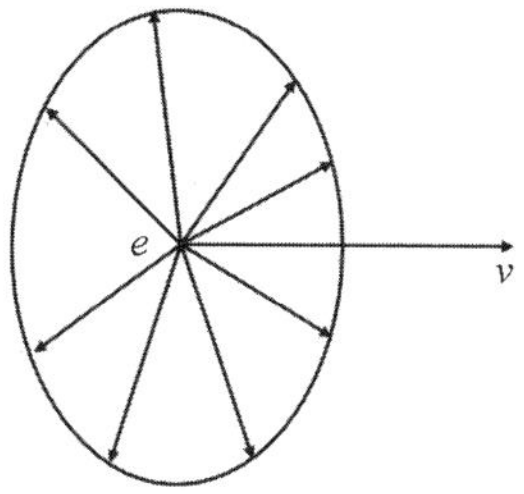

图 8.5.1　一个高速运动带电粒子的电场

上例给出了非常有趣的结果：一个以接近光速运动的带电粒子非常类似于一个电磁脉冲，其电场和磁场互相垂直，且 $B \approx E/c$。基于这个物理图像，人们提出了**等效光子近似**（Equivalent Photon Approximation，EPA），把相对论运动的带电粒子束处理为光子束，利用高能加速器上的重离子束碰撞来研究 γ 光碰撞或光核反应。

8.6　介质中的麦克斯韦方程组的协变性

8.6.1　电磁感应张量和介质中的麦克斯韦方程组的协变形式

介质中的极化电荷、极化电流和磁化电流表示的麦克斯韦方程组由式(2.5.16)给出。

$$\begin{cases}\nabla \times \boldsymbol{E} = -\partial \boldsymbol{B}/\partial t \\ \nabla \times \boldsymbol{B} = \mu_0(\boldsymbol{j} + \partial \boldsymbol{P}/\partial t + \nabla \times \boldsymbol{M}) + \mu_0 \varepsilon_0 \partial \boldsymbol{E}/\partial t \\ \nabla \cdot \boldsymbol{E} = (\rho - \nabla \cdot \boldsymbol{P})/\varepsilon_0 \\ \nabla \cdot \boldsymbol{B} = 0\end{cases} \tag{8.6.1}$$

其中第一、第四两个方程与真空中情况相同，在上节已把它们统一为四维空间的三阶张量方程式(8.5.22)。第二、第三个方程相较于真空情况增加了极化、磁化电流和极化电荷项，把极化、磁化电流和极化电荷统一为一个四维极化磁化电流密度矢量

$$j_\mu^{(pm)} = \left(\frac{\partial(\mathrm{i}c\boldsymbol{P})}{\partial x_4} + \nabla \times \boldsymbol{M},\ -\mathrm{i}c\,\nabla \cdot \boldsymbol{P}\right) \tag{8.6.2}$$

利用式(8.5.19)，就可把式(8.6.1)中第二、第三个方程合并为

$$\frac{\partial F_{\mu\nu}}{\partial x_\nu}=\mu_0(j_\mu+j_\mu^{(pm)}) \tag{8.6.3}$$

现在定义一个**极化磁化张量**(polarization-magnetization tensor)$\boldsymbol{M}_{\mu\nu}$。

$$\boldsymbol{M}=\begin{bmatrix} 0 & M_3 & -M_2 & \mathrm{i}cP_1 \\ -M_3 & 0 & M_1 & \mathrm{i}cP_2 \\ M_2 & -M_1 & 0 & \mathrm{i}cP_3 \\ -\mathrm{i}cP_1 & -\mathrm{i}cP_2 & -\mathrm{i}cP_3 & 0 \end{bmatrix} \tag{8.6.4}$$

$\boldsymbol{M}_{\mu\nu}$是四维空间中的二阶反对称张量。容易验证$\boldsymbol{M}_{\mu\nu}$满足

$$\frac{\partial \boldsymbol{M}_{\mu\nu}}{\partial x_\nu}=j_\mu^{(pm)} \tag{8.6.5}$$

把式(8.6.5)代入式(8.6.3)中，并令

$$\boldsymbol{H}_{\mu\nu}=\boldsymbol{F}_{\mu\nu}-\mu_0\boldsymbol{M}_{\mu\nu} \tag{8.6.6}$$

可以把式(8.6.3)改写为

$$\frac{\partial \boldsymbol{H}_{\mu\nu}}{\partial x_\nu}=\mu_0 j_\mu \tag{8.6.7}$$

$\boldsymbol{H}_{\mu\nu}$称为**电磁感应张量**。利用$\boldsymbol{D}=\varepsilon_0\boldsymbol{E}+\boldsymbol{P}$，$\boldsymbol{B}=\mu_0\boldsymbol{H}+\mu_0\boldsymbol{M}$，由式(8.6.6)可求得的具体形式为

$$\boldsymbol{H}=\mu_0\begin{bmatrix} 0 & H_3 & -H_2 & -\mathrm{i}cD_1 \\ -H_3 & 0 & H_1 & -\mathrm{i}cD_2 \\ H_2 & -H_1 & 0 & -\mathrm{i}cD_3 \\ \mathrm{i}cD_1 & \mathrm{i}cD_2 & \mathrm{i}cD_3 & 0 \end{bmatrix} \tag{8.6.8}$$

$\boldsymbol{H}_{\mu\nu}$是四维空间中的二阶反对称张量。式(8.6.8)表明，磁场强度 $\boldsymbol{H}$ 和电位移矢量 $\boldsymbol{D}$ 共同构成了电磁感应张量。

利用二阶张量的洛伦兹变换，可以求出 $\boldsymbol{H}$ 和 $\boldsymbol{D}$ 在两个惯性系间的变换关系

$$\begin{cases} \boldsymbol{H}'_{\parallel}=\boldsymbol{H}_{\parallel} \\ \boldsymbol{H}'_{\perp}=\gamma(\boldsymbol{H}_{\perp}-\boldsymbol{v}\times\boldsymbol{D}) \end{cases} \tag{8.6.9}$$

$$\begin{cases} \boldsymbol{D}'_{\parallel}=\boldsymbol{D}_{\parallel} \\ \boldsymbol{D}'_{\perp}=\gamma(\boldsymbol{D}_{\perp}+\boldsymbol{v}\times\boldsymbol{H}/c^2) \end{cases} \tag{8.6.10}$$

8.6.2 各向同性介质电磁性质方程的变换

相对 S'系静止的各向同性介质的电磁性质方程为

$$\boldsymbol{D}' = \varepsilon' \boldsymbol{E}' \tag{8.6.11}$$

$$\boldsymbol{B}' = \mu' \boldsymbol{H}' \tag{8.6.12}$$

ε', μ'分别是介质静止时的介电常数和磁导率。我们要确定当 S'系相对 S 系以速度 $\boldsymbol{v}$ 运动时，在 S 系中介质的电磁性质方程。

应用式(8.5.26)～(8.5.27)和式(8.6.9)～(8.6.10)，把式(8.6.11)～(8.6.12)中的场量都用 S 系中的量表示，得

$$\boldsymbol{D} + \boldsymbol{v} \times \boldsymbol{H}/c^2 = \varepsilon'(\boldsymbol{E} + \boldsymbol{v} \times \boldsymbol{B}) \tag{8.6.13}$$

$$\boldsymbol{B} - \boldsymbol{v} \times \boldsymbol{E}/c^2 = \mu'(\boldsymbol{H} - \boldsymbol{v} \times \boldsymbol{D}) \tag{8.6.14}$$

将 $\boldsymbol{v}$ 叉乘式(8.6.14)，得到

$$\boldsymbol{v} \times \boldsymbol{B} = \boldsymbol{v} \times (\boldsymbol{v} \times \boldsymbol{E})/c^2 + \mu'[\boldsymbol{v} \times \boldsymbol{H} - \boldsymbol{v} \times (\boldsymbol{v} \times \boldsymbol{D})]$$

代入式(8.6.13)中，整理后得

$$[(1 - \varepsilon'\mu' v^2)\boldsymbol{I} + \varepsilon'\mu'\boldsymbol{vv}] \cdot \boldsymbol{D} = \varepsilon'\left[\left(1 - \frac{v^2}{c^2}\right)\boldsymbol{I} + \frac{1}{c^2}\boldsymbol{vv}\right] \cdot \boldsymbol{E} + (\varepsilon'\mu' - 1/c^2)\boldsymbol{v} \times \boldsymbol{H} \tag{8.6.15}$$

容易验证

$$\frac{1}{1 - \varepsilon'\mu' v^2}(\boldsymbol{I} - \varepsilon'\mu'\boldsymbol{vv}) \cdot [(1 - \varepsilon'\mu' v^2)\boldsymbol{I} + \varepsilon'\mu'\boldsymbol{vv}] = \boldsymbol{I} \tag{8.6.16}$$

将$(\boldsymbol{I} - \varepsilon'\mu'\boldsymbol{vv})/(1 - \varepsilon'\mu' v^2)$点乘式(8.6.15)两边，并应用式(8.6.16)得

$$\begin{aligned}
\boldsymbol{D} &= \left\{\varepsilon'\left[\left(1 - \frac{v^2}{c^2}\right)\boldsymbol{I} + \frac{1}{c^2}\boldsymbol{vv}\right] \cdot \boldsymbol{E} + \left(\varepsilon'\mu' - \frac{1}{c^2}\right)\boldsymbol{v} \times \boldsymbol{H}\right\} \cdot \frac{\boldsymbol{I} - \varepsilon'\mu'\boldsymbol{vv}}{1 - \varepsilon'\mu' v^2} \\
&= \varepsilon'\left[\frac{1 - v^2/c^2}{1 - \varepsilon'\mu' v^2}(\boldsymbol{I} - \varepsilon'\mu'\boldsymbol{vv}) + \frac{\boldsymbol{vv} - \varepsilon'\mu'\boldsymbol{vv}v^2}{c^2(1 - \varepsilon'\mu' v^2)}\right] \cdot \boldsymbol{E} + \frac{\varepsilon'\mu' - 1/c^2}{1 - \varepsilon'\mu' v^2}\boldsymbol{v} \times \boldsymbol{H} \\
&= \varepsilon'\boldsymbol{A} \cdot \boldsymbol{E} + \boldsymbol{\Omega} \times \boldsymbol{H}
\end{aligned} \tag{8.6.17}$$

其中

$$\begin{aligned}
\boldsymbol{A} &= \frac{(1 - v^2/c^2)(\boldsymbol{I} - \varepsilon'\mu'\boldsymbol{vv})}{1 - \varepsilon'\mu' v^2} + \frac{\boldsymbol{vv}}{c^2} \\
&= \frac{1 - v^2/c^2}{1 - \varepsilon'\mu' v^2}\boldsymbol{I} + \left[1 - \frac{(1 - v^2/c^2)\varepsilon'\mu' c^2}{1 - \varepsilon'\mu' v^2}\right]\frac{\boldsymbol{vv}}{c^2}
\end{aligned} \tag{8.6.18}$$

$$\boldsymbol{\Omega} = \frac{\varepsilon'\mu' - 1/c^2}{1 - \varepsilon'\mu' v^2}\boldsymbol{v} \tag{8.6.19}$$

将 $\boldsymbol{v}$ 叉乘式(8.6.13)，用同样的步骤可以求得

$$\boldsymbol{B} = \mu'\boldsymbol{A} \cdot \boldsymbol{H} - \boldsymbol{\Omega} \times \boldsymbol{E} \tag{8.6.20}$$

式(8.6.17)和式(8.6.20)表明，$\boldsymbol{D}$ 和 $\boldsymbol{B}$ 都各向地依赖于 $\boldsymbol{E}$ 和 $\boldsymbol{H}$，这种介质称为**双各向异性介质**。可见，介质的电磁性质是与运动状态有关的，静止时的各

向同性介质在运动时变成了双各向异性介质。

8.6.3 运动介质中电磁场的边值关系

前面讨论了运动介质中的麦克斯韦方程组和电磁性质方程，运动介质交界面上电磁场的边值关系也需要做适当修正。

设在 S'系中介质静止，介质交界面上电磁场的边值关系是

$$\boldsymbol{n}\times(\boldsymbol{E}_2'-\boldsymbol{E}_1')=0 \tag{8.6.21}$$

$$\boldsymbol{n}\times(\boldsymbol{H}_2'-\boldsymbol{H}_1')=0 \tag{8.6.22}$$

$$\boldsymbol{n}\cdot(\boldsymbol{D}_2'-\boldsymbol{D}_1')=0 \tag{8.6.23}$$

$$\boldsymbol{n}\cdot(\boldsymbol{B}_2'-\boldsymbol{B}_1')=0 \tag{8.6.24}$$

为简单起见，假设介质交界面上没有自由电荷和传导电流。当介质相对 S 系运动时，S 系观测到介质中的电磁场要发生变化，把 S'系中的场量变换到 S 系中，就可由式(8.6.21)~(8.6.24)得到 S 系中的边值关系。

假设介质运动速度 $v\ll c$，略去$(v/c)^2$项。由电磁场量变换关系式(8.5.26)~(8.5.27)和式(8.6.9)~(8.6.10)得

$$\boldsymbol{E}'=\boldsymbol{E}+\boldsymbol{v}\times\boldsymbol{B} \tag{8.6.25}$$

$$\boldsymbol{B}'=\boldsymbol{B} \tag{8.6.26}$$

$$\boldsymbol{D}'=\boldsymbol{D} \tag{8.6.27}$$

$$\boldsymbol{H}'=\boldsymbol{H}-\boldsymbol{v}\times\boldsymbol{D} \tag{8.6.28}$$

由此可以看出，低速情况下，在 S 系中 $\boldsymbol{B}$, $\boldsymbol{D}$ 的边值关系形式不变，仍有

$$\boldsymbol{n}\cdot(\boldsymbol{D}_2-\boldsymbol{D}_1)=0 \tag{8.6.29}$$

$$\boldsymbol{n}\cdot(\boldsymbol{B}_2-\boldsymbol{B}_1)=0 \tag{8.6.30}$$

将式(8.6.25)代入式(8.6.21)中得

$$\boldsymbol{n}\cdot(\boldsymbol{E}_2-\boldsymbol{E}_1)=-\boldsymbol{n}\times[\boldsymbol{v}\times(\boldsymbol{B}_2-\boldsymbol{B}_1)]$$

即

$$\boldsymbol{n}\times(\boldsymbol{E}_2-\boldsymbol{E}_1)=\boldsymbol{n}\cdot\boldsymbol{v}(\boldsymbol{B}_2-\boldsymbol{B}_1) \tag{8.6.31}$$

这里已利用了边值关系式(8.6.30)。同样，将式(8.6.28)代入式(8.6.22)中得

$$\boldsymbol{n}\times(\boldsymbol{H}_2-\boldsymbol{H}_1)=-\boldsymbol{n}\cdot\boldsymbol{v}(\boldsymbol{D}_2-\boldsymbol{D}_1) \tag{8.6.32}$$

式(8.6.29)~(8.6.32)就是运动介质交界面上的边值关系。

8.7　相对论力学方程

牛顿方程不是洛伦兹变换下的协变式，根据相对论的基本原理，它不可能是力学规律的正确描述。本节讨论如何把牛顿方程改造为符合相对论要求的力学方程。显然有两条原则必须遵循：①新的力学方程必须是四维空间中的张量方程；②低速情况下牛顿方程的正确性已被大量实验证实，新的力学方程在低速情况下必须过渡到牛顿方程。

8.7.1　四维力矢量

利用四维洛伦兹力密度矢量，可以定义**四维力矢量**：

$$\boldsymbol{F}_{\mu} = \int f_{\mu} \mathrm{d}V_0 \tag{8.7.1}$$

为了和固有时微分 $\mathrm{d}\tau_0$ 区别，本节中用 $\mathrm{d}V_0$ 表示带电体静止时的体积元，它是洛伦兹标量。以速度 $\boldsymbol{u}$ 运动的物体，其体积元 $\mathrm{d}V$ 和静止体积元 $\mathrm{d}V_0$ 有关系

$$\mathrm{d}V_0 = \gamma_u \mathrm{d}V \tag{8.7.2}$$

所以，四维洛伦兹力矢量的空间分量是

$$\int \boldsymbol{f} \mathrm{d}V_0 = \gamma_u \int \boldsymbol{f} \mathrm{d}V = \gamma_u \boldsymbol{F}$$

第四个分量是

$$\int f_4 \mathrm{d}V_0 = \gamma_u \int f_4 \mathrm{d}V = \gamma_u \frac{\mathrm{i}}{c} \boldsymbol{F} \cdot \boldsymbol{u}$$

四维洛伦兹力矢量可表示为

$$\boldsymbol{F}_{\mu} = \gamma_u \left(\boldsymbol{F},\ \frac{\mathrm{i}}{c} \boldsymbol{F} \cdot \boldsymbol{u} \right) \tag{8.7.3}$$

洛伦兹力作为力并没有什么特殊性，式(8.7.3)中四维力的形式具有普遍性。

利用相对论的速度相加式(8.3.12)～(8.3.14)容易证明

$$\gamma \gamma_u = \gamma_{u'} \bigg/ \left(1 - \frac{v u_1}{c^2} \right) \tag{8.7.4}$$

利用上式及四维矢量的变换关系，可以导出两个惯性系间力的变换关系

$$\begin{cases} F_1' = \left(F_1 - \dfrac{v}{c^2}\boldsymbol{F}\cdot\boldsymbol{u}\right)\Big/\left(1-\dfrac{vu_1}{c^2}\right) \\ F_2' = F_2\Big/\left[\gamma\left(1-\dfrac{vu_1}{c^2}\right)\right] \\ F_3' = F_3\Big/\left[\gamma\left(1-\dfrac{vu_1}{c^2}\right)\right] \end{cases} \tag{8.7.5}$$

8.7.2 四维动量矢量

牛顿方程表示物体动量对时间的变化率与作用在物体上力的关系，即

$$\boldsymbol{F} = \mathrm{d}\boldsymbol{P}/\mathrm{d}t$$

把它改写为四维空间中的张量方程。利用四维速度U_μ定义**四维动量**

$$\boldsymbol{P}_\mu = m_0 U_\mu \tag{8.7.6}$$

其中m_0是物体的静止质量，它是洛伦兹标量。和牛顿方程类似，可以把相对论力学方程写成

$$\boldsymbol{F}_\mu = \mathrm{d}\boldsymbol{P}_\mu/\mathrm{d}\tau_0 \tag{8.7.7}$$

这里 $\mathrm{d}\tau_0$ 是固有时微分，是洛伦兹标量。

式(8.7.7)作为相对论力学方程是否合理呢？首先，式(8.7.7)是四维空间中的一阶张量方程，是洛伦兹协变式。其次，式(8.7.7)的空间分量方程是

$$\gamma_u \boldsymbol{F} = \frac{\mathrm{d}}{\mathrm{d}\tau_0}(\gamma_u m_0 \boldsymbol{u}) = \gamma_u \frac{\mathrm{d}}{\mathrm{d}t}(\gamma_u m_0 \boldsymbol{u})$$

由此可得

$$\boldsymbol{F} = \frac{\mathrm{d}}{\mathrm{d}t}(\gamma_u m_0 \boldsymbol{u}) \tag{8.7.8}$$

如果定义

$$m = \gamma_u m_0 \tag{8.7.9}$$

是物体以速度 $\boldsymbol{u}$ 运动时的**相对论质量**，则有

$$\gamma_u m_0 \boldsymbol{u} = m\boldsymbol{u} = \boldsymbol{P}_{相} \tag{8.7.10}$$

这里$\boldsymbol{P}_{相}$是物体的**相对论动量**。式(8.7.6)可化为

$$\boldsymbol{F} = \mathrm{d}\boldsymbol{P}_{相}/\mathrm{d}t \tag{8.7.11}$$

这与牛顿方程形式一致，特别当 $u/c \ll 1$ 时，式(8.7.11)就化为牛顿方程。式(8.7.9)表明，物体的惯性质量是一个与运动状态有关的量，随运动速度增大而增大。当 $u \to c$ 时

$$m = m_0 \gamma_u \xrightarrow{u\to c} \infty$$

所以$\boldsymbol{P}_{相} = m\boldsymbol{u} \to \infty$。在有限力作用下，物体加速度将趋于零，这就使物体运动速度不会超过真空中的光速。

上面的讨论表明，式(8.7.7)作为相对论力学方程是合理的，但最终需要通过实验判断其正确与否。现在大量实验事实都证明了它的正确性。

8.7.3　质能关系

现在考虑式(8.7.7)的第四个分量方程

$$\gamma_u\left(\frac{\mathrm{i}}{c}\boldsymbol{F}\cdot\boldsymbol{u}\right) = \gamma_u\frac{\mathrm{d}}{\mathrm{d}t}(\gamma_u \mathrm{i}cm_0)$$

即

$$\boldsymbol{F}\cdot\boldsymbol{u} = \frac{\mathrm{d}}{\mathrm{d}t}(\gamma_u m_0 c^2) \tag{8.7.12}$$

从普遍能量关系看，式(8.7.12)左边是外力对运动物体做功的功率，因而右端应是物体动能增加率，所以

$$\mathrm{d}T/\mathrm{d}t = \boldsymbol{u}\cdot\boldsymbol{F} = \frac{\mathrm{d}}{\mathrm{d}t}(\gamma_u m_0 c^2)$$

积分得

$$T = \gamma_u m_0 c^2 + 常数$$

当 $u=0$ 时，物体动能 $T=0$，所以上式中常数等于 $-m_0c^2$。于是

$$T = \gamma_u m_0 c^2 - m_0 c^2 = mc^2 - m_0 c^2 \tag{8.7.13}$$

当 $u \ll c$ 时，式(8.7.13)可展开为

$$T = m_0 c^2\left(1 + \frac{1}{2}u^2/c^2 + \cdots\right) - m_0 c^2 = \frac{1}{2}m_0 u^2$$

这就是非相对论的动能，进一步表明 T 是物体的相对论动能。式(8.7.13)表明，物体速度由零增加到 u 时，物体能量就由m_0c^2增加到 mc^2，增加的这部分能量就等于外力对物体做的功。可见，处于静止状态的物体仍具有能量m_0c^2，这个能量称为**静止能量**。由式(8.7.13)得

$$mc^2 = T + m_0 c^2$$

说明在任何运动状态下，物体总能量都可表示为其质量与 c^2 的乘积，即

$$W = mc^2 \tag{8.7.14}$$

这就是著名的**质能关系式**。

质能关系式的发现是相对论最重要的成就之一。它表明描述物质运动的两个物理量——质量和能量之间存在着联系。质量描述物质运动的惯性，能量是

物质运动量的尺度。质能关系表明，处于某一运动状态的物质具有一定的质量，同时具有与这个质量相应的一份能量。质能关系反映了物质和运动不可分割地联系在一起，没有不运动的物质，也不存在没有物质的运动。例如，对于正负电子对湮灭而转化为光子这一物理现象，既可以理解为实物电子的静止质量转化为光子的运动质量，也可以理解为实物电子的内部能量外化为光子场的能量。所发生的仅是一种形式的质量转化为另一种形式的质量，一种形式的能量转化为另一种形式的能量。质量和能量都没有被消灭，也都没有被产生。

8.7.4 动量和能量的关系

式(8.7.6)定义的四维动量的第四个分量是

$$P_4 = m_0 U_4 = \gamma_u \mathrm{i} c m_0 = \mathrm{i} W/c$$

$W = mc^2$ 是物质总能量，于是四维动量可以写成

$$P_\mu = (\boldsymbol{P},\ \mathrm{i}W/c) \tag{8.7.15}$$

其中 $\boldsymbol{P} = \gamma_u m_0 \boldsymbol{u}$ 是四维动量的空间分量。四维动量的标积是洛伦兹标量

$$P'_\mu P'_\mu = P_v P_v \tag{8.7.16}$$

若物体在 S' 系中静止，则在 S' 系中

$$P'_\mu P'_\mu = -W'^2/c^2 = -m_0^2 c^2$$

在 S 系中

$$P_v P_v = P^2 - W^2/c^2$$

由此可得

$$P^2 - W^2/c^2 = -m_0^2 c^2$$

所以

$$W = \sqrt{P^2 c^2 + m_0^2 c^4} \tag{8.7.17}$$

这就是相对论中**动量和能量的关系**。它是高能物理中的一个重要公式。

8.7.5 相对论的多普勒效应和光行差现象

四维动量 $P_\mu = (\boldsymbol{P},\ \mathrm{i}W/c)$ 是一个四维矢量，对于光子场 $\boldsymbol{P} = \hbar \boldsymbol{k}$，$W = \hbar\omega$，$\boldsymbol{k}$ 是波矢量，ω 是圆频率。所以

$$K_\mu = (\boldsymbol{k},\ \mathrm{i}\omega/c) \tag{8.7.18}$$

也是一个四维矢量，称为四维波矢量。

由于 $\boldsymbol{k}$ 和 ω 构成一个四维矢量 K_μ，从一个惯性系到另一个惯性系的变换满足

$$K'_\mu = \alpha_{\mu\nu} K_\nu$$

所以

$$\begin{cases} K'_1 = \gamma(K_1 - \beta\omega/c) \\ K'_2 = K_2 \\ K'_3 = K_3 \\ \omega' = \gamma(\omega - vK_1) \end{cases} \tag{8.7.19}$$

其中假设了 S 和 S' 是两个特殊相关惯性系。设在 S 系中 $\boldsymbol{k}$ 与 x 轴夹角为 θ，在 S' 系中 $\boldsymbol{k}'$ 与 x 轴夹角为 θ'，则

$$K_1 = \frac{\omega\cos\theta}{c}$$

$$K'_1 = \frac{\omega'\cos\theta'}{c}$$

代入式(8.7.19)第四式中得

$$\omega' = \gamma\omega(1 - \beta\cos\theta) \tag{8.7.20}$$

这表明在 S 系中观测到的光频率不同于在 S' 系中观测到的光频率，这就是相对论的**多普勒效应**。

若 S' 系相对光源静止，称 S' 系中观测到的光频率为**固有频率**（proper frequency），记为 ω_0。在 S 系中有一个观测者，当他顺着光源运动方向观测时，$\theta = 0$，由式(8.7.20)可得

$$\omega = \omega_0 \Big/ \left[\gamma\left(1 - \frac{v}{c}\right)\right] = \omega_0 \sqrt{\frac{1 + v/c}{1 - v/c}} > \omega_0 \tag{8.7.21}$$

观测到的频率大于光的固有频率，称为**紫移**。当他逆着光源运动方向观测时，$\theta = \pi$，得到

$$\omega = \omega_0 \Big/ \left[\gamma\left(1 + \frac{v}{c}\right)\right] = \omega_0 \sqrt{\frac{1 - v/c}{1 + v/c}} < \omega_0 \tag{8.7.22}$$

观测到的频率大于光的固有频率，称为**红移**。红移和紫移称为**纵向多普勒效应**。

特别地，若 $\theta = \pi/2$，即观测者在垂直于光源运动方向观测时，可得

$$\omega = \omega_0/\gamma \tag{8.7.23}$$

即垂直于光源运动方向观测到的光频率小于光的固有频率，这种现象称为**横向多普勒效应**。横向多普勒效应在经典理论中是不存在的，它起源于相对论的运动时钟延缓效应。由于横向多普勒效应是 v/c 的二级效应，很容易被纵向的一级效应掩盖，难以观测。但近年来仍有实验事实证实了这种效应的存在。

波矢量 $\boldsymbol{k}$ 代表光的传播方向。在不同惯性系中观测到光的传播方向不同，这种现象称为**光行差现象**(aberration phenomenon)。

设在 S 系中 $\boldsymbol{k}$ 与 x 轴夹角为 θ，在 S' 系中 $\boldsymbol{k}'$ 与 x 轴夹角为 θ'，利用式(8.7.19)有

$$\cos\theta' = cK_1'/\omega' = \frac{\cos\theta - v/c}{1 - v\cos\theta/c}$$

整理后得到

$$\tan\theta' = \frac{\sin\theta}{\gamma(\cos\theta - v/c)} \tag{8.7.24}$$

这就是相对论的光行差公式。

光行差现象早被天文观测发现。假设在太阳参考系 S 中某恒星发出的光线垂直于地面入射，$\theta = 90°$，由于地球相对 S 系以速度 v 运动(在短时间间隔内，可把这种运动看成匀速直线运动)，在地球参考系 S' 中观测到光传播方向 $\boldsymbol{k}'$ 将与竖直方向有一夹角 α，如图 8.7.1 所示。$\boldsymbol{k}'$ 与 x 轴的夹角 $\theta' = 90° + \alpha$，由式(8.7.24)可得

$$\tan\theta' = -1/(\gamma v/c) \approx -\frac{c}{v}$$

又

$$\tan\alpha = \tan(\theta' - 90°) = -1/\tan\theta' \approx v/c$$

代入地球公转速度可以得到 $\alpha \approx 20.5''$，这与天文观测结果完全一致。

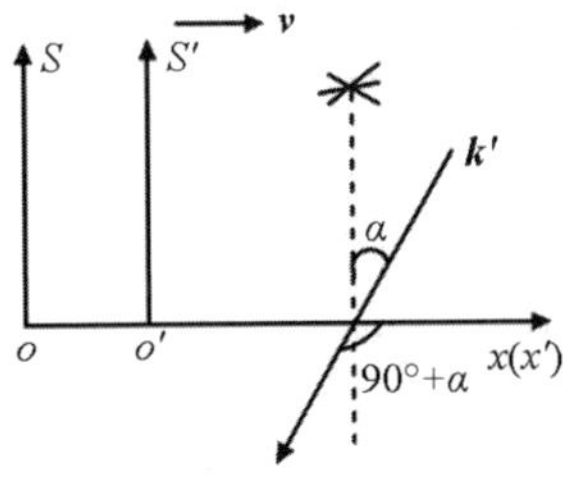

图 8.7.1　光行差现象

电磁波的多普勒频移不仅在雷达测距等方面得到了广泛应用，还为宇宙大爆炸理论提供了依据。人们在对遥远星体的光进行光谱分析时，发现光谱线的位置相对于地球上实验室中测定的同种元素光谱线位置存在明显的偏移，并且总是移向光谱的长波端。根据多普勒效应，光谱的红移意味着宇宙中的星体总是远离地球而去，即宇宙在膨胀，那么早期的宇宙就应该小于现在的宇宙。当

前的宇宙大爆炸理论认为，今天的宇宙是在大约 10^{10} 年以前，发生于一个较小空间区域内的一次大爆炸演化而成的。

习　题

8.1　证明标量波动方程 $\nabla^2\varphi-\frac{1}{c^2}\frac{\partial^2\varphi}{\partial t^2}=0$ 不是伽利略变换下的协变式，而是洛伦兹变换下的协变式。

8.2　证明两个惯性系相对运动速度 $\boldsymbol{v}$ 任意取向情况下的变化关系式(8.2.17)。

8.3　设惯性系 S' 和惯性系 S 为两个特殊相关惯性系，相对运动速率为 v。如果事件 A 和 B 在 S 系中的空间坐标分别为(0, 0, 0)和(L, 0, 0)，并于 $t=0$ 时刻同时发生。已知这两个事件在 S' 系中的时间间隔为 T，证明：

(1)这两个事件在 S' 系中的空间距离为 $L'=\sqrt{L^2+c^2T^2}$。

(2)S' 系相对 S 系的速度 $v=c^2T\,(L^2+c^2T^2)^{-1/2}$。

8.4　设有两把互相平行的尺子，静止长度都是 l_0。当两把尺子以相同的速率 v 沿平行于尺子但相反方向运动时，求相对一把尺子静止的观测者测量的另一把尺子的长度。

8.5　静止长度为 l_0 的车厢，以速率 v 相对于地面 S 运行。车厢的后壁以速度 u_0 向前推出一小球，求地面观测者测得小球从后壁到前壁的运动时间。

8.6　有两列静止长度相同的火车 A 和 B，相对于站台分别以速度 v 和 $-v$ 并行，在站台上测量任一列火车通过的时间都是 T(指车头通过站台上一点到车尾通过这同一点的时间间隔)。求在火车 A 上的观测者测量的火车 B 通过他的时间。

8.7　一辆以速度 v 运动的列车上的观测者，在经过某一高大建筑物时，看到其避雷针上跳起一脉冲电火花，先后照亮了铁路沿线上的两座铁塔。求列车上的观测者测得的两座铁塔被电光照亮的时间差。设建筑物及铁塔都在同一直线上，与列车前进方向一致。铁塔到建筑物的距离都是 l_0。

8.8　光在静止的水中的速度是 c/n，水的折射率大约是 $n=4/3$。1851 年，菲佐从实验上证明光在相对实验室以速度 v 流动的水中的速度能够表示成 $u=\frac{c}{n}+Kv$，其中 K 称为“拖曳”系数。菲佐流水实验曾被认为是流水拖动以太的证据。试给出上述公式一个相对论解释，并求出其中的 K 值。

8.9　有一光源 S 与接收器 R 相对静止，距离为 l_0，$S-R$ 浸在静止折射率为 n 的液体介质中。针对下列三种情况求光信号从光源发出到达接收器 R 所用的时间。

(1)液体静止。

(2)液体沿 $S-R$ 连线方向以速度 v 流动。

(3)液体垂直于 $S-R$ 连线方向以速度 v 流动。

8.10　处于真空中的光源 S 与接收器 R 相对地面参考系静止，相距L_0。静止长度$l_0<L_0$，折射率为 n 的介质柱处于 $S-R$ 之间，其轴线与 $S-R$ 连线重合，求下列情况下光从 S 到达 R 的时间。

(1)介质柱以速度 v 顺着光线传播方向运动。

(2)介质柱以速度 v 逆着光线传播方向运动。

8.11　在海拔 50 km 处，由高能宇宙射线产生的 π^+ 介子，以 $0.99c$ 的速度垂直飞向地球表面。已知其固有平均寿命 $\Delta\tau_0=2.6\times10^{-8}$ s。问：

(1)从地面上看π^+介子的寿命是多少？它平均在海拔多少米处衰变？

(2)不考虑相对论效应，它能飞跃多长距离？

8.12　试导出相对论条件下加速度在两个惯性系间的变换关系。一个粒子相对 S 系以变速度 $v(t)$ 运动。设在 t_0 时刻，粒子速度大小改变，但速度方向不变。求该时刻相对粒子静止系中的观测者观测到的粒子加速度。

8.13　试求下列各量的变换规律。

(1) $\partial\Phi/\partial x_\mu$；(2) $\partial \boldsymbol{A}_\mu/\partial x_\nu$；(3) $\boldsymbol{F}_{\mu\nu}\boldsymbol{U}_\mu$。

其中 Φ 是洛伦兹标量。$\boldsymbol{A}_\mu$，$\boldsymbol{U}_\mu$是四维矢量，$\boldsymbol{F}_{\mu\nu}$是四维张量。

8.14　证明：(1) $E^2-c^2B^2$；(2) $\boldsymbol{E}\cdot\boldsymbol{B}$；(3) $\boldsymbol{H}^2-c^2D^2$；(4) $\boldsymbol{H}\cdot\boldsymbol{D}$ 均是洛伦兹标量。

8.15　证明标量波动方程$\nabla^2\varphi-\dfrac{1}{c^2}\dfrac{\partial^2\varphi}{\partial t^2}=0$ 是洛伦兹变换下的协变式。

8.16　证明平面电磁波的所有特性：$\boldsymbol{K}\cdot\boldsymbol{E}=\boldsymbol{K}\cdot\boldsymbol{B}=\boldsymbol{E}\cdot\boldsymbol{B}=0$ 以及 $E=cB$ 均不因惯性系的选择而被破坏。

8.17　电荷线密度为λ_0的无穷长线处于 S 系的 x 轴上。设观测者以速度 v 沿 x 轴运动，求他所观测到的电磁场。

8.18　证明在一个惯性系中 $\boldsymbol{E}\perp\boldsymbol{B}$，则一般情况下总可找到一个惯性系，在这个惯性系中只有电场或只有磁场，除非 $E=cB$。

8.19　有一平行板电容器面积为 S，相距 d，上下板所带电荷分别为 Q 和 $-Q$。假设边缘效应可以忽略。求：

(1) 当电容器在实验室中静止时，求两板的相互作用力。

(2) 当电容器沿平行于板方向，以速度 v 相对实验室运动时，再求两板的作用力。

8.20　频率为 ω 的光子(能量为 $\hbar\omega$，动量为 $\hbar\boldsymbol{k}$)，与静止的电子碰撞，试证明：

(1) 电子不可能吸收这个光子。

(2) 若光子被电子散射后，其频率为 ω'，则有

$$\omega-\omega'=\frac{2\hbar\omega\omega'}{m_0c^2}\sin^2\left(\frac{\theta}{2}\right)$$

其中 θ 为光子被散射后的波矢 $\boldsymbol{k}'$ 与散射前波矢 $\boldsymbol{k}$ 之间的夹角。m_0 是电子静止质量。

8.21　一个总质量为 M_0 的激发原子对所选参考系静止。它因发射一个光子(能量为 $\hbar\omega$，动量为 $\hbar\boldsymbol{k}$)而跃迁到能量比之低 ΔW 的基态时，受到光子的反冲，因此所发射光子的频率不可能是 $\omega=\Delta W/\hbar$，而是要低一些。证明这个频率为

$$\omega=\Delta W[1-\Delta W/(2M_0c^2)]/\hbar$$

8.22　某星球发出的 H_α 线在其静止参考系中的波长为 6 563 Å。若地球上的观测者测得该星球的运动速度为 300 km/s，试计算下列情况下地球上的观测者测得的从该星发出的 H_α 线波长。该星球运动方向与观测者看到的辐射方向夹角分别是 0°，180°，90°。

第 9 章* 微观电磁现象的经典近似理论

前面讨论的是宏观电磁现象，涉及的是大量带电粒子的集体行为。要进一步认识电磁现象的本质，揭示不同物质各式各样电磁性质的物理实质，有必要深入微观领域，讨论带电粒子和电磁场的相互作用。

近代物理理论揭示微观粒子除具有粒子性的一面外，还具有波动性；而电磁场除具有波动性的一面外，还具有粒子性。严格来说，经典电动力学理论不适用于微观带电粒子。但是，把经典电磁理论运用到微观电磁现象上，在许多情况下可以得到近似正确的结果，而且物理概念容易建立，物理图像也比较清楚。直到现在，采用经典电动力学理论讨论一些微观电磁问题仍然是一个十分有启发性的方法。本章就从经典电磁理论出发，讨论微观带电粒子在任意运动情况下的电磁场以及电磁场对带电粒子的反作用，并揭示物质某些宏观电磁性质的微观机制。

9.1 任意运动带电粒子的推迟势和电磁场

任意运动带电粒子的电磁场可以通过它激发的矢势和标势算出。矢势和标势原则上可以利用推迟势公式(7.1.18)和式(7.1.19)计算。但是，现在电荷在运动，对 t 时刻 $\boldsymbol{x}$ 点场有贡献的电荷、电流密度不易确定，情况比较复杂。下面采用相对论电动力学的一些结果考虑这一问题。

9.1.1 李纳 - 维谢尔势

取实验室参考系为 S，电子以任意速度在 S 系中运动。由于在真空中电磁波传播速度是 c，而电子运动速度 $v<c$，所以在 $\boldsymbol{x}$ 点 t 时刻的场必定是电子在某一个较早时刻 t^* 激发的。设 S 系中电子在 t^* 时刻激发的场，在 t 时刻到达场点 $\boldsymbol{x}$，t^* 时刻电子的坐标为 $\boldsymbol{x}^*$，运动速度为 $\boldsymbol{v}(t^*)$，目的就是求 t 时刻 $\boldsymbol{x}$ 点的场。

取相对于电子静止的参考系 S'，坐标原点就取在电子上，坐标轴与实验室

参考系 S 的坐标轴分别平行。虽然电子的运动速度是任意的，但在辐射时刻t^*附近充分小的时间段内，可以把电子看成匀速直线运动，故 S'可认为是一个惯性系。S'系相对 S 系的运动速度 $\boldsymbol{v}(t^*)$是电子的速度。

由于在 S'系中电子静止，容易求出在 S'系中电子激发的矢势和标势。

$$\varphi' = \frac{e}{4\pi\varepsilon_0 r'} \tag{9.1.1}$$

$$\boldsymbol{A}' = 0 \tag{9.1.2}$$

由于$\left(\boldsymbol{A},\ \frac{\mathrm{i}}{c}\varphi\right)$构成四维矢量，在 S 系中的 $\boldsymbol{A}$ 和 φ 可由这两个惯性系间的四维矢量变换关系求出。

由相对运动速度任意取向时的洛伦兹变换，式(8.2.17)可化为

$$\begin{cases} \boldsymbol{r}' = \boldsymbol{r} - \boldsymbol{v}t + (\gamma - 1)\dfrac{\boldsymbol{v}}{v^2}(\boldsymbol{r}\cdot\boldsymbol{v} - v^2 t) \\ t' = \gamma(t - \boldsymbol{r}\cdot\boldsymbol{v}/c^2) \end{cases}$$

注意到 $\boldsymbol{r}$，$x_4 = \mathrm{i}ct$ 分别是四维位矢x_μ的空间分量和时间分量。可以把上式改写为

$$\boldsymbol{r}' = \boldsymbol{r} + \frac{\mathrm{i}}{c}\boldsymbol{v}x_4 + (\gamma - 1)\frac{\boldsymbol{v}}{v^2}\left(\boldsymbol{r}\cdot\boldsymbol{v} + \frac{\mathrm{i}}{c}v^2 x_4\right) \tag{9.1.3}$$

$$x_4' = \gamma\left(x_4 - \frac{\mathrm{i}}{c}\boldsymbol{r}\cdot\boldsymbol{v}\right) \tag{9.1.4}$$

利用式(9.1.3)和式(9.1.4)的逆变换及式(9.1.1)和式(9.1.2)得

$$\begin{aligned} \boldsymbol{A} &= \boldsymbol{A}' - \frac{\mathrm{i}}{c}\boldsymbol{v}\left(\frac{\mathrm{i}}{c}\varphi'\right) - (\gamma - 1)\frac{\boldsymbol{v}}{v^2}\left[-\boldsymbol{A}\cdot\boldsymbol{v} + \frac{\mathrm{i}}{c}v^2\left(\frac{\mathrm{i}}{c}\varphi'\right)\right] \\ &= \frac{\boldsymbol{v}}{c^2}\varphi' + \frac{\boldsymbol{v}}{c^2}\varphi'(\gamma - 1) = \gamma\frac{\boldsymbol{v}}{c^2}\frac{e}{4\pi\varepsilon_0 r'} \end{aligned} \tag{9.1.5}$$

$$\varphi = \gamma\varphi' = \gamma\frac{e}{4\pi\varepsilon_0 r'} \tag{9.1.6}$$

这并不是最终的结果，因为表达式中存在 S'系中的测量值 r'，我们需要用 S 系中的测量值将其表示出来。r'是在 S'系中源点激发出电磁波和场点接收到电磁波这两个物理事件的空间距离。这两个事件在 S'系中不是同时的，r'的变换不能等同于长度变换。由于在真空中电磁波传播速度与参考系无关，设 S'系中激发时刻为t'^*，接收时刻为 t'，有

$$r' = c(t' - t'^*) \tag{9.1.7}$$

在 S 系中激发时刻为t^*，接收时刻为 t，有

$$r = c(t - t^*) \tag{9.1.8}$$

由洛伦兹变换可得

$$t' - t'^* = \gamma(t - t^* - \boldsymbol{r} \cdot \boldsymbol{v}/c^2) \tag{9.1.9}$$

用 c 乘以上式两边，并利用式(9.1.7)和式(9.1.8)，可得

$$r' = \gamma(r - \boldsymbol{r} \cdot \boldsymbol{v}/c) \tag{9.1.10}$$

将此式代入式(9.1.5)和式(9.1.6)，可以消去 r'，得到

$$\boldsymbol{A}(\boldsymbol{x}, t) = \frac{e\boldsymbol{v}}{4\pi\varepsilon_0 c^2 S}\bigg|_{t^* = t - \frac{r}{c}} \tag{9.1.11}$$

$$\varphi(\boldsymbol{x}, t) = \frac{e}{4\pi\varepsilon_0 S}\bigg|_{t^* = t - \frac{r}{c}} \tag{9.1.12}$$

其中

$$S = r - \boldsymbol{r} \cdot \boldsymbol{v}/c \tag{9.1.13}$$

式(9.1.11)和式(9.1.12)称为**李纳－维谢尔势**。由推导过程可见，等式右端 $\boldsymbol{v}$ 是辐射时刻的速度 $\boldsymbol{v}(t^*)$，而 $r = |\boldsymbol{x} - \boldsymbol{x}^*(t^*)|$是粒子辐射时刻的位置到场点的距离，左端 $\boldsymbol{A}$ 和 φ 是相对辐射时刻推迟一段时间(r/c)后的 t 时刻的值。

9.1.2 任意运动带电粒子的电磁场

现在从李纳－维谢尔势出发，计算任意运动带电粒子的电磁场。由于下面不再涉及两个惯性系之间的变换，为了简单起见，我们把式(9.1.11)和式(9.1.12)中表示推迟时刻的“ * ”号一律改成“′”号。

$$t' = t - r/c = t - \sqrt{(\boldsymbol{x} - \boldsymbol{x}'(t'))^2}/c \tag{9.1.14}$$

下面首先计算出$\partial r/\partial t'$，$\partial t'/\partial t$，$\nabla t'$，∇S，这些量在后面会用到。

由 $r = \sqrt{(\boldsymbol{x} - \boldsymbol{x}'(t'))^2}$有

$$\frac{\partial r}{\partial t'} = \frac{\partial}{\partial t'}\sqrt{(\boldsymbol{x} - \boldsymbol{x}'(t'))^2} = -\boldsymbol{r} \cdot \boldsymbol{v}/r \tag{9.1.15}$$

利用式(9.1.14)和式(9.1.15)，可以得到

$$\frac{\partial t'}{\partial t} = 1 - \frac{1}{c}\frac{\partial r}{\partial t'}\frac{\partial t'}{\partial t} = 1 + \frac{\boldsymbol{r} \cdot \boldsymbol{v}}{cr}\frac{\partial t'}{\partial t}$$

所以

$$\frac{\partial t'}{\partial t} = 1\bigg/\left(1 - \frac{\boldsymbol{r} \cdot \boldsymbol{v}}{cr}\right) = r/S \tag{9.1.16}$$

其中 S 由式(9.1.13)给出。

注意到 r 是场点坐标的函数，又通过 $\boldsymbol{x}'$ 依赖于 t'，由式(9.1.15)和式(9.1.16)可得

$$\begin{aligned}\nabla t' &= -\frac{1}{c}\nabla r = -\frac{1}{c}\nabla r\Big|_{t'=\text{常数}} - \frac{1}{c}\frac{\partial r}{\partial t'}\nabla t' \\ &= -\frac{\boldsymbol{r}}{cr} + \frac{\boldsymbol{r}\cdot\boldsymbol{v}}{cr}\nabla t'\end{aligned}$$

由此得

$$\nabla t' = -\frac{\boldsymbol{r}}{c\left(r - \dfrac{\boldsymbol{r}\cdot\boldsymbol{v}}{c}\right)} = -\frac{\boldsymbol{r}}{cS} \tag{9.1.17}$$

$$\begin{aligned}\nabla S &= \nabla\left(r - \frac{\boldsymbol{r}\cdot\boldsymbol{v}}{c}\right) \\ &= \nabla\left(r - \frac{\boldsymbol{r}\cdot\boldsymbol{v}}{c}\right)\Bigg|_{t'=\text{常数}} + \frac{\partial}{\partial t'}\left(r - \frac{\boldsymbol{r}\cdot\boldsymbol{v}}{c}\right)\nabla t' \\ &= \frac{\boldsymbol{r}}{r} - \frac{\boldsymbol{v}}{c} + \left(-\frac{\boldsymbol{r}\cdot\boldsymbol{v}}{\boldsymbol{r}} - \frac{\boldsymbol{r}\cdot\boldsymbol{v}}{c} + \frac{v^2}{c}\right)\left(-\frac{\boldsymbol{r}}{cS}\right)\end{aligned}$$

其中

$$\frac{\boldsymbol{r}}{r} + \frac{\boldsymbol{r}}{cS}\frac{\boldsymbol{r}\cdot\boldsymbol{v}}{r} = \boldsymbol{r}\left(\frac{cS + \boldsymbol{r}\cdot\boldsymbol{v}}{crS}\right) = \boldsymbol{r}/S$$

代入上式得

$$\nabla S = -\frac{\boldsymbol{v}}{c} + \frac{\boldsymbol{r}}{S} - \frac{\boldsymbol{r}}{cS}\left(\frac{v^2}{c} - \frac{\boldsymbol{r}\cdot\boldsymbol{v}}{c}\right) \tag{9.1.18}$$

应用上面的结果，有

$$\begin{aligned}\nabla\varphi &= \frac{e}{4\pi\varepsilon_0}\nabla\left(\frac{1}{S}\right) = -\frac{e}{4\pi\varepsilon_0 S^2}\nabla S \\ &= -\frac{e}{4\pi\varepsilon_0 S^2}\left[-\frac{\boldsymbol{v}}{c} + \frac{\boldsymbol{r}}{S} - \frac{\boldsymbol{r}}{cS}\left(\frac{v^2}{c} - \frac{\boldsymbol{r}\cdot\boldsymbol{v}}{c}\right)\right]\end{aligned} \tag{9.1.19}$$

$$\begin{aligned}\frac{\partial\boldsymbol{A}}{\partial t} &= \frac{\partial\boldsymbol{A}}{\partial t'}\frac{\partial t'}{\partial t} = \frac{r}{S}\frac{e}{4\pi\varepsilon_0 c^2}\frac{\partial}{\partial t'}\left(\frac{\boldsymbol{v}}{r - \boldsymbol{r}\cdot\boldsymbol{v}/c}\right) \\ &= \frac{r}{S}\frac{e}{4\pi\varepsilon_0 c^2}\left[\dot{\boldsymbol{v}}\left(r - \frac{\boldsymbol{r}\cdot\boldsymbol{v}}{c}\right) - \boldsymbol{v}\left(-\frac{\boldsymbol{r}\cdot\boldsymbol{v}}{r} - \frac{\boldsymbol{r}\cdot\dot{\boldsymbol{v}}}{c} + \frac{v^2}{c}\right)\right]\Big/S^2 \\ &= \frac{e}{4\pi\varepsilon_0 c^2 S^3}\left[r\dot{\boldsymbol{v}}S - r\boldsymbol{v}\left(-\frac{\boldsymbol{r}\cdot\boldsymbol{v}}{r} - \frac{\boldsymbol{r}\cdot\dot{\boldsymbol{v}}}{c} + \frac{v^2}{c}\right)\right]\end{aligned} \tag{9.1.20}$$

代入 $\boldsymbol{E} = -\nabla\varphi - \partial\boldsymbol{A}/\partial t$，可得

$$E=\frac{e}{4\pi\varepsilon_0 S^3}\left[\frac{-\boldsymbol{v}}{c}S+\boldsymbol{r}-\frac{\boldsymbol{r}}{c}\left(\frac{v^2}{c}-\frac{\boldsymbol{r}\cdot\dot{\boldsymbol{v}}}{c}\right)-\frac{\boldsymbol{r}\cdot\dot{\boldsymbol{v}}S}{c^2}+\frac{r\boldsymbol{v}}{c^2}\left(-\frac{\boldsymbol{r}\cdot\boldsymbol{v}}{r}-\frac{\boldsymbol{r}\cdot\dot{\boldsymbol{v}}}{c}+\frac{v^2}{c}\right)\right]$$

$$=\frac{e}{4\pi\varepsilon_0 S^3}\left[\left(1-\frac{v^2}{c^2}\right)\left(\boldsymbol{r}-\frac{r}{c}\boldsymbol{v}\right)\right]+\frac{e}{4\pi\varepsilon_0 S^3 c^2}\left\{\boldsymbol{r}\times\left[\left(\boldsymbol{r}-\frac{\boldsymbol{v}}{c}r\right)\times\dot{\boldsymbol{v}}\right]\right\} \tag{9.1.21}$$

磁场可由 $\boldsymbol{B}=\nabla\times\boldsymbol{A}$ 求出，即

$$\boldsymbol{B}=\nabla\times\left(\frac{e\boldsymbol{v}}{4\pi\varepsilon_0 c^2 S}\right)=\nabla\times\left(\varphi\frac{\boldsymbol{v}}{c^2}\right)=\nabla\varphi\times\frac{\boldsymbol{v}}{c^2}+\varphi\nabla\times\frac{\boldsymbol{v}}{c^2}$$

$$=\nabla\varphi\times\frac{\boldsymbol{v}}{c^2}+\varphi\nabla t'\times\frac{\partial}{\partial t'}\left(\frac{\boldsymbol{v}}{c^2}\right)$$

把式(9.1.17)和式(9.1.19)代入上式得

$$\boldsymbol{B}=-\frac{e}{4\pi\varepsilon_0 S^2}\left[-\frac{\boldsymbol{v}}{c}+\frac{\boldsymbol{r}}{S}-\frac{\boldsymbol{r}}{cS}\left(\frac{v^2}{c}-\frac{\boldsymbol{r}\cdot\dot{\boldsymbol{v}}}{c}\right)\right]\times\boldsymbol{v}/c^2+\frac{e}{4\pi\varepsilon_0 S}\left(-\frac{\boldsymbol{r}}{cS}\right)\times\frac{\dot{\boldsymbol{v}}}{c^2}$$

$$=\frac{e}{4\pi\varepsilon_0 c^2 S^3}\left[(\boldsymbol{v}\times\boldsymbol{r})\left(1-\frac{v^2}{c^2}\right)+(\boldsymbol{v}\times\boldsymbol{r})\frac{\boldsymbol{r}\cdot\dot{\boldsymbol{v}}}{c^2}-\frac{\boldsymbol{r}\times\dot{\boldsymbol{v}}}{c}\left(r-\frac{\boldsymbol{r}\cdot\boldsymbol{v}}{c}\right)\right]$$

注意$\frac{\boldsymbol{v}\times\boldsymbol{r}}{c}=\frac{\boldsymbol{r}}{r}\times\left(\boldsymbol{r}-\frac{\boldsymbol{v}}{c}r\right)$，上式可写成

$$\boldsymbol{B}=\frac{e}{4\pi\varepsilon_0 S^3 c}\left(1-\frac{v^2}{c^2}\right)\left[\frac{\boldsymbol{r}}{r}\times\left(\boldsymbol{r}-\frac{\boldsymbol{v}}{c}r\right)\right]+$$

$$\frac{e}{4\pi\varepsilon_0 S^3 c^2}\left[\frac{\boldsymbol{r}}{r}\times\left(\boldsymbol{r}-\frac{\boldsymbol{v}}{c}r\right)\frac{\boldsymbol{r}\cdot\dot{\boldsymbol{v}}}{c}-\frac{\boldsymbol{r}\times\dot{\boldsymbol{v}}}{c}\frac{\boldsymbol{r}}{r}\cdot\left(\boldsymbol{r}-\frac{\boldsymbol{v}}{c}r\right)\right]$$

$$=\frac{e}{4\pi\varepsilon_0 S^3 c}\left(1-\frac{v^2}{c^2}\right)\left[\frac{\boldsymbol{r}}{r}\times\left(\boldsymbol{r}-\frac{\boldsymbol{v}}{c}r\right)\right]+$$

$$\frac{e}{4\pi\varepsilon_0 S^3 c^3}\left(\frac{\boldsymbol{r}}{r}\times\left\{\boldsymbol{r}\times\left[\left(\boldsymbol{r}-\frac{\boldsymbol{v}}{c}r\right)\times\dot{\boldsymbol{v}}\right]\right\}\right) \tag{9.1.22}$$

将以上两式对照可以看出

$$\boldsymbol{B}=\frac{1}{c}\left(\frac{\boldsymbol{r}}{r}\times\boldsymbol{E}\right) \tag{9.1.23}$$

这表明，$\boldsymbol{B}$ 总是与 $\boldsymbol{r}$ 和 $\boldsymbol{E}$ 垂直。但由于 $\boldsymbol{E}$ 在 $\boldsymbol{r}$ 方向有不为零的分量（见式(9.1.21)第一项），因此一般 $\boldsymbol{E}$，$\boldsymbol{B}$，$\boldsymbol{r}$ 三者并不构成右手螺旋关系。

式(9.1.21)和式(9.1.23)就是任意运动带电粒子激发的电磁场。由于在计算中没做任何近似，所以这是一个精确的表达式。应当注意其中各量都应代以辐射时刻 $t'=t-r/c$ 的值。

式(9.1.21)和式(9.1.23)已明确地把任意运动带电粒子的电磁场写成两部分，一部分是

$$\begin{cases} \boldsymbol{E}_1 = \dfrac{e}{4\pi\varepsilon_0 S^3}\left(1 - \dfrac{v^2}{c^2}\right)\left(\boldsymbol{r} - \dfrac{\boldsymbol{r}}{c}\boldsymbol{v}\right) \\ \boldsymbol{B}_1 = \dfrac{1}{c}\left(\dfrac{\boldsymbol{r}}{r} \times \boldsymbol{E}_1\right) \end{cases} \tag{9.1.24}$$

这部分场的振幅与 r^2 成反比，只与速度有关，在 $\boldsymbol{v}=0$ 时就变成静电库仑场。由于这部分场量和 r^2 成反比，实际上只分布在带电粒子附近，被运动带电粒子携带，称为库仑场或自有场。

另一部分是

$$\begin{cases} \boldsymbol{E}_2 = \dfrac{e}{4\pi\varepsilon_0 c^2 S^3}\left\{\boldsymbol{r} \times \left[\left(\boldsymbol{r} - \dfrac{\boldsymbol{v}}{c}r\right) \times \dot{\boldsymbol{v}}\right]\right\} \\ \boldsymbol{B}_2 = \dfrac{1}{c}\left(\dfrac{\boldsymbol{r}}{r} \times \boldsymbol{E}_2\right) \end{cases} \tag{9.1.25}$$

这部分场是和加速度有关的场，并且场量和 r 的一次方成反比。这部分场可以脱离带电粒子辐射出去，称为**辐射场**(radiation field)。其中 $\boldsymbol{E}$, $\boldsymbol{B}$, $\boldsymbol{r}$ 三者互相垂直，构成右手螺旋关系。后面我们着重研究这一部分场。

例 9.1.1：利用本节的结果，重新求解例 8.5.1。

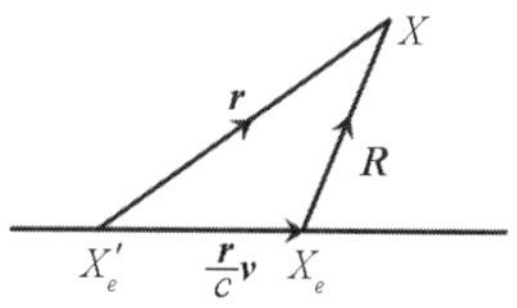

例 9.1.1 图

解：8.5 节中曾经求出一个匀速运动带电粒子的电磁场。作为本节结果的一个简单的应用，我们可以重新得出那里的结果。

由于带电粒子 e 做匀速运动，$\dot{\boldsymbol{v}}=0$，粒子只有自有场，没有辐射场。自有场为

$$\boldsymbol{E} = \frac{e}{4\pi\varepsilon_0 S^3}\left(1 - \frac{v^2}{c^2}\right)\left(\boldsymbol{r} - \frac{\boldsymbol{v}}{c}r\right) \tag{9.1.26}$$

$$\boldsymbol{B} = \left(1 - \frac{v^2}{c^2}\right)\frac{e\boldsymbol{v} \times \boldsymbol{r}}{4\pi\varepsilon_0 c^2 S^3} \tag{9.1.27}$$

这一表达式和 8.5 节结果的差别在于等号右端的各量是用辐射时刻 $t' = t - r/c$ 的量，现在把它们换成观察时刻的量。由于粒子做匀速运动，速度与时间无关，仅需把距离 r 换成 t 时刻的量。

设 $\boldsymbol{r}$ 为辐射时刻粒子的位置到观察场点 $\boldsymbol{x}$ 的相对位矢，$\boldsymbol{R}$ 为观察时刻粒子

位置到场点的相对位矢，它们之间的关系为

$$\boldsymbol{R}=\boldsymbol{r}-\boldsymbol{v}\frac{r}{c} \tag{9.1.28}$$

由此得到

$$R^2=r^2-2\frac{r}{c}\boldsymbol{r}\cdot\boldsymbol{v}+\frac{r^2}{c^2}v^2=\left(r-\frac{\boldsymbol{r}\cdot\boldsymbol{v}}{c}\right)^2+\frac{r^2}{c^2}v^2-\left(\frac{\boldsymbol{r}\cdot\boldsymbol{v}}{c}\right)^2 \tag{9.1.29}$$

另外，由式(9.1.28)有 $\boldsymbol{r}\times\boldsymbol{v}=\boldsymbol{R}\times\boldsymbol{v}$，进而可得

$$r^2v^2-(\boldsymbol{r}\cdot\boldsymbol{v})^2=R^2v^2-(\boldsymbol{R}\cdot\boldsymbol{v})^2$$

或

$$\frac{r^2v^2}{c^2}-\left(\frac{\boldsymbol{r}\cdot\boldsymbol{v}}{c}\right)^2=\frac{R^2v^2}{c^2}-\left(\frac{\boldsymbol{R}\cdot\boldsymbol{v}}{c}\right)^2$$

将此结果代入式(9.1.29)得

$$S^2=\left(r-\frac{\boldsymbol{r}\cdot\boldsymbol{v}}{c}\right)^2=R^2\left(1-\frac{v^2}{c^2}\right)+\left(\frac{\boldsymbol{R}\cdot\boldsymbol{v}}{c}\right)^2$$

则有

$$S=\left[R^2\left(1-\frac{v^2}{c^2}\right)+\left(\frac{\boldsymbol{R}\cdot\boldsymbol{v}}{c}\right)^2\right]^{1/2} \tag{9.1.30}$$

将这一结果及式(9.1.28)代入式(9.1.26)和式(9.1.27)，得到

$$\boldsymbol{E}=\left(1-\frac{v^2}{c^2}\right)\frac{e\boldsymbol{R}}{4\pi\varepsilon_0\left[R^2\left(1-\frac{v^2}{c^2}\right)+\left(\frac{\boldsymbol{R}\cdot\boldsymbol{v}}{c}\right)^2\right]^{3/2}}$$

$$\boldsymbol{B}=\left(1-\frac{v^2}{c^2}\right)\frac{e\boldsymbol{v}\times\boldsymbol{R}}{4\pi\varepsilon_0c^2\left[R^2\left(1-\frac{v^2}{c^2}\right)+\left(\frac{\boldsymbol{R}\cdot\boldsymbol{v}}{c}\right)^2\right]^{3/2}}=\frac{\boldsymbol{v}}{c^2}\times\boldsymbol{E}$$

这和8.5节得出的结果相同。

9.2 加速运动带电粒子的辐射

9.2.1 加速运动带电粒子辐射角分布和辐射功率

由上节可得出加速运动带电粒子的辐射场为

$$\boldsymbol{E}=\frac{e}{4\pi\varepsilon_0c^2r}\frac{\boldsymbol{n}\times\left[\left(\boldsymbol{n}-\frac{\boldsymbol{v}}{c}\right)\times\dot{\boldsymbol{v}}\right]}{(1-\boldsymbol{n}\cdot\boldsymbol{v}/c)^3} \tag{9.2.1}$$

$$\boldsymbol{B}=\frac{1}{c}\boldsymbol{n}\times\boldsymbol{E} \tag{9.2.2}$$

其中 $\boldsymbol{n}=\boldsymbol{r}/r$ 是沿 $\boldsymbol{r}$ 方向的单位矢量。

辐射问题中，最重要的是确定辐射角分布和辐射功率，这两者都可通过计算能流解决。

$$\boldsymbol{S}=\boldsymbol{E}\times\boldsymbol{H}=\frac{1}{\mu_0 c}[\boldsymbol{E}\times(\boldsymbol{n}\times\boldsymbol{E})]=c\varepsilon_0 E^2\boldsymbol{n} \tag{9.2.3}$$

将式(9.2.1)中的电场 $\boldsymbol{E}$ 代入上式得

$$\boldsymbol{S}=\frac{e^2}{16\pi^2\varepsilon_0 c^3 r^2}\frac{|\boldsymbol{n}\times[(\boldsymbol{n}-\boldsymbol{v}/c)\times\dot{\boldsymbol{v}}]|^2}{(1-\boldsymbol{n}\cdot\boldsymbol{v}/c)^6}\boldsymbol{n} \tag{9.2.4}$$

辐射角分布由因子 $|\boldsymbol{n}\times[(\boldsymbol{n}-\boldsymbol{v}/c)\times\dot{\boldsymbol{v}}]|^2/(1-\boldsymbol{n}\cdot\boldsymbol{v}/c)^6$ 决定。

第 7 章中讨论的是定域辐射源，可以对包围源的球面积分得到辐射功率。现在情况不同，辐射源在运动，$\mathrm{d}t$ 时间内由包围源的一个球面流出去的电磁场能量并不等于以前某个 $\mathrm{d}t'$ 时间内辐射出去的能量。这一点可由以下分析看出。

设 t' 时刻粒子处在 P_1 点，在其后 $\mathrm{d}t'$ 时间内粒子由 P_1 点运动到 P_2 点。在时刻 $t=t'+R/c\,(R/c>\mathrm{d}t')$ 观察，粒子在 t' 时刻辐射出去的场到达以 P_1 为中心、以 R 为半径的一个球面 Σ_1 上。而粒子在 $t'+\mathrm{d}t'$ 时刻辐射出去的场则只到达以 P_2 为中心，以 $c\left(\frac{R}{c}-\mathrm{d}t'\right)=R-c\mathrm{d}t'$ 为半径的较小的球面 Σ_2 上。由于粒子运动速度小于 c，而球面以光速 c 在增大，所以这两个球面并不相交。在 $\mathrm{d}t'$ 时间内粒子辐射出去的电磁场能量全部位于 Σ_1 和 Σ_2 两个球面之间的区域中。显然，这部分能量在不同方向上需要不同的时间才能由 Σ_1 球面流出去。因此，$\mathrm{d}t$ 时间内由 Σ_1 球面流出的电磁场能量不等于粒子在 $\mathrm{d}t'$ 时间内辐射出去的能量。

现在用辐射时间 t' 计算功率。设 t' 时刻粒子辐射功率为 $P(t')$，在 $\mathrm{d}t'$ 时间内粒子辐射出去的能量 $P(t')\mathrm{d}t'$ 就是上述两个球面之间区域中的电磁场能量。记这部分能量沿方向 $\boldsymbol{n}$ 流出大球面 Σ_1 所用时间为 $\mathrm{d}t_n=\left(1-\frac{\boldsymbol{v}\cdot\boldsymbol{n}}{c}\right)\mathrm{d}t'$，由图 9.2.1 所示的几何关系得 $\boldsymbol{n}\cdot\boldsymbol{v}\mathrm{d}t'+R-c\mathrm{d}t'+c\mathrm{d}t_n=R$，由此可求出

$$\mathrm{d}t_n=\left(1-\frac{\boldsymbol{v}\cdot\boldsymbol{n}}{c}\right)\mathrm{d}t' \tag{9.2.5}$$

于是

$$P_{\text{功}}(t')\mathrm{d}t'=\oint_{\Sigma_1}\boldsymbol{S}\cdot\boldsymbol{n}\mathrm{d}\sigma\mathrm{d}t_n=\oint_{\Sigma_1}\boldsymbol{S}\cdot\boldsymbol{n}\mathrm{d}\sigma\left(1-\frac{\boldsymbol{v}\cdot\boldsymbol{n}}{c}\right)\mathrm{d}t'$$

$$P_{\text{功}}(t')=\oint_{\Sigma_1}\boldsymbol{S}\cdot\boldsymbol{n}\left(1-\frac{\boldsymbol{v}\cdot\boldsymbol{n}}{c}\right)r^2\mathrm{d}\Omega$$

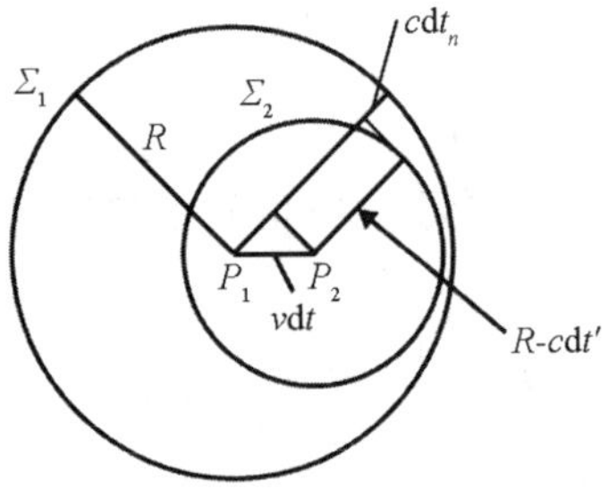

图 9.2.1 运动粒子的辐射能量计算

将式(9.2.4)代入上式得

$$P_{功}(t') = \frac{e^2}{16\pi^2\varepsilon_0 c^3}\oint \frac{\left|\boldsymbol{n}\times\left[\left(\boldsymbol{n}-\frac{\boldsymbol{v}}{c}\right)\times\dot{\boldsymbol{v}}\right]\right|^2}{(1-\boldsymbol{n}\cdot\boldsymbol{v}/c)^5}\mathrm{d}\Omega \qquad (9.2.6)$$

辐射功率角分布为

$$\frac{\mathrm{d}P_{功}(t')}{\mathrm{d}\Omega} = \frac{e^2}{16\pi^2\varepsilon_0 c^3}\frac{\left|\boldsymbol{n}\times\left[\left(\boldsymbol{n}-\frac{\boldsymbol{v}}{c}\right)\times\dot{\boldsymbol{v}}\right]\right|^2}{(1-\boldsymbol{n}\cdot\boldsymbol{v}/c)^5} \qquad (9.2.7)$$

下面针对带电粒子运动的不同情况，讨论带电粒子运动辐射场的一些特点。

9.2.2 低速情况下的辐射

当 $v/c \ll 1$ 时，由式(9.2.1)和式(9.2.2)可得低速运动带电粒子有加速度时的辐射场

$$\boldsymbol{E} = \frac{e}{4\pi\varepsilon_0 c^2 r}\boldsymbol{n}\times(\boldsymbol{n}\times\dot{\boldsymbol{v}}) \qquad (9.2.8)$$

$$\boldsymbol{B} = \frac{e}{4\pi\varepsilon_0 c^3 r}(\dot{\boldsymbol{v}}\times\boldsymbol{n}) \qquad (9.2.9)$$

把这两个公式和第 7 章中的电偶极辐射公式比较可以看出，若令 $\boldsymbol{P} = e\boldsymbol{x}$ 为运动带电粒子的电偶极矩，$\dot{\boldsymbol{P}} = e\boldsymbol{v}$，除了这里是用辐射时刻的量表达(没有推迟作用因子)，二者完全相同。这表明低速运动带电粒子的辐射是电偶极辐射。当研究原子电离和原子核跃迁等问题时，由于原子中的电子和原子核中的质子均可处理为 $v \ll c$ 的低速粒子，可以用经典振子模型描述发生跃迁时产生的辐射。

由式(9.2.7)可得到低速运动带电粒子辐射角分布

$$\frac{\mathrm{d}P_{\text{功}}(t')}{\mathrm{d}\Omega}=\frac{e^2}{16\pi^2\varepsilon_0c^3}|\boldsymbol{n}\times(\boldsymbol{n}\times\dot{\boldsymbol{v}})|^2=\frac{e^2}{16\pi^2\varepsilon_0c^3}\dot{\boldsymbol{v}}^2\sin^2\theta \tag{9.2.10}$$

其中 θ 为辐射方向与加速方向之间的夹角。辐射角分布具有偶极辐射角分布的特点：在与加速度垂直的方向上辐射最强，而与加速度平行的方向上辐射为零。

辐射功率可由式(9.2.10)求出，得到

$$P_{\text{功}}(t')=\frac{e^2\dot{\boldsymbol{v}}^2}{16\pi^2\varepsilon_0c^3}\oint\sin^2\theta\mathrm{d}\Omega=\frac{e^2\dot{\boldsymbol{v}}^2}{6\pi\varepsilon_0c^3} \tag{9.2.11}$$

这就是非相对论加速电荷辐射的拉莫尔公式。

9.2.3 高速情况下的辐射

下面分两种情况讨论高速情况下的辐射。

1. $\dot{\boldsymbol{v}}\parallel\boldsymbol{v}$ 时的辐射

带电粒子在直线加速器中加速时会发出辐射，其特点是辐射粒子的加速度与速度平行。高速运动带电粒子打在物质靶上，由于碰撞而减速，发出的电磁辐射称为**韧致辐射**(bremsstrahlung)，也属于这种情况。在高速情况下，v/c 不能略去。但由于加速度与速度方向一致，所以 $\dot{\boldsymbol{v}}\times\boldsymbol{v}=0$，由式(9.2.1)和式(9.2.2)可以得到这种情况下的辐射场

$$\boldsymbol{E}=\frac{e}{4\pi\varepsilon_0c^2r}\frac{\boldsymbol{n}\times(\boldsymbol{n}\times\dot{\boldsymbol{v}})}{(1-\boldsymbol{n}\cdot\boldsymbol{v}/c)^3} \tag{9.2.12}$$

$$\boldsymbol{B}=-\frac{e}{4\pi\varepsilon_0c^3r}\frac{\boldsymbol{n}\times\dot{\boldsymbol{v}}}{(1-\boldsymbol{n}\cdot\boldsymbol{v}/c)^3} \tag{9.2.13}$$

辐射功率角分布由式(9.2.7)得到，即

$$\frac{\mathrm{d}P_{\text{功}}(t')}{\mathrm{d}\Omega}=\frac{e^2}{16\pi^2\varepsilon_0c^3}\frac{|\boldsymbol{n}\times(\boldsymbol{n}\times\dot{\boldsymbol{v}})|^2}{(1-\boldsymbol{n}\cdot\boldsymbol{v}/c)^5}=\frac{e^2\dot{\boldsymbol{v}}^2}{16\pi^2\varepsilon_0c^3}\frac{\sin^2\theta}{(1-v\cos\theta/c)^5} \tag{9.2.14}$$

其中 θ 是辐射方向与加速度方向之间的夹角。

由上式可以看出，高速情况与低速情况比较，辐射角分布中多了一个因子：$(1-v\cos\theta/c)^{-5}$。当 $v\to c$ 时，在 $\theta=0$ 方向上，这一项可以很大，因此辐射强烈地集中朝向前方(如图 9.2.2 所示)，这与低速情况下辐射集中在与加速度垂直方向上不同。

对式(9.2.14)的立体角积分，得到辐射功率

$$P_{功}(t') = \frac{e^2 \dot{\boldsymbol{v}}^2}{6\pi^2 \varepsilon_0 c^3}\oint \frac{\sin^2\theta}{(1 - v\cos\theta/c)^5}\mathrm{d}\Omega = \frac{e^2 \dot{\boldsymbol{v}}^2}{6\pi\varepsilon_0 c^3(1 - v^2/c^2)^3} \tag{9.2.15}$$

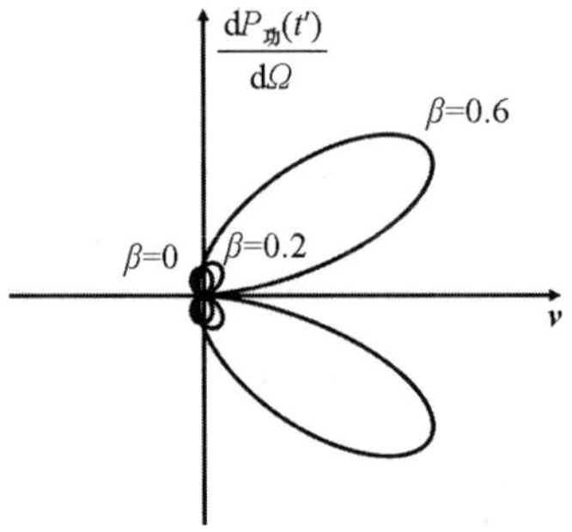

图 9.2.2　$\dot{\boldsymbol{v}} \parallel \boldsymbol{v}$ 时粒子的辐射角分布

式(9.2.15)中辐射功率是用加速度表示的。实际情况中，由于运动质量的增加，当 $v\to c$ 时加速度的值会剧烈变化，用加速度表示功率就不太方便，此时常改用粒子受到的作用力表示。在 $\dot{\boldsymbol{v}} \parallel \boldsymbol{v}$ 的情况下，由相对论力学方程得

$$\boldsymbol{F} = \frac{\mathrm{d}}{\mathrm{d}t}\left(\frac{m_0 \boldsymbol{v}}{\sqrt{1 - v^2/c^2}}\right) = \frac{m_0 \dot{\boldsymbol{v}}}{(1 - v^2/c^2)^{3/2}} \tag{9.2.16}$$

代入式(9.2.15)得

$$P_{功}(t') = \frac{e^2}{6\pi\varepsilon_0 c^3 m_0^2}F^2 \tag{9.2.17}$$

上式表明，在一定力的作用下，直线加速运动带电粒子辐射功率与静止质量平方成反比，和粒子能量无关。因此，重粒子适合用直线加速器加速。

2. $\dot{\boldsymbol{v}} \perp \boldsymbol{v}$ 时的辐射

带电粒子做圆周运动时的辐射称为**同步辐射**(synchrotron radiation)。同步辐射的特点是粒子加速度与速度垂直。带电粒子在圆周型加速器中的辐射就属于这种情况。

设在 t'时刻，粒子的瞬时速度沿 z 轴，加速度 $\dot{\boldsymbol{v}}$ 沿 x 轴，$\boldsymbol{n}$ 为沿传播方向的单位矢量，如图 9.2.3 所示。则有

$$\boldsymbol{n} = \sin\theta\cos\Phi\boldsymbol{e}_x + \sin\theta\sin\Phi\boldsymbol{e}_y + \cos\theta\boldsymbol{e}_z$$

$$\boldsymbol{n}\cdot\boldsymbol{v} = v\cos\theta$$

$$\boldsymbol{n}\cdot\dot{\boldsymbol{v}} = |\dot{\boldsymbol{v}}|\sin\theta\cos\Phi$$

$$\boldsymbol{n}\times[(\boldsymbol{n} - \boldsymbol{v}/c)\times\dot{\boldsymbol{v}}] = (\boldsymbol{n}\cdot\dot{\boldsymbol{v}})(\boldsymbol{n} - \boldsymbol{v}/c) - (1 - \boldsymbol{n}\cdot\boldsymbol{v}/c)\dot{\boldsymbol{v}}$$

$$= |\dot{\boldsymbol{v}}|\sin\theta\cos\Phi(\boldsymbol{n} - \boldsymbol{v}/c) - \dot{\boldsymbol{v}}(1 - v\cos\theta/c) \quad (9.2.18)$$

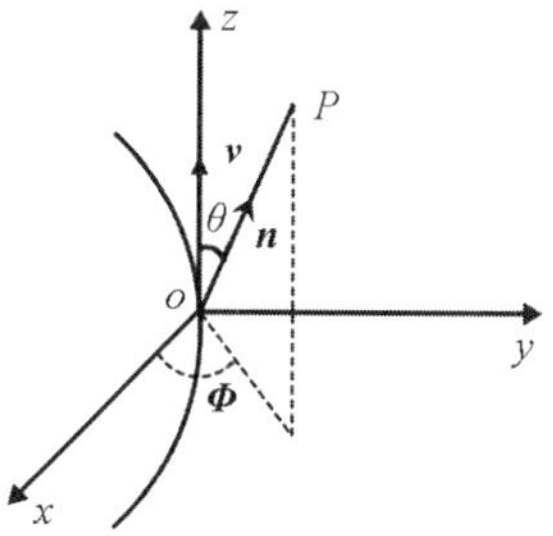

图 9.2.3 $\dot{\boldsymbol{v}} \perp \boldsymbol{v}$ 时粒子的辐射计算

将此结果代入式(9.2.1)和式(9.2.2)得到辐射场

$$\begin{cases} \boldsymbol{E} = \dfrac{e}{4\pi\varepsilon_0 c^2 r} \dfrac{|\dot{\boldsymbol{v}}|\sin\theta\cos\Phi(\boldsymbol{n} - \boldsymbol{v}/c) - \dot{\boldsymbol{v}}(1 - v\cos\theta/c)}{(1 - v\cos\theta/c)^3} \\ \boldsymbol{B} = \dfrac{1}{c}\boldsymbol{n} \times \boldsymbol{E} \end{cases} \quad (9.2.19)$$

由式(9.2.18)得

$$|\boldsymbol{n} \times [(\boldsymbol{n} - \boldsymbol{v}/c) \times \dot{\boldsymbol{v}}]|^2 = \dot{\boldsymbol{v}}^2[(1 - v\cos\theta/c)^2 - (1 - v^2/c^2)\sin^2\theta\cos^2\Phi]$$

将上式代入式(9.2.7)中，求得辐射角分布

$$\frac{\mathrm{d}P_{功}(t')}{\mathrm{d}\Omega} = \frac{e^2\dot{\boldsymbol{v}}^2}{16\pi^2\varepsilon_0 c^3} \frac{(1 - v\cos\theta/c)^2 - (1 - v^2/c^2)\sin^2\theta\cos^2\Phi}{(1 - v\cos\theta/c)^5} \quad (9.2.20)$$

由此可见，不同于韧致辐射，辐射角分布还和 Φ 有关。在 $\Phi = 0$ 的平面上(xOz 平面)，辐射角分布由下式决定。

$$\frac{(1 - v\cos\theta/c)^2 - (1 - v^2/c^2)\sin^2\theta}{(1 - v\cos\theta/c)^5}$$

在 $\theta = 0$ 的方向上辐射最强，在 $\cos\theta = v/c$ 的方向上辐射等于零。由于 $(1 - v\cos\theta/c)^{-5}$因子的存在，辐射角分布强烈前倾，辐射主要集中在 $\Delta\theta \approx \arccos(v/c)$的锥角内，如图 9.2.4 所示。运用式(9.2.20)对立体角积分得辐射功率

$$P_{功}(t') = \frac{e^2\dot{\boldsymbol{v}}^2}{6\pi\varepsilon_0 c^3} \frac{1}{(1 - v^2/c^2)^2} \quad (9.2.21)$$

也可把辐射功率表示为作用力的函数，在 $\dot{\boldsymbol{v}} \perp \boldsymbol{v}$ 的情况下

$$\boldsymbol{F} = \frac{m_0\dot{\boldsymbol{v}}}{(1 - v^2/c^2)^{1/2}}$$

将上式代入式(9.2.21)得

$$P_{功}(t')=\frac{e^2F^2}{6\pi\varepsilon_0c^3m_0^2(1-v^2/c^2)} \tag{9.2.22}$$

注意到 $1/(1-v^2/c^2)=W^2/m_0^2c^4$，$W$ 是粒子能量，可见在一定作用力下，同步辐射功率与粒子能量平方成正比。

对比式(9.2.17)和式(9.2.22)可以看到，对于高速运动的粒子，$\dot{\boldsymbol{v}}\perp\boldsymbol{v}$ 时的辐射远大于 $\dot{\boldsymbol{v}}\parallel\boldsymbol{v}$ 时的辐射。在加速器中，当带电粒子的辐射功率等于加速器提供的功率时，带电粒子不可能被加速。因此，对一定功率的圆周型加速器，存在被加速粒子能量的上限。而直线型加速器在原则上不存在加速能量的上限。高能物理研究中需要获得极高能量的粒子，如著名的**大型强子对撞机**(large hadron collider)就是采用直线型加速器的结构。而圆周型加速器可用于获得一种新光源——同步辐射光源。同步辐射光源具有频率范围宽、强度大、准直性好等特点，已成为凝聚态物理、医学、生物学和材料科学研究中的一个重要工具。

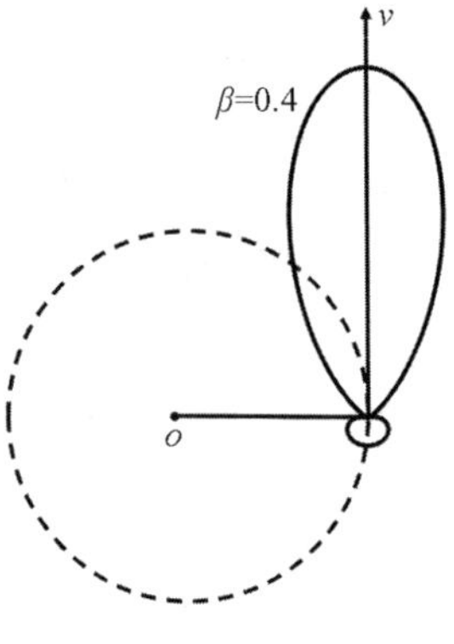

图 9.2.4　$\dot{\boldsymbol{v}}\perp\boldsymbol{v}$ 时粒子的辐射角分布

9.3　运动带电粒子的电磁场对粒子本身的反作用

电磁场对带电粒子的作用力由洛伦兹力公式描述。

$$\boldsymbol{F}=e\boldsymbol{E}+e\boldsymbol{v}\times\boldsymbol{B} \tag{9.3.1}$$

其中 $\boldsymbol{E}$, $\boldsymbol{B}$ 就是带电粒子所处的电磁场，已经包括了带电粒子自己激发的场。一个任意运动带电粒子激发的场可以分为自有场和辐射场这两部分，因此任意运动带电粒子激发的场对粒子本身的反作用也包括两部分。下面在 $v/c\ll1$ 的低速情况下，讨论这两部分场对粒子的反作用。

9.3.1 电磁质量

带电粒子的自有场被带电粒子携带，随带电粒子一起运动。与自有场能量对应存在一份质量，这份质量和带电粒子不可分割地联系在一起。测量带电粒子的质量时，这份质量必然包括在内。这部分质量起源于粒子的电磁性质，称为**电磁质量**。

由于带电粒子具有电磁质量，这就使得带电粒子运动时表现出比“裸粒子”(即不被自己激发的场包围着的带电粒子，这样的粒子至今还没被发现)具有更大的惯性。当粒子运动速度变化时，粒子自有场也发生变化，这种变化导致粒子惯性质量的改变。所以，粒子表现出质量的变化就是粒子自有场反作用的结果。

一个带电粒子除电磁质量外，还有其他非电磁起源的质量。一个带电粒子，比如一个电子，究竟有多大质量是电磁起源的，这个问题是测量解决不了的。因为电磁质量作为质量和非电磁起源的质量具有完全相同的物理效应，是不可能被分离出来单独测量的。由于我们对电子内部结构还不了解，从理论上计算也存在着困难。但是仍可能从经典理论出发，对电子的电磁质量作出一个粗略的估计。

假设电子电荷只分布在半径为r_e的球面上，这时库仑能量为

$$W = \int_{r_e}^{\infty} \frac{\varepsilon_0}{2} E^2 \mathrm{d}\tau = \frac{e^2}{8\pi\varepsilon_0 r_e} \tag{9.3.2}$$

与这部分能量对应的质量为

$$m_e = \frac{W}{c^2} = \frac{e^2}{8\pi\varepsilon_0 r_e c^2} \tag{9.3.3}$$

如果电子是运动的，可由相对论质量公式计算与这部分质量对应的运动质量。低速情况下，可认为式(9.3.3)就是电子自有场的质量。

以m_0表示电子非电磁起源的质量，则电子质量可表示为

$$m = m_0 + m_e$$

假设电子质量有显著部分起源于电磁，比如说有一半来源于电磁，则

$$m = \frac{e^2}{4\pi\varepsilon_0 r_e c^2}$$

由此得出

$$r_e = \frac{e^2}{4\pi\varepsilon_0 c^2 m} \approx 2.82 \times 10^{-13}\ \text{cm} \tag{9.3.4}$$

r_e是由基本常数构成的一个具有长度量纲的量，称为电子的**经典半径**。

从上述讨论可以看出，如果把电子看成一个几何点(点模型)，将会导致电子质量无限大，这就是著名的"**发散困难**"。但是如果把电子看成有限大小的，又破坏了麦克斯韦方程的相对论协变性。通常把电子的经典半径作为麦克斯韦电磁理论适用的一个界限。

9.3.2 辐射阻尼力

现在研究带电粒子的辐射场对粒子的反作用。设电子在外力$\boldsymbol{F}_e$作用下做加速运动，由于电子不断辐射出电磁能量，电子的运动必然受到阻尼，以$\boldsymbol{F}_s$表示电子受到的**辐射阻尼力**(radiation damping force)，则电子的运动方程为

$$\frac{\mathrm{d}}{\mathrm{d}t}(m\boldsymbol{v}) = \boldsymbol{F}_e + \boldsymbol{F}_s \tag{9.3.5}$$

其中 m 是包含电磁质量的电子运动质量。

现在从能量守恒的观点看 $\boldsymbol{F}_s$应取什么形式。为了简单，只考虑低速情况。当粒子加速度为 $\dot{\boldsymbol{v}}$ 时，由式(9.2.11)可得到它的辐射功率

$$P_{功} = \frac{e^2 \dot{\boldsymbol{v}}^2}{6\pi\varepsilon_0 c^3} \tag{9.3.6}$$

由能量守恒定律得，辐射阻尼力所做负功的功率应等于辐射功率，即

$$\boldsymbol{F}_s \cdot \boldsymbol{v} = -\frac{e^2 \dot{\boldsymbol{v}}^2}{6\pi\varepsilon_0 c^3} \tag{9.3.7}$$

仔细分析表明，式(9.3.7)不可能是瞬时成立的。因为在每一瞬时粒子的速度和加速度是两个互相独立的量，不一定会满足式(9.3.7)。但是作为一段时间的平均效果而言，上式是可能成立的。例如，做周期运动的粒子经过一个周期后回复到原来的运动状态，在这一个周期之内，粒子受到的辐射阻尼力功率就严格等于周期平均单位时间内辐射出去的电磁能量。设粒子运动的周期为 T，有

$$\int_{t_0}^{t_0+T} \boldsymbol{F}_s \cdot \boldsymbol{v}\,\mathrm{d}t = -\int_{t_0}^{t_0+T} \frac{e^2 \dot{\boldsymbol{v}}^2}{6\pi\varepsilon_0 c^3}\mathrm{d}t = -\left.\frac{e^2 \dot{\boldsymbol{v}} \cdot \boldsymbol{v}}{6\pi\varepsilon_0 c^3}\right|_{t_0}^{t_0+T} + \int_{t_0}^{t_0+T} \frac{e^2 \ddot{\boldsymbol{v}}}{6\pi\varepsilon_0 c^3} \cdot \boldsymbol{v}\,\mathrm{d}t$$

粒子运动一个周期后，$\dot{\boldsymbol{v}}$ 和 $\boldsymbol{v}$ 都回复到原值，故上式右端第一项为零。因而对一个周期平均效果而言，有

$$\boldsymbol{F}_s = \frac{e^2}{6\pi\varepsilon_0 c^3}\ddot{\boldsymbol{v}} \tag{9.3.8}$$

要指出的是，式(9.3.8)给出的辐射阻尼力是在低速运动情况下得到的，这只在辐射阻尼力远远小于外力，即辐射阻尼力实际上对电子运动影响很小时才适用。近年来，随着以数拍瓦甚至百拍瓦为目标的高功率激光器项目的发展，超强激光场与物质的作用越来越受到人们的重视。电子在超强光场中以接近光速的速度振荡，辐射阻尼效应非常重要，人们正致力于发展更精确的辐射阻尼理论模型和数值求解方法。

9.4 带电粒子对电磁波的散射

当一定频率的电磁波入射到电子上时，电子在振荡电磁场作用下做受迫振动，振动电子将向外辐射电磁波。这种电子从入射场中获取能量，并把能量辐射到其他方向上去的现象，称为电子对电磁波的散射。

9.4.1 自由电子对电磁波的散射

自由电子对电磁波的散射，就是自由电子在外来场作用下加速运动辐射电磁波的过程。假设电子做低速运动，运动速度 $v \ll c$，此时电子振动幅度 $\sim vT \ll cT = \lambda$，即远小于入射电磁波的波长，因此可以把电子受到的场作用看成与电子位置无关。由于 $v \ll c$，可以略去磁作用力。于是在外来电磁场作用下，包括辐射阻尼力在内的电子的运动方程可以写作

$$m\ddot{\boldsymbol{x}} = e\boldsymbol{E}_0 \mathrm{e}^{-\mathrm{i}\omega t} + \boldsymbol{F}_s$$

或

$$\ddot{\boldsymbol{x}} - \frac{e^2}{6\pi\varepsilon_0 c^3 m}\dddot{\boldsymbol{x}} = \frac{e}{m}\boldsymbol{E}_0 \mathrm{e}^{-\mathrm{i}\omega t} \tag{9.4.1}$$

其中 $\boldsymbol{E}_0$ 为入射电磁波的电场。

这个方程的稳态解是频率为 ω 的受迫振动，因而辐射阻尼力项中的 $\dddot{\boldsymbol{x}}$ 可以写为 $-\omega^2\dot{\boldsymbol{x}}$。令**阻尼因数**(damping factor)为

$$\gamma_s = \frac{e^2\omega^2}{6\pi\varepsilon_0 c^3 m} \tag{9.4.2}$$

式(9.4.1)可写作

$$\ddot{\boldsymbol{x}}+\gamma_s\dot{\boldsymbol{x}}=\frac{e}{m}\boldsymbol{E}_0\mathrm{e}^{-\mathrm{i}\omega t} \tag{9.4.3}$$

设此方程有形如下式的解。

$$\boldsymbol{x}=\boldsymbol{x}_0\mathrm{e}^{-\mathrm{i}\omega t} \tag{9.4.4}$$

其中$\boldsymbol{x}_0$为待定振幅常数。将式(9.4.4)代入式(9.4.3)得

$$\boldsymbol{x}_0=-\frac{e\boldsymbol{E}_0}{m(\omega^2+\mathrm{i}\omega\gamma_s)}$$

因而

$$\boldsymbol{x}=-\frac{e\boldsymbol{E}_0}{m(\omega^2+\mathrm{i}\omega\gamma_s)}\mathrm{e}^{-\mathrm{i}\omega t} \tag{9.4.5}$$

注意到

$$\gamma_s=\frac{e^2\omega^2}{6\pi\varepsilon_0c^3m}=\frac{4\pi}{3}\frac{r_e}{\lambda}\omega$$

因为$r_e\approx10^{-13}$ cm，即使对于可见光($\lambda\sim10^{-5}$ cm)，仍然有 $\gamma_s\ll\omega$。式(9.4.5)分母中的 $\mathrm{i}\omega\gamma_s$ 和 ω^2 相比仍是小量，可以略去。则式(9.4.5)近似为

$$\boldsymbol{x}=-\frac{e\boldsymbol{E}_0}{m\omega^2}\mathrm{e}^{-\mathrm{i}\omega t} \tag{9.4.6}$$

此即在入射电磁场作用下自由电子的运动方程。

在低速情况下，电子辐射场电场强度由式(9.2.8)给出，得到

$$\boldsymbol{E}=\frac{e}{4\pi\varepsilon_0c^2r}\boldsymbol{n}\times(\boldsymbol{n}\times\ddot{\boldsymbol{x}}) \tag{9.4.7}$$

以 α 表示入射场强 $\boldsymbol{E}_0$与辐射方向 $\boldsymbol{n}$ 之间的夹角，得散射波场强振幅为

$$E=\frac{e|\ddot{\boldsymbol{x}}|}{4\pi\varepsilon_0c^2r}\sin\alpha=\frac{e^2E_0}{4\pi\varepsilon_0c^2rm}\sin\alpha=\frac{r_e}{r}E_0\sin\alpha \tag{9.4.8}$$

其中r_e为式(9.3.4)中的电子经典半径。电子平均散射波能流

$$\bar{\boldsymbol{S}}=\frac{1}{2}\mathrm{Re}(\boldsymbol{E}^*\times\boldsymbol{H})=\frac{1}{2}\varepsilon_0cE_0^2\frac{r_e^2}{r^2}(\sin^2\alpha)\boldsymbol{n} \tag{9.4.9}$$

入射波平均能流密度

$$I_0=\frac{c}{2}\varepsilon_0E_0^2 \tag{9.4.10}$$

所以微分散射截面

$$\frac{\mathrm{d}\sigma_s}{\mathrm{d}\Omega}=\frac{\bar{\boldsymbol{S}}\cdot\mathrm{d}\boldsymbol{\sigma}}{\mathrm{d}\Omega}/\boldsymbol{I}_0=\frac{\bar{S}r^2}{I_0}=r_e^2\sin^2\alpha \tag{9.4.11}$$

设$\boldsymbol{E}_0$在 xy 平面上，并且和 x 轴夹角为 ϕ_0（如图 9.4.1 所示），则

$$\boldsymbol{E}/E_0 = \boldsymbol{e}_x\cos\phi_0 + \boldsymbol{e}_y\sin\phi_0$$

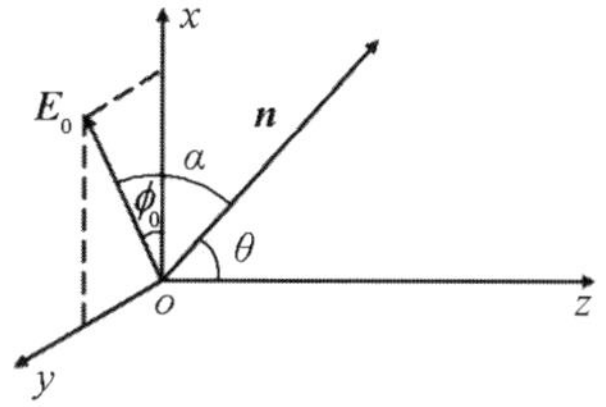

图 9.4.1 电磁波的散射计算

取电磁波传播方向为 z 方向，观察方向为 $\boldsymbol{n}$，则观察方向与$\boldsymbol{E}_0$方向夹角余弦为

$$\cos\alpha = \boldsymbol{E}_0 \cdot \boldsymbol{n}/E_0 = \sin\theta\cos(\Phi - \Phi_0)$$

所以对沿$\boldsymbol{E}_0$方向偏振的入射波，微分散射截面式(9.4.11)可改写为

$$\frac{\mathrm{d}\sigma_s}{\mathrm{d}\Omega} = r_e^2[1 - \sin^2\theta\cos^2(\Phi - \Phi_0)] \tag{9.4.12}$$

对于非偏振入射波，$\boldsymbol{E}_0$在 xy 平面各方向有相同的概率，对Φ_0求平均得

$$\begin{aligned}\overline{\sin^2\alpha} &= \frac{1}{2\pi}\int_0^{2\pi}[1 - \sin^2\theta\cos^2(\Phi - \Phi_0)]\mathrm{d}\Phi_0 \\ &= \frac{1}{2}(1 + \cos^2\theta)\end{aligned} \tag{9.4.13}$$

由此得非偏振入射波的微分散射截面

$$\overline{\frac{\mathrm{d}\sigma_s}{\mathrm{d}\Omega}} = \frac{1}{2}r_e^2(1 + \cos^2\theta) \tag{9.4.14}$$

这就是著名的**汤姆孙散射**（Thomson scattering）公式。θ 称为散射角，散射角分布由因子 $1 + \cos^2\theta$ 决定。$\cos^2\theta$ 在 θ 和 $\pi - \theta$ 处对称，表明自由电子对电磁波的前向、后向散射分布是对称的。实验表明，对于低频入射波，式(9.4.14)与实际相符，在高频入射情况下，散射倾向于向前，这时需要采用量子理论才能得到正确的结果。

式(9.4.14)对立体角积分，得到自由电子对电磁波散射总截面，称为汤姆孙截面。

$$\sigma_{\mathrm{T}} = \frac{1}{2}r_e^2\oint(1 + \cos^2\theta)\mathrm{d}\Omega = \frac{8\pi}{3}r_e^2 \tag{9.4.15}$$

将电子经典半径式(9.3.4)代入上式，可得 $\sigma_T \approx 6.65 \times 10^{-29}\ \mathrm{m}^2$。

散射总功率

$$P_{功} = \sigma_T I_0 = \frac{8\pi}{3} r_e^2 I_0 \tag{9.4.16}$$

一个自由电子对电磁波散射的总功率，等于入射波投射到σ_T面积上的电磁场能量。

9.4.2 束缚电子对电磁波的散射

现在研究原子内的束缚电子对电磁波的散射。用经典谐振子模型描述束缚电子，设其固有频率为ω_0，则在频率为 ω 的入射电场作用下，电子运动方程为

$$\ddot{\boldsymbol{x}} + \gamma_s \dot{\boldsymbol{x}} + \omega_0^2 \boldsymbol{x} = \frac{e}{m} \boldsymbol{E}_0 \mathrm{e}^{-\mathrm{i}\omega t} \tag{9.4.17}$$

这里已假设电子运动速度 $v \ll c$，略去了磁场力，γ_s为阻尼因数。

电子在入射场作用下做受迫振动，稳定后的振动频率等于外场驱动频率，式(9.4.17)应有形如下式的解。

$$\boldsymbol{x} = \boldsymbol{x}_0 \mathrm{e}^{-\mathrm{i}\omega t} \tag{9.4.18}$$

将式(9.4.18)代入式(9.4.17)中，求得

$$\boldsymbol{x} = \frac{1}{\omega_0^2 - \omega^2 - \mathrm{i}\omega\gamma_s} \frac{e}{m} \boldsymbol{E}_0 \mathrm{e}^{-\mathrm{i}\omega t} \tag{9.4.19}$$

整理得到

$$\boldsymbol{x} = \frac{1}{\sqrt{(\omega_0^2 - \omega^2)^2 + \omega^2 \gamma_s^2}} \frac{e}{m} \boldsymbol{E}_0 \mathrm{e}^{\mathrm{i}(\delta - \omega t)} \tag{9.4.20}$$

$$\delta = \arctan \frac{\omega \gamma_s}{\omega_0^2 - \omega^2} \tag{9.4.21}$$

由式(9.2.8)可求得散射波的电场振幅

$$E = \frac{e|\ddot{\boldsymbol{x}}|}{4\pi\varepsilon_0 c^2 r} \sin\alpha = \frac{r_e}{r} \frac{\omega^2 E_0 \sin\alpha}{\sqrt{(\omega_0^2 - \omega^2)^2 + \omega^2 \gamma_s^2}} \tag{9.4.22}$$

其中 α 是入射电场偏振方向与散射方向 $\boldsymbol{n}$ 的夹角。

束缚电子平均散射波能流为

$$\bar{\boldsymbol{S}} = \frac{1}{2} \varepsilon_0 c E_0^2 \frac{r_e^2}{r^2} \frac{\omega^4}{(\omega_0^2 - \omega^2)^2 + \omega^2 \gamma_s^2} (\sin^2\alpha) \boldsymbol{n} \tag{9.4.23}$$

微分散射截面

$$\frac{\mathrm{d}\sigma_s}{\mathrm{d}\Omega} = r_e^2 \frac{\omega^4}{(\omega_0^2 - \omega^2)^2 + \omega^2 \gamma_s^2} \sin^2\alpha$$

与对自由电子处理方法相同，对偏振方向求平均，可得非偏振入射波的微

分散射截面

$$\overline{\frac{\mathrm{d}\sigma_s}{\mathrm{d}\Omega}}=\frac{1}{2}\frac{\omega^4}{(\omega_0^2-\omega^2)^2+\omega^2\gamma_s^2}r_e^2(1+\cos^2\theta) \tag{9.4.24}$$

积分上式得到束缚电子散射总截面

$$\sigma_s=\sigma_T\frac{\omega^4}{(\omega_0^2-\omega^2)^2+\omega^2\gamma_s^2} \tag{9.4.25}$$

其中$\sigma_T=\frac{8\pi}{3}r_e^2$为汤姆孙截面。

下面分三种情况进行讨论。

1. 当 $\omega\ll\omega_0$ 时，由式(9.4.25)，近似有总截面

$$\sigma_s=\sigma_T\left(\frac{\omega}{\omega_0}\right)^4 \tag{9.4.26}$$

总截面与ω^4成比例，称为**瑞利散射定律**。根据这一定律，高频波比低频波要受到更多的散射。夏天正午容易晒黑，冬天太阳光强度不如夏天，这些都可用大气层的瑞利散射定律解释。

2. 当 $\omega\gg\omega_0$时，式(9.4.25)过渡到自由电子散射的情况，此时

$$\sigma_s=\sigma_T \tag{9.4.27}$$

这表明对于高频入射波，束缚电子的行为就和自由电子一样。

3. 当 $\omega\approx\omega_0$时，式(9.4.25)可近似为

$$\sigma_s\approx\sigma_T\left(\frac{\omega}{\gamma_s}\right)^2 \tag{9.4.28}$$

由于$\gamma_s\ll\omega$(见式(9.4.5)下面的讨论)，此时的散射截面远大于前面两种情况，这种散射称为**共振散射**。发生共振散射时，外场驱动频率近似等于束缚电子固有振动频率，电子与外场发生共振，从外场大量吸收能量，并把能量再辐射到其他方向上去。

9.5 介质的色散和吸收

把介质置于外电场中，电子及原子核在电场力作用下将产生相反方向的运动，使介质极化。由于原子核的质量比电子质量大得多，原子核的移动可以忽略，对极化的主要贡献来自电子。这种以电子移动为主要机制的极化称为**电子极化**(electronic polarization)。由于电子质量轻、振动频率高，电子极化是影响

介质光频和光频以上高频特性的最重要的物理机制。本节利用上节讨论过的束缚电子与电磁场相互作用的微观机制，研究介质在光频段表现出的反常色散和共振吸收性质。为了简单，首先讨论稀薄气体介质，然后再推广到一般介质情况。

9.5.1 稀薄气体介质的色散和吸收

稀薄气体的特点是分子与分子间的平均距离很大。当电磁场入射到稀薄气体介质上时，虽然每个分子都被极化，产生一个电极矩，但分子与分子电极矩之间的相互作用可以略去，认为作用在每个分子上的有效场就等于入射场。

假设气体由同一种分子组成，分子中每个电子都以相同的固有频率ω_0振动，在入射场$\boldsymbol{E}=\boldsymbol{E}_0\mathrm{e}^{-\mathrm{i}\omega t}$的作用下，由式(9.4.19)可得，电极化引起的介质极化矢量

$$\boldsymbol{P}=Ne\boldsymbol{x}=\frac{Ne^2}{m}\frac{1}{\omega_0^2-\omega^2-\mathrm{i}\omega\gamma_s}\boldsymbol{E} \tag{9.5.1}$$

其中N是气体单位体积中的电子数目。由电位移矢量的定义

$$\boldsymbol{D}=\varepsilon_0\boldsymbol{E}+\boldsymbol{P}=\varepsilon\boldsymbol{E}$$

得气体介电常数

$$\varepsilon=\varepsilon_0+\frac{Ne^2}{m}\frac{1}{\omega_0^2-\omega^2-\mathrm{i}\omega\gamma_s} \tag{9.5.2}$$

则相对介电常数

$$\varepsilon_r=1+\frac{Ne^2}{\varepsilon_0 m}\frac{1}{\omega_0^2-\omega^2-\mathrm{i}\omega\gamma_s} \tag{9.5.3}$$

将其实部和虚部分开

$$\varepsilon_r'=1+\frac{Ne^2}{\varepsilon_0 m}\frac{\omega_0^2-\omega^2}{(\omega_0^2-\omega^2)^2+\omega^2\gamma_s^2} \tag{9.5.4}$$

$$\varepsilon_r''=\frac{Ne^2}{\varepsilon_0 m}\frac{\omega\,\gamma_s}{(\omega_0^2-\omega^2)^2+\omega^2\gamma_s^2} \tag{9.5.5}$$

式(9.5.3)描述了介电常数对频率的依赖关系，称为介质的**色散关系**(dispersion relation)。电磁波在介质中传播时的色散特性由ε_r''与频率的关系决定。介电常数中ε_r''的存在表明$\boldsymbol{D}$与$\boldsymbol{E}$之间存在位相差，从而导致电场对位移电流做功的时间平均值不为零，入射场有一部分能量将被介质吸收。

$$\frac{1}{2}\mathrm{Re}(\boldsymbol{j}_D^*\cdot\boldsymbol{E})=\frac{1}{2}\mathrm{Re}\left(\frac{\partial\boldsymbol{D}^*}{\partial t}\cdot\boldsymbol{E}\right)$$

介电常数对频率的依赖关系如图 9.5.1 所示，其中实线为$\varepsilon_r'-1$随频率的变化，虚线为ε_r''随频率的变化。可以看出，ε_r''在$\omega\approx\omega_0$处有一个共振峰，在共振区介质对入射波有强烈的吸收，在远离共振区吸收很小。在共振区外，相对介电常数的实部，ε_r'随频率升高有增大趋势，这称为**正常色散**（normal dispersion）。但是在谐振频率ω_0附近（共振区内），ε_r'随频率升高而迅速下降，这称为**反常色散**（abnormal dispersion）。反常色散来源于电子的辐射阻尼，是介质的一种普遍现象。

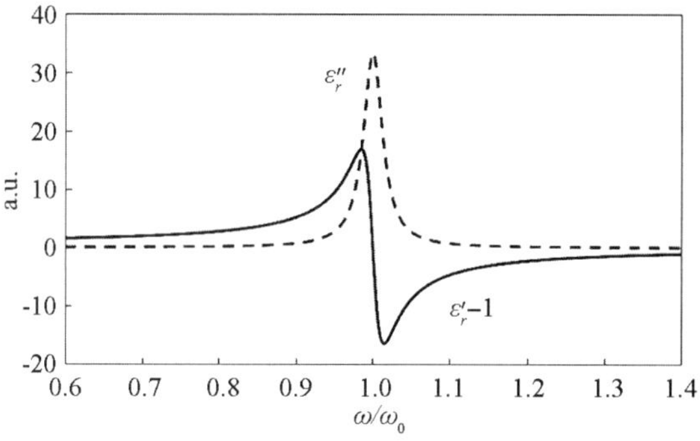

图 9.5.1 介电常数对频率的依赖关系

上面的讨论中，假设电子只有一个固有频率和一个阻尼因数。实际上，对应着电子在原子中（以及原子与原子之间不同的相互作用）处于不同的能态，可以有多个固有频率ω_i和阻尼因数γ_i。设固有频率为ω_i的电子数所占的比例为f_i，气体单位体积中将有Nf_i个电子的固有频率等于ω_i，显然$\sum_i f_i=1$。此时式(9.5.3)可改写为

$$\varepsilon_r=1+\sum_i\frac{Nf_ie^2}{\varepsilon_0 m}\frac{1}{(\omega_i^2-\omega^2)-\mathrm{i}\omega\gamma_i}\tag{9.5.6}$$

ε_r''对ω的曲线上会出现多个共振峰，表示有多个吸收带，介质也表现出有多个不同的反常色散区。

9.5.2 稠密介质的色散和吸收

对于稠密介质，分子极化电偶极矩之间的相互作用不容忽视，每个分子除受到入射场$\boldsymbol{E}_i$的作用外，还要受到其他分子极化偶极子场的作用。后者可以由以下考虑求出。

设均匀各向同性介质被外场$\boldsymbol{E}_i$均匀极化，极化矢量为$\boldsymbol{P}$。包括极化矢量$\boldsymbol{P}$

和外场$\boldsymbol{E}_i$的贡献在内，介质内的宏观平均场为$\boldsymbol{E}$。现在计算作用在每个分子并使之极化的有效场$\boldsymbol{E}_e$。

以研究的分子为中心，在介质内做一个半径为r的圆球，r要比分子间距大得多，在球面外的介质可以作为连续介质处理。作用于被研究分子的有效场为

$$\boldsymbol{E}_e = \boldsymbol{E} + \boldsymbol{E}_1 + \boldsymbol{E}_2 \tag{9.5.7}$$

其中$\boldsymbol{E}$是介质内的宏观平均场，$\boldsymbol{E}_1$是球外分子产生的电场强度，$\boldsymbol{E}_2$是球内其他分子的贡献。球面上束缚电荷面密度$\sigma = P\cos\theta$，θ是极化矢量$\boldsymbol{P}$与球面法向的夹角。球面束缚电荷在球心所产生的电场强度与$\boldsymbol{E}$垂直的分量互相抵消，与$\boldsymbol{E}$平行的分量为

$$E_1 = \oint_{\text{球面}} \frac{P\cos\theta \mathrm{d}\sigma}{4\pi\varepsilon_0 r^2}\cos\theta = \frac{P}{3\varepsilon_0} \tag{9.5.8}$$

球内其他分子偶极矩在球心产生的场$\boldsymbol{E}_2$必须根据具体情况计算。对于具有高度对称性的晶体(例如立方晶系)，可以证明$\boldsymbol{E}_2$等于零；对无规则排列的非晶体介质，也可认为$\boldsymbol{E}_2$等于零。在$\boldsymbol{E}_2=0$的简单情况下有

$$\boldsymbol{E}_e = \boldsymbol{E} + \frac{1}{3\varepsilon_0}\boldsymbol{P} \tag{9.5.9}$$

把式(9.5.1)中的$\boldsymbol{E}$换成式(9.5.9)中的有效场$\boldsymbol{E}_e$，并考虑到电子可能具有多个固有频率，得

$$\boldsymbol{P} = \sum_i \frac{Nf_ie^2}{m}\frac{1}{\omega_i^2 - \omega^2 - \mathrm{i}\omega\gamma_i}\boldsymbol{E}_e = \alpha\boldsymbol{E}_e \tag{9.5.10}$$

其中

$$\alpha = \sum_i \frac{Nf_ie^2}{m}\frac{1}{\omega_i^2 - \omega^2 - \mathrm{i}\omega\gamma_i} \tag{9.5.11}$$

是介质的极化率。由式(9.5.10)和式(9.5.9)得

$$\boldsymbol{P} = \alpha\left(\boldsymbol{E} + \frac{1}{3\varepsilon_0}\boldsymbol{P}\right)$$

由此求得

$$\boldsymbol{P} = \frac{3\alpha\varepsilon_0}{3\varepsilon_0 - \alpha}\boldsymbol{E} \tag{9.5.12}$$

另一方面

$$\boldsymbol{P} = (\varepsilon_r - 1)\varepsilon_0\boldsymbol{E} \tag{9.5.13}$$

比较式(9.5.12)和式(9.5.13)可以得到

$$\varepsilon_r = 1 + \frac{3\alpha}{3\varepsilon_0 - \alpha} \tag{9.5.14}$$

这就是在上述简单情况下介质的色散关系。由于 α 是复数，ε 也是复数，其实部描述光波在其中传播时的色散性质，虚部描述介质吸收性质。

9.5.3 导电介质的色散和吸收

导电介质除了有束缚于原子中的电子，还存在着可以自由移动的电子。对于自由电子，可以认为它的固有频率$\omega_i=0$，阻尼因数为γ_0。注意：这里的阻尼是由于自由电子在运动过程中与晶格离子碰撞而产生的，γ_0不再由式(9.4.2)描述，通常要从实验数据中确定。假设自由电子数所占比例为f_0，单位体积中自由电子的数目是Nf_0，将这部分电子的贡献从式(9.5.6)中分离出来得

$$\varepsilon' = \varepsilon + \mathrm{i}\frac{Nf_0e^2}{m}\frac{1}{\omega(\gamma_0 - \mathrm{i}\omega)} \tag{9.5.15}$$

其中

$$\varepsilon = \varepsilon_0 + \sum_{i\neq 0}\frac{Nf_ie^2}{m}\frac{1}{\omega_i^2 - \omega^2 - \mathrm{i}\omega\gamma_i} \tag{9.5.16}$$

是导电介质中束缚电子的贡献。

引入导体有效介电常数 $\varepsilon' = \varepsilon + \mathrm{i}\dfrac{\sigma_e}{\omega}$，可得到导体的电导率

$$\sigma_e = \frac{Nf_0e^2}{m(\gamma_0 - \mathrm{i}\omega)} \tag{9.5.17}$$

这就是电导率的**德鲁德模型**(Drude model)，它表明导体电导率与载流子密度Nf_0和电子的碰撞性质(由γ_0描述)有关。

以上讨论表明导体的电导率是复数，且与所在电场的频率 ω 有关。但是在低频常温情况下，常有$\gamma_0 \gg \omega$，$\sigma_e \approx \dfrac{Nf_0e^2}{m\gamma_0}$为与 ω 无关的实数，欧姆定律仍然适用。低频条件下，导体中自由电子的贡献占主导地位，电磁波在导体中将受到强烈的衰减。在更高频段，导体表现出的性质比较复杂，在此不再讨论。

在一定程度上，可以依据经典原子结构模型，用经典电动力学方法解释介质的宏观性质，但这种解释只是近似的和定性的。用物质的微观结构解释它的宏观电磁性能的严格理论必须建立在量子理论基础上。

习 题

9.1 求以速度 $v=\sqrt{3}c/2$ 做圆周运动的带电粒子辐射角分布，设圆周半径

为 R。证明当 $\gamma=1/\sqrt{1-v^2/c^2}\gg 1$ 时，带电粒子的辐射主要集中在运动方向上，半角为 $\Delta\theta\cong 1/\gamma$ 的锥内。

9.2 带电粒子做匀速率圆周运动，试证明粒子绕行一周能量的损失在 $v\to c$ 情况下可近似地表示为 $\Delta E=\alpha E^4/r$。其中 E 为粒子能量，r 为回旋半径，α 为比例系数。

9.3 有一带电粒子沿 z 轴做简谐振动，$z=z_0\mathrm{e}^{-\mathrm{i}\omega t}$，设$z_0\omega\ll c$。

(1)求它的辐射场和能流。

(2)求它的自有场，并比较自有场和辐射场的异同。

9.4 带电荷为 e 的粒子在 xy 平面上绕 z 轴做匀速率圆周运动，角频率为 ω，半径为 R_0，设 $R_0\omega\ll c$。

(1)求辐射场和辐射场能流。

(2)讨论 $\theta=0$，π，$\pi/2$，$\pi/4$，$3\pi/4$ 方向上辐射场的极化状态。

9.5 设有各向同性的带电谐振子(无外场时粒子受到弹性恢复力 $-m\omega_0^2\boldsymbol{x}$ 的作用)处在恒定的外磁场 $\boldsymbol{B}$ 中，假设粒子速度 $v\ll c$，辐射阻尼力可忽略。

(1)求振子运动的通解。

(2)讨论沿磁场方向和垂直于磁场方向辐射场的频率和极化。

9.6 设电子在均匀外磁场 $\boldsymbol{B}$ 中运动，取磁场 $\boldsymbol{B}$ 的方向为 z 轴方向，已知 $t=0$时粒子的位置和速度分别为 $x=R_0$，$y=z=0$，$\dot{x}=\dot{z}=0$，$\dot{y}=v_0$，设满足非相对论条件。

(1)求考虑辐射阻尼力情况下电子运动的轨道。

(2)计算电子的辐射功率。

(3)证明电子的辐射功率等于单位时间内电子的能量损失。

9.7 在弱电离等离子体中，电子与中性原子的碰撞占主要地位，其他的碰撞都可忽略。设电子与中性原子的碰撞频率为v_{en}，试证明弱等离子体的直流电导率可表示为 $\sigma_s=\dfrac{n_e e^2}{m v_{en}}$。其中，$n_e$是电子数密度，$m$ 是电子质量。

9.8 设弱等离子体在交变电场作用下电子的运动方程可写作 $\ddot{\boldsymbol{x}}+v_{en}\dot{\boldsymbol{x}}=\dfrac{e}{m}\cdot\boldsymbol{E}_0\mathrm{e}^{-\mathrm{i}\omega t}$。试推导弱等离子体的介电常数 $\varepsilon=1-\dfrac{\omega_p^2}{\omega^2+v_{en}^2}+\mathrm{i}\dfrac{\omega_p^2 v_{en}}{\omega(\omega^2+v_{en}^2)}$。其中，$\omega_p^2=\dfrac{n_e e^2}{m\varepsilon_0}$是等离子体频率，$\omega$ 是交变电场频率。

附录1　习题参考答案(部分)

第1章

1.1　$\boldsymbol{a}\cdot\boldsymbol{b}$, $\boldsymbol{a}\times\boldsymbol{b}$, $r\dfrac{\mathrm{d}\psi(r)}{\mathrm{d}r}+3\psi(r)$, 0, 0, $\dfrac{\mathrm{d}\psi(r)}{\mathrm{d}r}\dfrac{1}{r}[r^2\boldsymbol{a}-(\boldsymbol{a}\cdot\boldsymbol{r})\boldsymbol{r}]+2\boldsymbol{a}\cdot\psi(r)$, $-2\boldsymbol{a}\cdot\boldsymbol{r}$, $-3\boldsymbol{a}\times\boldsymbol{r}$

1.2　$-\boldsymbol{r}/r^3$, 0, 0, 0

1.3　$\dfrac{1}{r^5}[r^2\boldsymbol{a}-3(\boldsymbol{a}\cdot\boldsymbol{r})\boldsymbol{r}]$, 0, $\dfrac{1}{r^5}[3(\boldsymbol{a}\cdot\boldsymbol{r})\boldsymbol{r}-r^2\boldsymbol{a}]$, $\dfrac{1}{r^5}[r^2\boldsymbol{a}-3(\boldsymbol{a}\cdot\boldsymbol{r})\boldsymbol{r}]$

1.4　(1)$\nabla\cdot\boldsymbol{E}=0$, $\nabla\times\boldsymbol{E}=\mathrm{i}\boldsymbol{K}\times\boldsymbol{E}$

1.5　(1)正确。

(2)不正确。

1.16　标量势求出一个即可, 例: $\varphi(x, y, z)=(x^2-1)z+y^2z^2$

1.17　矢量势求出一个即可, 例: $\boldsymbol{B}=\dfrac{1}{3}z^3\boldsymbol{i}+\left(-yz+\dfrac{1}{3}x^3\right)\boldsymbol{j}$

第2章

2.1　(1)球内 $\boldsymbol{E}=0$, 球外 $\boldsymbol{E}=\dfrac{Q\boldsymbol{r}}{4\pi\varepsilon_0r^3}$

(2)球内$\nabla\cdot\boldsymbol{E}=0$, $\nabla\times\boldsymbol{E}=0$; 球外$\nabla\cdot\boldsymbol{E}=0$, $\nabla\times\boldsymbol{E}=0$

2.2　(1)$$\boldsymbol{E}=\begin{cases}0 & r<r_1\\ \dfrac{\rho}{3\varepsilon}\left(1-\dfrac{r_1^3}{r^3}\right)\boldsymbol{r} & r_1<r<r_2\\ \dfrac{\rho}{3\varepsilon_0r^3}(r_2^3-r_1^3)\boldsymbol{r} & r>r_2\end{cases}$$

$$(2)\nabla\cdot\boldsymbol{E}=\begin{cases}0 & r<r_1 \text{ 或 } r>r_2\\ \dfrac{\rho}{\varepsilon} & r_1<r<r_2\end{cases}$$

$$\nabla\times\boldsymbol{E}=0$$

2.4 $(1)\boldsymbol{B}=\begin{cases}0 & \rho<\rho_1\\ \dfrac{\mu}{2\rho}(\rho^2-\rho_1^2)j_f\boldsymbol{e}_\Phi & \rho_1<\rho<\rho_2\\ \dfrac{\mu}{2\rho}(\rho_2^2-\rho_1^2)j_f\boldsymbol{e}_\Phi & \rho>\rho_2\end{cases}$

$(2)\nabla\cdot\boldsymbol{B}=0$，$\nabla\times\boldsymbol{B}=\begin{cases}0 & \rho<\rho_1 \text{ 或 } \rho>\rho_2\\ \mu\boldsymbol{j}_f & \rho_1<\rho<\rho_2\end{cases}$

2.6 $(1)j_D=\dfrac{\omega Q_0\cos\omega t}{a}$

$(2)I=\omega Q_0\cos\omega t$

2.8 $\rho_p=\begin{cases}0 & r<r_1\\ -\left(1-\dfrac{\varepsilon_0}{\varepsilon}\right)\rho_f & r_1<r<r_2\\ 0 & r>r_2\end{cases}$

$$\sigma_p=\begin{cases}0 & r=r_1\\ \left(1-\dfrac{\varepsilon_0}{\varepsilon}\right)\dfrac{r_2^3-r_1^3}{3r_2^2}\rho_f & r=r_2\end{cases}$$

2.9 $\boldsymbol{j}_m=\begin{cases}0 & \rho<\rho_1\\ \left(\dfrac{\mu}{\mu_0}-1\right)\boldsymbol{j}_f & \rho_1<\rho<\rho_2\\ 0 & \rho>\rho_2\end{cases}$

$$\boldsymbol{\alpha}_m=\begin{cases}0 & r=r_1\\ -\dfrac{1}{2\rho_2}\left(\dfrac{\mu}{\mu_0}-1\right)(\rho_2^2-\rho_1^2)j_f\boldsymbol{e}_z & r=r_2\end{cases}$$

2.11 $(1)E_1=\dfrac{\sigma_{e2}V}{\sigma_{e1}d_2+\sigma_{e2}d_1}$，$E_2=\dfrac{\sigma_{e1}V}{\sigma_{e1}d_2+\sigma_{e2}d_1}$

$(2)j_1=\dfrac{\sigma_{e1}\sigma_{e2}V}{\sigma_{e1}d_2+\sigma_{e2}d_1}$，$j_2=\dfrac{\sigma_{e2}\sigma_{e1}V}{\sigma_{e1}d_2+\sigma_{e2}d_1}$

(3) $\sigma_f = \dfrac{\varepsilon_2\sigma_{e1} - \varepsilon_1\sigma_{e2}}{\sigma_{e1}d_2 + \sigma_{e2}d_1}V$, $\sigma_p = \dfrac{(\varepsilon_1 - \varepsilon_0)\sigma_{e2} - (\varepsilon_2 - \varepsilon_0)\sigma_{e1}}{\sigma_{e1}d_2 + \sigma_{e2}d_1}V$

2.12　(1) $\boldsymbol{S} = \dfrac{\lambda I}{4\pi^2\varepsilon_0\rho_0^2}\boldsymbol{e}_z - \dfrac{I^2}{2\pi^2\rho_0^3\sigma_e}\boldsymbol{e}_\rho$

2.13　(1) $\boldsymbol{S} = \dfrac{IV}{2\pi\rho^2\ln(b/a)}\boldsymbol{e}_z$

2.14　$F_x = \dfrac{Q^2}{32\pi\varepsilon_0 a^2}$

第 3 章

3.2　(1) $\boldsymbol{P} = 0$, $\boldsymbol{D}^* = 6Qa^2\boldsymbol{e}_x\boldsymbol{e}_x$

(2) $\varphi(\boldsymbol{x}) = \dfrac{1}{4\pi\varepsilon_0}\left[\dfrac{2Q}{R} + \dfrac{Qa^2}{R^5}(3x^2 - R^2)\right]$

3.3　$\varphi(\boldsymbol{x}) = \dfrac{\sigma_f ab}{4\pi\varepsilon_0}\left\{\dfrac{1}{R} + \dfrac{1}{24}\dfrac{1}{R^5}\left[a^2(3x^2 - R^2) + b^2(3y^2 - R^2)\right]\right\}$

3.4　$\varphi(\boldsymbol{x}) = \dfrac{Q}{4\pi\varepsilon_0}\left[\dfrac{1}{R} + \dfrac{3a^2}{R^5}(x^2 - y^2)\right]$

3.5　$\varphi(\boldsymbol{x}) = \dfrac{\rho_0 a^4\cos\theta}{12\varepsilon_0 R^2}$

3.6　$\rho = -\dfrac{Q}{\pi a^3}\mathrm{e}^{-2R/a}$

3.7　$\varphi = \dfrac{Q}{2(\varepsilon_1\alpha_1 + \varepsilon_2\alpha_2 + \varepsilon_3\alpha_3)r}$

3.8　$\varphi = \begin{cases} \dfrac{Q}{2\pi(\varepsilon_0 + \varepsilon)R_0} & R \leqslant R_0 \\ \dfrac{Q}{2\pi(\varepsilon_0 + \varepsilon)R} & R > R_0 \end{cases}$

3.9　$Q = \pm 2R_0(\varepsilon + \varepsilon_0)\sqrt{\dfrac{2\pi mg}{\varepsilon - \varepsilon_0}}$

3.10　$\varphi = \begin{cases} \varphi_0 & R \leqslant R_0 \\ \varphi_0 - E_0R\cos\theta + \dfrac{E_0R_0^3}{R^2}\cos\theta & R > R_0 \end{cases}$

3.11 $$\varphi=\begin{cases}\dfrac{Q}{4\pi}\left(\dfrac{1}{\varepsilon_0}-\dfrac{1}{\varepsilon R_0}+\dfrac{1}{\varepsilon_0 R_0}\right) & R<R_0\\ \dfrac{Q}{4\pi\varepsilon_0 R} & R\geqslant R_0\end{cases}$$

3.12 $$\varphi=\begin{cases}\dfrac{\boldsymbol{P}\cdot\boldsymbol{R}}{4\pi\varepsilon_1 R^3}+\dfrac{2\boldsymbol{P}\cdot\boldsymbol{R}(\varepsilon_1-\varepsilon_2)}{4\pi\varepsilon_1(\varepsilon_1+2\varepsilon_2)R_0^3} & R<R_0\\ \dfrac{3\boldsymbol{P}\cdot\boldsymbol{R}}{4\pi(\varepsilon_1+2\varepsilon_2)R^3} & R\geqslant R_0\end{cases}$$

$$\sigma_p=\frac{3\varepsilon_0(\varepsilon_2-\varepsilon_1)P\cos\theta}{2\pi\varepsilon_1(\varepsilon_1+2\varepsilon_2)R_0^3}\quad R=R_0$$

3.13 $$\varphi=\frac{Q}{4\pi\varepsilon_0}\left[\frac{1}{\sqrt{(x-a)^2+y^2+(z-b)^2}}-\frac{1}{\sqrt{(x-a)^2+y^2+(z-b)^2}}-\frac{1}{\sqrt{(x-a)^2+y^2+(z+b)^2}}+\frac{1}{\sqrt{(x+a)^2+y^2+(z+b)^2}}\right]$$

3.14 $$\varphi=\frac{Q}{4\pi\varepsilon_0}\left[\frac{1}{\sqrt{x^2+y^2+(z-b)^2}}-\frac{1}{\sqrt{x^2+y^2+(z+b)^2}}-\frac{a/b}{x^2+y^2+\left(z-\frac{a^2}{b}\right)^2}+\frac{a/b}{x^2+y^2+\left(z+\frac{a^2}{b}\right)^2}\right]$$

3.15 $$\boldsymbol{F}=\frac{Q^2}{4\pi\varepsilon_0}\left[\frac{1}{(c-b)^2}-\frac{ab}{(bc-a^2)^2}-\frac{ac}{(c^2-a^2)}+\frac{a(b+c)}{bc^3}\right]\boldsymbol{e}_x$$

3.16 等势面与 xy 平面的交线是圆心在 $\left[-b\left(\frac{1+c^2}{1-c^2}\right),0\right]$，半径为 $\left|\frac{2bc}{1-c^2}\right|$ 的圆周。c 是与电势有关的常数。

3.17 $$\varphi_{内}=\varphi_0\sum_n(2n+1)\left[(-1)^{\frac{n-1}{2}}\frac{1\cdot3\cdot5\cdots(n-2)}{2\cdot4\cdot6\cdots(n+1)}\right]\left(\frac{R}{R_0}\right)^n P_n(\cos\theta)$$

$$\varphi_{外}=\varphi_0\sum_n(2n+1)\left[(-1)^{\frac{n-1}{2}}\frac{1\cdot3\cdot5\cdots(n-2)}{2\cdot4\cdot6\cdots(n+1)}\right]\left(\frac{R_0}{R}\right)^{n+1} P_n(\cos\theta)$$

（n 取奇数。）

3.18 $W_i=\dfrac{P^2}{4\pi\varepsilon_0 R^3}$，$F=\dfrac{3P^2}{4\pi\varepsilon_0 R^4}$，方向沿 x 轴方向且互相排斥。

3.19　$\boldsymbol{F} = -\dfrac{3P^2(1+\cos^2\alpha)}{64\pi\varepsilon_0 a^4}\boldsymbol{e}_z$

3.20　$h = \dfrac{V^2}{2\rho_m g d^2}(\varepsilon - \varepsilon_0)$

第4章

4.1　$R = \dfrac{1}{2\pi\sigma_e}\ln\left(\dfrac{R_2}{R_1}\right)$

4.2　$\boldsymbol{j} = \begin{cases} 0 & R \leqslant R_0 \\ \boldsymbol{j}_0 - \dfrac{1}{2}R_0^3\left[\dfrac{3(\boldsymbol{j}_0\cdot\boldsymbol{R})\boldsymbol{R}}{R^5} - \dfrac{\boldsymbol{j}_0}{R^3}\right] & R > R_0 \end{cases}$

4.3　$R = \dfrac{\alpha}{\sigma_e h\ln(R_2/R_1)}$

4.5　$\boldsymbol{A}_{内} = \dfrac{1}{2}\mu_0 NI\rho\boldsymbol{e}_\varphi$, $\boldsymbol{A}_{外} = \dfrac{a^2}{2}\mu_0 NI\dfrac{1}{\rho}\boldsymbol{e}_\varphi$

$\boldsymbol{B}_{内} = \mu_0 NI\boldsymbol{e}_z$, $\boldsymbol{B}_{外} = 0$

4.6　$\boldsymbol{B} = \begin{cases} \dfrac{\mu_0 I}{2\pi\rho}\boldsymbol{e}_\varphi & z > 0 \\ \dfrac{\mu I}{2\pi\rho}\boldsymbol{e}_\varphi & z < 0 \end{cases}$

$\boldsymbol{\alpha}_m = \dfrac{I}{2\pi\rho}\left(\dfrac{\mu}{\mu_0} - 1\right)\boldsymbol{e}_\rho \quad z = 0$

$\boldsymbol{j}_m = \left(\dfrac{\mu}{\mu_0} - 1\right)I\delta(x, y)\boldsymbol{e}_z$

4.8　$\boldsymbol{B}_{内} = \dfrac{3\mu\mu_0}{\mu + 2\mu_0}\boldsymbol{H}_0$

$\boldsymbol{B}_{外} = \dfrac{(\mu - \mu_0)\mu_0 R_0^3}{\mu + 2\mu_0}\left[\dfrac{3(\boldsymbol{H}_0\cdot\boldsymbol{R})\boldsymbol{R}}{R^5} - \dfrac{\boldsymbol{H}_0}{R^3}\right] + \mu_0\boldsymbol{H}_0$

$\boldsymbol{m} = \dfrac{4\pi(\mu - \mu_0)}{\mu + 2\mu_0}R_0^3\boldsymbol{H}_0$

4.9　$\boldsymbol{B}_{内} = \left[1 - \dfrac{R_2^3 - R_1^3}{R_2^3\dfrac{(2\mu_0 + \mu)(\mu_0 + 2\mu)}{2(\mu - \mu_0)^2} - R_1^3}\right]\mu_0\boldsymbol{H}_0$

当 $\mu \gg \mu_0$ 时，$\boldsymbol{B}_{内} \to 0$

4.10 取 z 轴平行于载流直导线，yz 平面垂直于介质表面，坐标原点取在介质表面上，则

$$\boldsymbol{H}_1=\frac{I}{2\pi}\frac{x\boldsymbol{e}_y-(y-h)\boldsymbol{e}_x}{x^2+(y-h)^2}+\frac{I}{2\pi}\frac{\mu-\mu_0}{\mu+\mu_0}\frac{x\boldsymbol{e}_y-(y+h)\boldsymbol{e}_x}{x^2+(y+h)^2}\quad(y>0)$$

$$\boldsymbol{H}_2=\frac{I}{2\pi}\frac{2\mu_0}{\mu+\mu_0}\frac{x\boldsymbol{e}_y-(y-h)\boldsymbol{e}_x}{x^2+(y-h)^2}\quad(y<0)$$

第5章

5.2 (1) $\boldsymbol{E}(z)=E_0\boldsymbol{e}_x e^{i(kz-\omega t)}\quad k=\omega\sqrt{\mu\varepsilon}$, $\boldsymbol{H}(z)=\sqrt{\frac{\varepsilon}{\mu}}\boldsymbol{e}_y E_0 e^{i(kz-\omega t)}$

(2) $W=\varepsilon E_0^2\cos^2(kz-\omega t)$, $\overline{W}=\frac{1}{2}\varepsilon E_0^2$;

$$\boldsymbol{S}=\sqrt{\frac{\varepsilon}{\mu}}E_0^2\cos^2(kz-\omega t),\ \overline{\boldsymbol{S}}=\frac{1}{2}\sqrt{\frac{\varepsilon}{\mu}}E_0^2\boldsymbol{e}_z$$

5.4 (1) $\boldsymbol{E}(z)=E_0(\boldsymbol{e}_x+i\boldsymbol{e}_y)e^{i(kz-\omega t)}$, $\boldsymbol{H}(z)=\sqrt{\frac{\varepsilon}{\mu}}E_0(\boldsymbol{e}_y-i\boldsymbol{e}_x)e^{i(kz-\omega t)}$

5.5 $\lambda=1.58\ \text{m}$, $v_p=1.58\times10^6\ \text{m/s}$, $\delta=0.25\ \text{m}$

5.6 $\lambda_1=76.7\ \text{m}$, $\lambda_2=0.095\ \text{m}$; $v_{p_1}=7.67\times10^7\ \text{m/s}$, $v_{p_2}=9.5\times10^7\ \text{m/s}$;
$\delta_1=20.8\ \text{m}$, $\delta_2=16.7\ \text{m}$

5.7 $H/E=1.78\times10^4$, $\varphi\approx45°$

5.9 $\boldsymbol{H}$ 平行于入射面的情况：

$$\left(\frac{H_0'}{H_0}\right)_{\parallel}=-\frac{\sin(\theta-\theta'')}{\sin(\theta+\theta'')},\ \left(\frac{H_0''}{H_0}\right)_{\parallel}=\frac{\sin2\theta}{\sin(\theta+\theta'')};$$

$\boldsymbol{H}$ 垂直于入射面的情况：

$$\left(\frac{H_0'}{H_0}\right)_{\perp}=\frac{\tan(\theta-\theta'')}{\tan(\theta+\theta'')},\ \left(\frac{H_0''}{H_0}\right)_{\perp}=\frac{\sin2\theta}{\sin(\theta+\theta'')\cos(\theta-\theta'')}$$

5.10 $\boldsymbol{E}$ 垂直于入射面的情况：$R=\frac{\sin^2(\theta-\theta'')}{\sin^2(\theta+\theta'')}$, $T=\frac{\sin2\theta\sin2\theta''}{\sin^2(\theta+\theta'')}$;

$\boldsymbol{E}$ 平行于入射面的情况：

$$R=\frac{\tan^2(\theta-\theta'')}{\tan^2(\theta+\theta'')},\ T=\frac{\sin2\theta\sin2\theta''}{\sin^2(\theta+\theta'')\cos^2(\theta-\theta'')}$$

5.13 (1) $R=\frac{2r^2(1-\cos2kd)}{1+r^4-2r^2\cos2kd}\quad k=\omega\sqrt{\mu\varepsilon}$, $r=\frac{1-\sqrt{\varepsilon/\varepsilon_0}}{1+\sqrt{\varepsilon/\varepsilon_0}}$

(2)当 $d=\frac{\lambda}{2}n(n=1,2,\cdots)$时，无反射。

第6章

6.2　设 y 轴垂直于板面，两板间电场与 x 坐标无关，电磁波沿 z 方向传播。传播波型可以是TM_{n0}，$E_z=E_z^0\sin\frac{n\pi}{b}y e^{i(k_z z-\omega t)}$ 和 TE_{n0}，$H_z=H_z^0\cos\frac{n\pi}{b}\cdot y e^{i(k_z z-\omega t)}(n=1,2,\cdots)$，截止频率 $\omega_c=\frac{n\pi c}{b}$；也可以是 TEM 模，无截止频率。

6.3　$\lambda_c=4.6\ \text{cm}$，$\lambda_g=3.96\ \text{cm}$，$v_p=3.96\times10^8\ \text{m/s}$，$v_g=2.27\times10^8\ \text{m/s}$

6.4　在 $a\times b=0.7\ \text{cm}\times0.4\ \text{cm}$ 矩形波导中，能以 TE_{10}波模传播；在 $a\times b=0.7\ \text{cm}\times0.6\ \text{cm}$ 矩形波导中，能以 TE_{10}和 TE_{01}波模传播。

6.5　波导边长应满足$\sqrt{2}\ \text{cm}<a<2\ \text{cm}$

6.6　$\alpha_z=\sqrt{\frac{1}{2\omega\mu_0\sigma_e}}\cdot\frac{[2b\pi^2+a(\pi^2+a^2K_{z10}^2)]}{a^3bk_{z,10}}$

6.7　$\omega'_{c,11}=5.52\times10^{10}\ \text{rad/s}$，$\omega_{c,01}=7.22\times10^{10}\ \text{rad/s}$

6.8　$a=b=8.49\ \text{cm}$，$L=6.19\ \text{cm}$

6.9　$\varepsilon=1.51\varepsilon_0$

第7章

7.4　$\boldsymbol{B}=-\frac{\omega^2}{c^3}\frac{1}{R}\frac{\varepsilon-\varepsilon_0}{\varepsilon+2\varepsilon_0}R_0^3E_0\sin\theta e^{i(kR-\omega t)}\boldsymbol{e}_\varphi$

$$\boldsymbol{E}=-\frac{\omega^2}{c^2}\frac{1}{R}\frac{\varepsilon-\varepsilon_0}{\varepsilon+2\varepsilon_0}R_0^3E_0\sin\theta e^{i(kR-\omega t)}\boldsymbol{e}_\theta$$

$$\bar{\boldsymbol{S}}=\frac{\omega^4}{2c^3}\frac{1}{R^2}\frac{\varepsilon_0(\varepsilon-\varepsilon_0)^2}{(\varepsilon+2\varepsilon_0)^2}R_0^6E_0^2\sin^2\theta\boldsymbol{e}_R$$

7.5　$\boldsymbol{B}=\frac{\omega^2P_0e^{i(kR-\omega t)}}{4\pi\varepsilon_0c^3R}\{[\cos\theta\cos\varphi+i\cos\theta\cos(\alpha-\varphi)]\boldsymbol{e}_\varphi+[\sin\varphi-i\sin(\alpha-\varphi)]\boldsymbol{e}_\theta\}$

$$\boldsymbol{E}=\frac{\omega^2P_0e^{i(kR-\omega t)}}{4\pi\varepsilon_0c^3R}\{[\cos\theta\cos\varphi+i\cos\theta\cos(\alpha-\varphi)]\boldsymbol{e}_\theta-[\sin\varphi-i\sin(\alpha-\varphi)]\boldsymbol{e}_\varphi\}$$

$$\frac{\mathrm{d}P_{功}}{\mathrm{d}\Omega}=\frac{\omega^4 P_0^2}{32\pi^2\varepsilon_0 c^3}\{2-[\cos^2\varphi+\cos^2(\alpha-\varphi)]\sin^2\theta\}$$

$\theta=0$ 或 $\theta=\pi$，即沿 z 方向辐射最强。

7.6 $$\boldsymbol{B}=-\frac{\mathrm{i}\omega^3\mu_0 P_0 a}{4\pi c^2}\frac{\mathrm{e}^{\mathrm{i}(kR-\omega t)}}{R}(\cos^2\theta\cos\varphi\boldsymbol{e}_\varphi+\cos\theta\sin\varphi\boldsymbol{e}_\theta)$$

$$\boldsymbol{E}=-\frac{\mathrm{i}\omega^3\mu_0 P_0 a}{4\pi c}\frac{\mathrm{e}^{\mathrm{i}(kR-\omega t)}}{R}(\cos^2\theta\cos\varphi\boldsymbol{e}_\theta-\cos\theta\sin\varphi\boldsymbol{e}_\varphi)$$

$$\bar{\boldsymbol{S}}=\frac{\omega^6\mu_0 P_0^2 a^2}{32\pi^2 c^3}\frac{1}{R^2}\cos^2\theta(\cos^2\theta\cos^2\varphi+\sin^2\varphi)\boldsymbol{e}_R$$

7.7 $$\boldsymbol{B}=\frac{\mu_0\omega^2 R_0^3 M_0}{3c^2}\frac{\mathrm{e}^{\mathrm{i}(kR-\omega t+\varphi)}}{R}(\cos\theta\boldsymbol{e}_\theta+\mathrm{i}\boldsymbol{e}_\varphi)$$

$$\boldsymbol{E}=\frac{\mu_0\omega^2 R_0^3 M_0}{3c}\frac{\mathrm{e}^{\mathrm{i}(kR-\omega t+\varphi)}}{R}(\mathrm{i}\boldsymbol{e}_\theta-\cos\theta\boldsymbol{e}_\varphi)$$

$$\bar{\boldsymbol{S}}=\frac{\mu_0\omega^4 R_0^6 M_0^2}{18c^3 R^2}(1+\cos^2\theta)\boldsymbol{e}_R$$

7.8 $$\boldsymbol{B}=-\frac{\mathrm{i}\omega^3\mu_0 Q a^2}{4\pi c^2}\frac{\mathrm{e}^{\mathrm{i}(kR-\omega t)}}{R}\sin\theta\cos\theta\boldsymbol{e}_\varphi$$

$$\boldsymbol{E}=-\frac{\mathrm{i}\omega^3\mu_0 Q a^2}{4\pi c}\frac{\mathrm{e}^{\mathrm{i}(kR-\omega t)}}{R}\sin\theta\cos\theta\boldsymbol{e}_\theta$$

$$\bar{\boldsymbol{S}}=\frac{\omega^6\mu_0 Q^2 a^4}{32\pi^2 c^3 R^2}\sin^2\theta\cos^2\theta\boldsymbol{e}_R$$

$$P_{功}=\frac{\omega^6\mu_0 Q^2 a^4}{60\pi c^3}$$

7.9 $$\boldsymbol{B}=\frac{\mu_0 Q a^2\omega^3}{\pi c^2}\frac{\mathrm{e}^{\mathrm{i}(kR-2\omega t+2\varphi)}}{R}\sin\theta(-\cos\theta\boldsymbol{e}_\varphi+\mathrm{i}\boldsymbol{e}_\theta)$$

$$\boldsymbol{E}=\frac{\mu_0 Q a^2\omega^3}{\pi c}\frac{\mathrm{e}^{\mathrm{i}(kR-2\omega t+2\varphi)}}{R}\sin\theta(\cos\theta\boldsymbol{e}_\theta+\mathrm{i}\boldsymbol{e}_\varphi)$$

7.11 $$\boldsymbol{B}=-\frac{\mathrm{i}\mu_0}{2\pi}I_0\frac{\mathrm{e}^{\mathrm{i}(kR-\omega t)}}{R}\frac{[\cos(\pi\cos\theta)+1]}{\sin\theta}\boldsymbol{e}_\varphi$$

$$\boldsymbol{E}=-\frac{\mathrm{i}\mu_0 c}{2\pi}I_0\frac{\mathrm{e}^{\mathrm{i}(kR-\omega t)}}{R}\frac{[\cos(\pi\cos\theta)+1]}{\sin\theta}\boldsymbol{e}_\theta$$

$$\bar{\boldsymbol{S}}=\frac{\mu_0 c}{8\pi^2 R^2}I_0^2\frac{[\cos(\pi\cos\theta)+1]^2}{\sin^2\theta}\boldsymbol{e}_R$$

第 8 章

8.4　$l=l_0\frac{1-\beta^2}{1+\beta^2}$

8.5　$\Delta t=\gamma\frac{l_0}{u_0}\left(1+\frac{u_0 v}{c^2}\right)$

8.6　$\Delta t=T/(2\gamma)$

8.7　$\Delta t'=2\gamma\frac{vl_0}{c^2}$

8.8　这一公式实际上是相对流水静止系中的光速变换到实验室参考系，在 $v\ll c/n$ 情况下的近似结果。$K=(1-1/n^2)$。

8.9　(1) $\Delta t=nl_0/c$

(2) $\Delta t=\left(1+\frac{v}{nc}\right)l_0\Big/\left(\frac{c}{n}+v\right)$

(3) $\Delta t=l_0\Big/\left[\gamma\sqrt{\left(\frac{c}{n}\right)^2-v^2}\right]$

8.10　(1) $\Delta t=\frac{L_0}{c}+\frac{(n-1)l_0}{\gamma(c+v)}$

(2) $\Delta t=\frac{L_0}{c}+\frac{(n-1)l_0}{\gamma(c-v)}$

8.11　(1) 1.843×10^{-7} s，$h=49\ 945.26$ m

(2) $l=7.722$ m

8.12　取相对粒子瞬时静止系的 x 轴沿 $v(t_0)$ 方向，$a'_x=\gamma^3\left.\frac{\mathrm{d}v(t)}{\mathrm{d}t}\right|_{t=t_0}$，$a'_y=a'_z=0$。

8.17　$\begin{cases}E'_{\parallel}=0\\ E'_{\perp}=\gamma\frac{\lambda_0}{2\pi\varepsilon_0\rho'}e'_\rho\end{cases}$，$\begin{cases}B'_{\parallel}=0\\ B'_{\perp}=-\gamma\frac{v}{c^2}\frac{\lambda_0}{2\pi\varepsilon_0\rho'}e'_\varphi\end{cases}$

8.19　取 z 轴垂直于电容器极板。

(1) $F_x=F_y=0$，$F_z=-\frac{Q^2}{2\varepsilon_0 S}$

(2) $F_x=F_y=0$，$F_z=-\frac{Q^2}{2\gamma\varepsilon_0 S}$

8.22　6 563 × (1 − 10⁻³) Å, 6 563 × (1 + 10⁻³) Å, 6 563 × (1 + 0.5 × 10⁻⁶) Å

第 9 章

9.1　$$\frac{\mathrm{d}P_{\text{功}}(t')}{\mathrm{d}\Omega}=\frac{9ce^2}{256\pi^2\varepsilon_0R_0^2}\frac{\left(1-\frac{\sqrt{3}}{2}\cos\theta\right)^2-\frac{1}{4}\sin^2\theta\cos^2\varphi}{\left(1-\frac{\sqrt{3}}{2}\cos\theta\right)^5}$$

9.3　$$\boldsymbol{E}=-\frac{ez_0\omega^2\mathrm{e}^{\mathrm{i}(kR-\omega t)}}{4\pi\varepsilon_0c^2R}\sin\theta\boldsymbol{e}_\theta$$

$$\boldsymbol{B}=-\frac{ez_0\omega^2\mathrm{e}^{\mathrm{i}(kR-\omega t)}}{4\pi\varepsilon_0c^3R}\sin\theta\,\boldsymbol{e}_\varphi$$

$$\bar{\boldsymbol{S}}=\frac{e^2z_0^2\omega^4}{32\pi^2\varepsilon_0c^3R^2}\sin^2\theta\,\boldsymbol{e}_R$$

9.4　(1) $$\boldsymbol{E}=\frac{e\omega^2R_0}{4\pi\varepsilon_0c^2R}\mathrm{e}^{\mathrm{i}(kR-\omega t+\varphi)}(\cos\theta\boldsymbol{e}_\theta+\mathrm{i}\boldsymbol{e}_\varphi)$$

$$\boldsymbol{B}=\frac{1}{c}\boldsymbol{e}_R\times\boldsymbol{E}$$

$$\bar{\boldsymbol{S}}=\frac{e^2\omega^4R_0^2}{32\pi^2\varepsilon_0c^3R^2}(1+\cos^2\theta)\boldsymbol{e}_R$$

(2) $\theta=0$ 方向上，左旋圆极化波；$\theta=\pi$，右旋椭圆极化波；$\theta=\frac{\pi}{4}$，左旋椭圆极化波；$\theta=\frac{3\pi}{4}$，右旋椭圆极化波；$\theta=\frac{\pi}{2}$，沿纬线线极化波。

9.5　(1) $\boldsymbol{x}(t)=A(\boldsymbol{e}_x+\mathrm{i}\boldsymbol{e}_y)\mathrm{e}^{-\mathrm{i}(\omega_0-\omega_L)t}+B(\boldsymbol{e}_x-\mathrm{i}\boldsymbol{e}_y)\mathrm{e}^{-\mathrm{i}(\omega_0+\omega_L)t}+C\boldsymbol{e}_x\mathrm{e}^{-\mathrm{i}\omega_0t}$

(2) 在平行于磁场方向上观察到旋转方向相反的圆极化波，频率分别为 $\omega_0+\omega_L$ 和 $\omega_0-\omega_L$；在垂直于磁场方向上观察到三个线极化波，频率分别为 $\omega_0-\omega_L$，$\omega_0+\omega_L$ 和 ω_0。

9.6　(1) $$\begin{cases}x=\left(R_0+\frac{v_0}{\omega_0}\right)-\frac{v_0}{\omega_0}\mathrm{e}^{-\gamma t}\cos\omega_0t\\ y=\frac{v_0}{\omega_0}\mathrm{e}^{-\gamma t}\sin\omega_0t\\ z=0\end{cases}$$

(2) $$P_{\text{功}}=\frac{e^2v_0^2\omega_0^2}{6\pi\varepsilon_0c^3}\mathrm{e}^{-2\gamma t}$$

附录2　本书有关的物理常量

真空介电常数	$\varepsilon_0 = \frac{10^7}{4\pi c^2} = 8.85 \times 10^{-12}$ F/m
真空磁导率	$\mu_0 = 4\pi \times 10^{-7} = 1.26 \times 10^{-6}$ H/m
真空中光速	$c = \frac{1}{\sqrt{\mu_0 \varepsilon_0}} = 2.997\,924\,58 \times 10^8$ m/s
基本电荷	$e = 1.60 \times 10^{-19}$ C
电子静止质量	$m_e = 9.11 \times 10^{-31}$ kg
电子经典半径	$r_e = \frac{e^2}{4\pi\varepsilon_0 m_e c^2} = 2.82 \times 10^{-15}$ m
普朗克常数	$h = 2\pi h' = 6.63 \times 10^{-34}$ J·S
电子荷质比	$\frac{e}{m_e} = 1.76 \times 10^{11}$ C/kg
电子磁矩	$\mu_e = 9.27 \times 10^{-24}$ J/T
玻尔半径	$a_0 = \frac{4\pi\varepsilon_0 b^2}{m_e e^2} = 5.29 \times 10^{-11}$ m

参考书目

[1] 郭硕鸿. 电动力学[M]. 3 版. 北京：高等教育出版社，2008.
[2] 蔡圣善，朱耘，徐建军. 电动力学[M]. 2 版. 北京：高等教育出版社，2005.
[3] 曹昌祺. 经典电动力学：理论物理三卷集之一[M]. 北京：科学出版社，2018.
[4] 何启智. 电动力学[M]. 北京：高等教育出版社，1985.
[5] JACKSON J D. Classical electrodynamics[M]. 3rd ed. 北京：高等教育出版社，2004.
[6] KONG J A. 电磁波理论[M]. 吴季，等译. 北京：电子工业出版社，2003.
[7] 龚中麟，徐承和. 近代电磁理论[M]. 北京：北京大学出版社，1990.
[8] 虞福春，郑春开. 电动力学[M]. 北京：北京大学出版社，1992.
[9] 楼仁海. 工程电磁理论[M]. 北京：国防工业出版社，1991.
[10] 王明达，王秀江. 电动力学[M]. 长春：吉林大学出版社，1988.
[11] 陈重，崔正勤，胡冰. 电磁场理论基础[M]. 2 版. 北京：北京理工大学出版社，2010.
[12] 杨儒贵. 高等电磁理论[M]. 北京：高等教育出版社，2008.
[13] 张宗燧. 电动力学及狭义相对论[M]. 2 版. 北京：北京大学出版社，2004.
[14] 陈世民. 电动力学简明教程[M]. 北京：高等教育出版社，2004.